核反应堆热工水力学基础

Thermal Hydraulic Fundamentals of Nuclear Reactors （第2版）

潘良明　编著

重庆大学出版社

内容提要

核反应堆是一个将可控的核反应所产生的热量引出做功,或者直接利用其热能实现其他用途的系统。该过程涉及燃料元件内的导热过程、冷却剂中包括沸腾在内的对流传热过程,以及与之相关流动过程的压降特性等问题。本书共6章,主要内容包括动力堆的热工水力特征和设计准则、反应堆释热和燃料元件的热工分析、冷却剂的传热、反应堆的水力分析、堆芯稳态热工分析及堆芯瞬态热工分析等,每章附有思考题和习题。全书内容力求精简,讲求从设计者的视角来观察反应堆热工水力分析的问题。

本书可作为高等学校核工程与核技术专业本科及研究生的热工分析类课程教材和核反应堆运行及维护人员取证培训相关课程的教材,也可作为从事核反应堆设计和安全分析工程技术人员的参考书目。

图书在版编目(CIP)数据

核反应堆热工水力学基础／潘良明编著. -- 2 版
. -- 重庆:重庆大学出版社,2024.3
ISBN 978-7-5689-2216-6

Ⅰ.①核… Ⅱ.①潘… Ⅲ.①反应堆—热工水力学
Ⅳ.①TL33

中国国家版本馆 CIP 数据核字(2023)第 249309 号

核反应堆热工水力学基础
(第 2 版)
HE FANYINGDUI REGONG SHUILIXUE JICHU

潘良明 编著
策划编辑:杨粮菊
责任编辑:陈 力   版式设计:杨粮菊
责任校对:王 倩   责任印制:张 策

＊

重庆大学出版社出版发行
出版人:陈晓阳
社址:重庆市沙坪坝区大学城西路 21 号
邮编:401331
电话:(023)88617190 88617185(中小学)
传真:(023)88617186 88617166
网址:http://www.cqup.com.cn
邮箱:fxk@cqup.com.cn(营销中心)
全国新华书店经销
重庆愚人科技有限公司印刷

＊

开本:787mm×1092mm 1/16 印张:19.5 字数:502 千
2020 年 8 月第 1 版 2024 年 3 月第 2 版 2024 年 3 月第 2 次印刷
ISBN 978-7-5689-2216-6 定价:69.00 元

第2版前言

习近平总书记在党的二十大报告中两次提到我国的核电和核电技术，强调"积极稳妥推进碳达峰碳中和""积极安全有序发展核电"。在世界面临百年未有之大变局的今天，如何安全有序地发展核能技术，核安全技术的内涵是什么，如何保证核安全和核能经济性，都是我们所有核能工作者所面临亟待解决的问题。

2020年本书第1版出版后，受到了国内各高校及相关科研院所的广泛关注，也受到了国外部分学者和出版商的关注，有不少的高校已经将本书用于本科教学中。在本书的使用过程中，结合重庆大学多相流和界面现象实验室（MFIP）团队近年所开展的科研工作，让编著者对核反应堆热工基础问题有了一些新的认识；近年来中国核电技术飞速的发展，也产生了不少的新技术和新思路，有必要对第1版进行一些必要的修订以体现这些内容，特别是有必要在教材中体现课程思政的内容。经过大半年的努力，本书的第2版呈现在广大读者眼前。

本书将部分参考堆型修改为中国的主流堆型，将一些理论、模型及方法修改，使其更加符合我国安全审评的相关程序和要求，更加强调基础性的模型。增加了冷却剂、热工设计限值及其他限值等章节，修订了概率论相关内容；对一些基础性问题针对近年热点的堆型进行了拓展；并改正了在第1版中出现的一些小错误和不足。

要特别感谢中核集团的陈平、刘卓、陈景、任全耀等多位专家，他们提供了我国主流堆型的一些详细参数；还要感谢中核集团黄彦平、邓坚、袁德文、丁书华，广核集团傅先刚、蔡德昌、陈军、毛玉龙、林支康等专家，上海交通大学杨燕华、曹学武，哈尔滨工程大学谭思超、阎昌琪，西安交通大学一大批教授等多位教授多次的相关讨论为本书提供了基础性的思路。编者在学堂在线开设该课程，欢迎各位通过扫描封底二维码进入学习和交流。

因编著者水平有限，本书可能存在一些疏漏和不足，还望广大读者不吝指正。

潘良明（重庆大学、贵州理工学院教授）
2024年春于贵阳

第1版前言

自 1942 年意大利裔科学家恩利克·费米在美国芝加哥体育场的地下室建设了世界上第一座可控制核裂变反应的核反应堆以来,核反应堆的发展已经走过了 3 代,目前稳定地供应了全世界 11% 的发电量;中国大陆民用核能的发展,从 1991 年秦山一期反应堆投运至今,已经走过了近 30 个年头,2019 年核能发电量达到 3 500 亿 kW·h,占比达到 4.88%,二氧化碳减排达到 2.8 亿 t。与水电一起,成为最重要的非化石能源的来源之一。

核能系统在能源供应问题中,还涉及诸如核动力舰船、空间推进动力和电源等尖端科技问题,这些是国家安全的基石。而在人类的终极能源系统中,最为诱人的就是核聚变能源。这些问题关乎我们人类的可持续发展。而在未来的深空探索和星际航行中,核能是唯一可能的能量来源。

在这些核能系统构成中,如何管理系统的热量是一个核心问题。原则上只要能及时排出所产生的热量,核反应堆就可以释放出无限的功率。而在任何工况下如何安全有效地排出热量,以及其经济性问题,就是核反应堆热工水力学基础的研究内容,具体涉及核能系统的释热特点、计算模型和具体计算方法,涉及从核燃料元件通过热传导将热量传递到燃料元件的表面及其影响因素;从燃料元件表面通过对流传热将热量传递给一次侧冷却剂并输送到蒸汽发生器,这个过程中所涉及的压降等问题;沸水堆在正常工况下,以及压水堆在一些特殊工况下可能涉及的两相流动问题,以及处于两相流条件下的传热、喷放时的临界流动、流动不稳定性及其控制等问题。然后,还要讨论在核反应堆设计中所遵循的程序、方法和相关的热工设计限值。最后还要讨论核反应堆在经历工况变化和事故条件下的瞬态问题,在瞬态中可能会发生的现象,以及一些典型的事故工况发生时的事故序列和进程及影响因素。

本书是编者在参考国际相关主流文献和教材的基础上,对个人过去近 15 年教学工作的总结;也是编者在承担研究生课程及在项目研究过程中,对如何从基础理论角度提高学生对堆芯传热和流动等的工程问题认识的经验反馈。因为多种原因,目前市面上的相关教材很少,不能满足核工程类专业教学的需要,希望本书的出版能够填补这个空缺。编者在学堂在线开设该课程,欢迎各位通过扫描封底二维码进入学习和交流。

由于编者水平有限,书中疏漏之处在所难免,希望读者和使用本书的广大师生批评指正。

潘良明
2020 年疫情期间于重庆大学

目录

第 1 章
动力堆的热工水力特征和设计准则

动力堆的热量来源于燃料元件的裂变热。热量通过导热、对流和辐射从燃料传递到冷却剂。本章将讨论动力堆的基本热工水力特性。对这些特性的了解将使学生领会后面章节所涉及的具体问题在工程上的应用。这些特性包括动力循环、堆芯设计和燃料组件设计等问题。而反应堆类型包括水冷、气冷和液态金属冷却的反应堆,这些反应堆的基本特性见表 1-1。

表 1-1   主要类型动力核反应堆的基本特性

反应堆类型	中子谱	慢化剂	冷却剂	燃料	
				化学形式	裂变物质近似含量(除钠冷堆外,其余皆为 ^{235}U)
水冷反应堆	热谱				
PWR		H_2O	H_2O	UO_2	3% ~5% 富集度
BWR		H_2O	H_2O	UO_2	3% ~5% 富集度
PHWR		D_2O	D_2O	UO_2	天然
(CANDU)					
SGHWR		D_2O	H_2O	UO_2	~3% 富集度
气冷堆	热谱	石墨			
Magnox			CO_2	金属铀	天然
AGR			CO_2	UO_2	~3% 富集度
HTGR			氦气	UC, ThO_2	~7% ~20% 富集度
液态金属冷却	快谱	无	钠		
SFBR				UO_2/PuO_2	~15% ~20% 钚
SFR				NU-TRU-Zr 金属或氧化物	~15% 为超铀元素

1.1   动力循环及一回路冷却剂系统

1.1.1   冷却剂

冷却剂的选择是反应堆热设计的基础,也是设计工作的出发点。反应堆冷却剂所需的特性见表 1-2,典型冷却剂的特性见表 1-3。本章将讨论表 1-1 所示反应堆中使用的典型冷却剂的特性。

1) 气体冷却剂

表 1-2 反应堆冷却剂所需要的特性

性质		物理化学特性要求
核性质	中子吸收截面	小
	慢化能力	大(热中子堆);小(快中子堆)
	辐照降级	小
	辐照产物	无有害元素
热性质	导热性	大
	比热	大
	流动性	低黏性(低循环泵功)
	相变温度	低熔点,高沸点,宽工况范围内处于液态(气态)
化学性质	对包壳的腐蚀	低
	对结构材料的腐蚀	低
	化学活性	低化学活性并很稳定
其他性质	提炼难度	容易
	毒性	低
	存量	充足
	经济性	便宜

表 1-3 典型冷却剂的性质

冷却剂	水		液态金属	气体	
特性	轻水	重水	钠	氦气	二氧化碳
中子俘获截面/巴恩	0.66	0.001 1	0.505	~0	~0
平均能量下降 ξ	0.925	0.504	0.085	0.428	—
慢化能力 $\xi\Sigma/(S\cdot m^{-1})$	136	18	—	—	—
子核半衰期/h	—	—	15	无	—
子核活度/MeV	小	小	2.75,1.37	无	小
比活度/10^{12} Bq/kg	—	—	263	—	—
热导率/$(W(m\cdot K)^{-1})$	0.536	0.536	67.4	0.28	0.059
热扩散率/$(10^{-6}\ m^2\cdot s^{-1})$	0.13	0.11	64	22	1.8
定压比热/$(kJ\cdot kg^{-1})$	5.69	6.19	1.26	5.27	1.17
动力黏度/$(Pa\cdot s)$	89	98	250	39	34
运动黏度/$(10^{-6}\ m^2\cdot s)$	0.13	0.13	0.30	16	1.2

续表

冷却剂	水		液态金属		气体
普朗特数	0.98	1.2	0.004 6	0.73	0.67
熔点/标准沸点/K	273/373	277/374	371/1154	-/4	-/216(0.5 MPa)
密度/($kg \cdot m^{-3}$)	712	770	832	2.4	28
备注	300℃下饱和水		500℃,0.1 MPa	500℃,4.05 MPa	

在气体冷却剂中,氢气具有非常良好的传热特性,但很容易泄漏,当它扩散到大气中时可能会引起爆炸。此外,高压氢会导致结构材料的脆性,氢的中子吸收截面也相对较大,因此不适合作为反应堆冷却剂。

氦气具有仅次于氢气的第二好的传热特性。中子吸收截面很小,不具爆炸性,并且有热稳定、放射性稳定和化学惰性等特性。因此,它是最适合用于高温气冷反应堆的冷却剂。然而,氦气非常昂贵。

氮气具有较大的吸收截面,在发生(n,p)反应所产生的放射性碳^{14}C在泄漏时非常危险;因此它不适合于用作冷却剂。空气传热性能较差,为了提高传热能力,流动必须处于高流速状态,这会导致很大的泵/风机功率。此外,当空气被辐照时,空气中的氩会变成^{41}Ar并会产生γ射线,还会产生危险的^{16}N。此外,在高温下,空气中的氧会导致结构材料的氧化腐蚀。因此,空气不适合于作为冷却剂使用。

二氧化碳没有毒性,也没有爆炸的可能。碳和氧的吸收截面很小,二氧化碳本身在不太高的高温下对金属没有腐蚀作用。因此,实际应用中被用作石墨慢化反应堆的冷却剂。但二氧化碳的传热性能并不好;因此,会导致循环流量增加,从而增加泵/风机功率。

2）轻水冷却剂/慢化剂

轻水很容易获得,也很容易处理。由于它是液体,传热性能比气体好,所以是一种很好的冷却剂。但是,当使用轻水作为慢化剂时,存在几个缺点:

①使用天然铀无法维持其临界,因此必须使用浓缩铀。

②由于辐照降解,轻水会分解生成具有爆炸性的氢气和氧气。因此,必须采取措施防止其重组。

③由于水的沸点相对较低,因此提高压力以提高热效率很重要。

④如果发生膜态沸腾,则存在燃料烧毁的危险。

3）重水冷却剂/慢化剂

重水是D_2O,以氘原子取代氢原子。其中子吸收截面小,慢化能力相对较强。因此可以使用天然铀作为燃料,使反应堆的尺寸比石墨慢化反应堆小得多。由于重水与轻水一样具有相对较低的沸点,因此需要对其加压以提高热效率。使用重水作为慢化剂的反应堆大致可分为两类。一种使用重水作为冷却剂,另一种使用除重水以外的其他物质作为冷却剂,如轻水或一些冷却剂。在前一种情况下,冷却剂也像轻水反应堆一样加压。而在后一种情况下,它要么被加压以防止沸腾,要么将慢化剂与冷却剂隔离,使重水的温度上升不高。

4）液态金属冷却剂/慢化剂

与气体和水相比,液态钠具有优异的传热性能,因此可以用作高功率密度反应堆的冷却剂。由于钠具有非常大的热中子吸收截面,不太适合于热中子反应堆。而对于快中子,由于吸收截面很小,钠等液态金属是高功率密度快中子反应堆最合适的冷却剂。

然而,钠有一些缺点,包括:

①由于钠的比热很小,为了输送热量,冷却剂的流速必须很快。

②它是一种化学活性物质,与水反应强烈。

③由于放射性钠将在中子活化反应中产生,因此防止产生的蒸汽受到诱导辐射很重要。

使用钠作为冷却剂和慢化剂的关键问题是如何处理安全相关问题。

除了液态钠外,还可以使用铅、铅铋合金等液态金属作为冷却剂,这些金属的化学活性相对较低,但对材料的腐蚀等问题更加难于控制。使用铅合金以及金属钠作为冷却剂的反应堆在未来还是很有前景。

1.1.2 动力循环

在核电厂中,一回路冷却剂循环通过堆芯将能量带出,最终通过透平过程转变为电能。根据反应堆的设计不同,透平过程可以直接由一回路冷却剂驱动或者由从一回路获得能量的二回路流体驱动。冷却剂系统回路的数量为一个一回路系统及一个或多个二回路系统的数量总和。对于沸水核反应堆(BWR)和高温气冷堆(HTGR)系统,通过核反应堆堆芯产生的蒸汽或高温氦气,直接用于透平机的做功,则构成单回路系统。而沸水堆的单回路系统一般基于朗肯循环(Rankine Cycle)运行(图1-1)。尽管目前还不具备高温气冷堆所需要的高温透平技术,但其仍然具有采用如图1-2所示布雷顿循环(Brayton Cycle)的潜力。

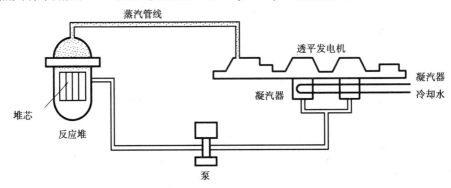

图1-1 单回路直接冷却朗肯循环

而压水核反应堆(PWR)和加压重水反应堆(PHWR)则为两回路系统。该类系统需要将冷却剂保持为名义过冷的状态。而透平机则由二回路所产生的蒸汽来驱动。图1-3示出了压水堆蒸汽动力循环的组成。

液态金属冷却快中子增殖堆(SFBR)则使用三回路系统:一回路钠冷系统,中间钠冷系统,以及蒸汽/水的透平-冷却剂系统(图1-4)。三回路系统主要用于隔绝带放射性的一回路钠与蒸汽/水的三回路的直接接触,而三回路则为与常规电厂相同的透平机和凝汽器等组成的蒸汽-水循环。

用于反应堆的各种热力循环典型特征总结见表1-2。对于典型朗肯循环和布雷顿循环的分析请参见相关的工程热力学教材。

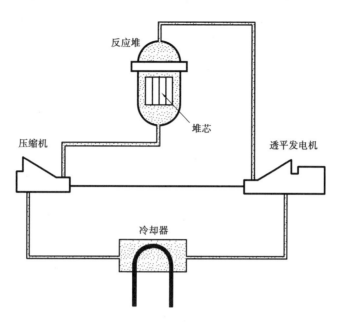

图 1-2 单回路直接冷却布雷顿循环

表 1-4 5 种动力堆堆型热力循环的典型特征

特征	压水堆	沸水堆	PHWR	HTGR	SFBR
参考设计					
供应商	中核/广核	GE	加拿大原子能公司	清华/中核	Novatome
型号	HPR1000	BWR/5	CANDU-600	HTR-PM	超凤凰-Ⅰ
蒸汽循环					
回路数	2	1	2	2	3
一回路冷却剂	H_2O	H_2O	D_2O	He	液钠
二回路冷却剂	H_2O	—	H_2O	H_2O	液钠/ H_2O
功率					
总热功率/MWt	3 050	3 323	2 180	500	3 000
净电功率/MWe	1 090	1 062	638	211	1 240
效率/%	~36	32.0	29.3	42.2	41.3
传热系统					
一回路环路数	3	2	2	二堆一机	4(液池)
中间回路环路数	—	—	—	—	8
蒸汽发生器数量	3	—	4	2	4
蒸汽发生器型式	U 形管	—	U 形管	螺旋管	螺旋管
热工水力					
一回路系统					
压力/MPa	15.50	7.14	10.0	7.0	~0.1
进口温度/℃	291.5	278.3	267	250	395
平均出口温度/℃	328.5	286.1	310	750	545
堆芯流量/($Mg \cdot s^{-1}$)	14.156	13.671	7.6	96.12 kg/s	15.7
体积或质量/(m^3 或 kg)	308 t	—	120	~3 000 kg	3 200 t

续表

特征	压水堆	沸水堆	PHWR	HTGR	SFBR
二回路系统					(Na/H₂O)
压力/MPa	6.50	—	4.7	14.1	~0.1/17.7
进口温度/℃	228.8	—	187	205	345/237
出口温度/℃	280.9	—	260	571	525/490

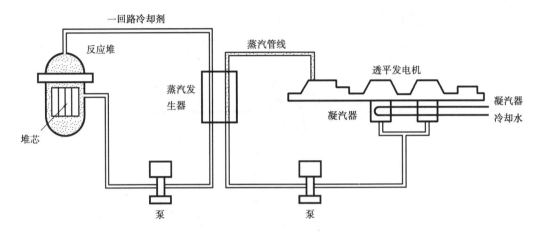

图 1-3 两回路蒸汽动力循环

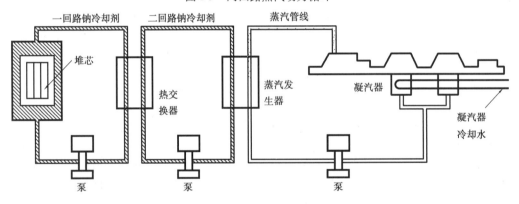

图 1-4 三回路蒸汽循环动力系统

1.1.3 一回路冷却剂系统

在压水堆的一回路系统中,围绕反应堆压力容器设计有多环路结构(图1-5),每个环路有一个蒸汽发生器和主冷却剂泵(主泵)。冷却剂从入口和出口都连接在蒸汽发生器下部管板上的 U 形管中流过。系统唯一的稳压器连接在其中的一个环路热段上。典型热段和冷段(泵出口)的直径分别是 31 和 29 in(约 945 mm 和 884 mm)。

压水堆压力容器内的流动路径如图1-6所示。入口管嘴与压力容器内器壁和堆芯吊篮之间的环缝相连。冷却剂从该环缝向下流动,进入压力容器的下封头所形成的入口腔室。然后转向向上流过堆芯进入与压力容器的出口管嘴相连的上部腔室而流出的压力容器。

沸水堆的一回路冷却剂系统如图1-7所示。图1-8示出了反应堆压力容器内的流程。汽

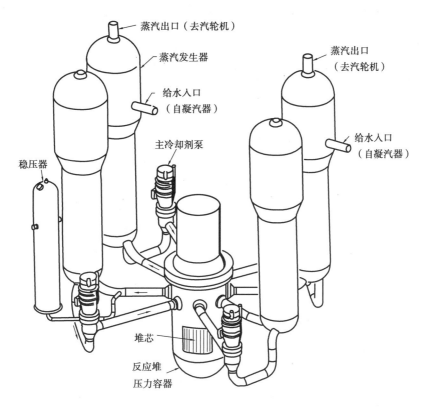

图 1-5　压水堆一回路布置

水混合物在离开堆芯后首先进入汽水分离器。经过设于压力容器顶部的蒸汽干燥器后,净化蒸汽(含湿量不超过 0.25%)直接进入汽轮机。而分离下来的液体水则向下流动与主给水混合。该混合流被安装于压力容器内周围的喷射泵输送到下腔室。该喷射泵由连接在外部管径相对较小(约 20 in)管路上的再循环泵驱动。

　　高温气冷堆(HTGR)的一回路由几个环路构成,每一个都建在一个大的预应力钢筋混凝土的圆柱内。模块式高温气冷堆(MHTGR)的紧凑型布置如图 1-9 所示。在 588MWe 的模块式高温气冷堆布置中,气流在蒸汽发生器顶部的循环风机的驱动下,从堆芯的顶部向下流动。反应堆压力容器和蒸汽发生器由一个很短的水平管道连接,管道为夹层管道,内外冷却剂向两个方向相反流动。从堆芯出口联箱来的冷却剂由内部的 47 in 管道进入蒸汽发生器入口。而从蒸汽发生器循环风机来的冷却剂则从外部环缝(当量直径接近 46 in)进入堆芯上部的入口联箱。

　　液态金属冷却快中子增殖堆(SFBR)的一回路系统则为池式回路结构,法国超凤凰堆的池式结构如图 1-10 所示,而其主要特征则见表 1-4。冷却剂的流通路径为:钠从反应堆堆芯向上流动,进入主容器的上部钠池。冷却剂在重力作用下向下流过中间换热器,进入一个位于主容器下部边缘的低压环形联箱。竖直布置的一回路泵从这个区域抽取液钠唧送到堆芯入口联箱。

7

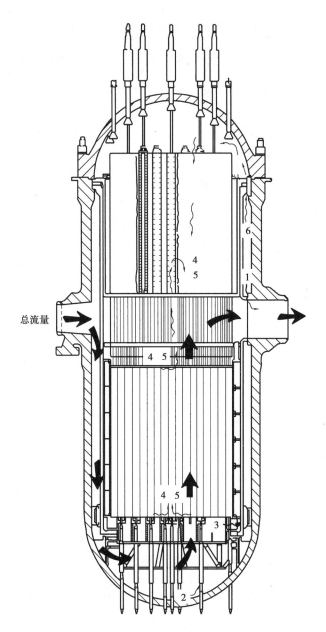

图 1-6　压水堆压力容器内冷却剂的流通路径

粗箭头为主流方向,细箭头为旁通流量:1—出口管嘴间隙旁流;2—仪表导向管中心旁流;
3—堆芯围板和吊篮间旁流;4—导向管内部旁流;5—导向管外部旁流;6—定位键槽旁流

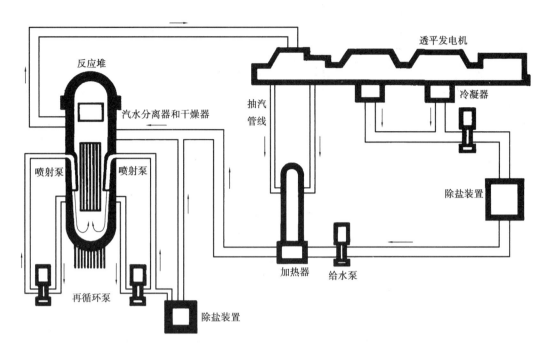

图 1-7　沸水堆单回路冷却剂系统

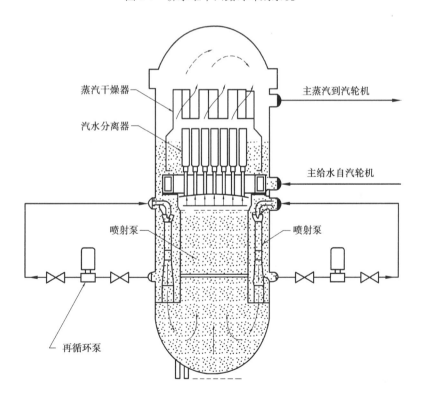

图 1-8　沸水堆的蒸汽和再循环水流通路径

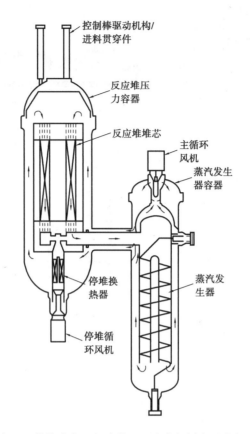

图 1-9　模块式高温气冷堆一回路冷却剂流通路径

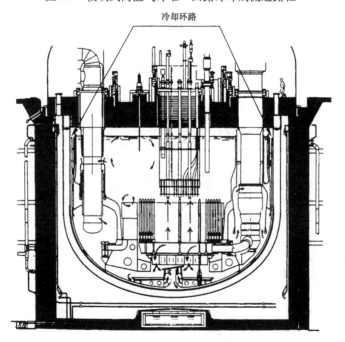

图 1-10　超凤凰堆的一回路钠流通路径

1.2　反应堆堆芯和燃料组件

1.2.1　反应堆堆芯

目前,除高温气冷堆以外,大部分动力堆都使用外部轴向流动冷却的柱状燃料元件。高温气冷堆的燃料则使用球状和棱柱状两种形状,中国的高温气冷堆燃料使用球状石墨燃料组件,陶瓷包覆颗粒燃料弥散在石墨基体中,采用氦气冷却。

对反应堆堆芯而言,有两个主要的设计特点对热工水力性能有重要影响,即方位和元件间间隔。可以把燃料组件的构成简单地分为有盒和其他两类形式。有盒的燃料组件之间仅通过入口和出口相通。沸水堆、钠冷快堆等采用这种形式,而棱柱燃料的高温气冷堆也基本采用这种形式,但在流程中有泄漏。压力管式重水堆的堆芯则由一系列的水平布置的压力管穿过低压的慢化剂容器。压力管内的燃料组件采用高压重水冷却,压力管在入口及出口处并联。压力管式重水堆采用在线换料。

压水堆的燃料组件竖直布置,相互之间不水力隔绝。为便于操作和其他结构上的原因,其燃料元件也按一定的方式组成燃料组件。

1.2.2　燃料组件

核反应堆的燃料棒束组成的基本特性是栅阵(几何结构和棒间距),以及燃料元件间的分隔和支撑方法。商业的轻水堆(沸水堆和压水堆)、加压重水堆和液态金属冷却快堆都使用燃料棒结构。高温气冷堆则使用石墨块或石墨球构成组件。

在轻水堆(LWR)中,冷却剂也充当慢化剂,有比较小的铀水比,从而使燃料棒之间的间距(通常称为棒间距,P)比较大。这样的慢化剂比率允许棒的栅阵采用较为简单的方形结构,使流体通过棒支撑结构(定位格架)的压降较低。目前已针对这样的结构提出了各种定位格架的设计方案,这也是目前燃料设计的重点。

重水堆和先进气冷堆设计成在线换料的形式,燃料组件布置在断面为圆形的压力管内。该圆形的边界使燃料棒以一个不规则的栅阵布置。在线换料的要求又使得燃料棒束较短,燃料棒依靠端部和中间支架支撑,而不是轻水堆的定位格架形式。

液态金属冷却快堆不需要慢化剂,有较高的功率密度,因此使用紧凑的六边形燃料组件结构。使用定位绕丝实现紧密的棒间距,比格架型的定位压降更低。该定位绕丝有定位和促进棒束通道间混合等两个功能。有些液态金属冷却快堆也使用定位格架。

5 种参考堆型燃料的基本特征总结见表 1-5。

轻水堆、重水堆和液态金属冷却快堆使用冷却剂围绕燃料棒的栅阵形式。表 1-5 给出了各种几何结构的典型子通道结构。这些子通道定义为冷却剂区域,因此是"冷却剂中心"子通道。另外也可以采用"燃料棒中心"子通道的定义,冷却剂区域围绕燃料棒。两种定义都经常使用。

表 1-5 5 种参考堆型燃料的基本特征

特征	压水堆	沸水堆	PHWR	HTGR	SFBR
参考设计					
供应商	中核	GE	加拿大原子能公司	通用原子	Novatome
型号	HPR1000	BWR/5	CANDU-600	Fulton	超凤凰-I
慢化剂	H_2O	H_2O	D_2O	石墨	—
中子能谱	热	热	热	热	快
燃料生产	转化	转化	转化	转化	增殖
燃料					
几何	柱状芯块	柱状芯块	柱状芯块	包覆颗粒	柱状芯块
尺寸/mm	$8.19D \times 13.46H$	$9.60D \times 10.0H$	$12.2D \times 16.4H$	$400 \sim 800\ \mu mD$	$7.14D$
化学形式	UO_2	UO_2	UO_2	UC/ThO_2	PuO_2/UO_2
裂变物质/wt.%	$4.45 \sim 4.95^{235}U$	$3.5^{235}U$	$0.711^{235}U$	$93^{235}U$	$16 \sim 19.7^{239}Pu$
增殖性物质	^{238}U	^{238}U	^{238}U	^{238}U	消耗 U
燃料棒					
几何	包壳内芯块	包壳内芯块	包壳内芯块	柱状石墨	包壳内芯块
尺寸/mm	$9.5D \times 3.658\ mH$	$11.2D \times 3.59\ mH$	$13.1D \times 490L$	$15.7D \times 742H$	$8.5D \times 2.7mH$
包壳材料	N36	Zr-2	Zr-4	无	不锈钢
包壳厚度/mm	0.572	0.71	0.42	—	0.56
燃料组件					
几何	17×17 方形	9×9 方形	同心圆	六棱柱石墨块	六边形
棒间距/mm	12.60	14.37	14.6	23	9.8(C)/17.0(RB)
燃料棒位置数	289	81	37	132(SA)/76(CA)	271(C)/91(RB)
燃料棒数量	264	74	37	132(SA)/76(CA)	271(C)/91(RB)
外部尺寸/mm	214×214	139×139	$102D \times 495L$	$359F \times 793H$	$173F \times 5.4mH$
通道式	否	是	否	否	是
总质量/kg	~670	273	~25	—	—

1) 轻水堆燃料棒束:方形栅阵

图 1-11 示出了包括定位格架的典型压水堆燃料组件,还示出了接触和支撑燃料棒的格架弹簧片。这仅是多种定位格架设计中的一种。基本的格架参数的定义如图 1-12 所示,通常包含 3 种子通道形式。表 1-6 总结了各种尺寸格架子通道的数量。现代沸水堆燃料组件通常包含 64 根燃料棒,而压水堆则通常包含 225 ~ 289 根元件棒。而子通道数量的计算公式则基于压水堆无盒燃料组件。

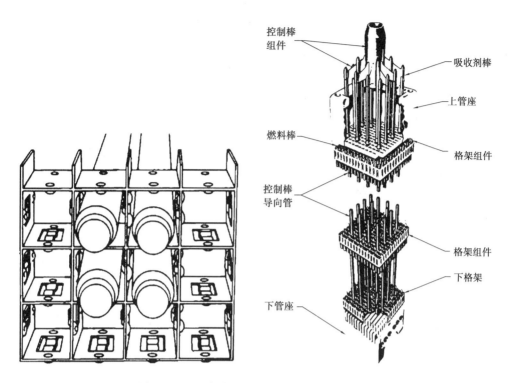

图 1-11　用于轻水堆燃料组件的典型定位格架

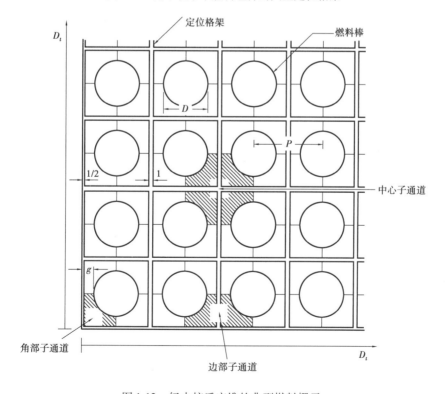

图 1-12　轻水核反应堆的典型燃料栅元

表 1-6　方形栅格的子通道

燃料棒排数	N_p 总燃料棒数	N_1 中心子通道数	N_2 边部子通道数	N_3 角部子通道数
1	1	0	0	4
2	4	1	4	4
3	9	4	8	4
4	16	9	12	4
5	25	16	16	4
6	36	25	20	4
7	49	36	24	4
8	64	49	28	4
N_{row}	N_{row}^2	$(N_{row}-1)^2$	$4(N_{row}-1)$	4

2) 压力管式重水堆燃料棒束:混合矩阵

图 1-13 示出了重水堆典型燃料组件的几何结构和子通道类型。因为这些单元按照圆形套筒安排,因此其几何特征与棒束内燃料棒的数目有关,图中示出了重水堆燃料棒束具体的结构。

3) 液态金属冷却增殖堆燃料棒束:六边形结构

钠冷快堆燃料组件的典型六边形阵列如图 1-14 所示。与轻水堆相似,也根据用途不同采用了不同数量的燃料棒。典型的燃料组件包含 271 根燃料棒。然而在实际设计中,采用了 331 根燃料棒用于燃料、包覆物和吸收材料的辐照和堆外模拟实验。定位绕丝过 360°位置的轴向长度称为轴向节距。因此轴向平均尺寸基于一个节距内来平均。各种尺寸的六边形套筒内的各种子通道数总结见表 1-7。

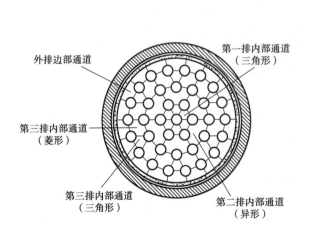

图 1-13　重水堆中的燃料栅元

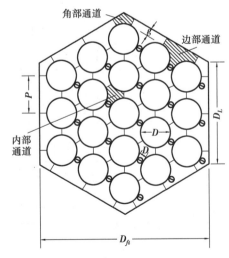

图 1-14　液态金属冷却快堆典型燃料栅元
该例中 $N=19$。注:定位丝截面为椭圆形

表 1-7　六边形栅格的子通道

燃料棒环数	N_p 总燃料棒数	N_{ps} 边部燃料棒数	N_1 内部子通道数	N_2 边部子通道数	N_3 角部子通道数
1	7	2	6	6	6
2	19	3	24	12	6
3	37	4	54	18	6
4	61	5	96	24	6
5	91	6	150	30	6
6	127	7	216	36	6
7	169	8	294	42	6
8	217	9	384	48	6
9	271	10	486	54	6
N_{ring}		$N_{ring}+1$	$6N_{ring}^2$	$6N_{ring}$	6

1.3　基于热工水力的电厂总体特征

热工水力特性对确定核电厂总体技术参数非常重要。一回路温度和压力是关键参数,与冷却剂选择和电厂总体性能相关。电厂总体性能决定于一回路冷却剂最高出口温度和可能达到最低的凝汽器入口温度的差值。因为大气最终热阱的温度相对固定。提高热力学性能需要提高冷却剂的出口温度才能达到。图 1-15 示出了典型压水堆核电厂各典型温度之间的相互关系。

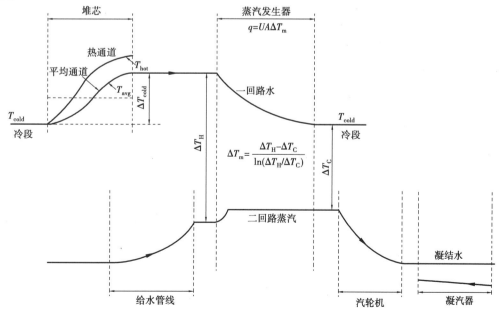

图 1-15　典型压水堆核电厂各温度之间的相互关系

一回路出口温度所能达到的值取决于冷却剂的类型。例如液体金属,相对于水来说,在给定温度下的饱和蒸汽压要低得多,例如在常用温度500～550 ℃下,饱和压力比大气压还要低。因此钠冷快堆的出口温度不受钠沸点的限制,但出口温度仍然受不锈钢材料蠕变极限的限制。对于水冷反应堆,一回路高出口温度要求高的系统压力(7～15 MPa),提高了一回路所贮藏的能量,使结构材料的厚度大大增加。单相气体冷却剂可以运行在高出口温度下,而不受耦合的饱和压力限制。但因为气体传热系数与压力强烈相关,对于这一类反应堆系统压力决定于传热能力。结果所需要的压力中等,在4～5 MPa,出口温度可以很高,可达到635～750 ℃。电厂热效率则与二回路的最高温度相关,因为蒸汽发生器或者中间换热器需要传热温差,这个温度必须比一回路的温度低。沸水堆则采用直接循环,因此反应堆的出口温度与汽轮机的入口温度相同(忽略热损失)。因为沸水堆运行在湿蒸汽条件下,该出口温度也受限于饱和温度。在典型的沸水堆中,堆芯出口焓相当于蒸汽干度为15%下的情况。压水堆和沸水堆的热效率基本相同,汽轮机蒸汽参数相似,但一回路的温度和压力条件相差很大(表1-4)。因为热力循环的微小差异,尽管蒸汽温度稍低,压水堆的电厂热效率仍然要比沸水堆的电厂热效率稍高。

其他电厂特性与热工水力强烈相关。下面列出一些重要的例子。

(1)一回路温度

①腐蚀行为,尽管其与水化学控制强相关,但也与温度相关。

②反应堆压力容器抵抗中子辐照下脆性破坏的能力。压力容器在低温、高压下的运行瞬变需要仔细评估,确保压力容器在全寿期中具有足够的强度。

(2)一回路水装量

①在事故和次严重瞬态下的时间响应与冷却剂装量极其相关。反应堆压力容器的水装量完全淹没堆芯的要求在一回路破口事故中是一个很重要的行为指标。特别是对压水堆机组,稳压器和蒸汽发生器的水装量决定了大部分情况下对瞬态事故的响应。

②在稳态运行时,入口腔室作为一个混合室,各股冷却剂均匀流入反应堆堆芯。容器的上部腔室在多环路机组向各个中间换热器/蒸汽发生器分流中也起到类似的作用,同时还保护了压力容器的管嘴避免受到瞬态的热冲击。

(3)系统布置

①反应堆堆芯和中间换热器/蒸汽发生器的布置对采用自然循环带走热量的能力至关重要。

②泵轴和换热器管束的方向与支撑的设计和冲击速度的耦合对于防止麻烦的流致振动问题有很重要的关系。

1.4 堆芯热工性能的关键参数

反应堆的设计特性可以总结为两个最重要的特性:功率密度和比功率。表1-8列出了各种动力反应堆的功率密度,而比功率则可通过反应堆的其他参数计算得到。

功率密度是单位堆芯体积所产生的能量。因为反应堆容器的尺寸需要容纳堆芯,因此电厂的单位投资与堆芯的尺寸相关,功率密度是单位投资的一个指标。对于推进用动力核反应堆,因为质量和尺寸是重要的考虑因素,因此功率密度也是非常重要的指标。

表 1-8 5 种动力堆堆型的典型堆芯热工性能特征

特征	PWR	BWR	PHWR	HTGR	SFBR
堆芯					
轴向方向	竖直	竖直	水平	竖直	竖直
组件数					
轴向	1	1	12	8	1
径向	177	764	380	493	364(C)
					233(BR)
组件尺寸/mm	214	152	286	361	179
活性段高度/m	3.658	3.588	5.94	6.30	1.0(C)
					1.6(C+BA)
当量直径/m	3.23	4.75	6.29	8.41	3.66
总燃料质量/t	~92UO$_2$	160UO$_2$	89.3UO$_2$	1.56U/34.0Th	29MO$_2$
反应堆压力容器					
内部尺寸/m	4.34D×12.2H	6.05D×21.6H	7.6D×4L	11.3D×14.4H	21D×19.5H
壁面厚度/mm	220	152	28.6	4.72m 最小	25
材料	不锈钢堆焊碳钢	不锈钢堆焊碳钢	不锈钢	预应力混凝土	不锈钢
其他特性			压力管	钢衬里	池式
平均功率密度 /(kW·L^{-1})	104.3	52.3	12	8.4	280
线功率密度					
堆芯平均 /(kW·m^{-1})	18.1	17.6	25.7	7.87	29
最大值 /(kW·m^{-1})	44.4	47.24	44.1	23.0	45.0
性能					
平衡燃耗 /[(MW·D)·Mt^{-1}]	47 918	50 000	8 300	105 000	110 000
平均组件驻留时间 (全功率天)	1 488	2 192	470	1 170	640(C),320 (BR 1),649 (BR 2)
换料					
次序	每18个月1/3	每年1/4	连续在线	每年1/2	变化
换料天数	25	25	无停堆换料		32

功率密度可以通过改变燃料棒的布置来改变。对于无限的方形布置如图 1-16 所示,功率密度与矩阵排距有关。对于方形布置为

$$\left(Q'''\right)_{方形矩阵} = \frac{\dot{Q}_热}{V_{堆芯}} = \frac{4(1/4\pi R_{fo}^2)q'''\mathrm{d}z}{P^2\mathrm{d}z} = \frac{q'}{P^2} \tag{1-1}$$

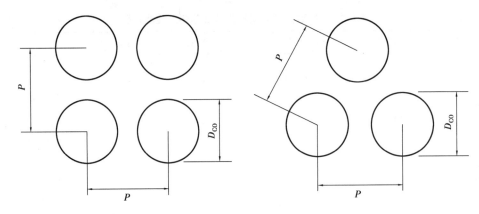

图 1-16　方形和三角形棒矩阵布置

而无限三角形布置为

$$\left(Q''\right)_{三角形矩阵} = \frac{\dot{Q}_{热}}{V_{堆芯}} = \frac{3\left(1/6\pi R_{fo}^2\right)q'''\mathrm{d}z}{\frac{P}{2}\left(\frac{\sqrt{3}}{2}P\right)\mathrm{d}z} = \frac{q'}{\frac{\sqrt{3}}{2}P^2} \tag{1-2}$$

比较以上两式可以看出,在同样的棒间距下,三角形布置的功率密度比方形布置的高 15.5%。因此,钠冷快堆采用三角形布置,该种布置方式比方形布置的热工水力学机制更为复杂。对于轻水堆,则倾向于采用更简单的布置方式,需要利用更多的位置提供充足的慢化剂容纳空间。

比功率为单位质量燃料材料所产生的功率,通常用单位克物质所产生的瓦特能量来表示。该参数直接关系到燃料循环的成本和堆芯装料量。对于如图 1-17 所示的燃料芯块,比功率(每克重原子的瓦特功率)表示为

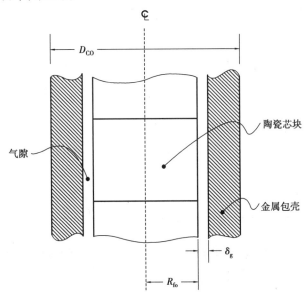

图 1-17　典型动力反应堆燃料的断面结构

$$比功率 = \frac{\dot{Q}}{重原子质量} = \frac{<q'>/r}{\pi R_{fo}^2 \rho_{芯块} f} = \frac{<q'>/r}{\pi (R_{fo} + \delta_g)^2 \rho_{表观} f} \quad (1\text{-}3)$$

其中

$$\rho_{表观} = \frac{\pi R_{fo}^2 \rho_{芯块}}{\pi (R_{fo} + \delta_g)^2} \quad (1\text{-}4)$$

$$f = 燃料中重原子的质量份额 = \frac{燃料中重原子的克数}{燃料总克数} \quad (1\text{-}5)$$

$<q'>$ 为堆芯燃料棒的平均线功率密度，r 为沉积在燃料棒中能量的比率。

质量份额的定义主要基于如下定义。

① 重原子包括所有的 U，Pu 或 Th 的同位素，因此包括了易裂变核素 M_{ff} 和非易裂变核素 M_{nf}，M 为原子量。

② 燃料指所有的燃料材料，例如 UO_2，而不含包壳。

因此对于氧化物燃料有

$$f = \frac{N_{ff}M_{ff} + N_{nf}M_{nf}}{N_{ff}M_{ff} + N_{nf}M_{nf} + N_{O_2}M_{O_2}} \quad (1\text{-}6)$$

富集度 r 是易裂变原子相对于总重原子的质量分数，即

$$r = \frac{N_{ff}M_{ff}}{N_{ff}M_{ff} + N_{nf}M_{nf}} \quad (1\text{-}7)$$

为了后面使用方便，定义为

$$1 - r = \frac{N_{nf}M_{nf}}{N_{ff}M_{ff} + N_{nf}M_{nf}} \quad (1\text{-}8)$$

可以方便地用原子量和富集度表达 f。对于 UO_2，有

$$N_{O_2} = N_{ff} + N_{nf} \quad (1\text{-}9)$$

根据式(1-8)和式(1-9)，有

$$N_{ff} = \left[r\frac{M_{nf}}{M_{ff}} \right]\frac{N_{nf}}{1-r}; \quad N_{nf} = \left[(1-r)\frac{M_{ff}}{M_{nf}} \right]\frac{N_{ff}}{r} \quad (1\text{-}10)$$

$$N_{ff} + N_{nf} = \left[r\frac{M_{nf}}{M_{ff}} + (1-r) \right]\frac{N_{nf}}{1-r} = \left[(1-r)\frac{M_{ff}}{M_{nf}} + r \right]\frac{N_{ff}}{r} \quad (1\text{-}11)$$

将式(1-10)和式(1-11)代入式(1-6)，得

$$f_{UO_2} = \frac{\dfrac{r}{r + (1-r)M_{ff}/M_{nf}}M_{ff} + \dfrac{1-r}{rM_{nf}/M_{ff} + (1-r)}M_{nf}}{\dfrac{r}{r + (1-r)M_{ff}/M_{nf}}M_{ff} + \dfrac{1-r}{rM_{nf}/M_{ff} + (1-r)}M_{nf} + M_{O_2}} \quad (1\text{-}12)$$

当 $M_{ff} \approx M_{nf}$ 时，简化为

$$f_{UO_2} = \frac{rM_{ff} + (1-r)M_{nf}}{rM_{ff} + (1-r)M_{nf} + M_{O_2}} \quad (1\text{-}13)$$

式(1-3)的比功率可以分别表达为基于芯块和燃料的有效密度的关系式。有效密度包括包壳内的芯块和间隙。有效密度表达为冷态或者热态条件下，这取决于间隙是取热态或者冷态条件下的情况。燃料有效密度是一个与燃料寿期有关的很重要的参数。

1.5 热工设计限值和裕量

除了气冷堆之外的所有反应堆都使用金属包壳来包容柱状燃料。而气冷堆采用石墨和碳化硅包覆燃料颗粒,降低裂变产物泄漏出燃料的风险。

1.5.1 热工设计限值

为了使燃料棒、反应堆压力容器、管道和其他设备在反应堆运行过程中不失去正常功能或性能,限值包括几个特征,包括释热、冷却、温度、流量等。热工限值分为两组,在设计阶段考虑的设计限值和在运行期间应用的限值。

对于轻水堆,之所以设定限值,是为了确保燃料和包壳的完整性以及反应堆控制的稳定性。为了防止燃料熔化,限制线性功率密度,以便将燃料的最高温度保持在熔点以下。为了防止燃料烧毁,压水堆(PWR)中的热流密度保持在临界热流密度(CHF)以下,沸水堆(BWR)中燃料组件的热输出保持在临界功率以下。

为了防止燃料烧毁,反应堆内燃料棒表面的热流密度设计为不超过压水堆中的 DNB(偏离核态沸腾)热流密度。在沸水堆中,燃料组件的功率设计为不超过临界功率。通过模拟实验确定 DNB 的热流密度和临界功率值。尽管实验值存在偏差,但重要的是设计热流密度和燃料组件功率,使其不会超过限值。

1.5.2 带金属包壳的燃料棒

对于密封的燃料棒,其热工限值主要是保证包壳的完整性。从理论上讲,这些限值需要从结构设计参数上来考虑。例如对于稳态和瞬态问题都需要考虑其强度和疲劳问题。然而,因为在动力堆辐照和热环境特性下,这些参数的行为非常复杂。正因为如此,动力堆的设计限值直接规定为一定的温度和热流密度,尽管从长期来看,设计限值还需要逐步向特定的结构设计方面转变。

对于使用圆柱形金属包壳和二氧化物芯块的反应堆的设计限值总结于表 1-9,其中示出了那些超过设计限值的破坏条件(包壳完整性破坏)。对于压水堆和沸水堆都有动力学稳定性极限。总的来讲,在目前反应堆的设计中有些限值并不是强制性的,这些限值在表 1-9 中并没有给出。因为轻水堆的固有特性,包壳温度限制在饱和温度以上很窄的范围内,因此就排除了需要限制包壳壁中心的温度。然而,在瞬态条件下对包壳的平均温度有很严格的限制,特别是在失水事故(LOCA)下。关于该事故有几个设计准则,主要的出发点是保证锆包壳温度低于 1 200 ℃,防止严重的金属-水反应的发生。

对于不同的反应堆型式,其具体的设计限值又有所不同,并随着设计技术的进步而不断演化。例如,对于轻水堆,燃料中心的温度通常因为临界热流密度的原因而被自动限制。但自1980 年代中期以来,随着 LOCA 分析方法的提高,因为 LOCA 而添加的限制已经不是一个决定性的问题。最终轻水堆的芯块和包壳之间的反应(PCI)所导致的过量力学作用成为改变反应堆功率运行的限制条件,目前针对该问题开发的新燃料和包壳材料提高了该极限,并提高了其负荷跟随的能力。

表 1-9　典型的热工设计限值

特征	压水堆	沸水堆	液态金属冷却快堆
破坏极限	1% 包壳应变或 MDNBR≤1.0	1% 包壳应变或 MCPR≤1.0	0.7% 包壳应变
设计限值			
燃料中心温度			
稳态	—	—	—
瞬态	中心无融化	中心无融化	中心无融化
包壳平均温度			
稳态	—	—	648～704 ℃
瞬态	<1 200 ℃（LOCA）	<1 200 ℃（LOCA）	预计瞬态 788 ℃ 假想事故 871 ℃
表面热流密度			
稳态	—	MCPR≥1.2*	—
瞬态	112% 功率时 MDNBR≥1.3	—	—

注：LOCA——失水事故；MDNBR——最小偏离核态沸腾比；MCPR——最小临界功率比；＊——相应的最小临界热流密度比接近于 1.9。

临界热流密度（Critical Heat Flux，CHF）现象由两相冷却剂的传热能力突然下降所致。该热工限制条件可表达为压水堆的偏离核态沸腾（Departure of Nucleate Boiling，DNB）条件和沸水堆的临界功率条件。对于燃料棒来说，体积能量产生率 $q'''(r,z,t)$ 是一个独立参数，在给定冷却剂主流温度 T_b 和热流密度下，降低表面传热能力会导致包壳温度上升，即

$$T_{co} - T_b = \frac{q''}{h} = \frac{q''' R_{fo}^2}{h D_{co}} \tag{1-14}$$

式中，h 为传热系数。从物理机制上看，该传热系数减小的原因是加热面上汽液两相流型变化。在典型压水堆的低空泡份额运行条件下，因为蒸汽层的存在，出现偏离核态沸腾（DNB）而导致包壳温度偏离。在典型的沸水堆运行条件的高空泡份额下，通常受冷却剂冷却的加热面因液膜蒸干（Dryout，D.O.）而导致过热。蒸干现象与蒸干点上游的热工水力条件相关的程度远高于蒸干点的当地条件。DNB 是一个当地现象，而蒸干则是与上游条件相关的积分现象，因此关于 DNB 的关联式和图解曲线表达为热流密度比，而蒸干则表达为功率比。

该两种不同的临界热流密度的物理机制如图 1-18 所示。关于它们与运行工况条件相关的关联式则在后续章节会陆续涉及。因为这些参数因燃料长度的不同而不同，对于 DNB 或蒸干发生的限制条件和实际运行热流密度的裕量不同。对一个典型的 DNB 型的情况，该差异如图1-19所示。通过关联式预测的热流密度和实际运行热流密度的比值称为偏离核态沸腾比（DNBR）。该比值在燃料长度方向变化，在最高热流密度下游某个位置达到最小值。另一个表示方法为基于棒束平均条件，与发生干涸的沸水堆总功率有关。该表示方法表达为临界功率比（CPR）。该问题将在后面章节讨论。

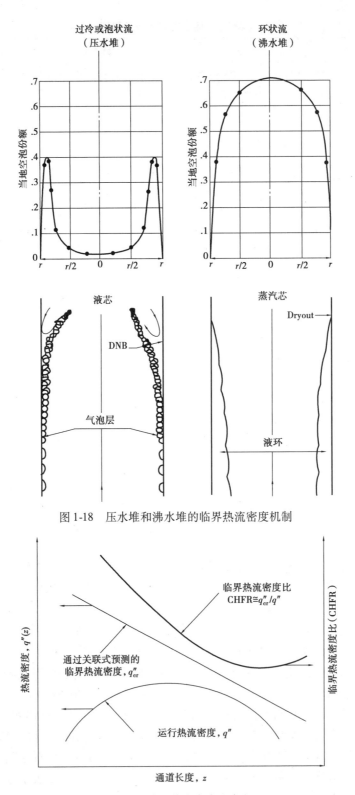

图 1-18　压水堆和沸水堆的临界热流密度机制

图 1-19　临界热流密度比定义

临界条件限值根据相应比率的最小值确定,即 MDNBR(R_{min})或 MCPR(表1-9)。此外,在美国 Brown's Ferry 一号机前,对沸水堆的限制仅针对运行瞬态,正如目前的压水堆那样,随后就应用于100%的功率条件。这些对沸水堆100%功率和压水堆112%超功率限制的裕量,可以作为给定轴向热流密度分布和冷却剂通道条件下的任何特定条件的限制。

对于钠冷快堆,目前要求钠的温度具有一定的过冷度,在瞬态条件下不能超过沸点温度。此外,还针对事故工况下确保在冷却剂排空时能妥善处理事故进行了大量的努力。因此,对于钠冷快堆的限值则着重于燃料和包壳的温度。目前,不允许发生燃料融化。然而,目前工作则着重放在了开发包壳强度判据,这些判据反映了不锈钢包壳工作在蠕变支配的条件下,即使没有发生包壳失效也可能存在某种程度的燃料中心融化的现象。

1.5.3　石墨包覆颗粒燃料

高温气冷堆的燃料为包覆颗粒的形式镶嵌在石墨块或石墨球中,规则的孔或球之间的间隙提供了氦冷却剂的流道。有两种包覆颗粒(图1-20)。BISO 类型燃料颗粒在燃料核上包覆有一层低密度的热解碳作为缓冲层,外面包覆有一层高密度高强度的热解碳层。而 TRISO 型的燃料颗粒在两层如 BISO 型的高密度热解碳层之间夹了一层碳化硅层。在这两种颗粒中,内层和燃料核设计为可容纳膨胀并可包容裂变产物。而缓冲层作为缓冲裂变碎片的反弹层。层状结构还有助于防止裂纹扩展。碳化硅层用于保证尺寸稳定性和低的扩散速率。它相对于周围的热解碳层有更高的热膨胀系数,因此正常情况下是处于被压缩状态。两种颗粒的包覆层厚度大概为150 μm。TRISO 包覆层用于 ^{235}U 富集度为93%的颗粒,而 BISO 颗粒则用于钍颗粒,由增殖材料组成。

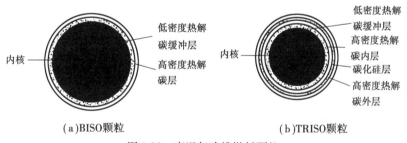

图1-20　高温气冷堆燃料颗粒

典型的尺寸:内核直径100～300 μm;总包覆层厚度:50～190 μm

因为裂变气体通过包覆层或者直接通过包覆层的裂纹扩散,因此需要在稳态裂变反应水平上对释放速率进行限制,使其低于设定水平。建立这些活度水平要保证因一回路事故泄漏时其放射性剂量在规程允许的范围内。对燃料颗粒中心温度的限制为:100% 功率下约为1 300 ℃;短时功率瞬态峰值时约为1 600 ℃。

在满功率时限制最小稳态扩散,而对于瞬态的限制则基于堆内实验,设定为保护包覆层的最小破损。

1.5.4　其他限值

包壳腐蚀及 PCI 作用　对于包壳腐蚀、固态相变和与芯块的相互作用,通常设定燃料包壳的温度限值。例如,对于 Magnox CO_2反应堆、轻水堆(LWR)的锆合金和快中子增殖反应堆的不锈钢燃料包壳温度的限值分别为500℃、550℃和600℃。由于 LWR 中的燃料传热良好,包壳温度不会太超过冷却剂温度;因此,上述温度限制已经包括在防止燃料烧毁的要求中。

流动不稳定性 水力学不稳定性与堆芯控制不稳定性和传热恶化有关。这一问题通过两相流稳定性分析程序来处理,其中考虑了核-热-水力耦合的相互作用。通过考虑冷却剂压力、流量、入口焓、流道入口孔板等因素的关系,计算稳定极限,确定堆芯功率密度的上限。自然循环沸水堆在低流量区存在水力学失稳问题。

结构材料热应力及辐照降级 不仅要防止燃料元件、压力容器、透平等各种部件熔化,而且要将温度保持在部件能够维持正常运行的工况范围内。对于材料强度,考虑屈服准则、疲劳和蠕变,将静态热应力保持在限值以下,以防止辐照引起的脆化。此外,从材料科学的角度来看,将设计温度保持在设定的温度限值以下很重要。

对于 LWR,为了控制反应堆压力容器中的热应力,温度上升速率被限制在 55 K/h 以下。材料选择和运行管理是在反应堆压力容器运行温度不低于零延展性转变温度(NDTT) + 33.3 K(60 ℉),安全壳运行温度不小于 NDTT + 16.7 K(30 ℉)的条件下进行的。

对于气冷堆,温度限制非常严格,从材料疲劳的角度来看,功率变化的积分值是有限的。从氧化和 Wigner 能量释放的角度来看,石墨的温度也受到限制。

1.5.5 热工设计裕量

在任何一个反应堆堆芯设计中,根据堆芯中位置的不同,其热工特性存在巨大差异。对于一个典型的堆芯,热工条件的各种影响如图 1-21 所示。从堆芯的如线功率密度[$<q'>$,由式(2-14)定义]等平均条件开始,应用核功率峰值因子、超功率因子和工程不确定因子等,得到一个受限的 $<q'>$ 值。图 1-21 所示的每一个条件都清楚地用平均值、峰值、名义值和最大值等的组合来定义。对这些术语没有统一的定义,然而在实际运用中有如下公认的用法:

①平均值:通常指堆芯或者元件轴向的平均值。需根据用途来区分。

②峰值:有时指热点;特指极端值发生的物理点。也就是说,峰值功率棒指径向功率最高值的燃料棒;峰值线功率密度指功率峰燃料棒上最高线功率密度的轴向位置。

③名义值:根据设计值计算的参数值。

④最大值:根据设计值最大允许偏差计算得到的参数。

在设计瞬态极限和破坏极限之间留有裕量(图 1-21),这主要是考虑用于监控反应堆运行的仪表也可能存在不确定度,以及用于计算瞬态极限的关联式存在不确定度等因素引起的偏差。

从图 1-21 中可以明显看出,堆芯功率可以通过展平堆芯释热及优化径向的功率-流量比来提升。功率展平可以通过设置反射层、分区装料及补偿棒控制等手段来达到。在水冷反应堆中,当地功率峰效应主要是由水隙所导致,在详细的燃料/冷却剂栅格设计中作为一个附加因子给予了比较多的关注。然而,如果从堆芯中泄漏的中子量很小,功率展平可能就没有那么重要了。

优化堆芯的功率/流量比对于在最大反应堆净功率(即反应堆功率产生减去泵功)下达到理想的反应堆压力容器出口温度很重要。泵功率表达为

$$泵功率 = (\Delta p)A_f V \tag{1-15}$$

式中　Δp——通过回路的总压降;

　　　A_f——冷却剂通道流通面积;

　　　V——冷却剂的平均速度。

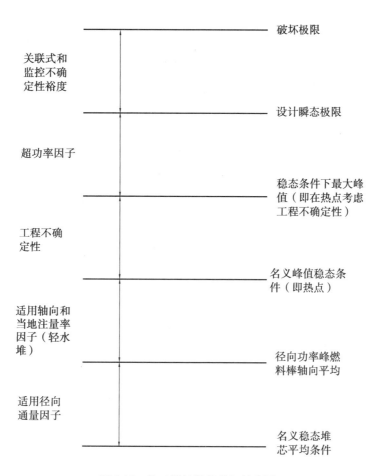

图 1-21 热工设计限值的相关术语

流动控制涉及在堆芯中要为所有燃料组件中达到所需要的出口条件建立足够的冷却剂流量,减小从热堆芯中旁流流量。而有些旁流是必要的,需要保证某些区域(例如反应堆压力容器内壁)的工作参数保持在设计条件内。各个燃料组件的燃耗深度不同导致功率-流量比难以保持一致。燃料组件的流量通常通过节流孔板调节。孔板用于限制进入组件的流量,一般安装在子通道入口,节流孔板还有防止系统出现流动不稳定性的作用。运行过程中一般都不考虑变孔板设计,因此在整个寿期中流量-功率比偏离最优值就不可避免。通过多重入口联箱的方法可以达到比较大的空间流量分配差异,但这个设计太过于复杂,一般不采用。

思考题

1-1 试论述发展核电的重要意义。

1-2 比较成熟的动力堆型主要有哪些,它们各有什么特点?

1-3 反应堆热工分析主要包括哪些内容?

1-4 反应堆电厂各参数选择主要考虑哪些因素?

1-5 反应堆运行和事故瞬态中热工设计限值主要考虑哪些因素?

习 题

1-1 计算各型反应堆(主要计算压水堆)堆芯的平均体积释热率(q''')和表面热流密度(q'')。采用表 1-8 中的线功率密度与几何尺寸。

1-2 针对平均线功率为 17.8 kW/m 的典型压水堆,试根据图 1-21 计算其不确定性裕度。假设其破坏限值发生在燃料棒中心线的融化功率为 70 kW/m。采用下面的倍乘因子:径向通量因子 1.55,轴向和当地通量因子 1.70,工程不确定性因子 1.05,超功率因子 1.15。

1-3 画图表示压水堆在流动惰走时的最小临界热流密度比。在发生流动惰走时,需要描述是如何根据相关通道的工况曲线和 CHF 限值在几个时间点的变化特性,确定随时间变化的最小临界热流密度比。用相对比例画图,并写出所有的假设条件。

第**2**章
反应堆释热和燃料元件的热工分析

通过反应堆中子物理分析计算得到反应堆释热。精确的热源计算是温度场分析的基础，反过来又会影响燃料、冷却剂和结构材料的核性质和物理特性。因此对堆芯的稳态和瞬态过程进行中子和热的耦合分析是堆芯特性精确预测所必需的。为简化起见，在对反应堆进行热设计时可先不进行核热耦合分析，可认为其释热率和分布是相对固定的，在对堆芯进行热分析的基础上再预测其温度场对释热的精确分布的影响。

需要注意的是，反应堆堆芯的运行功率受热工条件的限制，而不是受核特性的限制。也就是说，不管是稳态或者一些特殊的瞬态条件下，堆芯的许用功率受燃料传递到冷却剂的传热能力限制，必须保证不发生超高温导致燃料或结构降级的现象。关于设计限值问题在上一章已经讨论。

2.1 核裂变能量释放及其分布

2.1.1 能量释放的方式

堆的热源来自核裂变过程中释放出来的能量。绝大部分的能量来自重原子吸收中子后的分裂。这个原子核分裂的过程称为裂变（Fission）。小部分的能量来源于燃料、慢化剂、冷却剂及结构材料对中子的非裂变吸收。每次裂变所释放的总能量平均值约为 200 MeV（或 3.2×10^{-11} J），若用 E_f 表示这个值，则可近似认为 $E_f \approx 200$ MeV。该能量包括裂变碎片的动能，新生中子的动能和 γ 射线的能量等，但不包括中微子的能量。很多裂变碎片具有放射性，会放出 β 射线并伴随有中子释放。β 衰变导致一些同位素不稳定，导致缓发中子和 γ 射线的产生。

非裂变材料在吸收中子后，会以 γ 射线形式放出从氢的 2.2 MeV 到重物质的 6~8 MeV 的中子结合能。许多中子俘获产物不稳定，会放出 β 粒子、中子和 γ 射线。图 2-1 示出了能量释放的近似组成，表 2-1 列出了裂变能的近似分配和沉积。

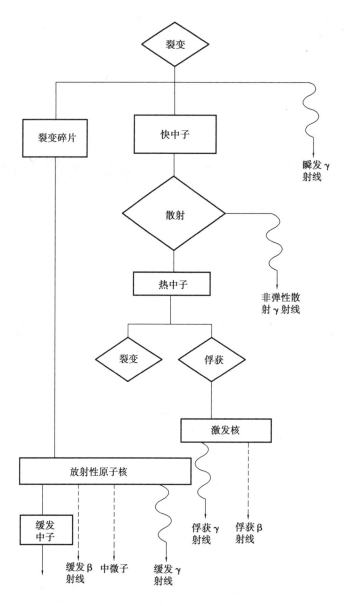

图 2-1　堆内能量释放的形式

易裂变原子的分裂产生两个中等质量的原子核和两个或更多的中子。铀 235 是自然界仅存可提取的易裂变核素,大约只占铀元素的 0.7% 。其他的易裂变核素都是可转换核素通过中子俘获转换而来。如 Pu-239 和 Pu-241 是分别从 U-238 和 Pu-240 吸收中子转变而来。U-233 则是从 Th-232 俘获中子转变而来。

每次裂变所释放的能量 E_f 因易裂变核素不同而不同,Lamash 建议采用如下的关系式来计算热中子所引起的裂变能量:

$$E_f(^{233}U) = 0.98\ E_f(^{235}U)$$
$$E_f(^{239}Pu) = 1.04\ E_f(^{235}U)$$

在典型的轻水堆中,只有大概一半的中子被易裂变核素所吸收,而另外一半的中子被可转换核素、控制棒和结构材料所吸收。轻水堆的新燃料主要是低浓度 U-235 的铀基燃料,即 UO_2

燃料。在轻水堆运行中所产生的钚也参与了能量释放,占到了最大达总释热量的 50%。

表 2-1　裂变能的近似分配和沉积

类型		来源	能量/MeV	射程	释热位置
裂变	瞬发	裂变碎片的动能	168	极短,≈0.01 mm	燃料元件内
		裂变中子的动能	5	中	慢化剂
		瞬发 γ 射线的能量	7	长	燃料和结构材料
	缓发	缓发中子的动能	0.04	中	慢化剂
		裂变产物的 β 射线能	7	短	燃料元件内
		β 衰变有关的中微子能量	10	极长	不可收集
		裂变产物的 γ 射线能	6	长	燃料和结构材料
过剩中子引起的 (n,γ) 反应	瞬发或缓发	过剩中子引起的非裂变反应加上 (n,γ) 反应的 β 衰变和 γ 衰变	≈7	有长有短	燃料和结构材料
总计			≈200 + 10		

2.1.2　能量的沉积

裂变碎片的动能约占总能量的 84%,它在燃料中的射程极短,约为 0.01 mm,所以可以认为这部分能量是在发生裂变处就地释放出来的,只有极少部分裂变碎片会穿入燃料包壳内,但不会穿透。在干净和均匀装载的反应堆内,由裂变碎片动能转变成的热能分布与燃料元件内中子注量率(又称为中子通量密度)的分布基本相同。裂变中子在与慢化剂的头几次碰撞中就失去了大部分的动能,它的射程由几厘米到几十厘米不等。由裂变中子所产生热量的分布取决于它的平均自由程。裂变过程中产生的 γ 射线(包括瞬发 γ 射线和缓发 γ 射线)穿透能力极强,因此它的能量将分别在堆芯、反射层、热屏蔽和生物屏蔽中转变为热能,也有极少部分 γ 射线穿出到堆外。高能 β 粒子在燃料内的射程小于 0.3 mm,所以高能 β 粒子的能量可认为大部分在燃料元件内转变为热能。只有少部分的高能 β 粒子穿出燃料元件进入慢化剂,但它们不会穿出到堆芯外面去。

如果令单位体积内的释热为 $q'''(r)$。要知道 $q'''(r)$ 为 r 点的邻域内所产生的能量,所产生物质经过 r 点。如果令 $q_i'''(r,E)$ 表示反应产物 i 在 r 处所放出的热量。为了得到在 r 处总释热,必须把所有能谱的粒子释放能量积分而得到

$$q'''(\boldsymbol{r}) = \sum_i \int_0^\infty q_i'''(\boldsymbol{r},E)\,\mathrm{d}E \tag{2-1}$$

根据该式计算堆芯某一特定点的释热非常困难。然而,根据已有的反应堆物理分析方法可以较为准确地计算在反应堆堆芯各点的释热。

在缺乏精确数据的情况下,对于热堆,可以假定 90% 以上的总裂变能是在燃料元件内转变成热能的,大约 5% 的总裂变能在慢化剂中转变成热能,而余下的不足 5% 的总裂变能量则

是在反射层、热屏蔽等部件中转变为热能的。在压水动力堆的设计中,通常取燃料元件的释热量占堆总释热量的97.4%;而在沸水堆中取燃料元件的释热量占堆总释热量的96%。

从以上的分析可以知道,裂变能的绝大部分是在燃料元件内转变为热能,所以输出燃料元件内所产生热量的热工水力问题就成为反应堆设计的关键问题之一。

2.1.3 能量产生参数

由堆物理的计算可知,单位体积的裂变率为

$$R = \Sigma_f \phi = N\sigma_f \phi \quad [核反应/(s \cdot cm^3)] \tag{2-2}$$

式中　ϕ——中子注量率,中子/$(cm^3 \cdot s)$;

　　　σ_f——微观裂变截面,cm^2;

　　　N——可裂变核子的密度,核/cm^3;

　　　Σ_f——宏观裂变截面,cm^{-1}。

常用材料的吸收和裂变截面数据见表2-2所列。

表2-2　热中子(0.0253eV)截面数据

材料	截面(巴恩)	
	裂变截面 σ_f	吸收截面 σ_a
铀233	531	579
铀235	582	681
铀238	—	2.7[*]
天然铀	4.2	7.6
钚239	743	1 012
硼	—	759
镉	—	2 450
碳	—	0.003 4
氘	—	0.000 5
氦	—	<0.007
氢	—	0.33
铁	—	2.55
氧	—	0.000 27
钠	—	0.53
锆	—	0.19

[*]因为超热中子的原因,典型反应堆内的^{238}U的实际有效吸收系数比该值高。

则堆芯内单位体积的释热率 q''' 的表达式应为

$$q''' = F_a E_f N\sigma_f \phi \quad [MeV/(cm^3 \cdot s)] \tag{2-3}$$

式中　F_a——堆芯(主要是元件和慢化剂)的释热量占堆总释热量的份额。

如果堆芯的体积为 $V_c(\mathrm{m}^3)$，则整个堆芯释出的热功率 $\dot{Q}_c$ 为

$$\dot{Q}_c = 1.602\ 1 \times 10^{-10} F_a E_f N \sigma_f \bar{\phi} V_c \quad (\mathrm{kW}) \tag{2-4}$$

式中　$\bar{\phi}$——整个堆芯体积内的平均中子注量率，中子/($\mathrm{cm}^3 \cdot \mathrm{s}$)。

如果计入堆芯之外的反射层、热屏蔽等的释热量，则反应堆释出的热功率应为

$$\dot{Q}_t = \frac{\dot{Q}_c}{F_a} = 10^6 E_f N \sigma_f \bar{\phi} V \quad (\mathrm{MeV/s}) \tag{2-5}$$

或

$$\dot{Q}_c = 1.602\ 1 \times 10^{-10} E_f N \sigma_f \bar{\phi} V_c \quad (\mathrm{kW}) \tag{2-6}$$

在给定条件下，上两式的 E_f、σ_f、V_c 均为常数；式中的 N 是堆芯中每单位体积内可裂变燃料的核子数，如果裂变物质在堆芯内的分布是均匀的，则可认为 N 是常数，而实际上在运行中 N 是变化的。为简化起见，在分析中可认为它是常数。这样式(2-4)和式(2-6)中就只有一个变量 $\bar{\phi}$ 了，可见堆的热功率和 $\bar{\phi}$ 成正比。此外，由式(2-3)可知，堆内的体积释热率也是与中子注量率成正比的。因而堆内热源的分布函数和中子注量率的分布函数相同。

单燃料棒参数　反应堆中有 3 个参数与体积释热率有关：

①燃料棒单棒功率 $\dot{q}$。

②与传热表面相垂直的热流密度 q''（可以分别按照包壳内表面、外表面或燃料芯块表面来计算，在热工计算中，以包壳外表面计算为主）。

③单位长度的功率 q'（线功率密度）。

对于第 n 根燃料棒，这 3 种功率参数之间的关系为

$$\dot{q}_n = \iiint_{V_{fn}} q'''(\boldsymbol{r})\mathrm{d}V = \iint_{S_n} \boldsymbol{q}'' \cdot \boldsymbol{n}\mathrm{d}S = \int_L q'\mathrm{d}z \tag{2-7}$$

式中　V_{fn}——燃料元件区的释热体积；

　　　$\boldsymbol{n}$——包围 V_{fn} 面积 S_n 的外法向方向；

　　　L——活性段长度。

根据实际需要，也可以定义如下的热流密度参数：

$$\{q''\}_n = \frac{1}{S_n}\iint_{S_n} \boldsymbol{q}''(\boldsymbol{r}) \cdot \boldsymbol{n}\mathrm{d}S = \frac{\dot{q}_n}{S_n} \tag{2-8}$$

式中，符号 {} 表示面积平均值。

而平均线功率密度定义为

$$q'_n = \frac{1}{L}\int_L q'\mathrm{d}z = \frac{\dot{q}_n}{L} \tag{2-9}$$

如果将式(2-7)应用于实际情况。对于柱状燃料元件，芯块的直径为 d_{fo}，包壳外径 d_{co}，长度为 L，则燃料棒的总功率为

$$\dot{q}_n = \int_{-\frac{L}{2}}^{\frac{L}{2}} \int_0^{\frac{d_{fo}}{2}} \int_0^{2\pi} q'''(r,\theta,z) r\mathrm{d}\theta\mathrm{d}r\mathrm{d}z \tag{2-10}$$

如果用包壳外表面的热流密度来表示，则有

$$\dot{q}_n = \int_{-\frac{L}{2}}^{\frac{L}{2}} \int_0^{2\pi} q''_{co}(\theta,z) R_{co}\mathrm{d}\theta\mathrm{d}z \tag{2-11}$$

式中,忽略了元件的轴向导热及包壳和气隙中的产热。而如果用线功率密度来表示,则有

$$\dot{q}_n = \int_{-\frac{L}{2}}^{\frac{L}{2}} q'(z) \mathrm{d}z = q'_n L \tag{2-12}$$

根据式(2-8),则燃料包壳外表面的热流密度为

$$\{q''_{co}\}_n = \frac{1}{2\pi R_{co}L} \int_{-\frac{L}{2}}^{\frac{L}{2}} \int_0^{2\pi} q''_{co}(\theta,z) R_{co} \mathrm{d}\theta \mathrm{d}z = \frac{\dot{q}_n}{2\pi R_{co}L} \tag{2-13}$$

因此,对于任何一根燃料棒,有:

$$\dot{q}_n = L q'_n = L 2\pi R_{co} \{q''_{co}\}_n = L\pi R_{fo}^2 < q''' >_n \tag{2-14}$$

式中,燃料棒内平均体积释热率为

$$< q''' >_n = \frac{\dot{q}_n}{\pi R_{fo}^2 L} = \frac{\dot{q}_n}{V_{fn}} \tag{2-15}$$

【例2-1】 各种反应堆内的传热参数。

问题:根据表2-3给出的反应堆参数,针对每种反应堆计算如下参数。

①当量堆芯直径和堆芯长度。

②堆芯平均功率密度 $q'''(\mathrm{MW/m^3})$。

③全堆平均线功率密度 $<q'>(\mathrm{kW/m})$。

④全堆燃料棒和冷却剂间的平均热流密度。

表2-3 例2-1表

参数	PWR	BWR	PHWR(CANDU)	SFBR	HTGR
堆芯热功率/MWt	3 800	3 579	2 140	780	3 000
沉积在燃料上的热量占比/%	97.4	96	95	98	100
燃料组件数(全堆)	241	732	12 × 380 = 4 560	198	8 × 493 = 3 944
组件边长/mm	207	152	280	144	361
	(方格)	(方格)	(方格)	(六角形)	(六角形)
燃料棒数(每组件)	236	62	37	217	72
燃料棒长度/mm	3 810	3 760	480	914	787
燃料棒直径/mm	9.7	12.5	13.1	5.8	21.8

解 这里主要针对压水堆(PWR)进行求解,其他的只是给出总结果。

①当量堆芯直径和堆芯长度。

燃料组件的外表面积 $= (0.207 \text{ m})^2 = 0.043(\text{m}^2)$

堆芯面积 $= (0.043 \text{ m}^2) \times (241 \text{ 个燃料组件}) = 10.36(\text{m}^2)$

当量圆形直径:$\dfrac{\pi D^2}{4} = 10.36(\text{m}^2)$

$$D = 3.64 \text{ m}$$

堆芯长度$(L) = 3.81 \text{ m}$

堆芯总体积 $= 3.81 \times \dfrac{\pi(3.64)^2}{4} = 39.65(\text{m}^3)$

②全堆的功率密度。

$$q''' = \frac{\dot{Q}_t}{\pi R^2 L} = \frac{\dot{Q}_t}{V_c} = \frac{3\ 800\ \text{MW}}{39.65\ \text{m}^3} = 95.85(\text{MW/m}^3)$$

③全堆平均线功率密度。

$$\langle q' \rangle = \frac{F_a \dot{Q}_t}{NL} = \frac{0.974 \times (3\ 800\ \text{MW})}{(236\ \text{燃料棒/组件}) \times (241\ \text{组件}) \times (3.81\ \text{m/棒})} = 17.1(\text{kW/m})$$

④堆芯燃料棒和冷却剂间的平均热流密度。

$$\langle q''_{co} \rangle = \frac{F_a \dot{Q}_t}{NL2\pi R_{co}} = \frac{F_a \dot{Q}_t}{NL\pi d_{co}} = \frac{<q'>}{\pi d_{co}}$$

$$= \frac{(17.1\ \text{kW/m})(10^{-3}\ \text{MW/kW})}{\pi(0.009\ 7\ \text{m})} = 0.561(\text{MW/m}^2)$$

对于其他类型的反应堆计算结果见表 2-4,过程就不再赘述。

表 2-4　其他类型的反应堆计算结果

项目	BWR	CANDU	SFBR	HTGR
堆芯当量直径/m	4.64	6.16	2.13	8.42
堆芯长度/m	3.76	5.76	0.914	6.3
堆芯功率密度/(MW·m^{-3})	56.3	12.5	239.5	8.55
平均线功率密度/(kW·m^{-1})	20.1	25.1	19.9	13.4
燃料棒表面平均热流密度/(MW·m^{-2})	0.512	0.61	1.09	0.2

2.2　堆芯功率分布及影响因素

2.2.1　堆芯功率的分布

堆芯内的释热率分布随燃耗寿期而改变。在对堆芯进行详细的热工分析时,释热率分布随寿期的变化可由物理计算给出。为能进行初步的堆芯热工分析,需要对基本概念和基本知识有一些了解,下面主要讨论具有代表性的简化释热率分布模型——均匀裸堆的假设。

假定燃料在堆芯内的分布是均匀的,富集度也一样,不存在反射层。对具有不同几何形状的堆芯,近似的中子注量率分布可以由堆物理计算得到。可以表示为

$$F(r) = \frac{q'''(r)}{q'''_{max}} \tag{2-16}$$

表 2-5 列出了几种形状堆芯的热中子注量率分布函数。求解了近似的单群中子扩散方程后,就可以得到堆芯中的体积释热率分布。堆芯体积释热率可以表达为如下的一般形式:

$$q'''(r) = q'''_{max} F(r) \tag{2-17}$$

式中　q'''_{max}——均匀裸堆中心位置的体积释热率。$F(r)$的表达式见表 2-5。

表 2-5 均匀裸堆中的热中子注量率分布

几何形状	坐标	$q'''(r)/q'''_{max}$ 或 $F(r)$	$q'''_{max}/(\overline{q'''})$ 忽略外推长度
无限大平板	x	$\cos\dfrac{\pi z}{L_e}$	$\dfrac{\pi}{2}$
直角长方形	x,y,z	$\cos\dfrac{\pi x}{L_{xe}}\cos\dfrac{\pi y}{L_{ye}}\cos\dfrac{\pi z}{L_{ze}}$	$\dfrac{\pi^3}{8}$
球形	r	$\dfrac{\sin\left(\dfrac{\pi r}{R_e}\right)}{\pi r/R_e}$	$\dfrac{\pi^2}{3}$
有限圆柱体	r,z	$J_0\left(2.405\dfrac{r}{R_e}\right)\cos\left(\dfrac{\pi z}{L_e}\right)$	$2.32\left(\dfrac{\pi}{2}\right)$

对于动力堆中常见的圆柱形堆芯,其中子注量率分布如图 2-2 所示,其径向为零阶贝塞尔函数分布,轴向为余弦函数分布。可以看到在离开实际堆芯位置很小一段距离后,中子注量率变为 0。$\delta R(\,=R_e-R)$ 和 $\delta L(\,=L_e/2-L/2)$ 分别称为外推半径和外推长度,相对于 R 和 L 一般都很小。

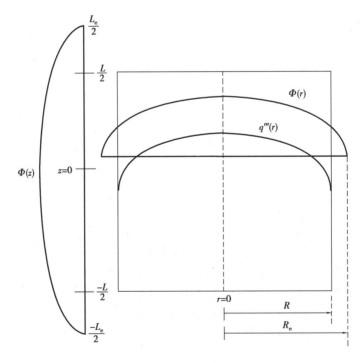

图 2-2 圆柱形均匀裸堆中的中子注量率和释热率分布

若把坐标的原点取在堆芯中心,则其数学表达式为

$$q'''(\boldsymbol{r},z) = q'''_{max}J_0\left(2.4048\dfrac{r}{R_e}\right)\cos\dfrac{\pi z}{L_e} \tag{2-18}$$

堆芯的整体的总释热量可以表示为

$$\dot{Q}_{t} = q'''_{max} \iiint\limits_{V_{co}} F(r)\,dV \tag{2-19}$$

在实际反应堆中,高中子注量率处的燃料燃耗越高,则可以得到在径向和轴向更加展平的功率分布。

2.2.2　影响功率分布的因素

(1)带反射层的均匀堆芯

对于带反射层的均匀堆芯,在内部仍然可以采用单一分布计算得到的功率分布,但在堆芯和反射层之间的区域,一般采用两组分布来描述。这种情况下计算 q''' 更加困难。图 2-3 示出了该种情况下的热中子注量率分布。

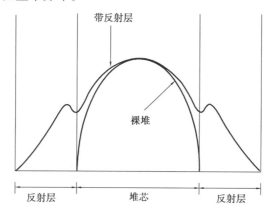

图 2-3　反射层对堆芯热中子注量率径向分布的影响

(2)燃料布置及非均匀堆芯的影响

对于非均匀装料的热中子核反应堆,热量主要在燃料元件中产生,而热中子则产生于慢化剂中。

在一般的动力堆中都有大量的燃料棒。因此对均匀富集度的反应堆可以采用统一的 $q'''(r)$ 与距离中心的半径 r 相关的释热公式来计算释热。然而,在实际反应堆中,堆芯的不同区域装载了不同富集度的燃料。随着燃耗深度的加深,又引入了不同量的钚和裂变产物的含量。压水堆寿期中的典型功率分布示于图 2-4。到目前为止还没有一个分析表达式可以方便地描述其空间分布。目前所建造的反应堆基本上都是非均匀堆,即核燃料在堆芯内并非均匀分布,而是制成确定几何形状的燃料元件,并以适当的栅距排列成栅阵。如果在堆芯中的燃料元件数量很多,排列又很均匀(大多数动力堆属于这种情况),在这种情况下,非均匀堆可近似地视为均匀分布,仍可采用上面给出的释热率分布表达式,由此带来的误差并不会太大。

早期的压水堆大都采用均匀装载方案,其优点之一就是装卸料方便。但对核电厂来说,均匀装载也有不利的方面,从式(2-18)可知,在均匀装载的堆芯内,中心区域将会出现一个高功率峰值,限制了反应堆的总功率输出。这种堆芯的平均燃耗也比较低。为了克服上述缺点,现代核电厂压水堆通常采用分区(如分三区)装载的方案,即沿堆芯的径向分多区配置不同富集度的燃料:具有最高富集度的燃料元件装在最外区,具有最低富集度的燃料元件放在中心区,而中间区燃料元件的富集度介于外区和中心区之间。堆的热功率近似地与中子注量率 $\overline{\phi}$ 和

中心线 |A	B	C	D	E	F	G	H
中心线 —— A 7FG 27 841 35 997 0.72	9AH 10 506 20 929 0.94	8GB 22 820 31 824 0.81	9FG 8 021 18 967 1.03	9FF 12 007 22 721 1.03	8AH 20 927 29 456 0.82	8BG 23 452 32 601 0.93	10AH 0 10 505 1.12
B 9HA 10 506 20 928 0.94	9BG 12 827 23 454 0.97	9CH 9 884 20 535 0.98	8DH 19 247 28 621 0.86	9DH 8 086 19 249 1.08	8EG 21 118 30 125 0.88	10BG 0 12 826 1.36	10BH 0 10 847 1.16
C 8GB 22 820 31 820 0.81	9HC 9 884 20 530 0.98	9GB 12 827 22 827 0.91	8FG 18 968 27 840 0.81	9EG 10 514 21 117 1.02	8CH 20 532 29 348 0.86	8DG 23 409 32 506 0.92	10CH 0 9 883 1.03
D 9FG 8 021 18 956 1.02	8HD 19 236 28 594 0.86	8GF 19 382 28 183 0.80	8FF 22 722 31 183 0.79	9BH 10 847 21 660 1.07	9DG 12 829 23 410 1.07	10DG 0 12 830 1.37*	10DH 0 8 086 0.83
E 9FF 12 007 22 714 1.03	9HD 8 086 19 238 1.08	9GE 10 514 21 098 1.02	9HB 10 847 21 656 1.07	9GF 8 021 19 382 1.15	8BH 21 656 31 071 0.95	10EG 0 10 516 1.10	
F 8HA 20 926 29 454 0.82	8GE 21 099 30 105 0.88	8HC 20 527 29 340 0.86	9GD 12 829 23 408 1.07	8HB 21 651 31 067 0.95	10FF 0 12 010 1.25	10FG 0 8 022 0.82	
G 8BG 23 452 32 601 0.93	10GB 0 12 825 1.36	8GD 23 407 32 504 0.92	10GD 0 12 829 1.37*	10GE 0 10 516 1.10	10GF 0 8 022 0.82		
H 10HA 0 10 505 1.12	10HB 0 10 847 1.16	10HC 0 9 883 1.03	10HD 0 8 086 0.83	*最大相对功率			

3.20 w/o U-235

平均燃耗深度　10.081 MWd/MY
燃料循环热能　896.8 GWd

Kev

1AA	组件号
0	初始燃耗（BOC），MWd/MT
17302	换料燃耗（EOC），MWd/MT
1.04	BOC相对功率（组件/平均）

图 2-4　典型压水堆燃料组件功率和燃耗分布,假定外层装载为新燃料

可裂变核素的密度 N 的乘积成正比,这样,中心区的功率水平降低,而外区的功率水平上升。图 2-5 示出了一个压水堆采用三区分批装料时的径向功率相对分布的情况,图 2-6 则比较了三区装料及反射层对中子注量率的影响。可以看出,功率在径向的分布得到了展平,这对提高整个反应堆的热功率是有利的。这种分区装载的堆芯,在换料时只需要更换一部分燃料组件就可以了,即在堆芯的第一个寿期末,将燃耗最大的中心区燃料组件从堆芯中提出来,而将中间区的燃料组件移到中心区的位置上,再将外区的燃料移到中间区的位置上,然后把新燃料组件装载到最外区的空位上。采用这种倒料方案,燃料的平均燃耗提高。动力堆的燃料装载根据具体的要求可以有不同的方案,比如钠冷快中子增殖堆将堆芯分成两区(点火区与再生区),这将使功率分布产生变化。

(3)控制棒的影响

为了堆的安全和运行操作的灵活性,所有反应堆都必须合理布置一定数量的控制棒。控

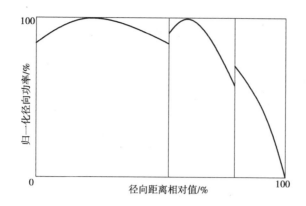

图 2-5　压水堆采用三区分批装料时的归一化功率分布

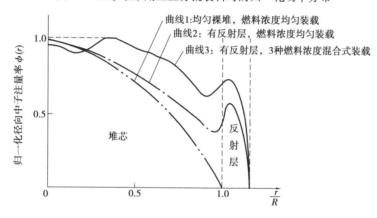

图 2-6　3 种燃料浓度混合式装料时归一化径向中子注量率分布

制棒影响堆芯的径向和轴向中子注量率,因此影响靠近控制棒的功率分布。在反应堆中一般将它们布置在具有高中子注量率的区域,这既有利于提高控制棒的效率,也有利于中子注量率的径向展平。如图 2-7 所示,在堆的寿期初,中央部分的某些控制棒的插入,使堆的径向功率分布得到了展平,在控制棒的边界,中子注量率大幅度下降,所有中央部分的中子注量率及功率水平降低,而外区的中子注量率及功率水平则提高。但在使用控制棒控制堆芯径向功率水平时,也可能给轴向功率分布带来不利的影响。图 2-8 示出了压水堆常见的情况。控制棒由堆顶部插入,在堆的寿期初,控制棒的插入使中子注量率分布歪向堆的底部;而到了寿期末,由于控制棒的提出,而且顶部燃料的燃耗较低,中子注量率分布就向堆的顶部歪斜。从热工的观点来看,这种分布对反应堆的安全是不利的。在加入控制棒后,堆芯的功率峰值与平均峰值之比可能会高于未受扰动堆芯的比值。

　　在许多反应堆中,一些控制棒材料与燃料均匀混合装载在反应堆中形成可燃毒物。随着燃耗的提高,这些材料也会因被消耗而减少,这样可以补偿部分的可裂变物质的消耗。另外,压水堆还广泛使用如硼酸等可溶解的毒物材料来控制反应堆的燃料循环。

　　(4)水隙及空泡对功率分布的影响

　　在以轻水作为慢化剂的堆芯中,还必须考虑由附加的水隙所引起的局部功率峰值。附加水隙包括如沸水堆燃料元件盒之间存在的水隙以及栅距的变化和控制棒提起所留下的水隙。这些水隙引起的附加慢化作用使该处的中子注量率上升,因而使水隙周围元件的功率升高,从

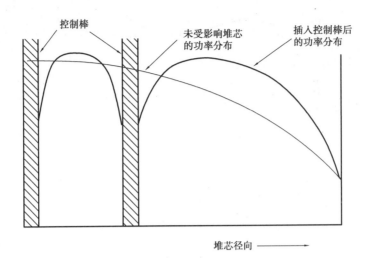

图 2-7　圆柱形反应堆插入控制棒后的径向功率分布

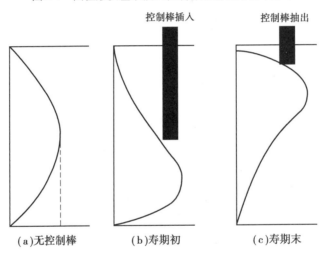

(a)无控制棒　　　(b)寿期初　　　(c)寿期末

图 2-8　控制棒对轴向功率分布的影响

而增大了功率分布的不均匀程度。在一个具有低富集度铀和用不锈钢作燃料包壳的堆芯内，圆形水孔的影响示于图 2-9。

　　由图可见，为了使堆的功率分布均匀，应尽量避免水隙或减小它的影响，早期的水堆采用的是十字形或 Y 形控制棒，在控制棒的下端装有一段用中子吸收截面低的材料制成的"挤水棒"，这样，在控制棒上提时挤水棒可挤去水腔中的水。近代压水堆多采用棒束型控制棒组件，在这种情况下，控制棒的数量多而且细（直径小），控制棒上提后留下的水隙较小，由此引起的注量率峰值并不明显，因而往往可以省掉挤水棒。这样做不仅可以缩小压力壳的高度，而且也有利于堆芯结构的设计。

　　近年来新设计的压水堆已取消在热管出口不允许产生饱和沸腾的限制，这样在堆芯的某些区域就会有蒸汽产生。蒸汽的密度相对水而言要小得多，所以往往把气泡称为空泡。空泡的存在将会导致堆芯反应性下降。这种效应在事故工况下尤为显著，因而空泡的存在能够减轻某些事故的严重性。

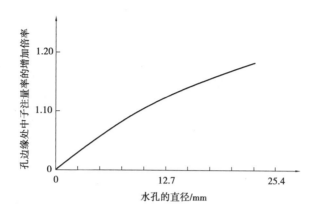

图 2-9 在一个圆形水孔边缘上的中子注量率峰值

在沸水堆中,堆芯上部的含汽量大于堆芯下部的含汽量,所以堆芯下部的中子注量率较高,这和压水堆是不同的。由于存在这一特殊情况,沸水堆的控制棒一般是从反应堆底部向上插入堆芯,有利于中子注量率的展平和控制棒效率的提高。

2.2.3 燃料元件内的功率分布

式(2-18)给出的圆柱形堆芯的热中子注量率分布表达式是相对均匀堆而言的,但对燃料元件数量很多的非均匀圆柱形的堆芯,即对大多数的动力堆仍然可以应用。因为这两种情况的注量率分布的总趋势是一样的,如图 2-10 所示。

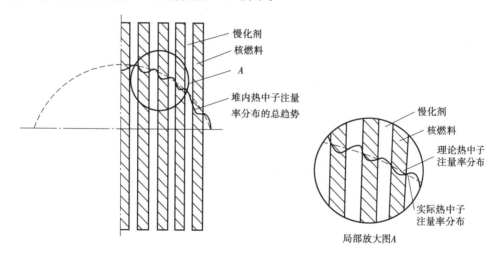

图 2-10 非均匀堆的热中子注量率分布示意图

但应该注意到,在非均匀堆中,由于燃料元件的自屏效应,燃料元件内的中子注量率分布与它周围慢化剂内的中子注量率分布会有较大的差异(图 2-10)。在反应堆计算中,通常假设沿燃料元件径向的释热率是常数,但这个假设不够精确,因为热中子是在燃料元件外围的慢化剂中产生的,而燃料元件的外圈要吸收热中子,燃料元件中心的热中子注量率要比外表面的低。对于快堆,因没有慢化效应,因此在燃料元件断面上中子注量率相对要平一些。

下面来看一下非均匀堆栅阵内半径为 R_0 的棒状燃料元件内的功率分布(图 2-11)。若用半径为 R_1 的具有等效截面的圆来代替原来的正方形栅元,并假设热中子仅在整个慢化剂内均

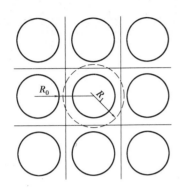

图 2-11　非均匀堆栅内的单元

匀产生,应用扩散理论,则可得到简化后的燃料元件内热中子注量率分布的表达式:

$$\phi = AJ_0(K_0 r) \tag{2-20}$$

式中　ϕ——燃料棒中半径为 r 处的热中子注量率;

J_0——零阶第一类修正的贝塞尔函数;

$K_0^2 = \Sigma_a / D$, Σ_a 为宏观吸收截面,D 为扩散系数;

A——可由边界条件确定。

若燃料棒表面处的热中子注量率为 ϕ_s,则在 $r = R_0$ 处,$\phi = \phi_s$,这样,式(2-20)可改写为

$$\phi = \phi_s \cdot \frac{J_0(K_0 r)}{J_0(K_0 R_0)} \tag{2-21}$$

在一般情况下,ϕ_s 是已知数,若定义燃料元件自屏因子 F 为

$$F = \frac{\phi_s}{\overline{\phi}_e}$$

式中,$\overline{\phi}_e$ 是燃料棒内部的平均热中子注量率。根据前面的假设,对于棒状燃料元件可以证明:

$$F = \frac{K_0 R_0}{2} \cdot \frac{J_0(K_0 R_0)}{J_1(K_0 R_0)} \tag{2-22}$$

式中　J_1——一阶第一类修正的贝塞尔函数。

在采用富集铀并且燃料棒的尺寸比较细(直径小于 13.7 mm)的情况下,F 值的范围是 1.0~1.1。由于 F 值变化不大,为了简化计算,可以认为在燃料元件内某一给定位置上所产生的功率正比于该位置上不考虑自屏效应时的宏观热中子注量率,这样做所造成的误差并不大。更精确的 F 值要根据逃脱概率的方法进行详细物理计算。

2.3　控制棒和结构材料中的释热

2.3.1　控制棒中的热源

控制棒吸收 γ 射线和吸收中子的(n,α)或(n,γ)反应将释出一定热量,也必须对它进行有效的冷却。控制棒内产生的功率及其分布与堆型以及所用控制材料的性质和控制棒的形状(型式)有着直接的关系。可以作为控制棒的材料有硼(B)、镉(Cd)、铪(Hf)等。压水动力堆一般采用银-铟-镉合金或碳化硼作为控制棒材料。通常把控制棒做成类似燃料元件那样的细棒,并且把控制材料做成芯棒,表面用包壳覆盖,以提高其强度、刚度和耐腐蚀性能。通常用不锈钢作为包壳材料。为了改善控制棒的工艺性能和传热性能,常在芯棒和包壳之间充以某种气体(如氦气)。控制棒的热源来自以下两个方面:

①吸收堆芯的 γ 辐射。

②控制棒本身吸收中子的(n,α)或(n,γ)反应。

吸收 γ 射线释热的这一项热源,与堆芯结构、控制棒本身结构、控制棒材料性质以及控制棒在堆芯所处的位置有关。可以用屏蔽设计的方法来进行计算。要计算因(n,α)或(n,γ)反

应释热的热源,首先必须算出控制棒在单位时间内俘获的中子数 n(中子/s)。控制棒每秒俘获的中子数可用下式估算:

$$n = 3.121 \times 10^{13} \dot{Q}_t \Delta k_e (\text{中子}/\text{s}) \tag{2-23}$$

式中　3.121×10^{13}——释放出 1 kJ 能量的裂变数;

$\dot{Q}_t$——单位是 kW;

Δk_e——控制棒对中子的吸收系数,即每次裂变被控制棒吸收的中子数(中子/裂变)。

控制棒俘获中子所产生的反应究竟是(n,α),还是(n,γ),取决于控制棒所用的材料。如果是(n,α)反应,则可假设放出的 α 粒子的能量为 $E_\alpha \approx 2$ MeV。由于 α 粒子的射程短,其能量主要被控制棒本身所吸收,因而所产生的功率为

$$N_\alpha = nE_\alpha = 6.242 \times 10^{13} \dot{Q}_t \Delta k_e \quad (\text{MeV/s})$$
$$= 0.01 \times \dot{Q}_t \Delta k_e \quad (\text{kW}) \tag{2-24}$$

如果是(n,γ)反应,放出的 γ 射线的能谱有一个范围。如果取其能谱的平均值为 E_γ,产生的 γ 量子数为 $\nu(E_\gamma)$,自吸收系数为 a(由于 γ 的穿透能力强,控制棒本身只能吸收 γ 射线的一部分能量),则这一部分功率可用下式表示:

$$N_\gamma = 3.121 \times 10^{13} \dot{Q}_t \Delta k_e E_\gamma \nu(E_\gamma) a \quad (\text{MeV/s})$$
$$= 5.0 \times 10^{-3} \dot{Q}_t \Delta k_e E_\gamma \nu(E_\gamma) a \quad (\text{kW}) \tag{2-25}$$

若控制棒是由 m 种不同的吸收材料组成的,且每种材料吸收中子所产生的反应类型和放出的能量不同,则控制棒因吸收中子所产生的总释热量 N_{cs} 应为

$$N_{cs} = \sum_{i=1}^{m} 3.121 \times 10^{13} \dot{Q}_t \Delta k_e \xi_i E_i a_i \quad (\text{MeV/s})$$
$$= \sum_{i=1}^{m} 5.0 \times 10^{-3} \dot{Q}_t \Delta k_e \xi_i E_i a_i \quad (\text{kW}) \tag{2-26}$$

式中　ξ_i——第 i 种材料所吸收的中子数占控制棒吸收中子总数的份额;

E_i——第 i 种材料每吸收一个中子所产生的能量,MeV;

a_i——第 i 种材料的自吸收系数,视吸收中子后所产生的反应而定;若为(n,α)反应,则 a_i 可取为 1;

式中其余符号的意义同式(2-24)和式(2-25)。

如上所述,在控制棒中的总释热量应该是两项释热量的总和,即吸收堆芯 γ 辐射以及吸收控制棒本身因(n,α)或(n,γ)反应所产生热量的全部或一部分。在求得插入堆芯控制棒的释热量后,就不难用具有内热源的热传导方程算出其温度分布(或中心最高温度)。控制棒最高中心温度应小于特定条件下的允许温度。

2.3.2　慢化剂中的热源

慢化剂中所产生的热量主要是裂变中子的慢化、吸收裂变产物放出的 β 粒子的一部分能量、吸收各种 γ 射线的能量。因为裂变中子的大部分动能都在初始几次的碰撞中失去,因此由它产生的热源分布将取决于快中子的平均自由程。在以轻水作为慢化剂的反应堆内,快中子的平均自由程短,慢化剂中热源的分布大致与中子注量率的分布相同;若反应堆内快中子的平均自由程

长,慢化剂中热源的分布就接近于均匀分布。慢化剂中的体积释热率可近似地用式(2-27)表示

$$q'''_\mathrm{m} = 0.10q''' \frac{\overline{\rho}_\mathrm{m}}{\overline{\rho}} + (1.602 \times 10^{-13}) \Sigma_\mathrm{s} \phi_\mathrm{f}(\Delta E) \tag{2-27}$$

式中　q'''_m——慢化剂中的体积释热率,$\mathrm{W/cm^3}$;

　　　q'''——均匀化处理后堆芯某一位置上的体积释热率,$\mathrm{W/cm^3}$;

　　　$\overline{\rho}_\mathrm{m}$——慢化剂的平均密度,$\mathrm{g/cm^3}$;

　　　$\overline{\rho}$——堆芯材料的平均密度,$\mathrm{g/cm^3}$;

　　　Σ_s——快中子宏观弹性散射截面,$\mathrm{cm^{-1}}$;

　　　ϕ_f——快中子注量率,中子$/(\mathrm{cm^2 \cdot s})$;

　　　ΔE——每次碰撞的平均能量损失,MeV,由式(2-28)给出

$$\Delta E = \frac{E_\mathrm{fa} - E_\mathrm{t}}{n} \tag{2-28}$$

式中　E_fa——快中子的能量,MeV;

　　　E_t——热中子的能量,MeV;

　　　n——快中子慢化成热中子所需的平均碰撞次数,$n = \ln(E_\mathrm{fa}/E_\mathrm{t})/\xi$,其中 ξ 为平均对数能量衰减。

　　应当指出,如果冷却剂和慢化剂是同一种材料,例如水-水反应堆,则慢化剂的冷却问题就可以合并在元件的冷却问题中一并考虑,如果冷却剂是液体而慢化剂是固体,例如水-石墨堆,则慢化剂的冷却必须专门考虑。

2.3.3　结构材料中的热源

　　在堆芯内,由于结构方面的需要,还存在着诸如包壳、元件盒、定位格架、控制棒导向管等结构件。这些材料中热量的来源几乎完全是由于吸收来自堆芯的各种 γ 辐射。若认为对 γ 射线的吸收率正比于材料的质量。则可近似地用式(2-29)估算体积释热率:

$$q'''_\gamma = 0.10q''' \frac{\rho}{\overline{\rho}} \tag{2-29}$$

式中　q'''_γ——堆芯某一位置上的单位体积结构材料吸收 γ 射线所释出的热量,即体积释热率,$\mathrm{W/cm^3}$;

　　　q'''——在均匀化处理后堆芯某一位置上的体积释热率,$\mathrm{W/cm^3}$;

　　　ρ——结构材料的密度,$\mathrm{g/cm^3}$;

　　　$\overline{\rho}$——堆芯材料的平均密度,$\mathrm{g/cm^3}$。

　　此外,由结构材料与中子的相互作用而产生的热量,一般认为不大于由吸收 γ 射线而产生的总热量的 10%,所以用式(2-29)估算 q'''_γ 不会带来太大的误差。

　　显然结构材料中的热源还与结构材料本身的具体形状和所处的部位有密切关系,例如:水堆中的燃料元件的包壳,由于它很薄(通常小于 1 mm),对 γ 射线的衰减很少,就可以忽略衰减 γ 射线所产生的热量。

2.4　停堆释热

　　在反应堆停堆后,其功率并不是立刻降为零,而是按照一个负的周期迅速地按指数规律衰

减,周期的长短最终取决于寿命最长的能衰变释放出缓发中子的裂变核群的半衰期。当反应堆由于各种原因停堆后,堆内自持的链式裂变反应虽然很快终止,但还是有热量不断地从芯块通过包壳传入冷却剂中。这些热量部分来自下述 3 个方面:

①燃料棒内储存的显热。

②剩余中子引起的裂变。

③裂变产物的衰变及中子俘获产物的衰变。

因此,当反应堆停堆后,还必须采取一定的措施对堆芯继续冷却,以便排出热量防止燃料元件因为超温而损坏。通常反应堆都设有专门的余热导出系统或停堆冷却系统。上述 3 个热源随时间变化的特性各不相同,燃料棒内的显热和剩余中子裂变热大约在半分钟之内传出,其后的冷却问题则完全取决于衰变热。假定反应堆运行了很长一段时间后停堆,就意味着裂变产物已达到平衡,这时衰变热一开始约为停堆前功率的 6%,而后迅速衰减,表 2-6 给出了压水堆经过长期运行停堆后其衰变热随时间的变化。

表 2-6　压水堆的衰变热

停堆时间	停堆前稳态功率的百分值/ %
0.1 s	7.466
1 s	6.910
10 s	5.244
100 s	3.475
1 800 s	1.716
1 h	1.390
10 h	0.727
24 h = 1 d	0.575
96 h	0.356
360 h	0.194
720 h = 1 m	0.138
8 760 h = 1 a	0.023

2.4.1　剩余裂变功率的衰减

停堆后热量的来源之一是由于剩余中子裂变而释放的热量,称为剩余裂变功率。当反应堆稳态运行时,有效倍增因子 k_{eff} 必须是 1,否则堆功率就会有变化。堆启动时 k_{eff} 必须大于 1,而停堆时 k_{eff} 必须小于 1。通常用反应性 ρ 表示 k_{eff} 的大小,其定义是:

$$\rho = \frac{k_{eff} - 1}{k_{eff}} \tag{2-30}$$

显然,反应堆处于稳态时,$\rho = 0$。停堆时,由于大量控制棒插入堆芯,等于引入一个负的反应性 ρ。对于热中子裸堆,在停堆后非常短的时间内,如在停堆后 0.1 s 内,这时剩余裂变功率主要是瞬发中子裂变的贡献。这时若没改变反应性前的中子注量率为 ϕ_0,停堆后 t 秒的中子注量率为 $\phi(t)$,则有:

$$\phi(t) = \phi_0 \exp\left[\frac{(k_{eff} - 1)t}{l}\right] \tag{2-31}$$

式中 l——瞬发中子的平均寿命,量级为 10^{-3}s。

若停堆时间较长,就必须考虑缓发中子对剩余裂变功率的影响。若 ρ 的变化小,可近似用单群来表示所有的缓发中子,即取单群的衰变常数 λ 等于六群缓发中子先驱核(表2-7)衰变常数的加权平均值:

$$\lambda = \beta\left(\sum_{i=1}^{6}\frac{\beta_i}{\lambda_i}\right)^{-1} \tag{2-32}$$

表2-7 铀-235 裂变时缓发中子份额和衰变常数

i 组	中子平均寿命/s	衰变常数 λ_i/s^{-1}	份额 β_i
1	80.2	0.012 4	0.000 2
2	32.8	0.030 5	0.001 4
3	9.01	0.111	0.001 3
4	3.32	0.301	0.002 5
5	0.885	1.13	0.000 7
6	0.333	3.0	0.000 3

这时可用式(2-33)求停堆后 t 时刻的中子注量率:

$$\phi(t) = \phi_0\left[\frac{\beta}{\beta-\rho}\mathrm{e}^{-\gamma_1 t} - \frac{\rho}{\beta-\rho}\mathrm{e}^{-\frac{(\beta-\rho)t}{l}}\right] \tag{2-33}$$

式中 β——缓发中子的总份额;

γ_1——最长寿命缓发中子先驱核的衰变常数。

应当指出,式(2-33)仅当 $(\beta-\rho)>0$ 时才能成立。在停堆时,瞬发中子引起注量率变化的部分,即式(2-33)中右端的第二项,其随时间下降比式中右端第一项快得多。

对于典型的采用 U-235 作为燃料的水冷反应堆, $\gamma_1 = 0.012\ 4\ \text{s}^{-1}$, $\beta = 0.006$, $l = 10^{-2}\text{s}$,如果引入负反应性 $\rho = -0.09$ 时,剩余功率则可以计算为

$$\frac{\dot{Q}}{\dot{Q}_0} = 0.062\ 5\mathrm{e}^{-0.0124t} + 0.937\ 5\mathrm{e}^{-960t} \tag{2-34}$$

停堆 0.01 s 后,式(2-33)的第二项便可以忽略不计。若停堆的时间 t 较长且反应性的变化较大,则要分别考虑六群缓发中子的影响。这时中子注量率的近似解为

$$\phi(t) = \phi_0[A_1\exp(-\lambda_1 t) + \cdots + A_6\exp(-\lambda_6 t) + A_0\exp(-t/l)] \tag{2-35}$$

若负反应性大于某个 β ,堆功率下降的速度将由衰变最慢的一群缓发中子先驱核的寿命来决定。此时,堆功率稳定下降的周期约为 80 s。由式(2-35)可见剩余裂变功率的变化规律先是瞬发跃变,而后就缓慢地按指数规律衰减。

对于恒定功率下运行了很长时间的轻水慢化的反应堆,在停堆时如果引入的负反应性的绝对值大于4%,则在裂变功率起重要作用的时间内,可用式(2-36)来估算其相对功率的变化:

$$\frac{\dot{Q}(t)}{\dot{Q}_0} = 0.15\exp(-0.1t) \tag{2-36}$$

式中的 t 以秒计。

由于缓发中子寿命基本上是由反应堆的慢化剂决定的,故式(2-26)只适用于轻水堆,对于用重水慢化的反应堆,衰变常数应该以 0.06 代替 0.1。还应指出的是,式(2-36)只适用于用 U-235 作燃料的反应堆,不适用于以钚为燃料的反应堆。由于 Pu-239 的缓发中子份额只有 0.21% 左右,因此剩余裂变功率将只是 U-235 燃料的 1/3 左右。

2.4.2 衰变功率的衰减

停堆后,除了剩余裂变功率外,还有两个主要热源,即裂变产物的放射性衰变和中子俘获产物的放射性衰变所产生的能量,也即衰变功率。通常把由裂变产物衰变所产生的能量称为裂变产物衰变功率 $\dot{Q}_{s1}(t)$,把中子俘获产物衰变所产生的能量称为中子俘获产物的衰变功率 $\dot{Q}_{s2}(t)$。衰变功率的大小及其随时间的变化对于停堆冷却系统的设计以及设计对乏燃料元件的贮存及运输过程中如何进行冷却都是至关重要的。

(1)裂变产物的衰变功率 $\dot{Q}_{s1}(t)$

目前计算裂变产物衰变功率的方法有两种,一是根据裂变产物的种类及其所产生的射线的能谱编制的计算机程序来计算裂变产物的衰变热,但这种方法比较复杂,这里不作介绍,可参考相关文献资料。另一种方法是把裂变产物作为一个整体来处理,根据实际测量得到的结果,整理成半经验公式,该方法较简单易于计算,也是常用的一种方法。通常用于计算裂变产物衰变功率的半经验公式为

$$\frac{\dot{Q}_{s1}(t)}{\dot{Q}_0} = \frac{A}{200}\left[t^{-a} - (t + t_0)^{-a}\right] \tag{2-37}$$

式中　$\dot{Q}_{s1}(t)$——停堆后 t s 时的裂变产物衰变功率;

$\dot{Q}_0$——停堆前连续运行 t_0 s 的堆功率;A 与 a 为系数,其值见表 2-8。

表 2-8　式(2-37)的系数表

时间范围/s	A	a	最大正误差/%	最大负误差/%
$10^{-1} \leqslant t \leqslant 10$	12.05	0.063 9	4	3
$10 \leqslant t \leqslant 1.5 \times 10^2$	15.31	0.180 7	3	1
$1.5 \times 10^2 \leqslant t \leqslant 4 \times 10^6$	26.02	0.283 4	5	5
$4 \times 10^6 \leqslant t \leqslant 2 \times 10^8$	53.18	0.225 0	8	9

(2)中子俘获产物衰变功率 $\dot{Q}_{s2}(t)$

若是用天然铀或低富集度铀作为反应堆的燃料,则由于 U-238 在堆芯中吸收中子后转换成 U-239(半衰期为 23.5 min)并放出 γ 射线,而 U-239 产生的 β 负衰变转换成 Np-239(半衰期 3.35 天),这时放出的 β,γ 射线对衰变功率的贡献称为中子俘获产物衰变功率 $\dot{Q}_{s2}(t)$,当 $t_0 \to \infty$ 时,可用式(2-38)计算:

$$\frac{\dot{Q}_{s2}(t)}{\dot{Q}_0} = 2.28 \times 10^{-3}c(1 + \alpha)\exp(-4.91 \times 10^{-4}t) +$$
$$2.19 \times 10^{-3}c(1 + \alpha)\exp(-3.41 \times 10^{-5}t) \tag{2-38}$$

式中 c——转换比；

α——U-235 的辐射俘获与裂变数之比。

如果是用低富集度铀作燃料的压水堆,可取 $c=0.6$, $\alpha=0.2$,因为式(2-38)中忽略了其他俘获产物对 $\dot{Q}_{s2}(t)$ 的贡献,所以通常把式(2-38)算得的数值再乘以系数 1.1。

2.5 燃料元件中的导热微分方程

精确计算燃料元件和反应堆结构件的温度分布对于预测这些组件的全寿期特性非常重要。温度梯度决定了材料中的热应力水平、高温及载荷下结构的变形、蠕变特性和材料的低温破坏特性等。温度还影响冷却剂和固体的化学反应和扩散特性,影响材料的腐蚀特性。此外,燃料和冷却剂的温度还会导致其中子反应特性的变化,进而影响精确预测稳态和瞬态条件下的堆芯释热特性。本节将重点关注燃料元件中的稳态温度场,所涉及的原理也适用于结构件的温度场计算。

燃料元件中的温度分布主要受堆芯释热、燃料的物理性能、冷却剂和燃料包壳的温度条件等影响。燃料棒中的释热正如在 2.2 节中已经详细讨论的那样,主要受燃料棒附近中子慢化情况及燃料棒内中子反应速率的影响,而这又与材料性质和其温度等相关。尽管目前在某些条件下可以解耦这种关系,但要精确预测燃料温度还是需要确定中子和温度场分布。为了简单起见,本书在计算温度场之前都假定释热率分布不受这些参数的影响。

自 1955 年开始运行的希平港压水堆后,铀氧化物在轻水堆中得到了广泛应用。而金属铀及其合金则应用在研究堆中。早期的液态金属冷却反应堆主要使用钚燃料,而现在转为使用 UO_2 和 PuO_2 混合燃料。20 世纪 80 年代在美国设计的快堆中又重新兴起使用金属燃料。在本章后面还将重点讨论这些材料的性质。在轻水堆中使用的 UO_2 燃料以其优良的化学和耐辐照性能为显著优点,而使得如低热导率和铀原子密度低等缺点不那么显著。而碳化物和氮化物燃料如果能够验证在辐照下膨胀不显著,在未来的反应堆中仍然可以得到使用。

表 2-9 和表 2-10 分别给出了各种燃料材料和包壳材料的热物理性质。

表 2-9 燃料材料的热物理性质

特性	U	UO_2	UC	UN
室温理论密度/$(kg \cdot m^{-3})$	19.04×10^3	10.97×10^3	13.63×10^3	14.32×10^3
金属密度*/$(kg \cdot m^{-3})$	19.04×10^3	9.67×10^3	12.97×10^3	13.60×10^3
熔点/℃	1 133	2 800	2 390	2 800
稳定范围	最高 665 ℃	熔点以下	熔点以下	熔点以下
200 ~ 1 000 ℃ 平均热导率/$[W \cdot (m \cdot ℃)^{-1}]$	32	3.6	23($UC_{1.1}$)	21
100 ℃ 比热/$[J \cdot (kg \cdot ℃)^{-1}]$	116	247	146	—
线膨胀系数/℃	—	10.1×10^{-6} (400 ~ 1 400 ℃)	11.1×10^{-6} (20 ~ 1 600 ℃)	9.4×10^{-6} (1 000 ℃)

* 化合物理论密度下铀元素的密度。

续表

特性	U	UO_2	UC	UN
晶体结构	655 ℃以下:α,斜方晶, 770 ℃以上:γ,体心立方	面心立方	面心立方	面心立方
抗拉强度/MPa	344 ~ 1 380	110	62	未很好定义

表 2-10　包壳材料的热物理性质

性质	Zr-2	Zr-4	316 不锈钢
密度/$(kg \cdot m^{-3})$	6.55×10^3	6.55×10^3	7.8×10^3
熔点/℃	1 758	1 758	1 400
热导率/$[W \cdot (m \cdot ℃)^{-1}]$	22(400 ℃)	19(400 ℃)	23(400 ℃)
比热/$[J \cdot (kg \cdot ℃)^{-1}]$	330(400 ℃)	337(400 ℃)	580(400 ℃)
线膨胀系数/℃	6.42×10^{-6}	5.65×10^{-6}	18×10^{-6}

2.5.1　导热微分方程的一般形式

在燃料中有热量产生的情况下,导热微分方程可写为如下形式:

$$\rho c_{p}(\boldsymbol{r}, T) \frac{\partial T(\boldsymbol{r}, t)}{\partial t} = \nabla \cdot k(\boldsymbol{r}, T) \nabla T(\boldsymbol{r}, t) + q'''(\boldsymbol{r}, t) \tag{2-39}$$

在定常条件下,方程简化为:

$$\nabla \cdot k(\boldsymbol{r}, T) \nabla T(\boldsymbol{r}) + q'''(\boldsymbol{r}) = 0 \tag{2-40}$$

根据傅里叶导热定律,导热热流密度为 $\boldsymbol{q}'' \equiv -k \nabla T$,因此式(2-40)可变为

$$-\nabla \cdot \boldsymbol{q}''(\boldsymbol{r}, T) + q'''(\boldsymbol{r}) = 0 \tag{2-41}$$

方程中 ∇ 为哈密顿算子,在笛卡尔坐标系中,$\nabla = \frac{\partial}{\partial x}\boldsymbol{i} + \frac{\partial}{\partial y}\boldsymbol{j} + \frac{\partial}{\partial z}\boldsymbol{k}$。

2.5.2　热导率近似

在导热各向同性的物质中,k 是一个与材料、温度和压力有关的标量。在非各向同性的物质中,其热行为因方向不同而不同。一些高度取向性晶体类物质中,可能会有严重的各向异性。例如,沉积热解石墨与底面平行和垂直方向的热导率比可以达到 200:1。对于各向异性和非均质物质来讲,$\boldsymbol{k}$ 是一个张量,在笛卡尔坐标系中可以写为

$$\boldsymbol{k} = \begin{pmatrix} k_{xx} & k_{xy} & k_{xz} \\ k_{yx} & k_{yy} & k_{yz} \\ k_{zx} & k_{zy} & k_{zz} \end{pmatrix} \tag{2-42}$$

对于各向异性均质固体,该张量为对称张量,也即,$k_{ij} = k_{ji}$。在大多数情况下,k 都可以看作为一个标量。本书也将这样来处理该物理量。

如前所述,热导率因物质不同而不同,并随着温度和压力变化而变化。k 值可能从气体的接近于 0 到极低温下天然铜的 4 000 W/(m·℃)范围内变化。

k 与压力的关系因物理状态不同而不同。气相的 k 值与压力强烈相关,而对于固体,该效应可忽略。因此对固体来讲,热导率仅是温度的函数,也即 $k=k(T)$,可根据实验确定。对大多数金属,式(2-43)都可以在很大温度范围内得到满意的拟合结果,即:

$$k = k_0[1 + \beta_0(T - T_0)] \tag{2-43}$$

式中,k_0 和 β_0 因金属不同而不同。显然 k_0 与参考温度 T_0 有关。β_0 可能是正值也可能是负值。总的来讲,对于纯均质金属,β_0 为负,而对于合金则为正。

对于核燃料来讲,情况变得更为复杂,k 因辐照造成化学和物理结构(燃料芯块因为温度和裂变产物变得多孔)的改变而发生改变。

即使假定 k 为一标量,也因为式(2-40)的非线性而难于求解。最简单克服该问题的方法是通过下述 4 种手段将方程转变为线性方程:

①在给定范围内 k 变化很小时,可以假定 k 为常数,这样式(2-40)就转变为

$$k\nabla^2 T(\boldsymbol{r}) + q'''(\boldsymbol{r}) = 0 \tag{2-44}$$

②如果在给定温度范围内 k 变化很大,可通过式(2-45)定义一个平均热导率 $\bar{k}$:

$$\bar{k} = \frac{1}{T_2 - T_1}\int_{T_1}^{T_2} k\mathrm{d}T \tag{2-45}$$

这样就可以用 $\bar{k}$ 代替式(2-44)中的 k。

③如果对于 k 有经验关系式,可以得到单变量的微分方程,在大多数情况下可以转变为一个相对简单的线性微分方程。例如,式(2-43)可以写为如下形式:

$$T - T_0 = \frac{k - k_0}{\beta_0 k_0} \tag{2-46}$$

因此有

$$k\nabla T = \frac{k\nabla k}{\beta_0 k_0} = \frac{\nabla k^2}{2\beta_0 k_0} \tag{2-47}$$

则

$$\nabla \cdot (k\nabla T) = \frac{\nabla^2 k^2}{2\beta_0 k_0} \tag{2-48}$$

将式(2-48)代入式(2-40),则得到

$$\nabla^2 k^2 + 2\beta_0 k_0 q''' = 0 \tag{2-49}$$

该式是一个关于 k^2 的线性微分方程。

④最后一个方法就是对传热方程可以用下面介绍的基尔霍夫变换进行线性化。在许多情况下,可以采用如下积分:

$$\int_{T_1}^{T_2} k(T)\mathrm{d}T$$

式中 $T_2 - T_1$ ——所关心的温度变化区间。

基尔霍夫变换主要就是通过该积分来求解修正的热传导方程。定义从 $T_1 \sim T$ 的积分热导率 θ 为

$$\theta \equiv \int_{T_1}^{T} k(T)\mathrm{d}T \tag{2-50}$$

新的变量 θ 可以用于如下变换:

$$\nabla\theta = \nabla\int_{T_1}^{T} k(T)\mathrm{d}T = \nabla T\frac{\mathrm{d}}{\mathrm{d}T}\int_{T_1}^{T} k(T)\mathrm{d}T = k(T)\nabla T \tag{2-51}$$

在该式中,有

$$k(T) \nabla T = \nabla \theta \tag{2-52}$$

则有

$$\nabla \cdot [k(T) \nabla T] = \nabla^2 \theta \tag{2-53}$$

在稳态下,式(2-40)变为

$$\nabla^2 \theta + q''' = 0 \tag{2-54}$$

该方程是一个线性微分方程,可以很容易求解。

在实际应用中,核工程的计算机程序在数值求解中可以使用与温度相关的热导率。式(2-40)仍然可以在一维条件下容易求解。因此上述方法仅应用于多维问题的分析解中。

2.6　UO₂ 的热物性

轻水堆的燃料成分主要是 UO₂,因此本部分主要关注该应用最为广泛的燃料材料的物理性质。将特别关注其导热性、熔点、比热和气体释放等问题。

2.6.1　热导率

很多的因素都会引起 UO₂ 的热导率发生改变,这里面包括温度、孔隙率、氧-金属原子比、PuO_2 含量、芯块裂纹和燃耗深度等。

(1) 温度效应及积分热导率

实验发现当 UO₂ 温度低于 1 750 ℃ 时,其热导率都是随温度上升而逐渐下降的,高于 1 750 ℃ 后又重新上升。常用的积分热导率也示于图 2-12 中,而关于 $k(T)$ 的积分热导率的多项式拟合方法列于表 2-11 中。所有的公式中,$\int_{0℃}^{熔点} k(T) \mathrm{d}T$ 的积分结果都是 93.5 W/cm。

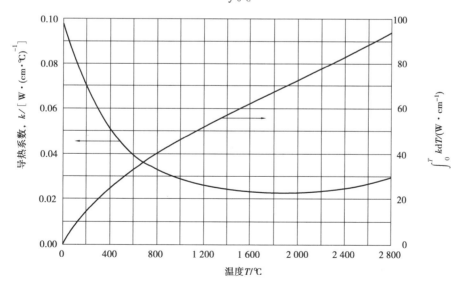

图 2-12　95% 理论密度下的 UO₂ 热导率

对于离子晶体,热导率可以通过假设固体是理想气体,其粒子服从晶体内量子弹性波振荡(称为声子)来计算。有研究表明 UO_2 的热导率可以通过该量子模型预测其与温度的关系。表2-11 给出了 UO_2 的积分热导率与其温度的对应数值。利用该表可以很容易求得一个给定中心温度所需的线功率密度。反之亦然,根据给定的线功率密度求出中心温度 T_0 的具体值。

表 2-11　95% 理论密度下 UO_2 的热导率计算公式

温度相关热导率［UO_2 的热导率 k 单位为 W/(cm · ℃),温度 T 单位为℃］	
1. 根据 Lyon 的 $\int k\mathrm{d}T$ 推导得出(燃烧工程公司使用) $$k = \frac{38.24}{402.4 + T} + 6.125\,6 \times 10^{-13}(T + 273)^3$$	(2-55)
2. 根据各种来源的数据进行拟合(西屋公司使用) $$k = \frac{1}{11.8 + 0.023\,8T} + 8.775 \times 10^{-13}T^3$$	(2-56)
3. Lyon 的 $\int k\mathrm{d}T$ 多项式拟合(Babcock & Wilcox) $$\begin{aligned}\int_0^T k\mathrm{d}T =\ & -1.643\,323 + 5.381\,762 \times 10^{-2}(32 + 1.8T) - 3.239 \times 10^{-5}(32 + 1.8T)^2 + \\ & 1.887\,217 \times 10^{-8}(32 + 1.8T)^3 - 8.068\,163 \times 10^{-12}(32 + 1.8T)^4 + \\ & 2.311\,631 \times 10^{-15}(32 + 1.8T)^5 - 4.110\,686 \times 10^{-19}(32 + 1.8T)^6 + \\ & 4.085\,455 \times 10^{-23}(32 + 1.8T)^7 - 1.727\,832 \times 10^{-27}(32 + 1.8T)^8\end{aligned}$$	(2-57)
$\int k\mathrm{d}T$ 单位为 W/cm	

(2)孔隙率(密度)效应

氧化物燃料一般采用 UO_2 或者混合物在高温下的烧结压制块的形式制作。通过控制烧制条件和材料,通常可以得到表观密度大约为 90% 理论密度的材料。

总的来讲,材料的热导率随孔隙率降低而升高。因此要得到高热导率材料,就希望保证尽量低的孔隙率。然而,在燃料辐照过程中因为裂变气体的累积可能导致芯块的膨胀而变形。因此需要控制芯块具有一定的孔隙率用于容纳裂变气体而降低其膨胀。因为快堆具有很高的功率密度而产生远比热堆更多的裂变气体,该原则尤为重要。

UO_2 的积分热导率见表2-12。

表 2-12　UO_2 的积分热导率

t /℃	$\int_0^t k_u \mathrm{d}t$/(W · cm^{-1})	t/℃	$\int_0^t k_u \mathrm{d}t$/(W · cm^{-1})	t /℃	$\int_0^t k_u \mathrm{d}t$/(W · cm^{-1})
50	4.48	800	42.02	1 738	66.87
100	8.49	900	45.14	1 876	68.86
200	15.44	1 000	48.06	1 990	71.31
300	21.32	1 100	50.61	2 155	74.88
400	26.42	1 200	53.41	2 343	79.16
500	30.93	1 298	55.84	2 432	81.07
600	34.97	1 405	58.40	2 805	90.00
700	38.65	1 560	61.95		

孔隙率定义为

$$P = \frac{孔隙总体积(V_{\mathrm{p}})}{孔隙(V_{\mathrm{p}})\,和固体(V_{\mathrm{s}})\,总体积} = \frac{V_{\mathrm{p}}}{V} = \frac{V - V_{\mathrm{s}}}{V}$$

或

$$P = 1 - \frac{\rho}{\rho_{\mathrm{TD}}} \tag{2-58}$$

式中　ρ_{TD}——无孔隙固体的理论密度。

孔隙率对积分热导率 $\int k\mathrm{d}T$ 的影响示于图 2-13 中。

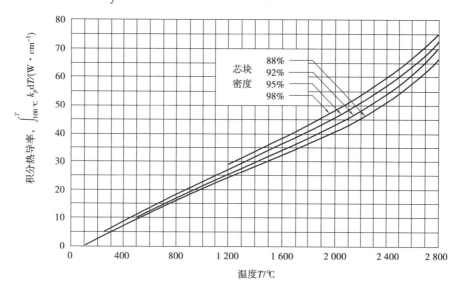

图 2-13　混合燃料积分热导率与温度的关系

考虑到线孔隙率与 $P^{\frac{1}{3}}$ 相关,截面孔隙率与 $P^{\frac{2}{3}}$ 相关,Kampf 和 Karsten 忽略孔隙导热的导热率公式为

$$k = (1 - P^{\frac{2}{3}})k_{\mathrm{TD}} \tag{2-59}$$

修正的 Loeb 公式经常用于拟合 UO_2 的热导率测量值:

$$k = (1 - \alpha_1 P)k_{\mathrm{TD}} \tag{2-60}$$

α_1 值为 2~5。

Biancharia 则考虑孔隙的形状导出了公式(2-61):

$$k = \frac{1 - P}{1 + (\alpha_2 - 1)P}k_{\mathrm{TD}} \tag{2-61}$$

对于球形孔,$\alpha_2 = 1.5$;对于非对称孔,该值要大一些。该公式常用于钠冷快堆的计算中。

还有其他的一些计算方法,这里不再一一介绍,有兴趣的读者请参考其他相关文献。

(3) 氧-金属原子比

针对铀和钚的氧-金属原子比可能会与理论的配位数 2 有所不同。该变化将影响几乎所有的物理性质。配位数变化随着寿期进行而发生。总的来讲,高于或低于化学配位数都将降低热导率,如图 2-14 所示。

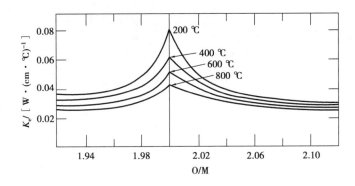

图 2-14　MOX 燃料（$UO_{0.8}Pu_{0.2}O_{2\pm x}$）的热导率与配位数的关系

（4）钚含量影响

随着 MOX 燃料的钚含量增加，其热导率降低。

（5）芯块裂纹的影响

　　燃料芯块裂纹和碎片在缝隙中的再分布导致芯块的热导率和气隙导热发生变化。美国爱达荷国家实验室给出了裂纹对热导率的影响。对于一个新的氦气充填的有裂纹的轻水堆燃料棒，其关系为

$$k_e = k_{UO_2} - (0.000\,218\,9 - 0.050\,867X + 5.657\,8X^2) \tag{2-62}$$

其中

$$X = (\delta_{热} - 0.014 - 0.14\delta_{冷})\left(\frac{0.054\,5}{\delta_{冷}}\right)\left(\frac{\rho}{\rho_{TD}}\right)^8 \tag{2-63}$$

式中　k 单位为 $kW/(m \cdot ℃)$；

　　　$\delta_{热}$——无裂纹热态下的缝隙宽度，mm；

　　　$\delta_{冷}$——冷态缝隙宽度，mm；

　　　ρ_{TD}——UO_2 的理论密度。

图 2-15 示出了裂纹对燃料热导率的影响。

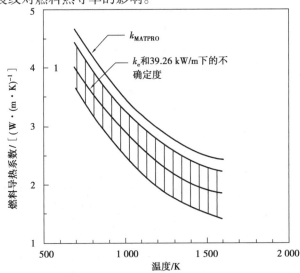

图 2-15　MATPRO 程序中燃料与计算的有效热导率随温度的变化（2.2% 不确定度）

(6) 燃耗的影响

燃料的辐照导致孔隙率、成分和化学配位数等发生变化。但这些改变在轻水堆中总的来讲很小,燃耗也仅是初始铀原子数的 5% 的量级。在快堆中,该数值要大一些,可能达到初始铀或者钚原子数的 10%。随着燃耗的加深,裂变产物使热导率有所下降,燃料在此过程中所形成的裂纹也会降低有效热导率。金属氧化物材料在高于一定的温度时(大约 1 400 ℃)会发生烧结效应,导致燃料的密度升高。该密度升高的现象发生在燃料芯块的中心区域,会影响燃料的热导率,随温度分布不同而发生改变。

2.6.2　裂变气体释放

在燃料棒设计中,计算有多少气体释放到燃料元件的端部空间中很重要。有些气体在低温下从 UO_2 释放,而在高温下伴随着结构的改变,更多的气体释放到包壳中,所释放的气体使包壳的内压增高。在工程分析中经常假定气体释放比率 f 与温度相关,可以采用如下简单的关系来计算气体释放的比率:

$$
\begin{aligned}
f &= 0.05 \quad &T < 1\ 400\ ℃ \\
f &= 0.10 \quad &1\ 500 > T > 1\ 400\ ℃ \\
f &= 0.20 \quad &1\ 600 > T > 1\ 500\ ℃ \\
f &= 0.40 \quad &1\ 700 > T > 1\ 600\ ℃ \\
f &= 0.60 \quad &1\ 800 > T > 1\ 700\ ℃ \\
f &= 0.80 \quad &2\ 000 > T > 1\ 800\ ℃ \\
f &= 0.98 \quad &T > 2\ 000\ ℃
\end{aligned}
\tag{2-64}
$$

可以基于各种物理机制和气体迁移机理计算的结果给出更为复杂的裂变气体释放率,但一般设计者更倾向于使用简单的模型来估计气体释放率。

2.6.3　熔点

纯 UO_2 的熔点约为 2 840 ℃。熔化过程从固相线开始,在较高温度下的液相线上结束。熔化的范围受氧-金属原子比(图 2-16)和 Pu 的含量的影响很显著。因此在轻水堆的设计中,经常会使用到保守的 2 600 ℃ 作为 UO_2 的熔点。Olsen 和 Miller 在 MATPRO 程序中拟合了 PuO_2 对熔点的影响:

$$
T(\text{固相线}) = 2\ 840 - 5.414\xi + 7.486 \times 10^{-3}\xi^2 \quad ℃
\tag{2-65}
$$

式中　ξ——氧化物中 PuO_2 的摩尔分数。

2.6.4　比热容

燃料的比热在确定很多瞬态后的事故序列中非常重要。它随燃料温度的变化会发生非常巨大的变化,具体情况如图 2-17 所示。

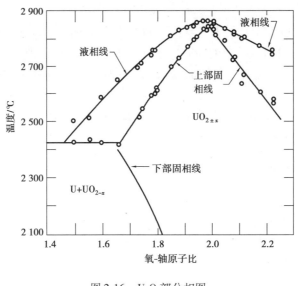

图 2-16　U-O 部分相图

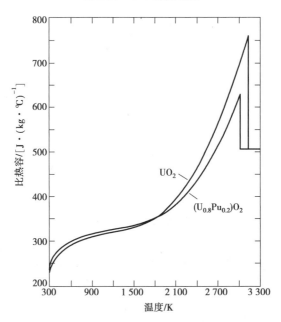

图 2-17　UO_2 和（U,Pu）O_2 比热容与温度的关系

2.7　燃料元件中的温度场分布

对于燃料芯块和包壳,可能需要知道两方面的问题:

①在给定的线功率密度下的最高温度 T_{max}。

②在限定的最高温度 T_{max} 下,能达到的最高线功率密度 q'_{max}。圆柱形的燃料芯块在现代动力堆中应用非常广泛。各种燃料芯块的尺寸列于表 1-3 中。

2.7.1　棒状燃料元件的一般温度分布

(1) 芯块断面温度分布

假设燃料芯块内的中子注量率均匀,则体积释热率(q''')可以假定是均匀的;对于节距/直径比大于 1.2 的棒状燃料元件可以假设元件的周向热流密度和流动均匀;对于一般的反应堆燃料元件,其长度/直径比一般都大于 10,因此可以在除了端部外的绝大部分长度范围内忽略轴向导热。如图 2-18 所示,燃料芯块包容在包壳内,芯块与燃料包壳之间有均匀的气隙,则计算棒状燃料元件稳态温度场的导热微分方程为

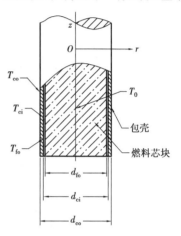

$$\frac{1}{r}\frac{\mathrm{d}}{\mathrm{d}r}\left(kr\frac{\mathrm{d}T}{\mathrm{d}r}\right) + q''' = 0 \tag{2-66}$$

一次积分,得

$$kr\frac{\mathrm{d}T}{\mathrm{d}r} + q'''\frac{r^2}{2} + C_1 = 0 \tag{2-67}$$

该式可以写为

$$k\frac{\mathrm{d}T}{\mathrm{d}r} + q'''\frac{r}{2} + \frac{C_1}{r} = 0 \tag{2-68}$$

对于实心的圆柱体,$r = 0$ 时的热流传递量为 0。因此有:

图 2-18　棒状燃料元件示意图

$$q''\big|_{r=0} = -k\frac{\mathrm{d}T}{\mathrm{d}r}\bigg|_{r=0} = 0 \tag{2-69}$$

根据式(2-68),则有

$$C_1 = 0 \tag{2-70}$$

则对式(2-68)积分得

$$-\int_{T_{\max}}^{T} k\mathrm{d}T = \frac{q''' r^2}{4} \tag{2-71}$$

而燃料芯块线功率密度 q'、表面热流密度 q'' 和体积释热率 q''' 之间的关系为

$$q' = 2\pi R_{\mathrm{fo}} q'' = \pi R_{\mathrm{fo}}^2 q''' \tag{2-72}$$

因此有:

$$-\int_{T_{\max}}^{T_{\mathrm{fo}}} k\mathrm{d}T = \frac{q'}{4\pi} = \frac{q'' R_{\mathrm{fo}}}{2} = \frac{q''' R_{\mathrm{fo}}^2}{4} \tag{2-73}$$

可以看到,固体燃料芯块的表面和芯部的温差只与 q' 有关,与芯块半径 R_{fo} 无关。因此控制线功率密度 q' 就可以直接控制燃料芯块的最高温度。

读者可以自己验证,在定热导率的条件下,燃料芯块的平均温度可以用下式计算:

$$\overline{T} - T_{\mathrm{fo}} = \frac{1}{2}(T_0 - T_{\mathrm{fo}}) = \frac{q'}{8\pi k}$$

(2) 圆筒壁形燃料包壳

由傅里叶导热定律给出

$$Q = -k_{\mathrm{c}}F\frac{\mathrm{d}T}{\mathrm{d}r}$$

解此方程可得到圆筒壁形包壳内外表面之间的温差为

$$T_{ci} - T_{co} = \frac{Q}{2\pi k_c L}\ln\frac{d_{co}}{d_{ci}} = \frac{q'}{2\pi k_c}\ln\frac{d_{co}}{d_{ci}} \tag{2-74}$$

式中　Q——通过燃料棒活性区圆筒壁形包壳外表面的总热功率,W;

　　　q'——线功率密度,W/m,$q' = Q/L$;

　　　k_c——包壳的热导率,W/(m·℃);

　　　d_{ci}, d_{co}——燃料包壳的内径和外径,m。

2.7.2　考虑轴向功率分布的棒状燃料元件的温度场

为了利用堆芯所产生的热量,预估堆内燃料元件的运行状态,需要了解冷却剂的焓场和在稳态和瞬态时的燃料元件的温度分布情况。

如图 2-19 所示为棒状燃料元件的示意图。假设在已知燃料元件的释热率分布 $q'(z)$、几何尺寸以及冷却剂的流量、进口温度、进口焓等条件下,求沿冷却剂通道的冷却剂焓场 $H_f(z)$ 和温度场 $T_f(z)$、包壳外表面的温度分布 $T_{co}(z)$ 以及燃料芯块的中心温度 $T_0(z)$ 分布。

为了说明求解的一般性方法并讨论轴向分布的基本特征,有如下的假设:

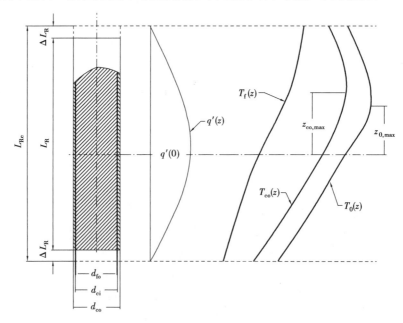

图 2-19　棒状燃料元件释热率分布和温度分布示意图

①$q'(z)$ 为余弦分布

$$q'(z) = q'_0\cos\frac{\pi z}{L_e} \tag{2-75}$$

式中　q'_0——峰值线功率密度;

　　　L_e——中子注量率非零的区域,即 2.2 节所述的等效长度。

该轴向功率分布为忽略了堆芯中子吸收体以及反射层等影响的均匀裸堆的分布。实际反应堆的轴向功率分布不能简单表示为余弦分布,但总的来说比余弦分布的峰值要低。

②忽略冷却剂、燃料及包壳的物性变化。因此假设对流换热系数、冷却剂热容、燃料及包

壳的热导率为常数,与 z 无关。但因为轴向温度变化,以上的参数实际上是变化的,但为了简化起见,在这里暂不予考虑。

③冷却剂保持在液相状态。

(1)沿燃料元件轴向冷却剂的焓场和温度场

当冷却剂流经元件包壳外表面时被加热,其焓值不断增大,温度不断升高。若把坐标 z 处的冷却剂的比焓用 $h_f(z)$ 表示,温度用 $T_f(z)$ 表示,则根据堆内的输热过程可以得到沿燃料元件冷却剂的焓场和温度场。

输热过程指的是,当冷却剂流过堆芯时,将堆内裂变过程中所释放的热量带出堆外的一个过程。冷却剂从堆芯进口到位置 z 处的输热量为:

$$Q(z) = \dot{m}c_p \Delta T_f(z) = A_f V\rho c_p \Delta T_f(z) = \dot{m}\Delta h_f(z) \tag{2-76}$$

式中　$Q(z)$——从冷却剂通道进口至堆芯位置 z 所传出的热量,W;

　　　$\dot{m}$——冷却剂质量流量,kg/s;

　　　c_p——冷却剂的定压比热容,J/(kg·℃);

　　　ρ——冷却剂的密度,kg/m³;

　　　V——冷却剂的流速,m/s;

　　　A_f——冷却剂的流通面积,m²;

　　　$\Delta h_f(z)$——从冷却剂通道进口至位置 z 处冷却剂的焓升,J/kg;

　　　$\Delta T_f(z)$——从冷却剂通道进口至位置 z 处冷却剂的温升,℃。

由式(2-76)得

$$h_f(z) = \frac{Q(z)}{\dot{m}} + h_{f,in} \tag{2-77}$$

或

$$T_f(z) = \frac{Q(z)}{\dot{m}c_p} + T_{f,in} \tag{2-78}$$

从图 2-19 可知

$$Q(z) = \int_{-\frac{L_R}{2}}^{z} q'(z)\mathrm{d}z$$

式中　$q'(z)$——燃料元件在 z 处的线功率密度。

式(2-77)、式(2-78)即为冷却剂焓场和温度场的表达式。冷却剂温度场也可以由对应的焓值应用焓温转换关系计算得到,或者从水和水蒸气热力性质图表中查得。

如果燃料元件沿轴向的释热率按余弦分布,则

$$q'(z) = q'(0)\cos\frac{\pi z}{L_{R_e}} \tag{2-79}$$

式中　$q'(0)$——燃料元件在坐标原点处的线功率密度。将式(2-79)代入总热量的表达式,得

$$Q(z) = \int_{-\frac{L_R}{2}}^{z} q'(0)\cos\frac{\pi z}{L_{R_e}}\mathrm{d}z = \frac{q'(0)L_{R_e}}{\pi}\left(\sin\frac{\pi z}{L_{R_e}} + \sin\frac{\pi L_R}{2L_{R_e}}\right)$$

将上式代入式(2-78),则得

$$T_f(z) = T_{f,in} + \frac{q'(0)}{\pi}\frac{L_{R_e}}{\dot{m}c_p}\left(\sin\frac{\pi z}{L_{R_e}} + \sin\frac{\pi L_R}{2L_{R_e}}\right) \tag{2-80}$$

以 $z = \dfrac{L_R}{2}$ 代入式(2-80),则得冷却剂的出口温度 $T_{f,ex}$ 为

$$T_{f,ex} = T_f\left(\frac{L_R}{2}\right) = T_{f,in} + \frac{2q'(0)}{\pi} \frac{L_{R_e}}{\dot{m}c_p} \sin\frac{\pi L_R}{2L_{R_e}}$$

移项得

$$\Delta T_f = T_{f,ex} - T_{f,in} = \frac{2q'(0)}{\pi} \frac{L_{R_e}}{\dot{m}c_p} \sin\frac{\pi L_R}{2L_{R_e}}$$

则

$$\frac{\Delta T_f}{2} = \frac{q'(0)}{\pi} \frac{L_{R_e}}{\dot{m}c_p} \sin\frac{\pi L_R}{2L_{R_e}} \tag{2-81}$$

将式(2-81)代入式(2-80),得

$$T_f(z) = T_{f,in} + \frac{\Delta T_f}{2} + \frac{q'(0)}{\pi} \frac{L_{R_e}}{\dot{m}c_p} \sin\frac{\pi z}{L_{R_e}} \tag{2-82}$$

用不同的 z 值代入式(2-82),就可以得到不同位置 z 处的冷却剂温度,由式(2-82)得到的温度分布示于图 2-19。可以看到,在临近冷却剂通道的进出口段,冷却剂上升得较慢,中间段上升得较快,在出口处冷却剂温度达到最大值。

(2)包壳外表面温度 $T_{co}(z)$ 的计算

在求得 $T_f(z)$ 之后,可以根据对流换热方程求得 $T_{co}(z)$。根据牛顿冷却公式

$$T_{co}(z) - T_f(z) = \frac{q'(z)}{\pi d_{co}h(z)}$$

可得

$$T_{co}(z) = T_f(z) + \frac{q'(z)}{\pi d_{co}h(z)}$$

若释热率按余弦分布,则有

$$T_{co}(z) = T_f(z) + \frac{q'(0)}{\pi d_{co}h(z)} \cos\frac{\pi z}{L_{R_e}}$$

式中 d_{co}——包壳的外径。

上式中除了 $h(z)$ 外,其他参数都是已知量,所以只要确定了 $h(z)$,就可以求得 $T_{co}(z)$。

假如对流换热系数 $h(z)$ 沿冷却剂通道的高度变化不大,通常就可以把它作为常数处理,并采用冷却剂进出口温度的算术平均值作为计算平均换热系数 h 的定性温度。当 $z=0$ 时,由上式可得

$$T_{co}(0) - T_f(0) = \Delta\theta_f(0) = \frac{q'(0)}{\pi d_{co}h}$$

合并上两式,得

$$\Delta\theta_f(z) = T_{co}(z) - T_f(z) = \Delta\theta_f(0)\cos\frac{\pi z}{L_{R_e}}$$

移项后有

$$T_{co}(z) = T_f(z) + \Delta\theta_f(0)\cos\frac{\pi z}{L_{R_e}} \tag{2-83}$$

再将式(2-82)代入式(2-83)得

$$T_{co}(z) = T_{f,in} + \frac{\Delta T_f}{2} + \frac{q'(0)}{\pi} \frac{L_{R_e}}{\dot{m}c_p} \sin\frac{\pi z}{L_{R_e}} + \Delta\theta_f(0)\cos\frac{\pi z}{L_{R_e}} \tag{2-84}$$

由式(2-84)可知,$T_{co}(z)$沿高度方向是变化的。显然,在某一高度z处,$T_{co}(z)$将出现最大值。包壳外表面的最高温度$T_{co,max}$是一个很有用的量,它除了校核核燃料包壳是否达到最高许用温度外,还是估算材料的强度和判断包壳耐腐蚀的一个重要参数。例如,在压水堆中,用锆合金制造的包壳,其外表面的工作温度一般不得超过350 ℃,否则将会加速包壳的腐蚀。将式(2-84)对z求导数并令其等于零,就可求出当包壳外表面温度达到最大值时的位置$z_{co,max}$。然后,将$z_{co,max}$代入式(2-84)即可求出包壳外表面的最高温度$T_{co,max}$。求解过程如下:

$$\frac{dT_{co}(z)}{dz} = \frac{q'(0)}{\pi}\frac{L_{R_e}}{\dot{m}c_p}\frac{\pi}{L_{R_e}}\cos\frac{\pi z_{co,max}}{L_{R_e}} + \Delta\theta_f(0)\left(-\frac{\pi}{L_{R_e}}\sin\frac{\pi z_{co,max}}{L_{R_e}}\right) = 0$$

化简整理后可得

$$\tan\left(\frac{\pi z_{co,max}}{L_{R_e}}\right) = \frac{q'(0)}{\pi}\frac{L_{R_e}}{\dot{m}c_p}\frac{1}{\Delta\theta_f(0)}$$

所以

$$z_{co,max} = \frac{L_{R_e}}{\pi}\arctan\left[\frac{q'(0)}{\pi}\frac{L_{R_e}}{\dot{m}c_p}\frac{1}{\Delta\theta_f(0)}\right] \tag{2-85}$$

将式(2-85)代入式(2-84),则可得包壳最高温度

$$T_{co,max} = T_{f,in} + \frac{\Delta T_f}{2} + \frac{q'(0)}{\pi}\frac{L_{R_e}}{\dot{m}c_p}\sin\frac{\pi z_{co,max}}{L_{R_e}} + \Delta\theta_f(0)\cos\frac{\pi z_{co,max}}{L_{R_e}}$$

利用三角函数变换公式并利用以上几式,经简化整理得

$$T_{co,max} = T_{f,in} + \frac{\Delta T_f}{2} + \Delta\theta_f(0)\sqrt{1 + \tan^2\left(\frac{\pi z_{co,max}}{L_{R_e}}\right)} \tag{2-86}$$

利用式(2-81)及式(2-85)化简式(2-86),则得到包壳外表面最高温度表达式为

$$T_{co,max} = T_{f,in} + \frac{\Delta T_f}{2} + \Delta\theta_f(0)\sqrt{1 + \left[\frac{\Delta T_f}{2}\frac{1}{\Delta\theta_f(0)}\right]^2\csc^2\left(\frac{\pi L_R}{2L_{R_e}}\right)} \tag{2-87}$$

对于大型压水堆,外堆尺寸相对堆芯的高度来说是很小的。故取$L_R = L_{R_e}$,又因为$\csc^2\left(\frac{\pi}{2}\right) = 1$,则式(2-87)可简化为

$$T_{co,max} = T_{f,in} + \frac{\Delta T_f}{2} + \Delta\theta_f(0)\sqrt{1 + \left[\frac{\Delta T_f}{2}\frac{1}{\Delta\theta_f(0)}\right]^2} \tag{2-88}$$

$T_{co}(z)$的分布如图 2-19 所示,其最大值出现在冷却剂通道的中点和出口之间。这是因为它要受两个变量的制约:一是冷却剂的温度,它沿轴向的变化与释热量分布有关,越接近通道出口,升高越慢;二是膜温差,它和线功率密度$q'(z)$成正比,也是沿冷却剂通道中间大,上下两端小。这两个变量的综合作用,就使得包壳外表面最高温度发生在冷却剂通道的中点和出口之间。

(3)包壳内表面温度 $T_{ci}(z)$ 的计算

包壳一般很薄,若忽略吸收 γ、β 射线以及极少量裂变碎片动能所产生的热量,则可以认为包壳内表面温度$T_{ci}(z)$的计算是无内热源的导热问题。由式(2-74)有

$$T_{ci}(z) - T_{co}(z) = \frac{q'(z)}{2\pi k_c}\ln\frac{d_{co}}{d_{ci}}$$

式中 d_{co}, d_{ci}——包壳的外径和内径，m；

k_c——包壳的热导率，W/(m·℃)；

T_{ci}——包壳内表面温度，℃。

将式（2-79）代入上式得

$$T_{ci}(z) - T_{co}(z) = \frac{q'(0)}{2\pi k_c} \ln \frac{d_{co}}{d_{ci}} \cos \frac{\pi z}{L_{R_e}} = \Delta\theta_c(0) \cos \frac{\pi z}{L_{R_e}}$$

其中，$\Delta\theta_c(0) = \dfrac{q'(0)}{2\pi k_c} \ln \dfrac{d_{co}}{d_{ci}}$

所以

$$T_{ci}(z) = T_{co}(z) + \Delta\theta_c(0) \cos \frac{\pi z}{L_{R_e}} \qquad (2-89)$$

包壳的热导率 k_c 是包壳温度的函数，为简化计算起见，通常按包壳内外表面的算术平均温度作为定性温度来取值，并作为常数处理。但在计算时包壳内表面温度是未知量，故只能用迭代法求解，即先假设一个包壳的内表面温度，并根据已知的外表面温度，先求出包壳的热导率，然后再利用上述公式求包壳的内表面温度，直至求得的内表面温度与假设的温度之差在允许的范围内时为止。一般应满足下述条件，即

$$\left| \frac{T'_{ci}(z) - T_{ci}(z)}{T_{ci}(z)} \right| < 0.005$$

式中 $T'_{ci}(z)$——求得的包壳内表面温度；

$T_{ci}(z)$——假设的包壳内表面温度。

（4）燃料芯块表面温度 $T_{fo}(z)$ 的计算

动力堆的燃料元件，在包壳内表面与燃料芯块之间往往充有气体（例如压水堆燃料元件一般充有氦气），这个气隙虽然很薄，但它引起的燃料芯块表面与包壳内表面之间的温度降落却相当可观，一般可以达几十乃至几百摄氏度。

燃料芯块表面温度可用式（2-90）计算：

$$T_{fo}(z) = T_{ci}(z) + \frac{q'(z)}{2\pi k_g} \ln \frac{d_{ci}}{d_{fo}} = T_{ci}(z) + \Delta\theta_g(0) \cos \frac{\pi z}{L_{R_e}} \qquad (2-90)$$

其中，$\Delta\theta_g(0) = \dfrac{q'(0)}{2\pi k_g} \ln \dfrac{d_{ci}}{d_{fo}}$，$k_g$ 为环形气隙中气体的热导率，随着寿期加长，气隙中的气体成分变化，该值是变值。

（5）燃料芯块中心温度 $T_0(z)$ 的计算

若忽略轴向导热，则在求得燃料芯块的表面温度 $T_{fo}(z)$ 后，可根据式（2-73），在假设 k_u 为常数的情况下预估 $T_{max}(z)$，即

$$T_0(z) = T_{fo}(z) + \Delta\theta_u(0) \cos \frac{\pi z}{L_{R_e}}$$

式中，$\Delta\theta_u(0) = \dfrac{q'(0)}{2\pi \bar{k}_u}$，$\bar{k}_u$ 为燃料芯块的平均热导率。

将式（2-90）、式（2-89）、式（2-83）、式（2-82）代入上式得

$$T_0(z) = T_{f,in} + \frac{\Delta T_f}{2} + \frac{q'(0)}{\pi} \frac{L_{R_e}}{Wc_p} \sin \frac{\pi z}{L_{R_e}} + \left[\sum \Delta\theta(0) \right] \cos \frac{\pi z}{L_{R_e}} \qquad (2-91)$$

式中,

$$\sum \Delta\theta(0) = \Delta\theta_f(0) + \Delta\theta_c(0) + \Delta\theta_g(0) + \Delta\theta_u(0)$$

式(2-91)与式(2-84)的形式相同,可以采用求 $T_{co,max}$ 类似的方法求 $T_{0,max}$ 及其所在的轴向位置 $z_{0,max}$。

$$T_{0,max} = T_{f,in} + \frac{\Delta T_f}{2} + \sum \Delta\theta(0) \sqrt{1 + \left[\frac{\Delta T_f}{2} \frac{1}{\sum \Delta\theta(0)}\right]^2 \csc^2\left(\frac{\pi L_R}{2L_{R_e}}\right)} \qquad (2\text{-}92)$$

$$z_{0,max} = \frac{L_{R_e}}{\pi}\arctan\left[\frac{q'(0)}{\pi} \frac{L_{R_e}}{\dot{m}c_p} \frac{1}{\sum \Delta\theta(0)}\right] \qquad (2\text{-}93)$$

同样取 $L_R = L_{Re}$,又因为 $\csc^2\left(\frac{\pi}{2}\right) = 1$,所以得

$$T_{0,max} = T_{f,in} + \frac{\Delta T_f}{2} + \sum \Delta\theta(0) \sqrt{1 + \left[\frac{\Delta T_f}{2} \frac{1}{\sum \Delta\theta(0)}\right]^2} \qquad (2\text{-}94)$$

$T_0(z)$ 的分布曲线如图 2-19 所示。由图可见,$T_0(z)$ 的最大值所在的位置比 $T_{co}(z)$ 的最大值所在的位置更接近于燃料元件轴向的中点位置,即 $z_{0,max} < z_{co,max}$。这是因为燃料芯块中心温度的数值受温差的影响更大,$\sum \Delta\theta(0) > \Delta\theta_f(0)$。

2.7.3　板型燃料元件

假设板型燃料元件芯块的体积释热率 q''' 均匀,芯块包容在薄金属板内,与芯块完全接触,如图 2-20 所示。

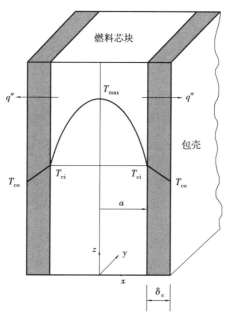

图 2-20　板型燃料元件

有如下的导热微分方程

$$\frac{\partial}{\partial x} k \frac{\partial T}{\partial x} + \frac{\partial}{\partial y} k \frac{\partial T}{\partial y} + \frac{\partial}{\partial z} k \frac{\partial T}{\partial z} + q''' = 0 \tag{2-95}$$

如果元件很薄,在 y 和 z 方向延伸很长,则可以忽略 y 和 z 方向的导热而简化,即

$$\frac{\partial}{\partial y} k \frac{\partial T}{\partial y} = \frac{\partial}{\partial z} k \frac{\partial T}{\partial z} = 0 \tag{2-96}$$

因此,只需要求解如下的微分方程

$$\frac{\mathrm{d}}{\mathrm{d}x} k \frac{\mathrm{d}T}{\mathrm{d}x} + q''' = 0 \tag{2-97}$$

积分一次得

$$k \frac{\mathrm{d}T}{\mathrm{d}x} + q'''x = C_1 \tag{2-98}$$

(1)燃料芯块

因为 q''' 均匀分布,如果燃料芯块两边边界条件相同,则其温度分布将是对称的。在中心点 $x=0$ 处没有热源或热阱时,没有热量从 $x=0$ 穿出,因此有

$$k \frac{\mathrm{d}T}{\mathrm{d}x}\bigg|_{x=0} = 0 \tag{2-99}$$

根据该条件,式(2-98)的 $C_1=0$,则

$$k \frac{\mathrm{d}T}{\mathrm{d}x} + q'''x = 0 \tag{2-100}$$

积分得

$$\int_{T_{\max}}^{T} k \mathrm{d}T = -q''' \frac{x^2}{2} \tag{2-101}$$

该方程可能存在 3 种条件,根据 q''',T_{ci} 和 $T_{\max}$ 是否已知而定。

① q''' 确定:可以得到 T_{ci} 和 $T_{\max}$ 的关系。

$$\int_{T_{ci}}^{T_{\max}} k \mathrm{d}T = q''' \frac{a^2}{2} \tag{2-102}$$

如果 k = 常数,则

$$k(T_{\max} - T_{ci}) = q''' \frac{a^2}{2} \tag{2-103}$$

② T_{ci} 确定:在 T_{ci} 确定时,可以由式(2-101)得到式(2-104)中 q''' 和 $T_{\max}$ 间的关系

$$q''' = \frac{2}{a^2} \int_{T_{ci}}^{T_{\max}} k \mathrm{d}T \tag{2-104}$$

③ $T_{\max}$ 确定:在 $T_{\max}$ 给定的情况下,由式(2-101)可得到 q''' 和 T_{ci} 之间的关系。

(2)包壳的导热

包壳的导热问题也可以看作是一维导热,因此式(2-97)也可以用于包壳的导热计算。包壳因吸收如 γ 射线等而产生的热量与导出的热量相比可以忽略。因此其导热微分方程可以简化为

$$\frac{\mathrm{d}}{\mathrm{d}x} k_c \frac{\mathrm{d}T}{\mathrm{d}x} = 0 \tag{2-105}$$

积分两次,并注意到在 x 向的热流密度为 q'',因此有

$$\int_{T_{ci}}^{T} k_c \mathrm{d}T = -q''(x-a) \tag{2-106}$$

或

$$\bar{k}_c (T - T_{ci}) = - q''(x - a) \tag{2-107}$$

式中　$\bar{k}_c$——在温度范围内燃料包壳的平均热导率。

因此其燃料包壳外表面的温度为

$$T_{co} = T_{ci} - \frac{q'' \delta_c}{\bar{k}_c} \tag{2-108}$$

式中　δ_c——包壳厚度。

(3) 导热热阻

因为 q'' 等于燃料元件在一半宽度范围内所产生的热量,因此有

$$q'' = q''' a$$

因此通过燃料的温降可以将上式代入式(2-103),整理后有

$$T_{ci} = T_{max} - q'' \frac{a}{2k} \tag{2-109}$$

将上式的 T_{ci} 代入式(2-108)得到

$$T_{co} = T_{max} - q'' \left(\frac{a}{2k} + \frac{\delta_c}{k_c} \right) \tag{2-110}$$

整理后得到

$$q'' = \frac{T_{max} - T_{co}}{\dfrac{a}{2k} + \dfrac{\delta_c}{k_c}} \tag{2-111}$$

因此对板型元件的总热阻就是 $\dfrac{a}{2k} + \dfrac{\delta_c}{k_c}$,如图 2-21 所示,该方法可以为瞬态燃料温度计算提供一个简单的方法。

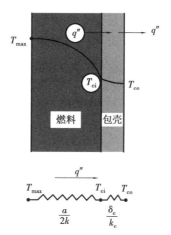

图 2-21　热流密度的电流类比模型

2.7.4　重结构燃料元件的温度分布

氧化物燃料在高温下使用会导致其结构形貌的改变。燃料中超过一定烧结温度的区域会导致其孔隙率降低,柱状燃料芯块可能在其中心重结构形成围绕密实燃料的空洞。在快堆中,

燃料中心区域具有相对更高的温度,重结构可能会导致三层结构(图2-22)。在最外层的区域,没有再烧结现象发生(无密实化),而在内部的两层区域,其密度可分别达到理论密度的95%~97%和98%~99%。需要注意的是,重结构现象发生在反应堆运行的头几天内,之后该过程就变得缓慢。轻水堆燃料芯块中心的温度不如金属冷却快堆那样高,在高功率下,芯块内部可能存在两层重结构的区域。关于燃料在重结构的相关计算问题,可以参考相关文献。

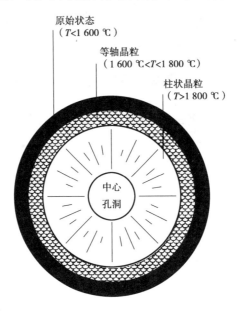

图2-22　高温辐照条件下氧化物燃料芯块的重结构现象

2.8　燃料和冷却剂间的热阻

燃料芯块和冷却剂之间的热阻包括如下几个部分:

①燃料本身的热阻。

②燃料芯块和包壳间隙的热阻。

③包壳的热阻。

④冷却剂侧的对流热阻。

对于典型的轻水堆和快堆的燃料棒,其芯块 UO_2 内部的热阻最大,这可从图2-23的燃料棒温度分布看出;第二大热阻来源于气隙。因此对于反应堆的设计来讲,气隙的热阻计算是一个重要的问题,其结果的可靠程度,将会极大地影响芯块温度计算的准确性。随着燃耗的增加,芯块的龟裂和肿胀变形、包壳的蠕变、裂变气体的释放,都会使间隙的几何条件和间隙中的气体成分不断变化。而这些物理量又难以进行定量描述,因此,要精确估算间隙的温差是相当复杂的。虽然截至目前已经提出了各种不同的计算模型,开发了用于计算间隙传热的专门程序,还以图形的形式给出了典型轻水堆的间隙等效传热系数的数值,但迄今为止,计算方法仍然是不完善的。为了获得间隙温差的精确数据,仍需要借助实验直接进行测量。

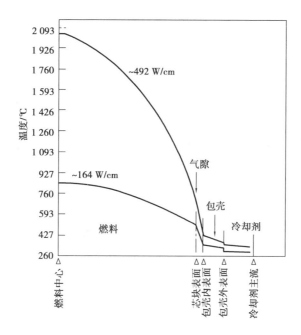

图 2-23 典型压水堆在两种线功率密度下燃料棒的温度分布

2.8.1 间隙导热模型

通常把燃料元件的气隙看作一个同心圆环空间。初始状态充满了如氦气等惰性气体,但随着燃耗的加深,如氙和氪等裂变产物逐渐加入,其特性逐渐变得复杂。然而,这样简单的结构并不反映燃料棒经过辐照后形貌的改变。燃料芯块会产生如图 2-24 所示的裂纹,该现象导致间隙的周向改变。此外,燃料和包壳的热膨胀一般都不一致,使芯块的部分区域与包壳接触。这将导致寿期的接触热阻降低。尽管裂变气体的热导率很低,但这个效应也导致了接触热阻比较大的变化。典型的气隙导热与燃耗深度的关系示于图 2-25 中。

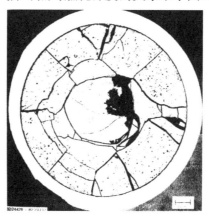

图 2-24 燃料芯块断面裂纹

（1）新燃料棒

新燃料的气隙导热可以简化为通过一个均匀气体圆环的导热。因此该导热热量可以写为

$$q''_g = h_g(T_{fo} - T_{ci}) \tag{2-112}$$

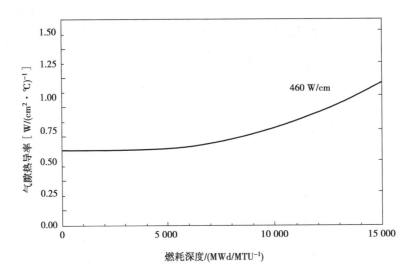

图 2-25　压水堆燃料棒在 460 W/cm 下气隙热导率与燃耗深度的关系

对于一个开放的气隙,则有

$$h_\mathrm{g} = \frac{k_\mathrm{g}}{\delta_\mathrm{eff}} + \frac{\sigma}{\dfrac{1}{\varepsilon_\mathrm{f}} + \dfrac{1}{\varepsilon_\mathrm{c}} - 1} \cdot \frac{T_\mathrm{fo}^4 - T_\mathrm{ci}^4}{T_\mathrm{fo} - T_\mathrm{ci}} \tag{2-113}$$

式中　h_g——气隙的传热系数;

$\quad\quad T_\mathrm{fo}$——燃料芯块表面温度;

$\quad\quad T_\mathrm{ci}$——包壳内表面温度;

$\quad\quad k_\mathrm{g}$——气隙热导率;

$\quad\quad \delta_\mathrm{eff}$——有效气隙宽度;

$\quad\quad \sigma$——斯蒂芬-波尔茨曼常数;

$\quad\quad \varepsilon_\mathrm{f}, \varepsilon_\mathrm{c}$——燃料和包壳的表面黑度。

式(2-113)可简化为

$$h_\mathrm{g} = \frac{k_\mathrm{g}}{\delta_\mathrm{eff}} + \frac{\sigma T_\mathrm{fo}^3}{\dfrac{1}{\varepsilon_\mathrm{f}} + \dfrac{1}{\varepsilon_\mathrm{c}} - 1} \tag{2-114}$$

需要注意的是,因为气固界面的温度不连续,气隙有效宽度比实际的宽度大。因为温度不连续导致壁面附近的分子密度降低。因此可以通过图 2-26 将实际气隙宽度 δ_g 与有效宽度 δ_eff 联系起来。

$$\delta_\mathrm{eff} = \delta_\mathrm{g} + \delta_\mathrm{jump1} + \delta_\mathrm{jump2} \tag{2-115}$$

在大气压下,$\delta_\mathrm{jump1} + \delta_\mathrm{jump2}$ 的取值对于氦气为 10 μm,氙为 1 μm,这大概是分子平均自由程的 10 ~ 30 倍。

两种及以上成分的混合气体的热导率为

$$k_\mathrm{g} = \sum_{i=1}^{n} (k_i)^{x_i} \tag{2-116}$$

式中　k_i, x_i——第 i 组分气体的热导率和摩尔分数,对于惰性气体,其热导率与温度有关,可按照式(2-117)计算:

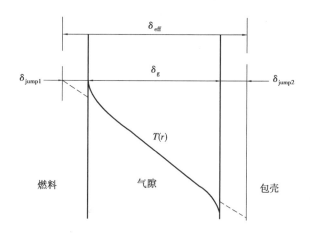

图 2-26　燃料和包壳之间气隙的温度分布

$$k_{\text{纯气体}} = A \times 10^{-6} T^{0.79} \text{ W}/(\text{cm} \cdot \text{K}) \tag{2-117}$$

T 的单位为 K，A 因气体不同而不同，氦为 15.8，氩为 1.97，氪为 1.15，氙为 0.72。

(2) 接触导热模型

式(2-112)和式(2-115)对于新燃料比较适用。但随着燃耗加深，气隙导热提高，这是因为燃料芯块和包壳部分接触的，即使发生了芯块裂纹还是保持接触。裂纹对接触导热有负的作用。

如图 2-27 所示，当因为燃料芯块的肿胀和热膨胀发生气隙闭合时，接触面积与表面接触压成正比。而总的间隙导热则可表示为

$$h_{\text{g}} = h_{\text{g,无接触}} + h_{\text{接触}} \tag{2-118}$$

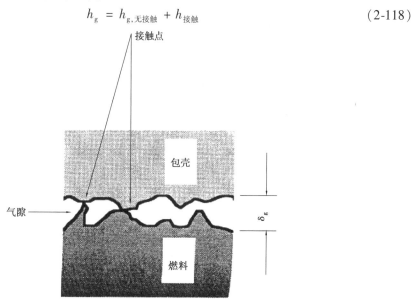

图 2-27　接触导热模型

在高线功率密度下的芯块膨胀导致气隙接触热阻降低，如图 2-28 所示。若燃料芯块与包壳刚好接触，且其接触压力为零，则接触导热的等效传热系数约为 5 768 W/($\text{m}^2 \cdot \text{℃}$)。目前在大型轻水动力堆的设计中，一般都取这个数值作为计算的依据。因而，燃料芯块表面温度 $T_{\text{fo}}(z)$ 可以用式(2-119)来表示：

$$T_{fo}(z) = T_{ci}(z) + \Delta\theta_g(0)\cos\frac{\pi z}{L_{Re}} \qquad (2\text{-}119)$$

其中

$$\Delta\theta_g(0) = \frac{q'(0)}{\pi d_{ci} h_{g,eff}} \qquad (2\text{-}120)$$

式中 $h_{g,eff}$——间隙等效传热系数。

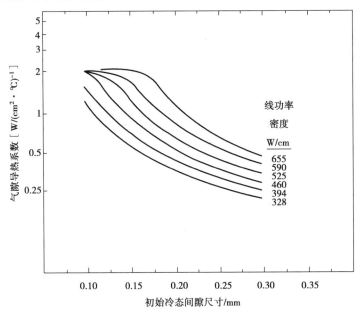

图 2-28　各种线功率密度下典型压水堆中气隙热导率与初始间隙尺寸的关系

到目前为止,关于气隙的接触导热模型仍然处于不断完善中,针对具体情况往往需要通过实验来确定。具体采用哪种模型更合适,要视具体情况而定。对于新的燃料元件或燃耗很浅的燃料元件,可以认为包壳与芯块没有接触,采用气隙导热模型比较合适;当燃耗很深,包壳与芯块已发生接触,则应该采用接触导热模型。

2.8.2　总热阻

柱状燃料元件的线功率密度可以用热阻将芯部和表面的温差($T_{max} - T_m$)联系起来。这些热阻来自燃料、气隙、包壳和冷却剂等。为了简单起见,取燃料芯块的平均热导率 $\bar{k}_u$ 来计算,则有:

$$T_{max} - T_{fo} = \frac{q'}{4\pi\bar{k}_u} \qquad (2\text{-}121)$$

根据式(2-112),间隙的温降为:

$$T_{fo} - T_{ci} = \frac{q''_g}{h_g} = \frac{q'}{\pi d_g h_g} \qquad (2\text{-}122)$$

式中 d_g——间隙的平均直径;

　　　 h_g——间隙有效热导率。

对于很薄的包壳,可以假设通过包壳的温度降为线性。因此通过包壳的温度降为

$$T_{ci} - T_{co} = \frac{q''}{\dfrac{k_c}{\delta_c}} = \frac{q'}{\dfrac{\pi d_c k_c}{\delta_c}} \tag{2-123}$$

式中　d_c——包壳的平均直径。

而对于厚壁包壳,其温降为:

$$T_{ci} - T_{co} = \frac{q'}{2\pi k_c}\ln\left(\frac{d_{co}}{d_{ci}}\right) \tag{2-124}$$

而从包壳传出来的热又可以写为:

$$q''_{co} = h(T_{co} - T_m) \tag{2-125}$$

式中　T_m——断面平均温度,换热系数 h 与流动条件等有关。

如果采用线功率密度则可以写为

$$q' = \pi d_{co} q''_{co} = \pi d_{co} h (T_{co} - T_m) \tag{2-126}$$

式(2-126)可以整理为如下形式:

$$T_{co} - T_m = \frac{q'}{\pi d_{co} h} \tag{2-127}$$

根据式(2-121)、式(2-122)、式(2-124)和式(2-127),线功率密度可以将总热阻和温降 $(T_{max} - T_m)$ 关联起来:

$$T_{max} - T_m = q'\left[\frac{1}{4\pi \overline{k_f}} + \frac{1}{\pi d_g h_g} + \frac{1}{2\pi k_c}\ln\left(\frac{d_{co}}{d_{ci}}\right) + \frac{1}{\pi d_{co} h}\right] \tag{2-128}$$

将线功率密度类比为由温差$(T_{max} - T_m)$驱动的电流,如图 2-29 所示。该概念可以用于分析变化足够缓慢的瞬态或准静态的温度场上。

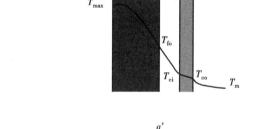

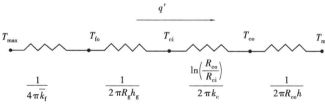

图 2-29　柱状燃料元件的热阻特性

思考题

2-1　试述堆的热源的由来及其分布。

2-2 影响堆功率分布的因素有哪些？试以压水堆为例,简述它们各自对堆功率分布的影响。

2-3 如何计算控制棒、慢化剂和结构材料中的释热率？

2-4 核反应堆在停堆后为什么还要继续进行冷却？停堆后的热源由哪几部分组成,它们各自的特点和规律是怎样的？

2-5 试以压水堆为例,说明停堆后的功率约占停堆前堆功率的百分数。大约在停堆后多久剩余裂变可以忽略,这时剩余裂变功率占堆总功率的份额是多少？

2-6 如何计算停堆后功率,以大亚湾核电站为例,试问仅依靠自然循环能否带走剩余热功率？

2-7 压水堆换料时,从堆中取出的乏燃料元件一般应如何处置,该乏燃料元件在运输过程中是否需要冷却,为什么？

2-8 热量从堆内输出需经过哪几个过程,它们的具体表达式是怎样的？

2-9 试简述选择燃料元件型式的标准是什么。核潜艇通常选取什么型式的燃料元件？为什么？

2-10 通常引起压水堆第一道安全屏障——包壳破坏的原因是什么？如何防止该屏障的失效？

2-11 何谓可裂变核素？何谓可转换核素？何谓易裂变核素？天然存在的易裂变核素是什么？它占天然铀中的份额是多少？

2-12 对固体核燃料来说,除了能产生核裂变,还必须满足哪些要求？

2-13 试比较金属铀与二氧化铀的异同点,它们的特点各是什么,用途何在？

2-14 钠冷快堆通常选取什么材料作为核燃料,其燃料元件的特点是怎样的？

2-15 如何选取包壳材料？

2-16 辐照对二氧化铀燃料的影响怎样？

2-17 简述积分热导率的概念,对棒状芯块,其具体表达式是怎样的,是如何导出的？

2-18 何谓间隙导热,可用哪些模型进行计算,它们的优缺点各是什么,适用于什么条件？

习　题

2-1 试导出半径为 R、高度为 H,包含 n 根竖直燃料元件的圆柱形堆芯的总释热功率 Q_t 的方程。

2-2 试计算堆芯内中子注量率为 10^{13} 中子/$(cm^2 \cdot s)$ 处燃料元件内的体积释热率。堆芯内所含燃料为富集度 3% 的 UO_2,慢化剂为 D_2O,其温度为 260 ℃,假设中子是全部热能化的,在整个中子能谱范围内都适用 l/v 定律。

2-3 某圆柱形非均匀热中子堆(燃料是富集度为 3% 的 UO_2,慢化剂为 D_2O),堆芯内装有 10 000 根燃料元件。最大的热中子注量率 $\phi_{max} \times 10^{13}$ 中子/$(cm^2 \cdot s)$,慢化剂的平均温度为 260 ℃,燃料芯块的直径为 15 mm,堆芯高度为 6.1 m,试计算堆芯的总释热功率。

2-4 某压水堆,燃料用 UO_2,其中二氧化铀、水和铁的体积份额分别为 0.32、0.58 和 0.10,试确定在堆芯中每次裂变释放的总能量 E_f 是多少？(二氧化铀的密度为 10.2×10^3 kg/m^3),二氧化铀中的 U-235 平均富集度为 0.28%,冷却水的平均密度为 0.69×10^3 kg/m^3。铀、水和铁中每俘获一个中子释放的能量可以分别取 6.8,3.2 和 6.0(MeV)。

2-5　某压力壳型轻水堆,在热功率 2 700 MW 下稳定运行一年以上:

①然后引进一个大的负反应性(负反应性 >0.04)停堆,求停堆后的功率随时间的变化。

②如果引进的负反应性的绝对值 <0.04,试计算其停堆后的功率随时间的变化(燃料材料为 U-235,要求计算的停堆后的时间为 1 s,10 s,100 s,1 000 s,1 h,10 h,100 h,1 000 h,1 a)。

2-6　某压力管型反应堆,慢化剂为 D_2O,冷却剂为 H_2O,共含有 325 根锆合金压力管,每根包含 37 根燃料棒(图 2-30),燃料棒呈三角形栅格排列,栅距 $P = 12.7$ mm,压力管的厚度 $\delta_t = 12.7$ mm,压力管的内壁与外围燃料棒之间的间隙 $\delta_c = 3.81$ mm。压力管呈垂直布置,燃料棒的富集度为 3.8%(按质量计)均匀装载。在慢化剂中的总的中子注量率分布为:在轴向可近似地用一个修正的余弦函数来表示,且有 $F_z^N = 1.35$;而在径向则近似地用 J_0 分布来表示,且有 $F_R^N = 1.65$。燃料棒长 2.483 m,包壳的材料为锆合金,UO_2 芯块的

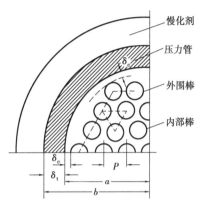

图 2-30　习题 2-6 图

密度为 93% 理论密度,芯块直径为 9.4 mm,包壳厚度为 0.38 mm。若在慢化剂中的最大中子注量率为 3×10^{13} 中子/$(cm^2 \cdot s)$,求在寿期初堆的总功率是多少?(设慢化剂的平均温度为 121 ℃,冷却剂的平均温度为 260 ℃,燃料的平均温度为 704.4 ℃)

2-7　有一板状燃料元件,芯块用铀(22% 质量) – 铝合金制成,厚度为 1 mm,铀的富集度为 90%,包壳用 0.5 mm 厚的铝制成。元件两边用 40 ℃ 的水冷却,换热系数 $h = 40\ 000$ W/$(m^2 \cdot ℃)$,试求元件在稳态下的径向温度分布(间隙热阻可以忽略)。[铝的热导率 $k_{Al} = 221.5$ W/$(m \cdot ℃)$,铀铝合金的热导率 $k_{U\text{-}Al} = 167.9$ W/$(m \cdot ℃)$,$\sigma_f = 520 \times 10^{-24}$ cm^2]。

2-8　某压力壳型水堆(圆柱形堆芯)中的某根燃料元件,其芯块直径 $d_{fo} = 8.8$ mm,燃料元件外径 $d_{co} = 10$ mm,包壳厚度为 0.5 mm,最大线功率密度 $q'(0) = 4.2 \times 10^4$ W/m,冷却剂进口温度 $t_{f,in} = 245$ ℃,冷却剂出口温度 $t_{f,ex} = 267$ ℃,堆芯高度 $L_R \approx L_{Re} = 2\ 600$ mm,冷却元件的冷却剂流量 $W_1 = 1\ 200$ kg/h,冷却剂与元件间的换热系数 $h = 2.7 \times 10^4$ W/$(m^2 \cdot ℃)$。在芯块与包壳之间充有某种气体。试求燃料元件轴向 $z = 650$ mm 处(轴向坐标 z 的原点取在元件的半高度处)的燃料中心温度。设包壳热导率 $k_c = 20$ W/$(m \cdot ℃)$,气体的热导率为 0.23 W/$(m \cdot ℃)$,芯块热导率 $k_u = 2.1$ W/$(m \cdot ℃)$,水的比热容 $c_p = 4.81$ kJ/$(kg \cdot ℃)$。

2-9　某反应堆采用板状元件,包壳材料为 1Cr18Ni9Ti,包壳厚度 1.5 mm。包壳外表面温度为 300 ℃。热点处,包壳的表面热流密度为 5.53×10^5 W/m^2。试求包壳内外表面间的温差。若包壳改用 Zr-4,这时包壳的内外表面间的温差又是多少?

2-10　有一游泳池式堆,元件盒尺寸如图 2-31 所示,燃料元件为棒状,芯块直径 $d_{fo} = 8$ mm,包壳材料为铝,厚度为 1 mm,元件最大表面热流密度 $q''_{max} = 558.1 \times 10^3$ W/m^2,$t_{f,in} = 38.39$ ℃,$t_{f,ex} = 41.61$ ℃,中心盒冷却剂流速 $V_0 = 2.1$ m/s,堆芯高度 $L_R = 500$ mm($L_R \approx$

L_{Re}),试求包壳外表面的最高温度。设 $k_{\mathrm{Al}}=203.5\ \mathrm{W/(m\cdot{}^\circ\!C)}$, $k_u=23.3\ \mathrm{W/(m\cdot{}^\circ\!C)}$。

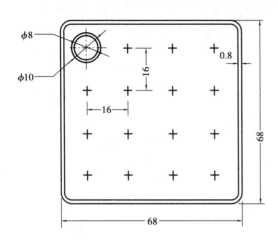

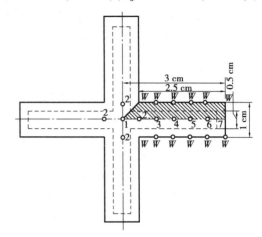

图 2-31　习题 2-10 图　　　　　　　　　　图 2-32　习题 2-14 图

2-11　压力壳型水堆燃料(UO$_2$)元件外径 $d_{\mathrm{co}}=10.45\ \mathrm{mm}$,芯块直径 $d_{\mathrm{fo}}=9.53\ \mathrm{mm}$,包壳材料为 1Cr18Ni9Ti,厚度为 0.41 mm。满功率时,热点处包壳与芯块刚好接触,接触压力为零,热点处包壳外表面温度 $t_{\mathrm{co}}=342\ {}^\circ\!C$,包壳外表面热流密度 $q=1.395\times10^6\ \mathrm{W/m^2}$。试求热点处芯块的中心温度。

2-12　某压力壳型水堆的棒束状燃料组件为纵向流过的水所冷却,若在元件沿高度(纵向)方向的某一个小的间隔内冷却水的平均温度 $t_{\mathrm{f}}=300\ {}^\circ\!C$,水的平均流速 $V=4\ \mathrm{m/s}$, $q''=14.7\times10^5\ \mathrm{W/m^2}$,堆的运行压力为 $147\times10^5\ \mathrm{Pa}$。试求该小间隔内的平均换热系数及元件壁面的平均温度。元件的外径为 9.8 mm,栅距为 12.5 mm,呈正方形栅格排列。

2-13　某压力壳型水堆,为使压力壳不致受到过大的辐照,在压力壳的内壁与堆芯间放置了数层钢制的热屏蔽,其中的一层热屏蔽厚度为 6 cm,它的内外两个壁面的温度均保持在 280 ℃,试算出在受到 10^{14} 光子/$(\mathrm{cm^2\cdot s})$ 的辐照时(γ 光子能量为 3 MeV),该热屏蔽中的最大温度及其所产生的位置。设钢的热导率为 40 W/(m·℃),吸收系数 μ 为 $0.27\mathrm{cm^{-1}}$。

2-14　图 2-32 所示为一无限长的十字形元件的横截面,其体积释热率 $q'''=100\ \mathrm{W/cm^3}$(为常数),热导率 $k=0.30\ \mathrm{W/(cm\cdot s)}$,整个表面都保持在 $t_{\mathrm{w}}=31\ {}^\circ\!C$。用有限差分法求解,并用矩阵法、迭代法、松弛法求出节点 1 至 7 的温度值。

第 3 章

冷却剂的传热

3.1 单相对流换热

单相传热分析的目的在于两个方面：

①确定冷却剂通道的温度场，保证工作温度在规定的范围内。

②确定与壁面传热相关的控制性参数。

这些参数可以用于选择材料和保证最优的传热效率。

为了达到第一个目的，必然与第二个目的有关。为了确定冷却剂的温度场分布，必然涉及固体壁面根据傅里叶导热定律确定的热流密度 q''（W/m^2）：

$$q'' = -k \frac{\partial T}{\partial n} \boldsymbol{n} \tag{3-1}$$

式中 k——固体壁面的热导率，$W/(m \cdot ℃)$；

$\boldsymbol{n}$——传热表面的单位法向向量；

$\frac{\partial T}{\partial n}$——传热方向的温度梯度，$℃/m$。

然而，在工程分析中，仅第二个目的是比较关心的，根据牛顿冷却公式，热流密度与流体体积平均温度 T_b 相关。

$$q'' \equiv h(T_w - T_b)\boldsymbol{n} \tag{3-2}$$

式中 T_w——壁面温度，$℃$；

h——传热系数，$W/(m^2 \cdot ℃)$。

确定 h 是工程传热的关键，一般 h 都是用一些与冷却剂物性参数、速度和通道几何尺寸有关的半经验关系式来描述。

为了进行工程分析，一般采用无因次努塞尔数（Nu）来确定采用壁面和冷却剂主流的温差定义的传热系数 h。

$$Nu = f\left(Re, Pr, Gr, \frac{\mu_w}{\mu_b}\right) \tag{3-3}$$

式(3-3)中,

$$Nu = \frac{hD_h}{k} \tag{3-4}$$

式中 D_h——适当定义的长度或横向尺寸(对外部绕流通常采用长度尺寸,而对内流一般采用横向尺寸)。

对于 Nu 数的一般具体形式采用边界层分析方法得到。特别是对于湍流,一般采用实验确定的模型常数。Nu 数的关联式一般与流态(层流与湍流,外流与内流)、冷却剂(金属或非金属)有关。在高雷诺数下,因为湍流涡的存在,其传热相对于纯层流强化。对于液态金属,由于其分子热导率高,相对于非金属液体,湍流的影响相对不那么强烈。

对于不同的介质和过程,其典型的传热参数分别列于表 3-1 和表 3-2 中。

表 3-1 各种介质典型传热参数

介质	T /℃	p /MPa	k /[W·(m·℃)$^{-1}$]	Pr	管内 Nu 数 $Re = 10^4$	管内 Nu 数 $Re = 10^5$
水	275	7.0	0.59	0.87	34.8	219.5
氦气	500	4.0	0.31	0.67	31.9	195
CO_2	300	4.0	0.042	0.76	33.2	209
液钠	500	0.3	52	0.004	5.44	7.77

表 3-2 各种过程的传热系数典型值

过程	自然对流 低压气体	自然对流 液体	自然对流 水沸腾	强迫对流 低压气体	强迫对流 液体水	强迫对流 液钠	水沸腾	蒸汽凝结
传热系数 h /[W·(m²·℃)$^{-1}$]	6～28	60～600	60～12 000	6～600	250～25 000	2 500～25 000	2 500～50 000	5 000～100 000

3.1.1 强迫对流换热

1)流体在圆形通道内强迫对流时的换热系数

多年以来,发展了多个计算单相强迫对流换热的半经验关系式,其中形式较为简单且应用最为广泛的是 Dittus-Boelter 关系式:

$$Nu_D = \frac{hD}{k} = 0.023 Re_D^{0.8} Pr^n \tag{3-5}$$

式中,定性温度为流体平均温度 T_f,管子的直径 D 为特征长度,加热流体时 $n = 0.4$,冷却流体时 $n = 0.3$。该关系式的适用范围为:$2\ 500 \leqslant Re_D \leqslant 1.24 \times 10^5$,$0.7 \leqslant Pr \leqslant 120$,$L/D$(管长/内径)$\geqslant 60$。流体与壁面具有中等以下膜温差(对气体不超过 50 ℃;对水不超过 20～30 ℃;油类不超过 10 ℃)。式中包括 Nu_D,Re_D,Pr 等所有涉及的物性参数都采用体积平均温度 T_m 下的值。该关系式预测值与实验测量值的最大误差为 40%。

当温度对物性影响较大的情况,推荐采用 Sieder-Tate 公式:

$$Nu_D = 0.027 Re_D^{0.8} Pr^{\frac{1}{3}} \left(\frac{\mu}{\mu_w}\right)^{0.14} \tag{3-6}$$

该式的使用范围为 $0.7 \leqslant Pr \leqslant 16\,700, Re_D \geqslant 10^4$。除了 μ_w 外,所有物性参数根据体积平均温度 T_m 下的值确定。μ_w 采用壁面温度来确定其黏性系数。

Gnielinski 公式是迄今为止计算管内湍流单相强制对流传热系数精度最高的一个关联式,它所依据的文献中的 800 多个实验数据,其中有 90% 的数据和关联式的偏差都在 ±10% 以内。该公式表述为:

$$Nu_D = \frac{(f_p/8)(Re_D - 1\,000) Pr}{1 + 12.7(f_p/8)^{\frac{1}{2}}(Pr^{\frac{2}{3}} - 1)} \left[1 + \left(\frac{D}{L}\right)^{\frac{2}{3}}\right] \left(\frac{Pr}{Pr_w}\right)^{0.11} \tag{3-7}$$

其中 f_p 为 Filonenko 阻力系数:

$$f_p = (1.82 \lg Re_D - 1.64)^{-2} \tag{3-8}$$

该公式的应用范围为 $0.5 \leqslant Pr \leqslant 10^6, 2\,300 \leqslant Re_D \leqslant 5 \times 10^6$。

对于液态金属,最精确的公式是 Notter-Sleicher 公式:

$$Nu_D = 6.3 + 0.016\,7 Re_D^{0.85} Pr^{0.08}, (q_w^n \text{ 为常数}) \tag{3-9}$$

$$Nu_D = 4.8 + 0.015\,6 Re_D^{0.85} Pr^{0.08}, (T_w \text{ 为常数}) \tag{3-10}$$

该公式适用范围为 $0.004 \leqslant Pr \leqslant 0.1, 10^4 \leqslant Re_D \leqslant 10^6$。该公式为基于实验的经验关联式,式中所有物性都是基于 T_m 下的值。

由于传热的关系,其断面平均温度 $T_m(x)$ 沿轴向是不断变化的,在壁面热流恒定时,该关系为线性值。有时为了简化,可以采用管段的平均温度 T_m 作为定性温度:

$$T_m = \frac{1}{2}(T_{in} + T_{out}) \tag{3-11}$$

如果通道的横截面不是圆形的,则在应用以上各式时,其中的特征尺寸要用当量直径来代替。

2)水纵向掠过平行棒束时的换热系数

对于纵掠棒束充分发展的湍流,因为棒束子通道各向强烈的不均匀性,其 Nu 值可能与纵掠圆管的情况有显著不同。因此 Nu 数和 h 与在棒束上的位置有很大的关系。然而,当 $Pr > 0.7$ 之后,Nu 数对边界条件就变得不这么敏感;此外,如果考虑将沿燃料棒的冷却剂湿周定义一个在外周无剪切的当量环,发现在 $P/D \geqslant 1.12$ 时所预测的 Nu 数误差在 10% 以内。

通常采用的方法是在充分发展的圆管的 Nu_∞ 数计算关联式的基础上,添加一个修正因子 ψ:

$$Nu_\infty = \psi (Nu_\infty)_{c.t.} \tag{3-12}$$

式中,除了特别声明以外,$(Nu_\infty)_{c.t.}$ 一般使用 Dittus-Boelter 关系式。

(1)无限栅格

对于正方形栅格,当 $1.05 \leqslant P/D \leqslant 1.9$ 时,

$$\psi = 0.921\,7 + 0.147\,8 P/D - 0.113\,0 e^{-7(P/D-1)} \tag{3-13}$$

对于三角形栅格,当 $1.05 \leqslant P/D \leqslant 2.2$ 时,

$$\psi = 0.909\,0 + 0.078\,3 P/D - 0.128\,3 e^{-2.4(P/D-1)} \tag{3-14}$$

在采用水作为冷却剂时，Weisman 建议：

$$(Nu_\infty)_{c.t.} = 0.023Re^{0.8}Pr^{\frac{1}{3}} \tag{3-15}$$

对于正方形栅格，当 $1.1 \leqslant P/D \leqslant 1.3$ 时，

$$\psi = 1.826P/D - 1.0430 \tag{3-16}$$

对于三角形栅格，当 $1.1 \leqslant P/D \leqslant 1.5$ 时，

$$\psi = 1.130P/D - 0.2609 \tag{3-17}$$

式中　P——栅距，m；

　　　D——棒径，m。

从式(3-17)不难看出较稀疏的栅格给出较高的换热系数。

(2)有限栅格

Markoczy 给出了有限栅格中任何棒的统一表达式为

$$\psi = 1 + 0.9120Re^{-0.1}Pr^{0.4}(1 - 2.0043e^{-B}) \tag{3-18}$$

式中，Re 数的特征尺寸根据围绕该棒相邻子通道的水力直径来确定，$D_e = 4\sum_{j=1}^{J}A_j / \sum_{j=1}^{J}P_{wj}$，其中 j 代表该棒相邻的第 j 个子通道；指数 B 为 $B = D_e/D$。对于正方形栅格，ψ 值与实验值在概然误差为 8.58% 下的平均偏差为 12.7%。适用条件为：$3000 \leqslant Re \leqslant 10^6$，$0.66 \leqslant Pr \leqslant 5.0$，三角形栅格 $1 \leqslant P/D \leqslant 2.0$，正方形栅格 $1 \leqslant P/D \leqslant 1.8$。

(3)入口效应

在实际工程中，沿通道长度 h 并不是常数，主要有以下两个原因：

①在入口后一段距离，温度分布处于变化中。

②因为温度变化导致物性参数发生改变。

温度对物性的影响一般采用定性温度来表征，一般采用入口和出口温度的平均值来代表。

而入口效应则要复杂得多。入口段长度一般与 Re 数，Pr 数、热流密度曲线分布和流体的入口条件等因素有关。在入口段区域内，传热系数 h 从无限大急剧下降到某个渐进值(图3-1)。在这种情况下，用充分发展段的努塞尔数 Nu_∞ 来估计全长通道的平均努塞尔数 $\overline{Nu}$ 是保守的。

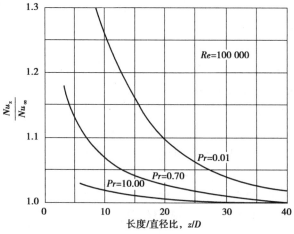

图3-1　$Re = 10^5$ 下沿管长的局部换热系数

一般对于圆管,认为

$$\frac{L}{D_e}\geqslant 60,Nu_z\approx Nu_\infty \quad 当 Pr\ll 1.0,$$

$$\frac{L}{D_e}\geqslant 40,Nu_z\approx Nu_\infty \quad 当 Pr\geqslant 1.0。$$

总体平均换热系数　提出了几个包含有入口效应的关联式,与入口条件有关。总的来讲,入口区域的传热系数要相对高一些。

①$Re>10\,000,0.7<Pr<120$ 时,对于方形入口,McAdams 推荐使用式(3-19):

$$\overline{Nu}=Nu_\infty\left[1+(D_e/L)^{0.7}\right] \tag{3-19}$$

②对于带喇叭形入口的圆管,Latzko 提出对于 $L/D_e<0.693Re^{\frac{1}{4}}$ 的入口段可以采用关联式:

$$\overline{Nu}=1.11\left[\frac{Re^{\frac{1}{5}}}{(L/D_e)^{\frac{4}{5}}}\right]^{0.275}Nu_\infty \tag{3-20}$$

对于 $L/D_e>0.693Re^{\frac{1}{4}}$ 的入口段,则可以采用:

$$\overline{Nu}=\left(1+\frac{A}{L/D_e}\right)Nu_\infty \tag{3-21}$$

式中,参数 A 为 Re 的函数:

$$A=0.144Re^{\frac{1}{4}} \tag{3-22}$$

在 $26\,000<Re<56\,000$ 区间,Latzko 的预测关联式中如果采用 $A=1.4$ 的预测结果要比 $A=1.83\sim2.22$ 时要好。对气体在各种入口条件下的换热系数计算时,采用式(3-21)时的不同 A 值可以参考表 3-3。对于过热蒸汽,可以采用如下的 McAdams 的推荐值:

$$\overline{Nu}=0.021\,4Re^{0.8}Pr^{\frac{1}{3}}\left(1+\frac{2.3}{L/D_e}\right) \tag{3-23}$$

表 3-3　管内气流的努塞尔数入口系数

入口形式	图例	A
喇叭形	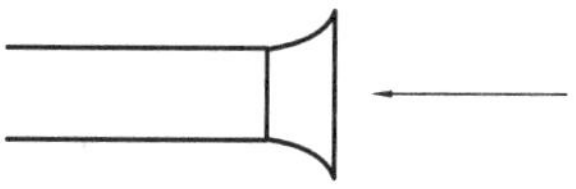	0.7
带滤网的喇叭形	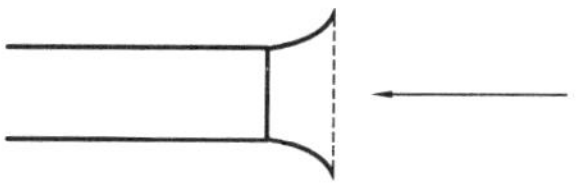	1.2
带长整流段		1.4
带短整流段	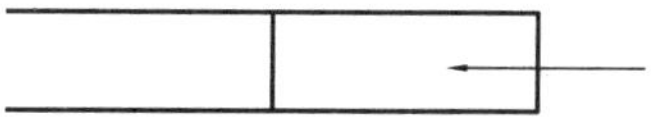	~3
45°弯管入口	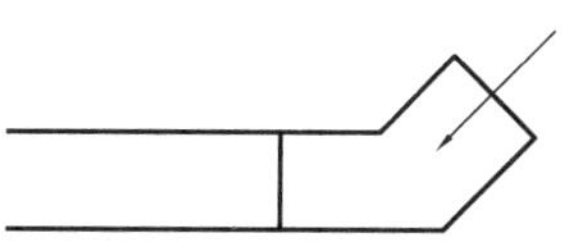	~5

续表

入口形式	图例	A
90°弯管入口		~7
大孔板入口(管径/孔口直径=1.19)		~16
小孔板入口(管径/孔口直径=1.789)		~7

入口区域局部换热系数　对于短管,充分发展段只占到很短的长度,必须考虑局部换热系数。实验给出了如下的关联式。

①入口速度和温度均匀分布条件下:

$$Nu(z) = 1.5\left(\frac{z}{D_e}\right)^{-0.16} Nu_\infty \quad 当\ 1 < \frac{z}{D_e} < 12\ 时 \tag{3-24}$$

$$Nu(z) = Nu_\infty \quad 当 \frac{z}{D_e} > 12\ 时 \tag{3-25}$$

②直进口:

$$Nu(z) = \left(1 + \frac{1.2}{z/D_e}\right) Nu_\infty \quad 当\ 1 < \frac{z}{D_e} < 40\ 时 \tag{3-26}$$

$$Nu(z) = Nu_\infty \quad 当 \frac{z}{D_e} > 40\ 时 \tag{3-27}$$

3)液体金属

液体金属的努塞尔数一般满足如下关系式:

$$Nu_\infty = A + B(Pe)^C \tag{3-28}$$

式中　Pe——贝克列数,$Pe = RePr$。

一般来说,常数 A,B,C 与几何特性和边界条件有关,C 值一般很接近于0.8。常数 A 反映了当 Re 接近于0时液态金属的传热特性。

3.1.2　自然对流换热

流体的自然对流是指由流体内部密度梯度所引起的流体运动,而密度梯度通常是由流体本身的温度场所引起的。它取决于流体内部是否存在温度梯度,因而其运动强度也就取决于温度梯度的大小。

在反应堆工程中,自然对流换热对堆的冷却及事故分析都具有重要意义。例如自然循环沸水堆在正常工况下的传热计算以及游泳池堆、压水堆及钠冷快堆的事故分析都要用到自然对流的知识。

自然对流换热同强迫对流换热一样，也用牛顿冷却公式计算换热量。但自然对流既然是由温度梯度所引起的，则在运动微分方程中必须考虑由温度梯度所引起的浮升力和流体本身的重力。自然对流换热的准则关系式一般形式为：

$$Nu = f(Gr \cdot Pr) = C(Gr \cdot Pr)_m^n \tag{3-29}$$

式中　Gr——格拉晓夫数。

系数 C 和指数 n 取决于物体的几何形状、放置方式以及热流方向和 $Gr \cdot Pr$ 的范围等。而 m 指取 $T_m = \dfrac{T_f + T_w}{2}$ 作为定性温度。其中，T_w 为壁面温度，T_f 为流体主流温度。

自然对流的换热极其复杂，通道的几何形状影响比较大，迄今尚无一个像强迫对流那样能够适用于各种几何形状通道的一般性公式，一般只能从实验得到适用于某些特定条件下的经验关系式。

1) 竖壁

当壁面的热流密度 q'' 为常数时，Hoffmann 推荐用以下公式计算竖壁的自然对流换热（介质为水）：

当 $10^5 < Gr_x^* < 10^{11}$ 时（层流），

$$Nu_{x,m} = \frac{h_x}{k_m} = 0.60(Gr_x^* \cdot Pr)_m^{\frac{1}{5}} \tag{3-30}$$

当 $2 \times 10^{13} < Gr_x^* < 10^{16}$ 时（湍流），

$$Nu_{x,m} = 0.17(Gr_x^* \cdot Pr)_m^{\frac{1}{4}} \tag{3-31}$$

式中　Gr_x^*——修正的格拉晓夫数，其表达式为

$$Gr_x^* = Gr_x \cdot Nu_x = \frac{g\beta q'' x^4}{k\nu^2}$$

式中　g——重力加速度，m/s^2；

　　　β——水的体积膨胀系数，$1/℃$；

　　　q''——表面热流密度，W/m^2；

　　　x——从换热起始点算起的竖直距离，m；

　　　k, ν——分别为热导率，$W/(m \cdot ℃)$ 和运动黏性系数，m^2/s。

米海耶夫根据水的实验数据得到了下列公式，计算 q'' 为常数时的竖壁自然对流换热：

当 $10^3 < (Gr_x \cdot Pr)_f < 10^9$ 时，

$$Nu_{x,f} = 0.60(Gr_x \cdot Pr)_f^{0.25}(Pr_f/Pr_w)^{0.25} \tag{3-32}$$

当 $(Gr_x \cdot Pr)_f > 10^{10}$ 时，

$$Nu_{x,f} = 0.15(Gr_x \cdot Pr)_f^{\frac{1}{3}}(Pr_f/Pr_w)^{0.25} \tag{3-33}$$

$$Gr_x = g\beta\Delta\theta x^3/\nu^2$$

$$\Delta\theta = T_w - T_f$$

式中　x——特征长度，从换热起始点算起的竖直距离；

　　　f——主流水；

　　　w——壁面。

2)横管

水在横管上的自然对流平均换热系数可以采用米海耶夫公式计算

$$Nu_{d,f} = 0.50(Gr_d \cdot Pr)_f^{0.25}(Pr_f/Pr_w)^{0.25} \tag{3-34}$$

式中 d——取横管的直径作为特征长度,式(3-34)适用范围为$(Gr_d \cdot Pr)_f \leqslant 10^8$。

此外,对池式堆的棒束自然对流换热实测的结果可以发现,大空间的自然对流换热公式与棒束测得的自然对流换热公式基本一致,棒束换热系数比大空间的换热系数高 20% ~ 40%。由此看来,在缺乏精确数据的情况下,作为粗略近似,可用大空间自然对流的公式来计算棒束或管内的自然对流换热。

水平放置的圆柱体对液态金属的换热可以用下式计算:

$$Nu_d = 0.53(Gr_d \cdot Pr^2)^{0.25} \tag{3-35}$$

3.2 流动沸腾传热

沸腾传热是沸水堆的工作模式,而压水堆在严格的规定条件下,也允许部分位置存在过冷沸腾,这在蒸汽发生器等位置也要遇到。因此在讨论核电厂正常工况时沸腾传热是一个非常重要的问题。除此之外,分析系统在预期瞬态及失水事故时是否有足够的安全裕量时,沸腾传热是轻水堆堆芯设计中不可回避的问题。

本部分将讨论在各种条件下加热通道的传热特性,还将讨论控制临界热流密度(Critical Heat Flux,CHF)的触发问题,以及池式沸腾的传热问题。

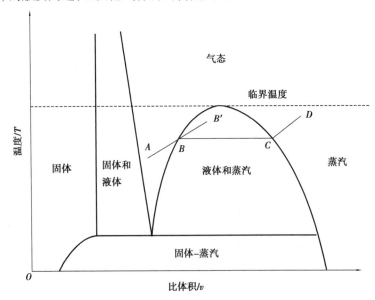

图 3-2 纯物质的温度-体积关系
(A—B—C—D 定压线;B—饱和液体;C—饱和蒸汽;B′—过热液体)

在讨论沸腾传热之前,有必要先讨论沸腾的热力学问题及其基本过程。从液态转变为气态可能通过均质核化或非均质核化发生。前者发生在没有外来核心参与下,仅是大量具有足够能量的活化分子团聚集成为汽化的核心。因此均质核化发生时,其液体温度要远高于饱和点。因此在其压强-体积的关系曲线(图3-2)上,在定压强下,液体从过冷态(A 点)开始要过热得比较高的点(B' 点)才会发生从液态转变为气态的核化过程。然而,如果介入了一个固体壁面可以辅助形成蒸汽核心,则可能在饱和点(B 点)附近就会发生核化现象。显然,堆芯或者蒸汽发生器元件表面将成为加热水中第一个发生核化的点。

3.2.1　核化过热度

在给定温度 T_f 和定压 p_f 下,半径为 $r*$ 的蒸汽核存在的条件是其内部的压力 p_b 能够克服表面张力的作用。因此存在如下平衡关系:

$$p_b - p_f = \frac{2\sigma}{r*} \tag{3-36}$$

为了将压力和温度关联起来,可以使用饱和温度和饱和压力下的克劳修斯-克拉佩龙方程:

$$\left(\frac{\mathrm{d}p}{\mathrm{d}T}\right)_{sat} = \frac{h_{fg}}{T_{sat}(v_g - v_f)} \tag{3-37}$$

假设 $v_g \gg v_f$,则有

$$\frac{\mathrm{d}p_g}{\mathrm{d}T_g} = \frac{h_{fg}}{T_{sat}v_g} \tag{3-38}$$

应用理想气体状态方程,$p_g v_g = RT_g$,式(3-38)变为

$$\frac{\mathrm{d}p_g}{p_g} = \frac{h_{fg}}{RT_g^2}\mathrm{d}T_g \tag{3-39}$$

将压力在液体压力 p_f 和气泡内压力 p_b 之间积分,得到

$$\ln\left(\frac{p_b}{p_f}\right) = -\frac{h_{fg}}{R}\left(\frac{1}{T_b} - \frac{1}{T_{sat}}\right) \tag{3-40}$$

式中　T_b,T_{sat}——分别为压力为 p_b 和 p_f 时的饱和温度。因此有

$$T_b - T_{sat} = \frac{RT_b T_{sat}}{h_{fg}}\ln\left(\frac{p_b}{p_f}\right) \tag{3-41}$$

将式(3-36)代入式(3-41),得到

$$T_b - T_{sat} = \frac{RT_b T_{sat}}{h_{fg}}\ln\left(1 + \frac{2\sigma}{p_f r*}\right) \tag{3-42}$$

因此需要过热度($T_b - T_{sat}$)来维持气泡的存在。根据式(3-36),当 $2\sigma/p_f r* \ll 1$ 时,$p_b \approx p_f$,$\frac{RT_b}{p_b} = v_b \approx v_{fg}$。因此保持直径为 $r*$ 的气泡存在的液体过热度为

$$T_b - T_{sat} = \frac{RT_b T_{sat} 2\sigma}{h_{fg}p_b r*} = \frac{2\sigma T_{sat} v_{fg}}{h_{fg}}\left(\frac{1}{r*}\right) \tag{3-43}$$

式(3-43)只能用于远低于临界压力 p_c 的情况下。接近临界压力时,式(3-38)的假设不能满足。

对于均质核化,$r*$ 为分子尺度的量级,因此液体的过热度 T_b-T_{sat} 将非常高。对于纯水在大气压下计算的均质核化的过热度将达到 220 ℃,比实际测量的值要高得多。主要的原因在

于水中所溶解的气体或杂质将大幅降低核化所需的过热度。

在固体壁面或者悬浮体上的核化过程,其表面的微小凹坑(约 10^{-3} mm 的量级)将作为气相的存储空间,这将为核化过程的气液界面提供一定角度的开口,固体壁面凹坑的尺寸分布在一定的范围内。这些将大大降低壁面上核化所需要的过热度。

3.2.2 沸腾传热模式

1)池沸腾

1934 年,拔山(Nukiyama)发表了第一个池式沸腾(池沸腾)模式图,该图(图 3-3)直到今天仍然是人们了解沸腾整体特点的重要工具,该图为以热流密度与过热度($T_w - T_{sat}$)的双对数为坐标的关系图。

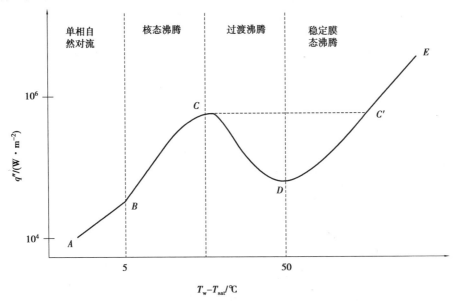

图 3-3 水大气压下典型的池沸腾曲线

从 B 点开始,壁面上所形成的气泡将导致传热强化,核态沸腾(Nucleate Boiling)的热流密度比单相自然对流的高 1 ~ 2 个数量级。然而,在热流密度高于 C 点后,壁面上所形成的气泡太多,以至于在加热壁面上形成一层连续的气膜。如果壁面温度足够高并保持恒定,在低热流密度下也可建立起如 C-D-C' 区域的稳定膜态沸腾。然而,在低壁面过热区域(C-D 区域),气膜并不稳定,该区域称为过渡沸腾(从核态沸腾到膜态沸腾)。C 点称为临界热流密度(CHF)或偏离核态沸腾(DNB)条件。D 点所对应的温度为最低稳定膜态沸腾温度。

池沸腾的临界热流密度(q''_{cr})与形成稳定膜态沸腾的起始点有关(液体被蒸汽层悬浮)。自从 Kutateladze 最早于 1952 提出该形式的流动不稳定性后,很多个关联式都以该机制作为基础来开发。形成稳定膜态沸腾的蒸汽速度可以写为

$$j_g = C_1 \left[\frac{\sigma (\rho_f - \rho_g) g}{\rho_g^2} \right]^{\frac{1}{4}} \tag{3-44}$$

式中,C_1 取值为 0.13 ~ 0.18。临界热流密度则可按照 $q''_{cr} = \rho_g j_g h_{fg}$ 计算。3 个关联式所计算的

临界热流密度示于图 3-4。从图中可以看出，在压强为 5.5 MPa 附近池沸腾的 CHF 达到最大。在低压下，提高压力会提高蒸汽的密度，因此在给定热流密度下会降低蒸汽离开气膜的速度。因此达到稳定膜态沸腾阻止液体润湿加热面的蒸汽产生量就相对多一些。另一方面，随着压力增加，蒸汽的汽化潜热降低，而蒸汽的密度增加量相对值逐渐减少，在高压下形成稳定膜态沸腾的开始点逐渐降低。

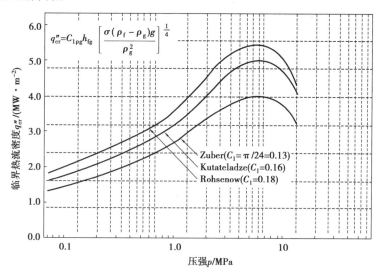

图 3-4　压强对池沸腾 CHF 的影响

Berenson 对最小稳定膜态沸腾的热力学分析得到：

$$j_{\mathrm{g}} = C_2 \left[\frac{\sigma(\rho_{\mathrm{f}} - \rho_{\mathrm{g}})g}{(\rho_{\mathrm{f}} + \rho_{\mathrm{g}})^2} \right]^{\frac{1}{4}} \tag{3-45}$$

式中，$C_2 = 0.09$。Berenson 发现最小稳定膜态沸腾的壁面温度仅与流体物性有关，见表 3-4。其他作者所得到的关联式也列于该表中。

表 3-4　最小稳定膜态沸腾壁温（T^{M}）预测关联式汇总[*]

作者	关联式
Berenson	$T_{\mathrm{B}}^{M} - T_{\mathrm{sat}} = 0.127 \dfrac{\rho_{\mathrm{g,film}} h_{\mathrm{fg}}}{k_{\mathrm{g,film}}} \left[\dfrac{g(\rho_{\mathrm{f}} - \rho_{\mathrm{g}})}{\rho_{\mathrm{f}} + \rho_{\mathrm{g}}} \right]^{\frac{2}{3}} \left[\dfrac{g_0 \sigma}{g(\rho_{\mathrm{f}} - \rho_{\mathrm{g}})} \right]^{\frac{1}{2}} \left[\dfrac{\mu_{\mathrm{f}}}{g_0(\rho_{\mathrm{f}} - \rho_{\mathrm{g}})} \right]^{\frac{1}{3}}$
Spiegler 等	$T_{\mathrm{S}}^{M} = 0.84 T_{\mathrm{c}}$
Kalinin 等	$\dfrac{T_{\mathrm{K}}^{M} - T_{\mathrm{sat}}}{T_{\mathrm{c}} - T_{\mathrm{f}}} = 0.165 + 2.48 \left[\dfrac{(\rho c)_{\mathrm{f}}}{(\rho c)_{\mathrm{w}}} \right]^{0.25}$
Henry	$\dfrac{T_{\mathrm{H}}^{M} - T_{\mathrm{B}}^{M}}{T_{\mathrm{B}}^{M} - T_{\mathrm{f}}} = 0.42 \left[\sqrt{\dfrac{(\rho c)_{\mathrm{f}}}{(\rho c)_{\mathrm{w}}}} \dfrac{h_{\mathrm{fg}}}{c_{\mathrm{w}}(T_{\mathrm{B}}^{M} - T_{\mathrm{sat}})} \right]^{0.6}$

[*] 注：①关联式中 T^{M} 的下标是指关联式的提出者。

②Berenson 的关联式中使用英制单位。Spiegler 等的关联式使用绝对温度。其他关联式仅使用无量纲参数。

③下标 g，film 表示采用蒸汽膜的平均温度所得到的物性参数。

2）流动沸腾

流动沸腾的传热模式与质量流速、流体性质、系统几何特性、热流密度及其分布特性等因素有关。图 3-5 给出了流动沸腾的流动和传热分区的例子。该例子主要是关于在均匀热流密度下管内竖直向上流动传热的流动和传热分区。另外一种情况是在固定壁温下流体流过管内的情况，在管长方向热流密度将不断变化。

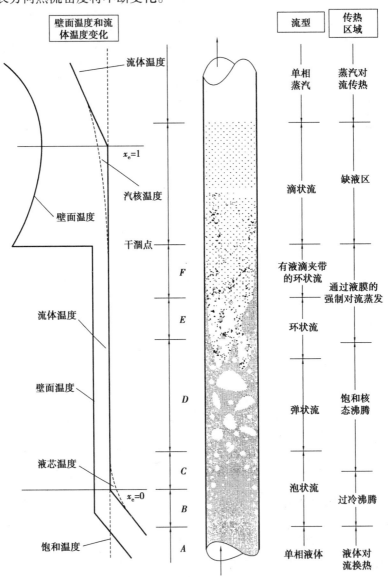

图 3-5　流动沸腾的传热分区

图 3-6 示出了流速对热流密度与壁面过热度（$T_w - T_{sat}$）关系的影响。与池沸腾的换热系数相比，因为强制对流对传热的贡献，其换热系数更高。需要注意的是，在单相对流时，其热流密度与（$T_w - T_b$）成正比，而在核态沸腾时则与（$T_w - T_{sat}$）^{m} 成正比，m 约为 3，而沸腾起始点则与（$T_w - T_{sat}$）$^{m-1}$ 成正比。

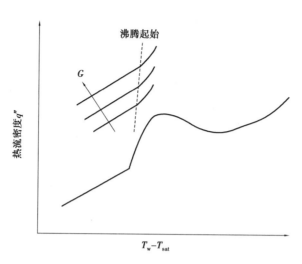

图 3-6　质量流速对热流密度的影响

　　回到图 3-5，流体以过冷状态（$T_{in} < T_{sat}$）进入流道，随着热量的加入而不断升温。在某一个高度时，靠近壁面的流体变得过热已经可以使气泡核化，而主流仍然处于过冷状态（热力学平衡干度仍为负值）。当过冷沸腾开始后，沸腾过程和因为沸腾所导致的湍流强化了传热，壁面温度停止像单相区域那样快速上升。主流液体温度继续上升直到达到饱和温度 T_{sat}，这样传热区域进入饱和沸腾区域。从这点开始，气泡数量变得巨大并开始脱离，有些气泡聚合成大气泡，因此流型进入弹状流或搅混流流型。在这些流型下，因为主流温度维持在饱和温度，壁面温度并不会上升。实际上，因为核化导致壁面附近的湍流剧烈，壁面温度还稍微有所下降。随着沸腾的进行，气泡聚集成蒸汽芯，而液体部分以液膜形式存在于壁面附近，还有些液体被中心高速流动的气芯撕裂成液滴状。该环状流的流型导致传热状态转变为通过液膜的对流换热机制。该液膜可能变得太薄而不能保持足够的壁面过热度形成气泡。可能只发生蒸汽-液膜表面的蒸发效应（称为核化抑制现象）。因为气芯夹带和表面蒸发，在某些点液膜将耗尽，这时就会发生"干涸"（dryout）现象。在该点之后，通道断面绝大部分为蒸汽，分布有弥散的液滴，流型也进入滴状流阶段。因为蒸汽传热性能远低于液体的传热，该缺液传热导致壁面温度突然上升。因此，干涸是临界热流密度发生条件的基本机制之一。液滴撞击加热面导致在干涸点后的壁面温度降低。在干涸后区域，甚至在热力学平衡干度达到 1 之前的位置，过热蒸汽和液滴同时存在。传热主要表现为壁面向蒸汽的传热，壁面温度又重新开始上升。

　　如果热流密度非常高，在核态沸腾区域所产生的气泡就可能在壁面附近形成一层连续的汽膜将主流液体和壁面分隔开来。该条件导致壁面上偏离核态沸腾（DNB）的发生，类似于池沸腾中的临界热流密度条件。壁面所能承受的最大热流密度而不发生壁面汽膜覆盖现象是这种情况的临界热流密度条件。这也是反应堆燃料元件等表面所能承受的最大热流密度，超过该值，燃料元件包壳将可能发生烧毁，但实际的物理烧毁值可能远大于该值。

　　高热流密度和低热流密度下的换热系数与蒸汽干度的关系示于图 3-7。所施加的热流密度的影响示于图 3-8。可以看到热流密度越高，则沸腾起始点和临界热流密度发生的干度也就相应越低。

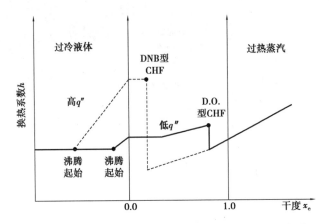

图 3-7　传热系数与干度的可能变化关系(压力和流速恒定)

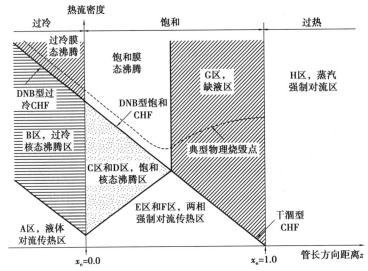

图 3-8　两相对流换热模式与干度和热流密度的关系

(A—H 为图 3-5 上相应的轴向位置的流型)

3.2.3　过冷沸腾

过冷沸腾区域和其空泡行为用图 3-9 来讨论。需要讨论的内容包括各沸腾转变特征点 (Z_{NB}, Z_D, Z_B, Z_E) 以及计算其干度和空泡份额的方法。

过冷沸腾区域从核态沸腾起始点开始起算$(z = Z_{NB})$,这时流体整体的平均温度仍然处于过冷状态。然而,既然这时发生了核化,说明在壁面附近区域已经高于了 T_{sat},气泡从壁面上核化产生。因断面的液体仍然处于过冷状态,气泡并不脱离壁面,在壁面上生长并溃灭,使断面上有了可以被忽略的非零空泡份额的区域(图 3-9 中区域Ⅰ)。随着冷却剂整体的加热,气泡可以生长得更大,它们可能脱离所生长的壁面进入主流中。在区域Ⅱ$(z > Z_D)$,气泡有规律地脱离壁面并在主流中冷凝,空泡区域扩展到主流中。如图 3-9 所示,在这个区域空泡份额显著上升。下一个阶段的区域Ⅲ,从断面达到饱和温度的 $z = Z_B$ 开始起算。空泡份额持续增加,逐渐趋近于热力学平衡条件$(z = Z_E)$。而一旦达到热力学平衡条件,就进入了区域Ⅳ,在这个区域,过冷的断面区域完全消失。

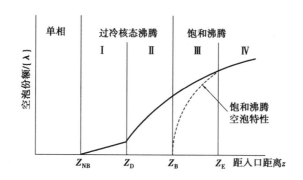

图 3-9　加热通道中面积平均空泡份额的发展

Ⅰ—{α}很小,可以忽略;Ⅱ—气泡显著增多,脱离壁面并在主流中溃灭;
Ⅲ—气泡不再溃灭,平衡干度大于 0;Ⅳ—空泡份额的过冷痕迹完全消失

1)沸腾起始点

Bergles 和 Rohsenow 基于 Hsu 和 Graham 的推荐开发了沸腾起始(即 $z = Z_{NB}$)的判据。他们的分析后来被 Davis 和 Anderson 的更通用的推导所证实。主要的前提是壁面附近的液体因为加热,其温度必须等于使气泡稳定的过热温度(图 3-10)。第一次相等发生在两条温度分布曲线相切的位置,假设壁面具有各种孔隙尺寸,气泡以初始半径 r^* 在其中生长。液体温度和热流密度用下式关联:

$$q'' = -k_f \frac{\partial T}{\partial r} \quad \text{或} \quad \frac{\partial T}{\partial r} = -\frac{q''}{k_f}$$

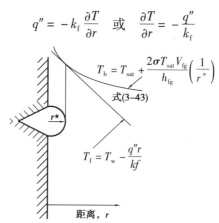

图 3-10　壁面上气泡核化的临界孔隙尺寸

当孔半径等于下式时,该梯度等于核化所需的过热度[由式(3-43)给出]的梯度。

$$r_{\tau}^* = \sqrt{\frac{2\sigma T_{sat} v_{fg} k_f}{h_{fg} q''}}$$

为了保证气泡核化,假设液体过热边界层延伸到临界半径的两倍厚度。根据该假设,进行适当的整理后,得到:

$$(q'')_i = \frac{k_f h_{fg}}{8\sigma T_{sat} v_{fg}} (T_w - T_{sat})_i^2 \tag{3-46}$$

式中,下标 i 表示沸腾起始点,在沸腾起始点,热流密度也可以表达为对流定律的形式,有:

$$(q'')_i = h_c (T_w - T_b)_i \tag{3-47}$$

因此壁面过热度的计算式为：

$$\frac{(T_{\mathrm{w}} - T_{\mathrm{sat}})_{\mathrm{i}}^2}{(T_{\mathrm{w}} - T_{\mathrm{b}})_{\mathrm{i}}} = \frac{1}{\Gamma} \qquad (3\text{-}48)$$

式中，

$$\Gamma \equiv \frac{k_{\mathrm{f}} h_{\mathrm{fg}}}{8 \sigma T_{\mathrm{sat}} h_{\mathrm{c}} v_{\mathrm{fg}}}$$

在低热流密度下，这些相切点的半径可能比壁面上最大半径的孔口还要大，式(3-46)可能会低估所需要的过热度$(q'')_{\mathrm{i}}$。Bjorg 等推荐认为大部分与水接触的表面的最大空穴半径为$r_{\max} = 10^{-6}$ m。如果表面润湿性很好，表观空穴尺寸要比实际尺寸小。

Rohsenow 研究发现当最大空穴半径曲线与单相点曲线刚好相切时，其换热系数为：

$$h_{\mathrm{c}} = \frac{k_{\mathrm{f}}/r_{\max}}{1 + \sqrt{1 + 4\Gamma(T_{\mathrm{sat}} - T_{\mathrm{b}})}} \qquad (3\text{-}49)$$

如果换热系数 h_{c} 小于这个数值，式(3-46)就不能满足。当液体温度 T_{b} 饱和时，h_{c} 的数值为 $k_{\mathrm{f}}/2r_{\max}$，与过热边界层的厚度是最大空穴半径两倍的假设一致。

对于水压力为 0.1~13.6 MPa 时，Bergles 和 Rohsenow 给出了如下经验关联式：

$$(q'')_{\mathrm{i}} = 0.015 p^{1.156} [1.8(T_{\mathrm{w}} - T_{\mathrm{sat}})]_{\mathrm{i}}^{\frac{0.718}{p^{0.0234}}} \qquad (3\text{-}50)$$

式中，q'' 的单位为 W/m²，p 为 MPa。该式假设加热表面有大量的微孔，忽略表面的粗糙度影响。按照式(3-50)所计算出的起始沸腾热流密度较低，该式是基于可视化观察所得到的结果，而不是根据表面温度响应来判定的，这需要大量的核化气泡产生才会有该效果。

2) 净蒸汽产生点(NVG 点)(气泡脱离点)

气泡被主流液体冷凝前从加热壁面脱离(Z_{D})的过程可能受水动力学控制或者热力学控制。可以通过热力学控制过程的能量平衡得到：

$$T_{\mathrm{sat}} - T_b = \frac{q''}{5 h_{\mathrm{f0}}} \qquad (3\text{-}51)$$

式中　h_{f0}——在同样质量流速下单相液体的流动换热系数。

以上判据是基于在 Z_{D} 位置的壁面热流量与因液体过冷而排出的热流量相等来确定的。

各种不同来源的数据在图 3-11 上表达为与贝克列(Peclet)数($Pe = Nu/St = GD_{\mathrm{e}} c_{\mathrm{pf}}/k_{\mathrm{f}}$)的关系。这些数据包括了矩形、环管、圆管等，工质包括水和一些氟利昂。其条件可以写为

当 $Pe < 7 \times 10^4$ 时，

$$(Nu)_{\mathrm{Dep}} = 455 \quad \text{或} \quad T_{\mathrm{sat}} - T_{\mathrm{b}} = 0.002\,2 \left(\frac{q'' D_{\mathrm{e}}}{k_{\mathrm{f}}} \right) \qquad (3\text{-}52)$$

当 $Pe < 7 \times 10^4$ 时，

$$(St)_{\mathrm{Dep}} = 0.006\,5 \quad \text{或} \quad T_{\mathrm{sat}} - T_{\mathrm{b}} = 154 \left(\frac{q''}{G c_{\mathrm{p,f}}} \right) \qquad (3\text{-}53)$$

上述公式的参数范围为：$0.1 \leqslant p \leqslant 13.8$ MPa；$95 \leqslant G \leqslant 2\,760$ kg/(m² · s)；$0.28 \leqslant q'' \leqslant 1.89$ MW/m²。

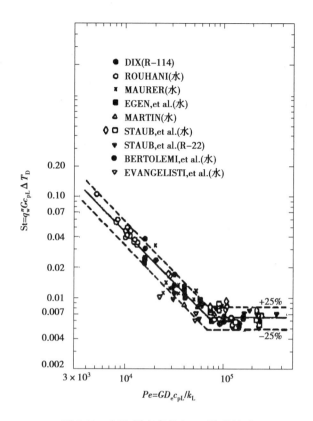

图 3-11　气泡脱离条件与 Pe 数的关系

3) 过冷流动干度和空泡份额

对于该区域比较能够接受的模型方法是分段拟合的方法。一个典型的例子是 Levy 所建议的方法，他假设在 Z_D 的位置 $x(z) = 0$，并渐近靠近平衡干度：

$$x(z) = x_e(z) - x_e(Z_D) \exp\left[\frac{x_e(z)}{x_e(Z_D)} - 1 \right] \tag{3-54}$$

空泡份额可采用漂移流模型来确定：

$$\{\alpha(z)\} = \frac{1}{C_0\left\{ 1 + \frac{1 - x(z)}{x(z)} \frac{\rho_g}{\rho_f} \right\} + \frac{V_{gj}}{xG}\rho_g} \tag{3-55}$$

式中，C_0 为漂移流模型的分布参数，反映了气相分布的均匀性，用式（3-56）计算：

$$C_0 = \{\beta\}\left[1 + \left(\frac{1}{\{\beta\}} - 1 \right)^b \right] \tag{3-56}$$

式中，β 为体积流动含汽量，b 为指数，$b = (\rho_g/\rho_f)^{0.1}$。$V_{gj}$ 为漂移速度，反映了两相的相对运动速度：

$$V_{gj} = 2.9\left[\left(\frac{\rho_f - \rho_g}{\rho_f^2} \right)\sigma g \right]^{0.25} \tag{3-57}$$

搅混流下该漂移速度差不多是气泡终端速度 V_∞ 的两倍。以上分布参数和漂移速度在国际上有很多其他的研究，也可以采用这些模型来计算过冷沸腾的真实干度和空泡份额。

3.2.4 饱和沸腾

在饱和沸腾的初期,传热与在壁面附近所形成气泡的情况密切相关。在核化开始后,其成为主导的传热因素。因此所开发的预测沸腾起始热流密度的关联式在本区域仍适用。因此过冷核态沸腾和低干度饱和沸腾的热流密度是相等的。然而,当干度增高后,因为蒸发和液滴夹带导致液膜变薄,从液膜向汽芯的蒸发变得更高效,从而导致液膜内的核化被抑制,蒸发主要发生在液膜和蒸汽的界面上。大多预测环状流换热系数的关联式都是经验关联式。

在饱和沸腾区域的两相传热可以表达为如下模型:

$$q'' = h_{2\phi}(T_w - T_{sat}) \tag{3-58}$$

因为主流处于饱和条件下。两相换热系数 $h_{2\phi}$ 通常表达为核态沸腾传热项 h_{NB} 和对流传热项 h_c 之和:

$$h_{2\phi} = h_{NB} + h_c \tag{3-59}$$

不少的研究者采用该两项式的方法将其与同质量流速下全液相的换热系数相比乘以一个参数,即

$$\frac{h_{2\phi}}{h_{f0}} = a_1 \frac{q''}{Gh_{fg}} + a_2 X_{tt}^{-b} \tag{3-60}$$

式中 a_1, a_2, b——经验常数,各种关联式的值总结在表 3-5 中。

表 3-5　式(3-60)中饱和流动沸腾传热系数关联式的各常数

作者	a_1	a_2	b
Dengler 和 Addoms*	0	3.5	0.5
Bennett 等	0	2.9	0.66
Schrock 和 Grossman	7 400	1.11	0.66
Collier 和 Pulling	6 700	2.34	0.66

*:关联式只在环状流区域有效,因此 $a_1 = 0$

Martinelli 参数 X_{tt} 可以用如下关系式确定:

$$\frac{1}{X_{tt}} = \left(\frac{x}{1-x}\right)^{0.9} \left(\frac{\rho_f}{\rho_g}\right)^{0.5} \left(\frac{\mu_g}{\mu_f}\right)^{0.1} \tag{3-61}$$

有两个在水的核态沸腾区域比较常用的简化关系式为 Jens-Lottes 和 Thom 关系式,它们分别表达为

$$\frac{q''}{10^6} = \frac{\exp(4p/6.2)}{25^4}(T_w - T_{sat})^4 \tag{3-62}$$

和

$$\frac{q''}{10^6} = \frac{\exp(2p/8.7)}{22.7^2}(T_w - T_{sat})^2 \tag{3-63}$$

式中,q'' 单位为 MW/m^2,p 为 MPa,T 为 ℃。需要说明的是,Thom 关联式的低斜率是因为他使用了早期常规锅炉的沸腾曲线的数据局限所导致。

一个应用广泛的覆盖全部饱和沸腾区域的关联式是 Chen 提出的。他的关系式形式也是

采用式(3-59)的形式。其对流换热部分的 h_c 是通过修正 Dittus-Boelter 关系式得到的:

$$h_c = 0.023 \left(\frac{G(1-x)D_e}{\mu_f} \right)^{0.8} (Pr_f)^{0.4} \frac{k_f}{D_e} F \tag{3-64}$$

式中的 F 因子(雷诺数因子或湍流强化因子)表达了因为气泡存在所引起的湍流强化效应。

F 可以采用如图 3-12 所示的图形化方法确定。也可以用式(3-65)近似得到:

$$F = 1 \qquad\qquad\qquad 当 \frac{1}{X_{tt}} < 0.1 \ 时$$

$$F = 2.35 \quad (0.213 + 1/X_{tt})^{0.736} \qquad 当 \frac{1}{X_{tt}} > 0.1 \ 时 \tag{3-65}$$

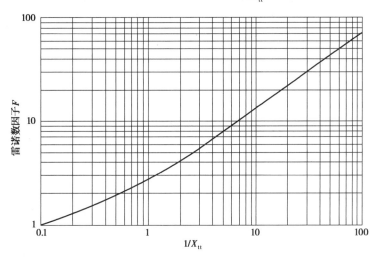

图 3-12　Chen 关联式中所用到的雷诺数因子 F

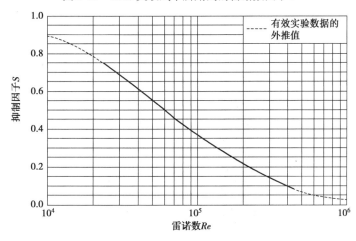

图 3-13　Chen 关联式的抑制因子 S

而核态沸腾部分则基于 Forster-Zuber 关联式,采用 S 因子(抑制因子)修正:

$$h_{NB} = S(0.00122) \left[\frac{(k^{0.79} c_p^{0.45} \rho^{0.49})_f}{\sigma^{0.5} \mu_f^{0.29} h_{fg}^{0.24} \rho_g^{0.24}} \right] \Delta T_{sat}^{0.24} \Delta p^{0.75} \tag{3-66}$$

式中,$\Delta T_{sat} = T_w - T_{sat}$,$\Delta p = p(T_w) - p(T_{sat})$;抑制因子 S 是总雷诺数的函数,示于图 3-13 中,可以近似为:

$$S = \frac{1}{1 + 2.53 \times 10^{-6} Re^{1.17}}$$ (3-67)

式中，$Re = Re_f F^{1.25}$。原始数据的参数范围为：$p = 0.17 \sim 3.5$ MPa，液体入口速度为 $0.06 \sim 4.5$ m/s，热流密度最高到 2.4 MW/m²，干度 $x = 0 \sim 0.7$。其他所测试的流体包括甲醇、环己烷、戊烷、苯等。

Chen 关联式的优势在于其涵盖了整个沸腾区域。其误差（11%）比更早的所发表的各种关联式低。后来的数据又延伸到压强为 6.9 MPa 的条件下，这已经覆盖蒸汽发生器的工况范围。因此，到目前为止，Chen 关联式仍然是工程上主要使用的一个关联式。

Collier 用温度修正讨论了将 Chen 关联式延伸到过冷区域的可能性：

$$q'' = h_{NB}(T_w - T_{sat}) + h_c(T_w - T_b)$$ (3-68)

对于过冷沸腾，F 因子可以设为 1，S 可以按照 $x = 0$ 来计算。该方法在预测水和氨等的实验数据时吻合较好。

3.3 沸腾临界热流密度

临界热流密度（Critical Heat Flux，CHF）指发生两相流传热系数持续恶化的条件。在给定条件下，它发生在足够高的热流密度或者壁面温度下，在定热流密度的系统中，CHF 发生的后果是壁面温度的快速飞升。而在控制壁面温度的系统中，CHF 发生的后果是热流密度（或者是传热系数）的急剧下降。

关于临界热流密度有很多的术语来表述该现象，包括"沸腾危机"（Boiling Crisis）及"烧毁"（Burnout）。偏离核态沸腾（DNB）原用于描述池沸腾中的 CHF 条件，当壁面的气泡产生足够迅速，从而在壁面上形成连续汽膜时，这也会在流动沸腾中遇到（图 3-14）。而"干涸"是指环状流中液膜的烧干。"沸腾转变"指的是当地热流密度并不是影响传热恶化的唯一因素的情况。"临界热流密度"则是较其他术语用得远为广泛的一个术语。

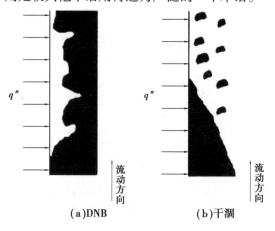

图 3-14 临界热流密度的机制

3.3.1 低干度下的 CHF(偏离核态沸腾,DNB)

1)池沸腾

早期对 CHF 的研究主要是将加热表面放置在一个静止的液池内进行的。观察热流密度和壁面温度之间的关系,清楚地显示 CHF 条件导致过渡沸腾的发生。池沸腾的 CHF 值较流动沸腾下的 CHF 低,随着质量流速增加,DNB 型 CHF 值上升。该 CHF 机制可以发生在饱和条件下,也可以发生在过冷液体的条件下。

压力对池沸腾的热流密度的影响示于图 3-4 中,图中还比较了 3 个著名的关联式所预测的结果。

2)流动沸腾

核态沸腾在低干度条件下存在。如果热流密度很高,在加热表面上将形成汽毯。可能为 $CHF(q_{cr}'')$ 设置两个限值。在发生 CHF 的较低主流温度下,主流还处于过冷状态下,热流密度必须足够高,使壁面温度达到饱和温度。因此:

$$(q_{cr}'')_{min} = h_{f0}(T_w - T_b) = h_{f0}(T_{sat} - T_b) \tag{3-69}$$

轴向均匀热流密度下有

$$(q_{cr}'')_{min} \pi DL = \frac{G\pi D^2}{4} c_p (T_b - T_{in}) \tag{3-70}$$

式中 L——管长。

因此从上两式中消掉 T_b,得到

$$(q_{cr}'')_{min} = \frac{(T_{sat} - T_{in})}{\dfrac{1}{h_{f0}} + \dfrac{4L}{GDc_p}} \tag{3-71}$$

在较高位置的末端,q_{cr}'' 必须足够高,使热平衡干度 $x_e = 1.0$,因此:

$$(q_{cr}'')_{max} = \frac{GD}{4L}\left[c_p(T_{sat} - T_{in}) + h_{fg} \right] \tag{3-72}$$

从式(3-71)和式(3-72)中可以清楚地看到,在均匀加热圆管中入口温度(或热平衡干度)越高,q_{cr}'' 值越低。总的来讲,临界热流密度可表达为

$$q_{cr}'' = q_{cr}''[p, G, D, L, (\Delta T_{sub})_{in}, q''(z)] \tag{3-73}$$

CHF 与入口过冷和热流密度分布的依赖关系可以用与发生 CHF 点(即 L 长度位置)当地干度的关系来替代:

$$q_{cr}'' = q_{cr}''[p, G, D, L, x(L)] \tag{3-74}$$

需要指出的是,汽毯主要受当地蒸发速率的影响,因此加热长度对 DNB 的影响很小。然而,对于干涸型的 CHF,水动力学效应对液膜行为的影响很显著。与 DNB 型 CHF 不同,干涸受总输入热量的影响比当地热流密度的影响更大。

3.3.2 高干度下的 CHF(干涸)

在高干度流动条件下,通常在通道中心存在一个汽芯。汽芯的剪切作用和表面的蒸发作用导致液膜从壁面上撕裂而成为夹带液滴。总的来讲,均匀加热通道内高干度下的临界热流

密度值比低干度下的低,长管内的 q''_{cr} 较短管的低。随着长度增加,总的临界功率的输入是增加的,因此通道出口的临界干度随着长度增加而逐渐增加。

因为 DNB 型和干涸型 CHF 的触发机制不同,它们表现出与质量流速不同的因变关系。如图 3-15 所示,高质量流速导致低干度流动沸腾 CHF 升高,而使高干度流动沸腾的 CHF 降低。然而在固定加热长度的均匀加热管内,其临界总功率随着长度的加长而增加。

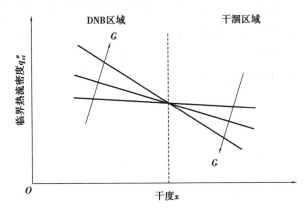

图 3-15 质量流速对临界热流密度的影响

对于高干度下的 CHF,临界总功率对长度方向的功率分布不太敏感,如图 3-16 所示。

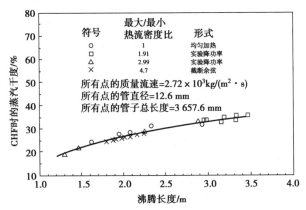

图 3-16 加热功率分布对临界干度的影响

3.3.3 专用 CHF 关联式

1) DNB 型

应用得最为广泛的确定压水堆的 DNB 条件的关联式是 Tong 所开发的 W-3 公式。该关联式可以应用到圆管、矩形通道和棒束通道等几何结构上。该关系式是针对轴向均匀热流密度的关系式,对于轴向非均匀热流密度使用修正因子,也可以通过特殊因子来计入当地的格架效应及考虑控制棒导向管存在的冷壁效应等。

对于预测非均匀热流密度的 DNB 条件,采用如下两个步骤:

①针对当地反应堆条件,采用 W-3 公式计算均匀临界热流密度 q''_{cr}。

②采用一个 F 因子修正 q''_{cr} 得到非均匀加热条件下的 DNB 热流密度 $q''_{cr,n}$(假设热流密度

分布近似于实际反应堆的情形）。

对于均匀加热的通道，有：

$$q_{cr}'' = \{(2.022 - 0.062\,38p) + (0.172\,2 - 0.014\,27p)\exp[(18.177 - 0.598\,7p)x_e]\}$$
$$[(0.148\,4 - 1.596x_e + 0.172\,9x_e|x_e|)2.326G + 3\,271](1.157 - 0.869x_e)$$
$$[0.266\,4 + 0.835\,7\exp(-124.1D_e)][0.825\,8 + 0.000\,341\,3(h_{fs} - h_{in})] \quad (3\text{-}75)$$

式中各个量的单位为：临界热流密度 q_{cr}'' 为 kW/m^2；压力 p 为 MPa；质量流速 G 为 kg/(m^2·s)；焓 h 为 kJ/kg；当量直径 D_e 为 m。应用的各工况参数范围为：

$p = 5.5 \sim 15.86$ MPa；$x_e = -0.15 \sim 0.15$；$G = 1\,356 \sim 6\,800$ kg/(m^2·s)；$D_e = 0.005\,08 \sim 0.017\,8$ m；加热长度 $L = 0.254 \sim 3.668$ m。

（1）轴向热流密度非均匀分布的修正

轴向热流密度分布不均匀对 q_{cr}'' 有影响，可用一个不均匀热流密度分布修正因子 F 对计算结果进行修正，则轴向非均匀加热时的 W-3 公式为

$$q_{cr,n}'' = \frac{q_{cr}''}{F} \quad (3\text{-}76)$$

式中，

$$F = \frac{C\int_0^{l_{DNB}} q''(z')\exp[-C(l_{DNB} - z')]dz'}{q''(l_{DNB})[1 - \exp(-Cl_{DNB})]} \quad (3\text{-}77)$$

式中　$q_{cr,n}''$——非均匀加热时 DNB 点的 q''；

l_{DNB}——采用均匀加热临界热流密度模型预测的 DNB 发生距离；

C——系数，其值为

$$C = \frac{185.6[1 - x_e(l_{DNB})]^{4.31}}{G^{0.478}} \quad (\text{m}^{-1}) \quad (3\text{-}78)$$

在过冷沸腾区和低含汽量饱和沸腾区，C 的数值大，F 值小，指数衰减快，这就减轻了上游的记忆效应，因此局部热流密度的大小就基本决定了烧毁点。而在高含汽量区，C 数值小，则 F 值大，烧毁点上游一段距离的记忆效应强烈，因此在高含汽量区，主要是平均热流密度（或焓升 Δh）决定了烧毁点位置。

（2）冷壁效应的修正

考虑到有控制棒导向管或盒壁存在时的冷壁效应，在 W-3 公式中需要引入冷壁修正因子 F_c。F_c 可由以下经验公式计算得到，即：

$$F_c = 1 - R_0\Big[13.76 - 1.372\exp(1.78x_e) - 5.15\Big(\frac{G}{10^6}\Big)^{-0.053\,5} - $$
$$0.017\,96\Big(\frac{p}{10^3}\Big)^{0.14} - 12.6D_h^{0.107}\Big] \quad (3\text{-}79)$$

式中　$R_0 = \Big(1 - \dfrac{D_h}{D_e}\Big)$，$D_h$ 为通道加热周长（不计冷壁）求得的热周当量直径。

$$D_h = \frac{4\text{ 倍冷却剂通道流通面积}}{\text{加热周界长度}} \quad (3\text{-}80)$$

需要注意的是，如存在冷壁，则计算 q_{cr}'' 时，式（3-75）中的 D_e 用 D_h 来代替。

式（3-79）的适用范围为：冷却剂通道长 $L \geqslant 0.254$ m；燃料元件棒间距 $b \geqslant 2.54$ mm；工作

压力 $p = (6.86 \sim 15.87) \times 10^6$ Pa；含汽量 $x_e \leqslant 0.1$；冷却剂的质量流速 $G/10^6 = 4.86 \sim 24$ kg/ $(\mathrm{m}^2 \cdot \mathrm{h})$。

(3)定位格架的修正

考虑到定位格架的存在，在 W-3 公式中需要引入定位格架修正因子 F_g。定位格架修正因子 F_g 也是一个由经验公式算得的系数：

$$F_g = \frac{\text{有定位格架的 } q''_{cr}}{\text{无定位格架的 } q''_{cr}} = 1.0 + 0.6144 \times 10^{-2} \left(\frac{G}{10^6}\right) \left(\frac{C_{TD}}{0.019}\right)^{0.35} \qquad (3-81)$$

式中 G——冷却剂的质量流速，$\mathrm{kg}/(\mathrm{m}^2 \cdot \mathrm{h})$；

　　　C_{TD}——冷却剂的热扩散系数，对不同的性质和尺寸的定位格架和搅混翼片有不同的值。用单箍型定位格架时，可取 $C_{TD} = 0.019$。

在应用 W-3 公式计算 CHF 值并作出上述修正后，理论计算所得到的 q''_{cr} 值常与实验测得的不同，为了安全起见，常须结合具体结构在上述理论计算值上乘以修正系数，这样就与实验值相近了。

W-3 公式的作者 L. S. Tong 曾把由 W-3 公式算得的 $q''_{cr,c}$ 值与在不同实验回路上测得的几千个实验数据 $q''_{cr,e}$ 作了比较，若以 $q''_{cr,e}/q''_{cr,c}$ 为横坐标，以该比值出现的频率为纵坐标作图，则可得到一个近似高斯分布的图形，如图 3-17 所示。$q''_{cr,e}$ 和 $q''_{cr,c}$ 的偏差，95% 以上的数据都在 ±23% 以内，具有 95% 的可信度，如图 3-18 所示。这种误差是随机性的，造成这种误差的原因可能有如下几个方面：

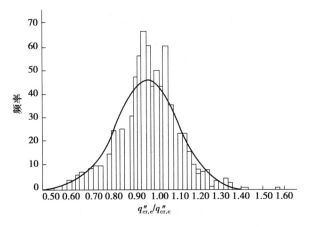

图 3-17　$q''_{cr,e}/q''_{cr,c}$ 的频率分布图

①流体的湍流特性及表面粗糙度的随机特性，由此所造成的随机误差为 ±3%。

②实验段的制造公差，包括圆管壁厚、通道尺寸等，这种误差约为 ±5%。

③由于 q''_{cr} 的某些修正因子计算公式不完善所引起的误差，这种误差约为 ±5%。

④随机和非随机的测量仪表误差以及由各种不同实验回路的系统特性而产生的误差约为 ±10%。

以上所列的误差合计为 23%，这就是 $q''_{cr,e}$ 与 $q''_{cr,c}$ 相比误差达到 ±23% 的原因。由 W-3 公式计算值与由实验测得的下限值之比为 $1/(1 - 0.23) = 1.3$，即在设计时若取实验测得的下限值，为了保守起见，则应该把由 W-3 公式计算得到的值除以 1.3。

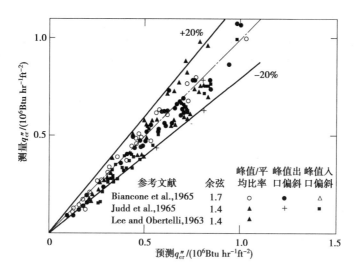

图 3-18　q''_{cr} 的 W-3 公式计算值和非均匀加热实验测定值的比较

2)干涸型

在如沸水堆、蒸汽发生器等所关心的高含汽量区域,一般采用两种方法来建立所需要的设计限值。第一种是开发包络线的方法。这是一个比较保守的能够包络所有的 CHF 数据,没有数据在该包络线之下。第一个使用包络线方法的是美国的 GE 公司,它们的数据是基于均匀轴向功率的单棒环状流沸腾过渡的数据得到的。该设计线是广为使用的 Janssen-Levy 包络线。该包络线所适用的工况参数范围为:质量流速为 543.0 ~ 8 144.7 kg/(m² · s),水力直径为 6.22 ~ 31.75 mm,系统压力为 4.136 ~ 10 MPa。在压力为 6.895 MPa,水力直径小于 15 mm时,该包络线如果用 Btu/hr ft² 单位,可以表达为质量流速 G(lb/hr ft²) 和热平衡含汽率为

对于 $x_e < 0.197 - 0.108(G/10^6)$:

$$(q''_{cr}/10^6) = 0.705 + 0.237(G/10^6) \tag{3-82}$$

对于 $0.197 - 0.108(G/10^6) < x_e < 0.254 - 0.026(G/10^6)$:

$$(q''_{cr}/10^6) = 1.634 - 0.270(G/10^6) - 4.71x_e \tag{3-83}$$

对于 $x_e > 0.254 - 0.026(G/10^6)$:

$$(q''_{cr}/10^6) = 0.605 - 0.164(G/10^6) - 0.653x_e \tag{3-84}$$

如果水力直径大于 15 mm,上述 3 个方程需要减去下式来修正:

$$2.91(D^2 - 0.36)\left[x_e - 0.071\,4\left(\frac{G}{10^6} - 0.22\right)\right] \tag{3-85}$$

当系统压力不是 6.895 MPa 时,推荐采用如下公式修正(压力单位用 psia):

$$q''_{cr}(p) = q''_{cr}(1\,000) + 400(1\,000 - p) \tag{3-86}$$

除了 Janssen-Levy 包络线之外,还有 Hench-Levy 包络线,具体情况请参阅相关文献。

这些设计曲线按照在所有质量流速条件下,实验数据都在这条线之下。W-3 公式也用MCHFR(最小 CHF 比)来设计沸水堆的安全边界。对于 Hench-Levy 包络线,由于运行瞬态限制,MCHFR 为 1.9。尽管包络线可以用作设计目的,但并不反映轴向热流密度效应;因此对轴向 CHF 点发生位置的预测通常是错误的。因为它基于当地 CHF 条件控制的假设,因此它对

高含汽量流动是无效的。

为了消除不必要的当地 CHF 假设的固有缺陷,GE 公司开发了称为 GE 临界干度沸腾长度(GEXL)关联式,该装置包括有全尺寸的 49 棒束和 64 棒束。GEXL 关联式的通用形式为

$$x_{cr} = x_{cr}(L_B, D_h, G, L, p, R)$$

式中　x_{cr}——棒束平均临界干度;

　　　L_B——沸腾长度(从热平衡干度为 0 起算的下游加热长度);

　　　D_h——加热当量直径;

　　　G——质量流速;

　　　L——总加热长度;

　　　p——系统压力;

　　　R——关于最热棒的当地功率峰特性的一个参数。

与包络线方法不同,GELX 关联式是对实验数据的最佳拟合,GE 公司认为可以在误差为 3.5% 范围内预测较宽工况范围的数据。

3.3.4　通用 CHF 关联式

这里将讨论 Biasi 等,Bowring 和 CISE-4 等关于圆管的 CHF 关联式,以及 Barnett 的环管关联式。表 3-6 总结了这些关联式的适用范围,图 3-19 示出了各 CHF 关联式的压力和质量流速范围。

表 3-6　CHF 关联式参数范围

作者	数据范围
Biasi	$D = 0.003\ 0 \sim 0.037\ 5$ m
	$L = 0.2 \sim 6.0$ m
	$p = 0.27 \sim 14$ MPa
	$G = 100 \sim 6\ 000$ kg/(m²·s)
	$x = 1/(1 + \rho_l/\rho_g) \sim 1$
CISE-4	$D = 0.010\ 2 \sim 0.019\ 8$ m
	$L = 0.76 \sim 3.66$ m
	$p = 4.96 \sim 6.89$ MPa
	$G = 1\ 085 \sim 4\ 069$ kg/(m²·s)
Bowring	$D = 0.002 \sim 0.045$ m
	$L = 0.15 \sim 3.7$ m
	$p = 0.2 \sim 19.0$ MPa
	$G = 136 \sim 18\ 600$ kg/(m²·s)
Barnett	$D_l = 0.009\ 5 \sim 0.096\ 0$ m
	$D_s = 0.014 \sim 0.102$ m
	$L = 0.61 \sim 2.74$ m
	$p = 6.9$ MPa
	$G = 190 \sim 8\ 409$ kg/(m²·s)

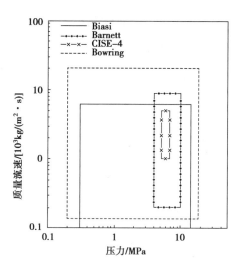

图 3-19　各 CHF 关联式的参数范围比较

1) Biasi 关联式

Biasi 关联式是压力、质量流速、流动干度和管径的函数。关联式的 4 500 个数据点的均方根误差为 7.26%, 85.5% 的数据点落在误差为 ±10% 的范围内。该关联式可预测 DNB 型和干涸型的 CHF 数据。当 $G < 300\ \mathrm{kg/(m^2 \cdot s)}$ 时，使用式(3-88)计算 CHF 值，当质量流速较高时，用以下两式的较大值。该关联式为

$$q''_{\mathrm{Biasi}} = (2.764 \times 10^7)(100D)^{-n}G^{-\frac{1}{6}}\left[1.468F(p_{\mathrm{bar}})G^{-\frac{1}{6}} - x\right]\quad \mathrm{W/m^2} \tag{3-87}$$

$$q''_{\mathrm{Biasi}} = (15.084 \times 10^7)(100D)^{-n}G^{-0.6}H(p_{\mathrm{bar}})(1 - x)\quad \mathrm{W/m^2} \tag{3-88}$$

式中，

$$F(p_{\mathrm{bar}}) = 0.724\,9 + 0.099p_{\mathrm{bar}}\exp(-0.032p_{\mathrm{bar}})$$

$$H(p_{\mathrm{bar}}) = -1.159 + 0.149p_{\mathrm{bar}}\exp(-0.019p_{\mathrm{bar}}) + 9p_{\mathrm{bar}}(10 + p_{\mathrm{bar}}^2)^{-1}$$

注意，如果 p 的单位为 MPa，则 $p_{\mathrm{bar}} = 10p$。

$$n = \begin{cases} 0.4 & D \geqslant 0.01\ \mathrm{m} \\ 0.6 & D < 0.01\ \mathrm{m} \end{cases}$$

2) Bowring 关联式

Bowring 关联式包括 4 个优化了的压力参数。关于 3 800 个数据点的均方根误差为 7%。该关联式可能具有最宽的压力和质量流速范围(图 3-19)。使用国际单位制时该关联式为

$$q''_{\mathrm{cr}} = \frac{A - Bh_{\mathrm{fg}}x}{C}\quad \mathrm{W/m^2} \tag{3-89}$$

其中：

$$A = \frac{2.317\left(h_{\mathrm{fg}}\dfrac{DG}{4}\right)F_1}{1 + 0.014\,3F_2D^{\frac{1}{2}}G}$$

$$B = \frac{DG}{4}$$

$$C = \frac{0.077F_3DG}{1 + 0.347F_4\left(\dfrac{G}{1\ 356}\right)^n}$$

$$p_R = 0.145p \quad (p\ 单位为\ MPa)$$

$$n = 2.0 - 0.5p_R$$

对于 $p_R < 1$ MPa 时，

$$\left.\begin{aligned}
F_1 &= \frac{p_R^{18.942}\exp[20.89(1-p_R)] + 0.917}{1.917}\\[2mm]
F_2 &= \frac{F_1}{\dfrac{p_R^{1.316}\exp[2.444(1-p_R)] + 0.309}{1.309}}\\[2mm]
F_3 &= \frac{p_R^{17.023}\exp[16.658(1-p_R)] + 0.667}{1.667}\\[2mm]
F_4 &= F_3 p_R^{1.649}
\end{aligned}\right\}$$

对于 $p_R > 1$ MPa 时，

$$\left.\begin{aligned}
F_1 &= p_R^{-0.368}\exp[0.648(1-p_R)]\\[2mm]
F_2 &= \frac{F_1}{p_R^{-0.448}\exp[0.245(1-p_R)]}\\[2mm]
F_3 &= p_R^{0.219}\\[2mm]
F_4 &= F_3 p_R^{1.649}
\end{aligned}\right\}$$

3) CISE-4 关联式

CISE-4 关联式修正于 CISE-3 关联式，其临界干度可达到 1.0，质量流速可以低到 0。与其他关联式不同，该关联式基于干度沸腾（quality-boiling）概念，并限制于沸水堆使用。该关联式在 $1000 < G < 4000$ kg/（m² · s）范围内得到了优化。建议 CISE 关联式在包括了热周和湿周之比后可以在棒束通道中使用。该关联式表达为

$$x_{cr} = \frac{D_h}{D_e}\left(a\frac{L_{cr}}{L_{cr} + b}\right) \tag{3-90}$$

式中：

$$a = \frac{1}{1 + 1.481 \times 10^{-4}(1 - p/p_c)^{-3}G} \quad 若\ G \leqslant G^*$$

$$a = \frac{1 - p/p_c}{(G/1000)^{\frac{1}{3}}} \quad 若\ G > G^*$$

式中　$G^* = 3\ 375(1(p/p_c)^3$；p_c 为临界压力，MPa；L_{cr} 为到 CHF 点的沸腾长度，m；

$$b = 0.199(p_c/p - 1)^{0.4}GD^{1.4} \tag{3-91}$$

式中　G 为质量流速，kg/（m² · s）；D 为直径，m。

4) Barnett 关联式

Barnett 关联式与 MacBeth 关联式的形式相同。该关联式可以预测 DNB 型和 Dryout 型的

CHF 条件。基于在压力为 6.895 MPa 均匀加热环管上得到的 724 个数据点,均方根误差为 5.9%。该关联式通过当量直径可以延伸到棒束通道中。在国际单位制下该公式为

$$q''_{cr} = 3.154\ 6 \times 10^6 \frac{A + 4.3 \times 10^{-4} B(h_f - h_i)}{C + 39.37L} \tag{3-92}$$

式中　L——加热长度,m;

　　　$A = 205 D_h^{0.68} G^{0.192} [1 - 0.744 \exp(-0.189 D_e G)]$,$B = 0.073\ 1 D_h^{1.261} G^{0.817}$,$C = 7\ 244 D_h^{1.415} G^{0.212}$。

对于环管,湿周 D_e 和热周 D_h 分别为:$D_e = (D_s - D_i)$,$D_h = (D_s^2 - D_i^2)/D_i$;$D_s$ 为外套管直径,D_i 为内棒直径。

5) EPRI 关系式

另一个广泛使用的普遍适用的 DNB 关系式是由 EPRI 开发的。它适用于压水堆和沸水堆工况,具有如下的形式:

$$q''_{cr} = \frac{A_0 - x_{in}}{C_0 F_s F_{nu} + \left(\frac{x_L - x_{in}}{q''_L}\right)} \tag{3-93}$$

式中　q''_{cr}——临界热流密度,Btu/hr ft²;

　　　x_L, x_{in}——分别为当地和入口干度;

　　　q''_L——当地热流密度;

　　　F_s——定位格架因子,为 $1.3 - 0.3K_p$;

　　　F_{nu}——非均匀轴向热流密度因子;

　　　$A_0 = a_1 p_R^{a_2} G^{a_5 + a_7 p_R}$;

　　　$C_0 = a_3 p_R^{a_4} G^{a_6 + a_8 p_R}$;

　　　p_R——临界压力比(p/p_{cr});

　　　G——质量流速,10^6 lb/hr ft²;

　　　K_p——格架压力损失系数。

系数 $a_1 \sim a_8$ 分别为 0.532 8,0.121 2,1.615 1,1.406 6,-0.304,0.484 3,-0.328 5 和 -2.074 9。该公式的适用范围为:$200 \leqslant p \leqslant 2\ 450$ psia,0.2×10^6 lb/hr ft² $< G \leqslant 4.1 \times 10^6$ lb/hr ft²,$-0.25 < x_L < 0.75$,30 in $\leqslant L \leqslant 168$ in,0.35 in $< D_e \leqslant 0.55$ in。

3.3.5　关于棒束通道 CHF 的特殊考虑

棒束的 CHF 可以用棒束的平均流动条件来预测,也可以用子通道的流动分析来预测。Kao 和 Kazimi 用上述两种分析方法针对 GE 的九棒束实验比较了 4 个关联式。该 GE 棒束的截面示于图 3-20 中。棒直径和间距与典型的沸水堆相同。实验段均匀加热,加热长度为 3.66 m。实验条件也示于图 3-20 中。在实验中,保持压力、流量和入口过冷度不变,逐渐增加功率直到一个或多个热电偶指示发生 CHF(壁面温度飞升)。观察到 CHF 通常发生在角部棒上,在加热段末端或者在加热棒紧靠最后一个格架的前端。

采用子通道方法,用传统的冷却剂中心的子通道划分方法(图 3-20),使用 THERMIT 程序预测了流动分布。表 3-7 示出了子通道方法和棒束平均方法的最小临界功率比(MCPR)和最小 CHF 比(MCHFR)。MCPR 在子通道方法中基于子通道定义,而在棒束平均方法中基于棒

束定义。可以看到,子通道方法比棒束平均方法所预测的 MCPR 要低。此外,Biasi 和 Bowring 关联式高估了 MCHFR 达 15%,并预测 CHF 首先在中心子通道中发生。尽管 Barnett 关联式是所有关联式中最为保守的,但其所预测的 CHF 首先在角部子通道中发生。

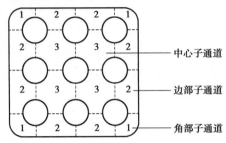

几何条件/mm	实验条件
棒直径:14.3	压力:6.9 MPa
棒间距:4.42	质量流速:339 ~ 1 695 kg/(m² · s)
棒和壁面间距:3.51	入口过冷度:16.5 ~ 800 kJ/kg
圆角半径:10.2	
加热长度:1 829	

图 3-20　GE 九棒束实验断面图

表 3-7　GE 九棒束 CHF 预测结果比较

工况号	$G_2/$ $[kg/(m^2 \cdot s)]^{-1}$	X_{CHF}	CISE-4(MCPR)		Biasi(MCHFR)		Bowring(MCHFR)		Barnett(MCHFR)	
			子通道法	棒束平均	子通道法	棒束平均	子通道法	棒束平均	子通道法	棒束平均
278	681	0.488 5	0.854	0.867	1.192	1.548	1.634	2.109	0.708	0.794
279	678	0.464 0	0.883	0.903	1.222	1.511	1.676	2.061	0.713	0.808
280	678	0.424 2	0.932	0.957	1.272	1.490	1.735	2.024	0.770	0.864
271	1 024	0.374 9	0.893	0.929	1.174	1.357	1.351	1.633	0.760	0.828
272	1 024	0.351 8	0.929	0.963	1.148	1.377	1.356	1.587	0.763	0.835
273	1 020	0.332 8	0.948	0.985	1.156	1.376	1.393	1.577	0.775	0.850
266	1 367	0.295 7	0.935	0.970	1.194	1.428	1.206	1.425	0.754	0.855
267	1 358	0.258 2	1.019	1.060	1.300	1.450	1.307	1.456	0.807	0.893
268	1 362	0.234 9	1.030	1.061	1.282	1.368	1.304	1.404	0.841	0.901
297	1 690	0.203 8	1.056	1.090	1.327	1.418	1.231	1.216	0.856	0.914
298	1 691	0.178 3	1.025	1.108	1.225	1.280	1.157	1.217	0.807	0.890
299	1 687	0.151 0	1.043	1.132	1.228	1.258	1.183	1.215	0.584	0.901

CISE-4 和 Barnett 关联式预测 CHF 首先在轴线最顶部节点发生,该节点 200 mm 长。还需要注意,CISE-4 关联式包含了一个考虑加热和润湿周长不同的参数,Barnett 允许加热当量直径与润湿当量直径不同,这可能是它们能准确预测角部通道发生 CHF 的原因。

此外,CISE-4 关联式的子通道平均和棒束平均方法的结果最为接近,也与测量的 CHF 条件最为接近。

3.4　临界后传热及过渡沸腾传热

临界热流密度后(post-CHF)缺液区的传热对很多反应堆的安全分析很重要。在轻水反应堆中,失水事故(LOCA)或超功率事故中可能会导致燃料元件的部分区域发生临界热流密度(CHF)现象和临界后传热。直流蒸汽发生器在正常工作时始终有很大部分区域处于该传热区域。

3.4.1　临界后的流型和传热特征

需要指出的是,流动沸腾的临界后行为与系统究竟处于热流密度控制还是壁温控制有很大关系。对于如图 3-21(a)所示的沿长度方向均匀热流密度的情况下,增加热流密度或者降低流速都可能导致在管子的出口处发生 CHF(条件 A)。继续增加热流密度会导致 CHF 点前移,使其后的区域进入到临界后区域(条件 B)。如果分别画出增加热流密度和降低热流密度的情况,会发现如图 3-21(b)所示的没有任何迟滞现象,这与如图 3-22 所示的池沸腾情况完全不同。池沸腾下从膜态沸腾恢复到核态沸腾需要将热流密度降低到相当低的条件下。

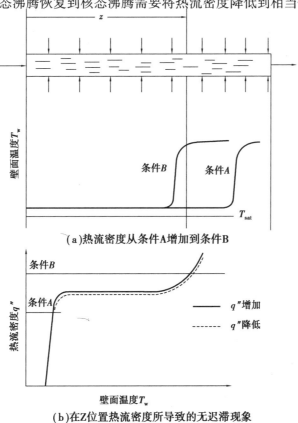

(a)热流密度从条件A增加到条件B

(b)在Z位置热流密度所导致的无迟滞现象

图 3-21　均匀加热管的烧毁行为

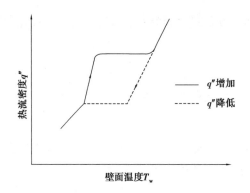

图 3-22　池沸腾中的 CHF

临界后传热主要受两个因素的影响,如下所述。

①独立边界条件是第一个因素。究竟是壁面热流密度条件还是壁面温度条件对临界后传热影响较大。前者不会发生过渡沸腾,而后者则可能发生过渡沸腾。

②CHF 的类型(DNB 型或干涸型)影响临界后传热,甚至在控制热流密度条件下也是这样。更精确地讲,在 DNB 后区域,壁面附近可能存在汽膜将壁面和主流液芯分隔开(反环状流)。在这种情况下,发生膜态沸腾,流动干度将相对较低。而在干涸后(环状流后)条件下,液体仅以汽芯夹带的液滴形式存在,蒸汽从壁面获得热量,仅有部分的液滴会碰撞到壁面。大部分的液滴从汽芯获得热量而直接蒸发。在这种情况下,汽芯温度可能超过 T_{sat}(图 3-23),可以看到在反环状流(即膜态沸腾)下,即使在低热力学平衡干度下 T_w 仍然很高。

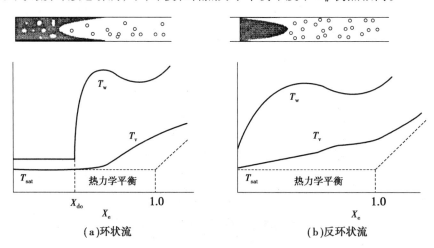

图 3-23　临界后温度分布

3.4.2　临界后传热关联式

针对临界后传热,有 3 种类型的关联式。

①没有做任何机理性假设的经验关联式,尝试将传热系数(假设冷却剂为饱和温度)与独立变量关联起来。

②机理性关联式并考虑偏离热力学平衡条件,尝试计算蒸汽真实干度和气相温度。然后用单相传热关联式计算加热壁面温度。

③半理论关联式,尝试对加热通道的水动力学和传热过程单独进行模型化,将它们与壁面温度关联起来。

Groeneveld 从各种干涸后实验中针对蒸汽-水在圆管、环管和棒束等几何结构中的流动总结了一个数据库。他推荐如下的关联式,这是第一类的关联式。

$$Nu_g = a\left\{Re_g\left[x + \frac{\rho_g}{\rho_f}(1-x)\right]\right\}^b Pr_g^c Y \tag{3-94}$$

式中,$Re_g = GD/\mu_g$。

$$Y = \left[1 - 0.1\left(\frac{\rho_f - \rho_g}{\rho_g}\right)^{0.4}(1-x)^{0.4}\right]^d \tag{3-95}$$

系数 a,b,c 和 d 等列于表 3-8 中。

Slaughterbeck 等改进了该关联式,特别是在低压条件下。他们推荐参数 Y 修正为如下形式:

$$Y = (q'')^e\left(\frac{k_g}{k_{cr}}\right)^f \tag{3-96}$$

式中　k_{cr}——热力学临界点的热导率。

他们所推荐的参数也列于表 3-8 中。

表 3-8　临界后经验关联式

作者	a	b	c	d	e	f	数据点数量	均方差/%
Groeneveld								
圆管	1.09×10^{-3}	0.989	1.41	-1.15			438	11.5
环管	5.20×10^{-2}	0.688	1.26	-1.06			266	6.9
Slaughterback								
圆管	1.16×10^{-4}	0.838	1.81		0.278	-0.508		12

1）过渡沸腾

在控制壁温条件下,流动沸腾与池沸腾一样也存在过渡沸腾,这已经为实验所证实。

已有的水强制对流的过渡沸腾的关联式仅仅在他们所获取数据的实验参数范围内可用。图 3-24 给出了部分关联式的数据不确定性。早期 McDonough 等对强制对流过渡沸腾进行的实验研究中,他们测量了压力为 5.5 ~ 13.8 MPa 下水在内径为 3.8 mm 的圆管内浸没于 NaK 中的传热系数。他们提出了如下的关联式:

$$\frac{q''_{cr} - q''(z)}{T_w(z) - T_{cr}} = 4.15\exp\left(\frac{3.97}{p}\right) \tag{3-97}$$

式中　q''_{cr}——临界热流密度,kW/m²;

　　　$q''(z)$——过渡沸腾热流密度,kW/m²;

　　　T_{cr}——CHF 时的壁面温度,℃;

　　　$T_w(z)$——过渡沸腾区域的壁面温度,℃;

　　　p——系统压力,MPa。

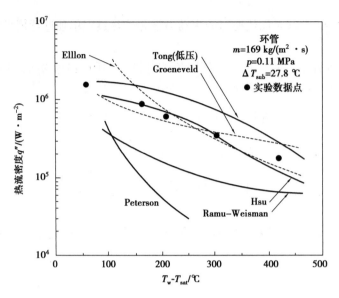

图 3-24　各种过渡沸腾关联式与 Ellion 的实验数据的比较

*数据的适用范围(表 3-9):

表 3-9　数据的适用范围

参数	圆管(竖直和水平)	环管(竖直)
D_e/mm	2.5 ~ 25.0	1.5 ~ 6.3
p/MPa	6.8 ~ 21.5	3.4 ~ 10.0
G/[kg · (m² · s)⁻¹]	700 ~ 5 300	800 ~ 4 100
q''/(kW · m⁻²)	120 ~ 2 100	450 ~ 2 250
x	0.1 ~ 0.9	0.1 ~ 0.9

Tong 建议采用如下在 6.9 MPa 下结合过渡沸腾和膜态沸腾的公式:

$$h_{tb} = 39.75 \exp(-0.0144\Delta T) + 2.3 \times 10^{-5} \frac{k_g}{D_e} \exp\left(-\frac{105}{\Delta T}\right) Re_f^{0.8} Pr_f^{0.4} \tag{3-98}$$

式中　h_{tb}——过渡沸腾区域的换热系数,kW/(m² · ℃);

　　$\Delta T = T_w - T_{sat}$,℃;

　　D_e——当量直径,m;

　　k_g——蒸汽的热导率;

　　Pr_f——液相普朗特数,$Re = D_e G_m / \mu_f$。

Ramu 和 Weisman 后来提出了一个关于临界后和再淹没的单一关联式。他们提出的过渡沸腾换热系数为:

$$h_{tb} = 0.5 Sh_{cr} \{ \exp[-0.0140(\Delta T - \Delta T_{cr})] + \exp[-0.125(\Delta T - \Delta T_{cr})] \} \tag{3-99}$$

式中　h_{cr}(kW/m² · ℃) 和 ΔT_{cr}(℃)——分别为池沸腾 CHF 时的换热系数和壁面过热度($T_w - T_{sat}$);

　　S——Chen 关联式的核态沸腾抑制因子。

Cheng 等提出了一个较为简单形式的关联式：

$$\frac{q''_{tb}}{q''_{cr}} = \left(\frac{T_w - T_{sat}}{\Delta T_{cr}} \right)^{-n} \tag{3-100}$$

他们发现 $n = 1.25$ 时与低压下的数据吻合较好。Bjornard 和 Griffith 等采用了类似的方法，他们提出：

$$q''_{tb} = \delta q''_{cr} + (1 - \delta) q''_{min} \tag{3-101}$$

$$\delta = \left(\frac{T^M - T_w}{T^M - T_{cr}} \right)^2 \tag{3-102}$$

式中 q''_{min} 和 T^M——分别为沸腾曲线上最小稳定膜态沸腾的热流密度和壁面温度；

q''_{cr} 和 T_{cr}——分别为临界条件下的热流密度和壁面温度。一些其他研究者所得到的关于稳定膜态沸腾下的壁面温度关联式见表 3-4。

2）干涸后区域

实验观察发现，在干涸后区域蒸汽将在很大程度上会过热。因此该区域的热力学平衡干度将大于 1，而该区域的真实干度则小于 1。在模型中，将热流密度分为蒸汽加热和液体加热两部分。因为液体处于饱和状态，传给液体的热量都是因蒸发液滴而消耗掉的。在该区域的一些关联式可从 Collier 的著作中找到。Kumamaru 等用 3 MPa 下的 5×5 棒束的实验数据测试了几种干涸后的模型，他们发现最佳的壁面温度预测方法是在质量流速为 80 ~ 220 kg/（m²·s），热流密度在 30 ~260 kW/m² 范围的 Varone-Rohsenow 关联式。该关联式是半机理模型，需要知道在干涸点的热力学干度及平均液滴直径。该关联式的早期版本及其他的关联式可以在 Rohsenow 的著作中找到。

3）膜态沸腾（DNB 后）

假设膜态沸腾时在加热壁面上存在一层处于各种条件下的连续气膜，开发了分析模型。假设气膜流动为层流状态，得到了竖直管的关联式：

$$Nu = C(Pr^* Gr)^{\frac{1}{4}} \tag{3-103}$$

当气液界面剪切力为 0 时，$C = 0.943$，界面速度为 0 时，$C = 0.707$。其中，$Nu = hz/k_g$，$Pr^* = \frac{\mu_g h_{fg}}{k_g \Delta T}$，$Gr = \frac{\rho_g g(\rho_f - \rho_g)z^3}{\mu_g^2}$。$z$ 为距离膜态沸腾起始点的距离。因此有：

$$h = \frac{k_g}{z} \left[\frac{\rho_g g(\rho_f - \rho_g)z^3 h_{fg}}{4 k_g \mu_g \Delta T} \right]^{\frac{1}{4}} \tag{3-104}$$

该关联式与 Berenson 对水平平板膜态沸腾所给出的关联式相似：

$$h = 0.425 \frac{k_g}{\lambda_c} \left[\frac{\rho_g g(\rho_f - \rho_g)\lambda_c^3 h_{fg}}{k_g \mu_g \Delta T} \right]^{\frac{1}{4}} \tag{3-105}$$

式中，$\lambda_c = 2\pi \left[\frac{\sigma}{g(\rho_f - \rho_g)} \right]^{\frac{1}{2}}$ 为两个连续离开气膜的气泡之间的距离，也是蒸汽-液体界面泰勒（Taylor）流动不稳定性的波长。

思考题

3-1 如何判别 ONB？它对堆的传热计算有何意义？

3-2 单相对流换热中,选择计算模型的基本考虑有哪些因素？

3-3 何谓沸腾临界,它们的机理是怎样的？压水堆在正常工况下,首先应该防止的是快速烧毁还是慢速烧毁,为什么？而在事故工况下又是怎样？

3-4 过渡沸腾、膜态沸腾传热对堆的安全有何意义？

习　题

3-1 证明在两个无限宽平板之间,在两个壁面上加热的具有恒定物性的冷却剂的流动的渐近努塞尔数,对于层流(即抛物线速度分布)为 8.235,对于弹状流(即均匀速度分布)为 12。

3-2 考虑高压水通过压水堆蒸汽发生器 U 形管的流动问题。管道 5 700 根,外径19 mm,壁厚1.2 mm,平均长度16.0 m。稳态运行条件为:通过管道的一次侧总流量为5 100 kg/s,一次侧到二次侧总传热量为 820 MW,二次侧压力为 5.6 MPa(272 ℃饱和)。求:①管子入口处的一次侧温度是多少？②管子一次侧出口温度是多少？使用 Dittus-Boelter 方程计算一次侧传热系数。假设二次侧的管壁表面温度恒定在 276 ℃。

3-3 考虑一个新的核反应堆设计,燃料为方形栅格的燃料棒组件。热量沿着燃料棒均匀产生。采用水或氦作为单相冷却剂。设计条件是最大包壳表面温度应保持在 350 ℃以下。求:①找出满足设计要求的最小水质量流量。②氦所需的质量流量是高于还是低于水的质量流量？方形栅格的几何结构:节距 P 为 14 mm,燃料棒直径 $D = 10.92$ mm,燃料棒高度 H 为 3.66 m。运行条件为:热流密度 $= 7.886 \times 10^5 \ W/m^2$,冷却液进口温度 $= 260$ ℃。

3-4 比较水和钠中成核所需液体过热度。①用式(3-42)计算钠在 1 大气压下的过热度与平衡气泡半径的关系,并与式(3-43)进行比较。1 大气压下水中的情况如何？钠需要比水更高或更低的过热度吗？②考虑半径为 10 μm 的气泡。评估一下问题①中气泡的蒸汽过热度和气泡压差。

3-5 某沸水堆冷却剂通道,高 1.8 m,运行压力为 4.8 MPa,进入通道的水的欠热度是 13 ℃,离开通道时的含汽量是 0.06,如果通道的加热方式是:①均匀的;②正弦的(坐标原点取在通道的进口处),试计算该通道的不沸腾段的高度和饱和沸腾段的高度(忽略过冷沸腾段和外推长度)。

3-6 设有一个以正弦方式加热的沸腾通道(坐标原点取在通道的进口处),长 3.6 m,运行压力为 8.3 MPa,不沸腾段的高度为 1.2 m,进口水的欠热度为 15 ℃,试求该通道的出口含汽量和空泡份额(忽略过冷沸腾段)。

3-7 一家工厂可以在周末免费获得 8 000 A、440 V 的电力供应。如果电热锅炉在

3.35 MPa的压力下运行,那么:①需要多少根直径为 2.5 cm、长 2 m 的电加热器才能利用全部可用的电力? 它希望在 80% 的临界热流密度下工作。②起始沸腾发生在多大的热流密度下? 假设对应于 3.35 MPa 饱和水,自然对流热流密度由下式给出: $q''_{NC} = 2.63 (\Delta T)^{1.25} \mathrm{kW/m^2}$,系统的工作和物性参数包括 $p = 3.35$ MPa, $T_{sat} = 240$ ℃, $h_{fg} = 1\ 766$ kJ/kg, $\rho_f = 813$ kg/m³, $\rho_g = 16.8$ kg/m³, $\sigma = 0.028\ 6$ N/m, $k = 0.628$ W/(m · ℃)。假设最大空穴半径非常大。可以采用 Rohsenow 关于核态池沸腾的关联式:

$$q''_s = \mu_s h_{fg} \left[\frac{g(\rho_f - \rho_g)}{\sigma} \right]^{\frac{1}{2}} \left[\frac{c_{p,f}(T_w - T_{sat})}{C_{s,f} h_{fg} Pr^s} \right]$$

式中,对于水和机械抛光钢加热表面的经验常数有: $s = 1$, $C_{s,f} = 0.013\ 0$。

3-8　影响流动系统起始沸腾过热的因素:①大气压下的饱和液态水在直径为 20 mm 的管内流动。调节质量流速以产生等于 10 kW/(m² · K) 的单相传热系数。沸腾起始的热流密度是多少? 相应的壁面过热度是什么? ②对于 290 ℃下的饱和液态水,通过相同直径的管道,调节质量流速以产生相同的单相传热系数,给出同样问题的答案。③如果 290 ℃ 条件下的质量流速加倍,给出同样问题的答案。

第 **4** 章
反应堆的水力分析

堆内释出的热量是由循环流动的冷却剂带出堆外的。堆芯的输热能力以及作用在堆内构件上的作用力都与冷却剂的流动特性密切相关。因此,在进行反应堆热工水力分析时,不仅要弄清楚堆内的热源分布和传热特性,也要弄清楚与堆内冷却剂流动有关的流体力学问题。只有对这两个方面的问题都有了充分的认识,才能使所设计的反应堆具有良好的经济性和安全性。水力分析大致包括以下几个方面:

①**分析计算冷却剂的流动压降,确定堆芯冷却剂的流量分配和回路管道、部件的尺寸以及冷却剂循环泵所需要的唧送功率。**冷却剂的流量分配是计算堆芯冷却剂焓场、燃料元件的温度场和临界热流密度必不可少的参量。它直接影响反应堆的输热能力。在反应堆热工水力设计中,设计者应尽量设法使堆芯冷却剂的流量分配与释热分布相匹配,这样就可以最大限度地输出堆内释放的热量,提高反应堆的运行功率。此外,冷却剂循环泵或循环风机所需要的唧送功率,也取决于冷却剂的流量和在反应堆系统中流动所产生的总压降。在大多数动力堆系统中,冷却剂是靠泵或风机强迫循环的,为了克服冷却剂所流经的包括反应堆堆芯、管道、蒸汽发生器在内的一回路的压力损失,必须给循环的冷却剂提供相应的驱动压头,为此就需要消耗唧送功率。唧送功率的大小与一回路冷却剂的流量和压力损失有关。为了降低冷却剂的唧送功率,提高反应堆的经济性,就必须相应地降低冷却剂的流量和增大一回路管道和部件的尺寸。然而这些措施又与强化堆芯传热、降低一回路部件的制造成本相矛盾。因此,合理地确定堆芯冷却剂的流量和一回路管道的尺寸,往往要在反应堆的经济性和堆芯的传热特性两者之间折中。

②**确定系统自然循环输热能力。**对采用自然循环冷却的反应堆,或利用自然循环输出停堆后的衰变热,需要通过水力计算确定在一定的反应堆功率下的自然循环水流量,配合传热计算,确定堆的自然循环输热能力。

③**分析系统的流动稳定性。**对于存在汽水两相流动的装置,如反应堆堆芯或蒸汽发生器等,要对其系统的流动稳定性进行分析。在有可能发生流量漂移或流量振荡的情况下,还应在弄清流动不稳定性性质的基础上,寻求改善或抑制流动不稳定性的方法。

从工程的观点来看,研究两相流最终目的是确定给定流动的传热和压降特性。在核反应堆中,可能是堆芯中的平行流道中的流动,也可能是事故工况中的大流道或者连接管。其中一个非常重要的边界条件是有否传热,因为绝热流动与有传热的流动有很大的差异。在后一种工况中,传热导致相变而改变相分布和流型;另一方面,这又带来流体力学特性的不同,比如在流动方向压降特性不同,并带来对传热的影响。此外,因为大气泡骤然产生并改变管道中的压降特性,进而引起流体的状态发生改变并影响相分布和流型,因此在管道中低压单组分的两相流很难是充分发展的。各种实验观察表明,两相流动高度复杂,上游的流动历史不清楚,使当地截面或点的流动状况描述很不充分。水力学不稳定性及有时因各相会偏离热力学不平衡引入额外的复杂性。为了避免这些复杂性,引入了许多全局的分析和实验,并取得了部分的成功,这些都是基于流型充分发展并没有热导入的假设来得到的。因此目前对于绝热两相流中的流型、相分布及压降特性积累了大量的知识,这些绝热两相流通常是两组分气-液混合物(如果在石油工业中)的流动问题。

4.1　单相流体的流动压降

液体冷却剂(主要有水和可以做冷却剂用的液态金属以及某些有机物)或气体冷却剂(主要有二氧化碳和氦气)都是单相流体。单相流体稳定流动时,系统内任意给定的两个流通截面之间的压力变化即压降,都可以用下述动量守恒方程来计算。即:

$$\Delta p = p_1 - p_2 = \Delta p_{el} + \Delta p_a + \Delta p_{f,l} + \Delta p_{f,c} \tag{4-1}$$

上式中 p_1 和 p_2 分别表示流体在所给定的通道截面 1 和 2 处的静压力。等号右边的第一项 Δp_{el} 表示流体自截面 1 至截面 2 时由流体位能改变而引起的压力变化,该项通常称为提升压降。若流体的位能是增加的,则提升压降为正值;如果位能是减小的,则提升压降为负值。等号右边第二项 Δp_a 表示因流体速度发生改变而引起的压力变化,该项称为加速压降,流体速度的改变,可以是流道流通截面面积发生改变引起的,也可以是流体的密度发生改变而导致的。第三项和第四项是摩擦阻力引起的压降变化。为了便于分析,通常把因摩擦所引起的压降分为两类:①流体沿等截面直通道流动时由沿程摩擦阻力的作用而引起的压力损失,这类压力损失称为摩擦压降,在式(4-1)中用 $\Delta p_{f,l}$ 表示。②流体流过有急剧变化的固体边界,例如当流体通过截面突然扩大或者突然收缩、弯管、流体接管、阀门、燃料组件定位格架等处时,所出现的集中压力损失,这类压力损失称为形阻压降,在式(4-1)中用 $\Delta p_{f,c}$ 表示。如果能算出式(4-1)等号右边各项的值,就可以得到流体在给定的截面 1 和 2 之间的压力变化。

4.1.1　液体冷却剂

1)提升压降

冷却剂的提升压降,只有在所给定的两个截面的位置之间有一定的竖直高度差时才会显示出来。对水平通道来说不存在提升压降问题。液体冷却剂流动非水平通道时的提升压降可用式(4-2)表示,即

$$\Delta p_{el} = \int_{z_1}^{z_2} \rho g \sin \theta \, \mathrm{d}L \tag{4-2}$$

式中　Δp_{el}——提升压降,Pa;

ρ——流体的密度,$\mathrm{kg/m^3}$;

g——重力加速度，m/s^2；

θ——流道轴线与水平面间的夹角，(°)；

z_1, z_2, L——分别表示截面 1、截面 2 的轴向坐标和通道的长度，m。

通常压力变化时，液体冷却剂的密度变化较小，如果温度的变化也不很大，则式(4-2)中的 ρ 可用冷却剂沿通道全长的算术平均值 $\bar{\rho}$ 近似表示，这样，式(4-2)积分后得到：

$$\Delta p_{el} = \bar{\rho} g(z_2 - z_1) \tag{4-3}$$

2)摩擦压降

计算单相流的摩擦压降，普遍采用达西(Darcy-Weisbach)公式，即

$$\Delta p_{f,1} = f \frac{L}{D_e} \frac{\rho V^2}{2} \tag{4-4}$$

式中　$\Delta p_{f,1}$——摩擦压降，Pa；

f——摩擦阻力系数(量纲为 1)；

L——通道长度，m；

D_e——通道的当量直径，m；

ρ——流体的密度，kg/m^3；

V——流体的速度，m/s。

式中的 f 称为 Darcy-Weisbach 摩擦阻力系数。它与流体的流动性质(层流与湍流)、流动状态(定型流动即充分发展的流动与未定型流动)、受热状态(等温或非等温)、通道的几何形状、表面的粗糙度等因素有关。

(1)等温流动的摩擦阻力系数

①圆形通道。流体在圆形通道内作定型层流流动时，其摩擦阻力系数完全可以用解析法给出，其结果为

$$f = \frac{64}{Re} = \frac{64}{D_e V \rho / \mu} \tag{4-5}$$

式中　Re——雷诺数，流体在圆形通道内作层流流动时，$Re < 2\,320$；

μ——流体的黏性系数，$Pa \cdot s$。

若流体作湍流流动，沿通道流通截面上的流体速度的分布规律比较复杂，要用解析方法导出求解摩擦阻力系数的关系式相当困难。在一般情况下，湍流摩擦阻力系数关系式只能通过实验确定。

对处于光滑的圆形通道内定型湍流的情况，常用的关系式有：

McAdams 关系式($30\,000 < Re < 10^6$)

$$f = \frac{0.184}{Re^{0.2}} \tag{4-6}$$

Blasius 关系式($2\,300 < Re < 30\,000$)

$$f = \frac{0.316\,4}{Re^{0.25}} \tag{4-7}$$

当 $Re > 100\,000$ 时，可采用 Karman-Nikuradse 关系式进行计算

$$\frac{1}{\sqrt{f}} = -0.8 + 0.87\ln(Re\sqrt{f}) \tag{4-8}$$

管子的相对粗糙度(ε/D)会提高有效的摩擦阻力系数。最常用的方法是采用如图 4-1 所示的 Moody 图来确定摩擦阻力系数。Moody 图可以用 Colebrook 的经验公式来表示：

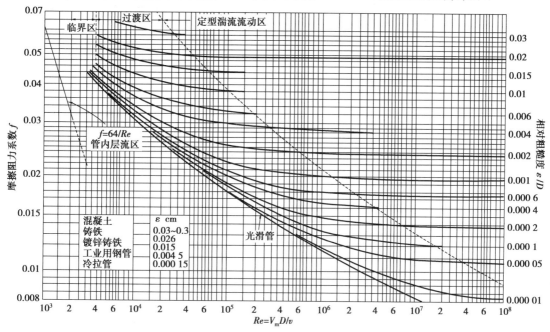

图 4-1　莫迪沿程摩擦阻力系数

$$\frac{1}{\sqrt{f}} = -2 \log_{10}\left[\frac{\frac{\varepsilon}{D}}{3.70} + \frac{2.51}{Re\sqrt{f}}\right] \tag{4-9}$$

式中　D——通道的直径,m；

　　　　ε/D——相对粗糙度；

　　　　Re——雷诺数；

　　　　ε——通道表面的绝对粗糙度,其典型数值见表 4-1。

表 4-1　常用管道表面的绝对粗糙度

名称	ε/mm	名称	ε/mm
冷拉管	0.0015	镀锌铁管	0.15
工业用钢管	0.046	铸铁管	0.26

②非圆形通道。非圆形通道的层流摩擦阻力系数,具有和圆形通道相类似的数学表达式,其一般关系式为

$$f = \frac{C}{Re} \tag{4-10}$$

式中的常数 C 与通道截面的几何形状有关,它们的数值列于表 4-2 中。

如果用非圆形通道的当量直径代替圆形通道的直径,那么就可以直接应用圆形通道的关系式来计算非圆形通道的湍流摩擦阻力系数,或者从莫迪图中查得 f。当截面形状越接近圆形时,用 D_e 计算的结果误差越小,反之则越大。

113

表 4-2　几种非圆形通道的当量直径 D_e 和常数 C 的数值

截面形状	D_e	C
正方形,每边长为 a	a	57
等边三角形,每边长为 a	$0.58a$	53
环形,宽为 a	$2a$	96
长方形,边长为 a 和 b		
$a/b = 0.1$	$1.81a$	85
$a/b = 0.2$	$1.67a$	76
$a/b = 0.25$	$1.60a$	73
$a/b = 0.5$	$1.30a$	62

对于光滑通道,若雷诺数在 $10^4 \sim 2 \times 10^5$ 的范围内,则实测得到的三角形截面通道的 f 值要比莫迪图给出的值约低 3%,而实测的正方形截面通道的 f 值要比莫迪图给出的值约低 10%。对于狭窄的光滑矩形通道,如板型燃料元件的情况,其 f 值与圆形截面通道的值相同;然而对于粗糙的矩形通道,实测的 f 值要比相同粗糙度条件下莫迪图给出的值约低 20%。沿棒状燃料元件的纵向流动,属于平行流流过光滑棒束的流动,这时 f 值不仅与雷诺数和栅格的排列形式有关,还与棒间距 P 和棒径 D 之比(即 P/D)有关。用 P/D 为 1.12 的三角形栅格以及 P/D 为 1.12 和 1.20 的正方形栅格进行实验所得到的数据表明,与莫迪图中的光滑圆管曲线相比,都存在不同程度上的差别。

迄今为止,对棒状燃料组件的摩擦压降进行了大量的实验研究,但由于实验都是在特定条件下进行的,受到棒的数量、直径、长度、P/D 以及运行工况的限制,因此所得到的经验公式往往带有较大的局限性,远不能包括反应堆工程领域内可能遇到的多种多样的情况。表 4-3 列出了几个在特定条件下计算棒束摩擦阻力系数 f 的经验公式。在缺少可靠实验数据的情况下,通常采用计算圆形通道摩擦阻力系数的公式来估算棒状燃料组件的摩擦阻力系数。

表 4-3　几个计算棒束摩擦阻力系数 f 的经验关系式

作者	时间/年	$f = CRe^{-n} + M$			适用范围
		C	n	M	
Miller	1956	0.296	0.2	0	37 根棒束三角形排列,$D = 15.8$ mm,$P/D = 1.46$
Le Tourneau	1957	$0.163 \sim 0.184$	0.2	0	正方形排列,$P/D = 1.12 \sim 1.20$,三角形排列,$P/D = 1.12$,$Pr = 3 \sim 6$,$Re = 3 \times 10^3 \sim 3 \times 10^5$
Wantland	1957	1.76	0.39	0	100 根棒束正方形排列,$D = 4.8$ mm,$P/D = 1.106$,$Pr = 3 \sim 6$,$Re = 10^3 \sim 10^4$
		90.0	1	0.008 2	102 根棒束三角形排列,$D = 4.8$ mm,$P/D = 1.190$,$Pr = 3 \sim 6$,$Re = 2 \times 10^3 \sim 2 \times 10^4$
Trupp 和 Azad	1975	$0.287 [2\sqrt{3} \cdot (P/D)^2 - 1.30]$	$0.368 (P/D)^{-1.358}$	0	三角形排列,$1.2 \leqslant P/D \leqslant 1.5$,$10^4 \leqslant Re \leqslant 10^5$

（2）非等温流动的摩擦阻力系数

前面介绍的求解摩擦阻力系数的关系式和莫迪图，只对等温流动适用。所谓等温流动，是指流体在流动过程中，其截面上所有各点的流体温度都保持一致，且沿程不变。但在有热交换的场合（如反应堆堆芯或蒸汽发生器），流体被加热或冷却，在这种情况下，流体的温度不仅沿截面变化，而且沿着通道的长度方向也有变化，这时流动便成为非等温流动了。随着热量的传递，在靠近管壁的边界层内出现了较大的温度梯度。和等温流动相比，流体受热时，近壁温度比主流温度高，黏性系数则较低；当流体冷却时，情况则刚好相反。

考虑到边界层内流体黏性系数的改变对摩擦压降所产生的影响，式（4-4）在用于非等温流动的计算时，需要作出适当的修正。其中除了摩擦阻力系数必须作相应的修正或采用专门的公式计算外，还要考虑到从通道进口到出口流体温度不断改变所引起的物性变化。涉及温度改变的影响所采取的办法是，用流体的主流平均温度来计算流体的物性。该温度为

$$\overline{T_\mathrm{f}} = \frac{T_\mathrm{f,in} + T_\mathrm{f,ex}}{2}$$

式中　$\overline{T_\mathrm{f}}$——流体的主流平均温度；

$T_\mathrm{f,in}$ 和 $T_\mathrm{f,ex}$——分别表示流体的进口与出口主流温度。

对于液体，非等温流动湍流摩擦阻力系数大都采用 Sieder-Tate 所建议的方程计算。该方程为

$$f_\mathrm{no} = f_\mathrm{iso}\left(\frac{\mu_\mathrm{w}}{\mu_\mathrm{f}}\right)^n \tag{4-11}$$

式中　f_no——非等温流动的摩擦阻力系数；

f_iso——用主流平均温度计算的等温流动摩擦阻力系数；

μ_w——按壁面温度取值的流体的黏性系数，Pa·s；

μ_f——按主流温度取值的流体的黏性系数，Pa·s。

对于压力为 10.34 ~ 13.79 MPa 的水，Rohsenow 和 Clark 的实验表明，若只考虑摩擦损失，Sieder-Tate 方程中的指数 n 应取 0.24。

与非金属流体相比较，液体金属的热导率高，黏性系数低，在加热或冷却时边界层内的流体温度与主流温度相差很少。对于这种情况，在计算摩擦阻力系数时，可按等温工况考虑。

（3）通道进出口效应对摩擦阻力系数的影响

以上所给出的摩擦阻力系数数值都是对定型流动（不论是层流还是湍流）而言的。进入通道的流体是不能立刻达到定型流动状态的，而需要在通道内流过足够长之后才能达到。这段长度称为进口段长度（图 4-2 中的 L_e）或稳定段。在进口段长度内，流体的流动特性和速度分布都要发生很大的变化。与定型流动相对应，通常把进口段长度内的流动称为未定型流动。

在进口段长度内，流体的流动尚未定型，这时流体的摩擦阻力比定型流动的要大。这是因为：

①在进口处速度分布是近乎均匀的，因而在紧贴壁面的边界层内形成了较大的速度梯度，由此导致较大的壁面剪应力。

②速度自进口处的近乎均匀分布转变为稳定分布减少了流体的动量通量。因此不能用定型流动的摩擦阻力系数计算进口段长度内的摩擦压降。在进行具体的摩擦阻力系数计算时，必须弄清楚所处理的是不是定型流动，忽略这一点可能会给计算结果带来较大的误差。

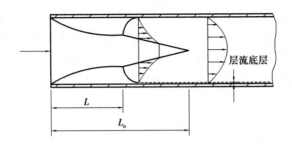

图 4-2　进口段对流速分布的影响

根据很多的实验结果,得出了流体达到定型流动时的进口段长度 L_e 为:湍流时 $L_e \approx 40D$;而层流时 $L_e = 0.028\,8DRe$;D 是通道的直径。

未定型流动的摩擦压降,目前还没有可供使用的精确计算表达式,通常需要由实验给出结果。不过当通道长度与当量直径之比大于 100 时,则可按定型流动来计算通道全长上的摩擦压降,而不再单独考虑进口段长度的问题,由此所引起的误差不会很大。

3)加速压降

由于流体密度等改变而产生的加速压降,其表达式为

$$\Delta p_a = \int_{V_1}^{V_2} \rho V \mathrm{d}V$$

式中　V_1 和 V_2——分别表示流体在截面 1 和截面 2 处的速度。

因为 $\rho V = G$ 为常数,该式积分结果为

$$\Delta p_a = G(V_2 - V_1)$$

式中　G——质量流速,kg/(m²·s)。

若把 Δp_a 表示成流体密度或比体积 v 的函数,则可写为

$$\Delta p_a = G^2\left(\frac{1}{\rho_2} - \frac{1}{\rho_1}\right) = G^2(v_2 - v_1) \tag{4-12}$$

液体冷却剂在只有温度改变而不产生沸腾时密度变化很小,除了涉及如自然循环等特殊情况外,一般液体冷却剂沿等截面直通道流动时,可忽略加速压降。

由式(4-12)求得的 Δp_a,没有包含截面变化引起的加速压降,一般包括在下面将要讨论的形阻压降之中。

4)形阻压降

形阻压降又称为局部阻力压降。流体流经局部区域的运动非常复杂,所产生的压降一般只能通过实验确定。由于局部区域的流程一般都很短,在局部损失中,沿程摩擦与旋涡相比显得相当小。此时,损失主要表现在旋涡区内,因而流体在局部区域的提升压降和沿程摩擦压降均可忽略。一般来讲,形阻压降的计算方法为

$$\Delta p_{f,e} = K\frac{\rho V^2}{2} \tag{4-13}$$

式中的形阻系数 K 除了极个别情况可由理论分析进行计算外,一般由实验确定。表 4-4 中列出了一些常见的弯管、接管和阀门的形阻系数。局部损失的形式多种多样,对表中未列出的其他形阻系数,必要时可查阅有关的手册。

表 4-4 弯管、接管和阀门的形阻系数

名称	图例	形阻系数 K									
弯管		R/D	0.5	1.0	1.5	2.0	3.0	4.0	5.0		
		$K_{90°}$	1.20	0.80	0.60	0.48	0.36	0.30	0.29		
		θ	30°	45°	60°	75°	90°	105°	120°		
		$R/D=1.5$	0.08	0.11	0.14	0.16	0.175	0.19	0.20		
		$R/D=2.0$	0.07	0.10	0.12	0.14	0.15	0.16	0.17		
突然扩大		A_1/A_2 0	0.1	0.2	0.3	0.4	0.5	0.6	0.7	0.8	0.9 1
		K 1	0.81	0.64	0.49	0.36	0.25	0.16	0.09	0.04	0.01 1
突然减小		A_2/A_1 0	0.1	0.2	0.3	0.4	0.5	0.6	0.7	0.8	0.9 1
		K 0.5	0.47	0.45	0.38	0.34	0.3	0.25	0.2	0.15	0.09 0
蝶阀		开度 5°	10°	20°	30°	40°	45°	50°	60°	70°	
		K 0.24	0.52	1.54	3.91	10.8	18.7	30.6	118	751	
闸阀		全开		3/4 开		1/2 开		1/4 开			
		0.17		0.9		4.5		24			

4.1.2 燃料棒束通道的流动压降

沿反应堆堆芯的总压降包括：
① 堆芯进口和出口压降。
② 燃料棒束通道沿程的摩擦压降。
③ 定位格架所导致的局部阻力损失。

入口和出口压降属于流通截面突然扩大或缩小的压降，可以采用波达公式计算。这里主要关注棒束通道的沿程摩擦压降和因为定位格架所导致的形阻压降损失。

1) 光棒沿程阻力损失

(1) 层流流动

在前面对单相流动摩擦压降的讨论中我们谈到，沿非圆通道层流流动的阻力计算不能采用当量直径作为定性尺寸的计算方法。可采用如图 4-3 所示包围在棒束表面的环管的替代方法。

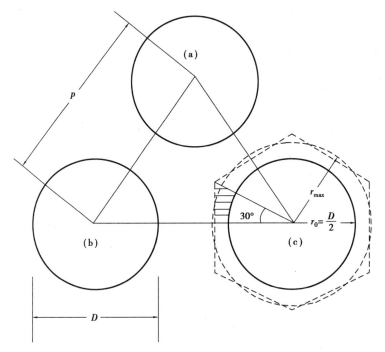

图 4-3　三角形燃料栅元的等效环管定义

剖面线区域表示元件的冷却剂区域，r_{max} 的圆代表相同流通面积的等效圆环。这里用 Re' 表示光棒通道的雷诺数，后面用 Re 表示带定位格架的雷诺数。

在这里，用 Re' 表示没有定位格架的光棒的雷诺数。图 4-4 示出了 Sparrow 和 Loeffler 给出的在三角形通道中等效环管充分发展层流下 fRe'_{D_e} 与 P/D 的关系。可以看到，当 P/D 大于1.3 时，等效环管模型吻合很好。Rehme 得到了完整的棒束层流的数据，Cheng 和 Todreas 采用多项式对每个子通道的数据进行了拟合，拟合的形式为

$$C'_{\text{fiL}} = a + b_1\left(\frac{P}{D-1}\right) + b_2\left(\frac{P}{D-1}\right)^2 \tag{4-14}$$

$f_{\text{iL}} \equiv C'_{\text{fiL}}/Re'^n_{\text{iL}}$,这里,$i$ 表示第 i 种子通道,L 表示层流,后面将用 T 表示湍流。对于层流,$n=1$。如对边通道和角部通道使用式(4-14),则用 W/D 代替 P/D,W 为棒直径加上棒与棒束盒壁面的距离。P/D(或者 W/D)的效应分为两个区域:$1.0 \leqslant P/D \leqslant 1.1$ 及 $1.1 \leqslant P/D \leqslant 1.5$。表 4-5 给出了方形栅元的 a,b_1 和 b_2 值。

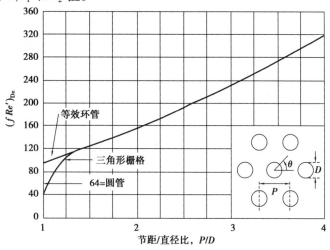

图 4-4　棒束通道内顺流层流摩擦阻力系数和雷诺数的乘积与节径比的关系

表 4-5　式(4-14)中计算光棒束子通道阻力因子常数 C'_{fiL} 的系数

子通道	$1.0 \leqslant P/D \leqslant 1.1$			$1.1 < P/D \leqslant 1.5$		
	a	b_1	b_2	a	b_1	b_2
层流流动						
内部通道	26.37	374.2	-493.9	35.55	263.7	-190.2
边部通道	26.18	554.5	-1 480	44.40	256.7	-267.6
角部通道	28.62	715.9	-2 807	58.83	160.7	-203.5
湍流流动						
内部通道	0.094 23	0.580 6	-1.239	0.133 9	0.090 59	-0.099 26
边部通道	0.093 77	0.873 2	-3.341	0.143 0	0.041 99	-0.044 28
角部通道	0.097 55	1.127	-6.304	0.145 2	0.026 81	-0.034 11

假设所有子通道压力均匀,通过总的棒束质量流量的平衡分配到各子通道中得到平均的子通道摩擦因子。得到:

$$C'_{\text{bL}} = D'_{\text{eb}}\left[\sum_{i=1}^{3} S_i\left(\frac{D'_{\text{ci}}}{D'_{\text{eb}}}\right)^{\frac{n}{2-n}}\left(\frac{C'_{\text{fi}}}{D'_{\text{ei}}}\right)^{\frac{1}{n-2}}\right]^{n-2} \tag{4-15}$$

式中　S_i——第 i 种类型的子通道的流量在总流量中的份额。

图 4-5 示出了用式(4-15)计算的 37 棒束组件与现有的层流($n=1$)结果的数据的比较情况。

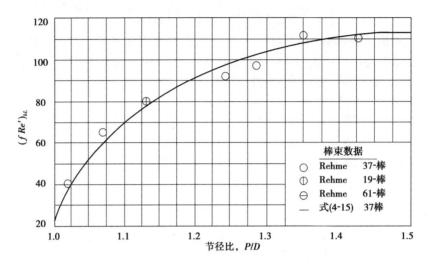

图 4-5　三角形栅元光棒的层流摩擦阻力数据

（2）湍流流动

早期的关于湍流区的研究包括 Deissler 和 Taylor 的工作,他们依据早期测量的通用速度分布推导出了摩擦因子。根据当量直径概念,用他们的方法得到的结果与节径比 $P/D = 1.12$、1.20 和 1.27 的方形和三角形棒束栅元进行了比较。结果显示在 $Re > 10^5$ 时,式(4-6)在一定的分散度内可以用于预测。然而,这些数据显示摩擦阻力与 P/D 的关系不能用当量直径的概念借助于圆管的关系式来预测。LeTourneau 等测试了 P/D 为 1.12 和 1.20 的方形栅元棒束和 P/D 为 1.12 的三角形栅元的棒束,在雷诺数为 $3\,000 \sim 3 \times 10^5$ 区间,这些数据与光滑圆管结果的误差在 10% 以内。

后来,Trupp 和 Azad 得到了三角形棒束栅元中空气流的速度分布、涡扩散和阻力因子。这些数据显示阻力因子比 Deissler 和 Taylor 预测值高。在雷诺数为 $10^4 \sim 10^5$ 区间,在 $P/D = 1.2$ 时,他们的数据比圆管数据高 17%。$P/D = 1.5$ 时要高 27%。

对于湍流流动的情况,求解棒束或者等效圆环精确的流动都需要知道湍流速度分布。对于三角形栅元,Rehme 得到了如下的等效圆环的解:

对于 $Re'_{\mathrm{De}} = 10^4$:

$$\frac{f}{f_{\mathrm{c.t.}}} = 1.045 + 0.071(P/D - 1) \tag{4-16}$$

对于 $Re'_{\mathrm{De}} = 10^5$:

$$\frac{f}{f_{\mathrm{c.t.}}} = 1.036 + 0.054(P/D - 1) \tag{4-17}$$

式中　$f_{\mathrm{c.t.}}$——圆管的摩擦阻力系数。

Rehme 还提出了一个求解实际几何尺寸的方法。Cheng 和 Todreas 采用式(4-14)的多项式形式进行了拟合,则为

$$C'_{\mathrm{fiT}} = a + b_1(P/D - 1) + b_2(P/D - 1)^2 \tag{4-18}$$

其中 $f_{\mathrm{iT}} \equiv \dfrac{C'_{\mathrm{fiT}}}{Re'^{n}_{\mathrm{iT}}}$。$n = 0.18$。同样采用表 4-5 给出的 a, b_1 和 b_2 值。而棒束湍流摩擦因子 C'_{bT} 可

以通过式(4-15)求得。图 4-6 比较了 37 棒束的相关数据,可以看出,吻合较好。

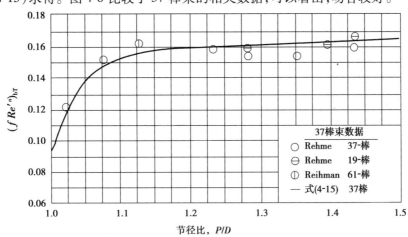

图 4-6 三角形栅元光棒湍流的摩擦阻力数据

2)燃料元件定位件的压力损失

在棒状燃料元件的设计中,为了保持所需要的栅距以及防止在反应堆运行过程中产生振动和弯曲,通常在相邻的燃料元件之间沿着高度方向安装适当数量的定位件。定位件的形式很多,粗略地可以把它们分为两类:①不同几何形状的横向定位格架。②缠绕在单棒上的螺旋形定位丝。图 4-7 是这两类典型定位件的示意图。由于定位格架和定位丝在结构上以及在棒束中安装的位置各有不同,因此,通常采用两种不同的方法来计算它们的压力损失。

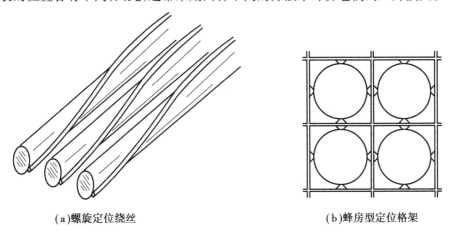

(a)螺旋定位绕丝 (b)蜂房型定位格架

图 4-7 棒束元件定位方法

流体通过定位格架或定位丝的压力损失为阻力型,压力损失可以用压损系数计算。定位件阻力损失的大小可以与光棒的沿程阻力的量级相当。

在计算定位格架形阻压降的各种经验公式中,以 Rehme 推荐的经验公式用得较多,该式表示如下:

$$\Delta p_{gd} = C_v \varphi^2 \frac{\rho V_b^2}{2} = K_{gd} \frac{\rho V_b^2}{2} \tag{4-19}$$

式中 Δp_{gd}——定位格架形阻压降,Pa;

  φ——定位格架正面的凸出截面积与棒束中的自由流通截面积之比;

  V_b——棒束通道中的平均流速,m/s;

  K_{gd}——定位格架形阻系数($K_{gd}=C_v\varphi^2$),经验系数 C_v 为棒束组件中雷诺数 Re_b 的函数。

Rehme 根据实验数据推荐的经验系数 C_v 随 Re_b 的变化示于图 4-8 中。棒束组件中的雷诺数 Re_b 由下式确定,即

$$Re_b=\frac{\rho V_b D_e}{\mu}$$

式中 $D_e=4A/U_e$,其中 A 是棒束总流通截面积;

  U_e——包括盒壁在内的润湿周长。

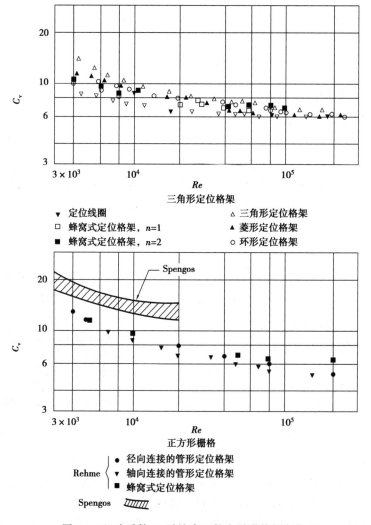

图 4-8 经验系数 C_v 随棒束组件中雷诺数的变化

在用定位丝作定位件的棒束组件中,定位丝是沿着每根单棒的全部长度缠绕的,显然所产生的压力损失也应该沿着棒束组件的全部长度分布。Rehme 用修正棒束组件摩擦阻力系数的方法,把冷却剂流过定位丝所产生的压力损失归并在摩擦压力损失项中。这里的总摩擦压力

损失 $\Delta p_{\mathrm{f,s}}$ 同棒状燃料元件的栅距 P 与燃料棒的直径 D 之比(P/D)、螺旋定位丝的节距 t 以及棒束组件中的燃料元件的数目有关。计算总摩擦压力损失的公式为

$$\Delta p_{\mathrm{f,s}} = f_{\mathrm{s}} \frac{U_{\mathrm{b}}}{U_{\mathrm{t}}} \frac{\rho V_{\mathrm{e}}^2}{2} \frac{L}{D_{\mathrm{e}}} \tag{4-20}$$

式中　f_{s}——修正的摩擦阻力系数;

　　　$U_{\mathrm{b}}/U_{\mathrm{t}}$——棒束组件中燃料元件棒和定位丝的润湿周长与总润湿周长(包括盒壁)之比;

　　　V_{e}——棒束组件中冷却剂的有效流速(考虑定位丝产生的涡流影响在内),m/s。

f_{s} 用修正雷诺数计算,其方程为

$$f_{\mathrm{s}} = \frac{64}{Re_{\mathrm{s}}} + \frac{0.0816}{Re_{\mathrm{s}}^{0.133}}$$

其中,$Re_{\mathrm{s}} = \rho V_{\mathrm{e}} D_{\mathrm{e}} / \mu$。有效流速由下式求得

$$\left(\frac{V_{\mathrm{e}}}{V_{\mathrm{n}}}\right)^2 = \left(\frac{P}{D}\right)^{0.5} + \left[7.6 \frac{\overline{d}_{\mathrm{s}}}{t} \left(\frac{P}{D}\right)^2\right]^{2.16}$$

式中　$\overline{d}_{\mathrm{s}}$——定位丝平均直径;

　　　V_{n}——棒束组件中冷却剂的名义流速,其计算式为

$$V_{\mathrm{n}} = \frac{\dfrac{G}{\rho}}{B^2 - \dfrac{\pi}{4}(D^2 - \overline{d}_{\mathrm{s}}^2)n}$$

式中　G——棒束组件中的质量流速;

　　　B——棒束组件的宽度;

　　　n——棒束组件中燃料元件的数目。

式(4-20)的适用范围为:$Re_{\mathrm{s}} = 10^3 \sim 3 \times 10^5$;$t/\overline{d}_{\mathrm{s}} = 6 \sim 45$。

3)光棒横向流动阻力

在堆芯中当燃料组件间存在较大的压差时,会发生横向流动(与棒轴线垂直)。在横向方向,流动可以看作为横流管束的流动。Zukauskas 提出了一个简单的关联式,将层流和湍流关联到一个关联式中

$$\Delta p = f \frac{N G_{\max}^2}{2\rho} Z \tag{4-21}$$

式中　f——摩擦阻力系数;

　　　$G_{\max}$——最大质量流速;

　　　N——流动方向的管束排数目;

　　　Z——管束排布的修正因子。

图 4-9 和图 4-10 示出了各种流动布置条件下的 f 和 Z 随 $Re = G_{\max} D / \mu$ 的取值,其中 D 为燃料棒直径。

除此之外,还有大量的关于顺排和叉排布置的横向流研究,和它们显著的几何特征一起,示于图 4-11 中。根据摩擦阻力系数的定义

$$f \equiv \frac{2\Delta p}{\rho} \left(\frac{1}{V_{\mathrm{ref}}^2}\right) \left(\frac{D_{\mathrm{ref}}}{L}\right)$$

式中必须要确定 V_{ref}，D_{ref} 和 L 的定义。在关于横向流压降的相关研究文献中定义的差异非常大，在选用时要注意其具体的定义条件。

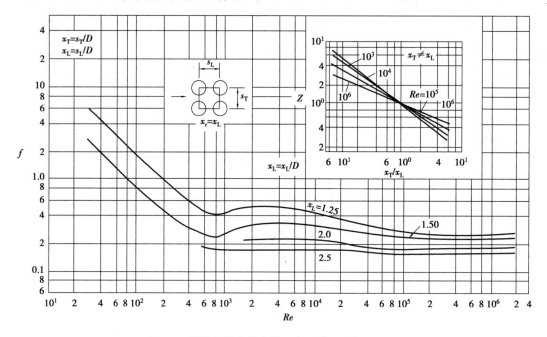

图 4-9　顺排管横流的摩擦阻力系数 f 和修正因子 Z

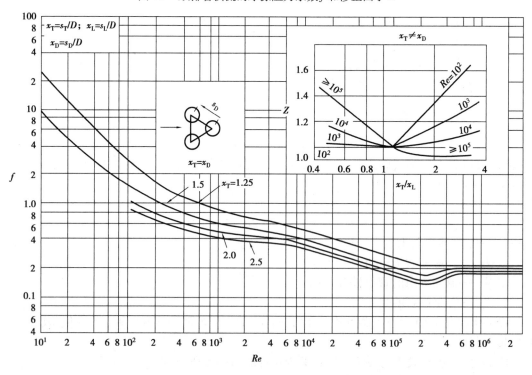

图 4-10　叉排管横流的摩擦阻力系数 f 和修正因子 Z

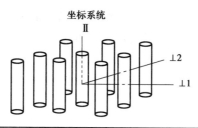

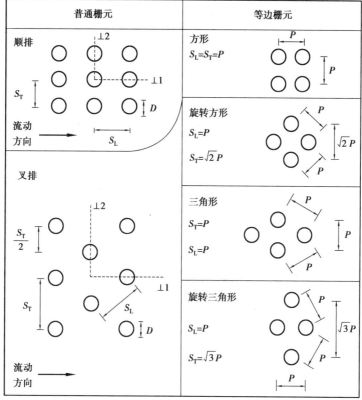

图 4-11　普通栅元几何结构和坐标轴定义

4.1.3　气体冷却剂沿等截面直通道流动时的压降

当气体冷却剂在通道内作等温流动时,如果气体的压力变化不大,例如进出口压力比 $p_{in}/$ $p_{ex} \approx 1$,则因此时气体的密度变化很小,就可以把流速看作常数。在这种情况下,可以认为气体冷却剂也和液体冷却剂一样,在通道内只存在提升压降和摩擦压降,于是根据式(4-2)、式(4-4)就可以算出气体冷却剂的流动压降。在一般情况下气体的密度是很小的,气体位能改变所引起的提升压降与总压降相比也是非常小的,因此在计算气体的流动压降时,为了简化计算,往往忽略这一压力变化项。

在堆芯冷却剂通道(或热交换器内的冷却通道)内,当气体被加热或冷却时,其体积要发生显著膨胀(或因被冷却而收缩)。气体体积的膨胀,往往导致气流明显加速。因此,气体冷却剂沿等截面加热(或冷却)通道流动时,除了气体的摩擦压降之外,还存在着因体积改变而产生的加速度压降。在加热通道内,气体密度变化的主要原因是气体温度改变;除此之外,气体的压力沿流动方向不断发生变化也是造成气体密度变化的一个原因。下面以气体在水平通道内的加热流动为例,具体分析其流动压降的计算方法。

图 4-12 表示一个长度为 L,流通截面积为 A 的等截面加热通道。进口处气体的压力为 p_{in},温度为 T_{in},相应的密度为 ρ_{in},流速为 V_{in}。在通道内气体被加热,出口处气体的温度上升到 T_{ex},相应的密度变为 ρ_{ex},流速变为 V_{ex},气体的压力下降到 p_{ex}。

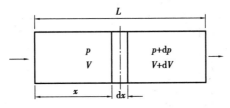

图 4-12　气体沿等截面加热通道流动时的压降

在离进口距离为 x 处取一个厚度为 dx 的通道体积元,考虑到摩擦力的作用,根据动量定理,对体积元内的气体可写出如下的方程:

$$Ap - A(p + dp) - A dp_f = A\rho V dV$$

式中　dp_f——由于摩擦引起的作用在体积元单位横截面积上的阻力。

根据达西公式,有

$$dp_f = f \frac{\rho V^2}{2} \frac{dx}{D_e}$$

把 dp_f 值代入上式整理后得到

$$-dp - f \frac{\rho V^2}{2} \frac{dx}{D_e} = \rho V dV \tag{4-22}$$

式中　f——摩擦阻力系数;

　　　D_e——通道的当量直径,m;

　　　ρ——截面 x 处气体的密度,kg/m³;

　　　V——截面 x 处气体的流速,m/s。

式(4-22)两边同时乘以压力 p 得到

$$-p dp = f \frac{\rho V^2}{2} \frac{p dx}{D_e} + \rho V p dV$$

对上述方程沿通道全长积分,可以写出

$$-\int_{p_{in}}^{p_{ex}} p dp = \int_0^L f \frac{\rho V^2}{2} \frac{p dx}{D_e} + \int_{V_{in}}^{V_{ex}} \rho V p dV \tag{4-23}$$

式(4-23)左边的积分项给出

$$-\int_{p_{in}}^{p_{ex}} p dp = \frac{1}{2}(p_{in}^2 - p_{ex}^2)$$

对式(4-23)右边两项进行积分时,考虑到下述各种关系:

①通道气流的连续性。根据连续性方程得 $G = \rho_{in} V_{in} = \rho_{ex} V_{ex} = \rho V$。式中的 G 是气体的质量流速,kg/(m² · s)。

②气体摩擦阻力系数 f 通常与 $Re^{-0.2}$ 成正比,对于等截面通道,黏性系数 μ 是唯一能够引起雷诺数沿通道长度方向发生变化的参量。一般来说,气体的黏性系数受温度变化的影响并

不明显,因而气体温度变化对摩擦阻力系数的影响也十分微弱。这样,在积分时就可以把f作为常数看待。通常按通道进出口温度的算术平均值$\overline{T} = (T_{in} + T_{ex})/2$来计算$f$值。

③对于反应堆的情况(压力不算太高,温度不算太低),可以把气体冷却剂当作理想气体处理,即认为它服从理想气体状态方程式

$$pv = RT$$

式中　p——气体的压力,Pa;

　　　　v——气体的比体积,m^3/kg;

　　　　R——气体常数,$R = 8.314 \times 10^3/M$,$\text{J}/(\text{kg} \cdot \text{K})$,这里$M$指气体的相对分子量;

　　　　T——温度,K。

由式(4-23)右边第一项的积分给出为

$$\int_0^L f\frac{\rho V^2}{2D_e} p\,\mathrm{d}x = f\frac{1}{2D_e}\int_0^L (\rho V)^2\,\frac{p}{\rho}\mathrm{d}x$$

$$= f\frac{(\rho V)^2}{2D_e} R\int_0^L T\,\mathrm{d}x$$

如果热流密度的分布与通道的中心相对称(这是反应堆冷却剂通道经常碰到的情况),则

$$\int_0^L T\,\mathrm{d}x = \frac{1}{2}(T_{in} + T_{ex})L = \overline{T}L$$

应用该式结果,可得到

$$\int_0^L f\frac{\rho V^2}{2D_e} p\,\mathrm{d}x = f\frac{G^2}{2D_e} R\,\overline{T}L$$

式(4-23)右边第二项的积分给出

$$\int_{V_{in}}^{V_{ex}} \rho V p\,\mathrm{d}V = \rho V\int_{V_{in}}^{V_{ex}} p\,\mathrm{d}\left(\frac{\rho V}{\rho}\right) = (\rho V)^2\left[RT\Big|_{T_{in}}^{T_{ex}} - \int_{p_{in}}^{p_{ex}}\frac{1}{\rho}\mathrm{d}p\right]$$

$$= G^2\left[R(T_{ex} - T_{in}) - \int_{p_{in}}^{p_{ex}}\frac{RT}{p}\mathrm{d}p\right]$$

如果用通道的平均温度$\overline{T}$代替上述方程等号右边积分项中的T,则可以得到

$$\int_{V_{in}}^{V_{ex}} \rho V p\,\mathrm{d}V = G^2 R\,\overline{T}\left[\frac{T_{ex} - T_{in}}{\overline{T}} + \ln\frac{p_{in}}{p_{ex}}\right]$$

把以上各项的积分结果代入式(4-23)得到

$$\frac{1}{2}(p_{in}^2 - p_{ex}^2) = G^2 R\,\overline{T}\left[f\frac{L}{2D_e} + \frac{T_{ex} - T_{in}}{\overline{T}} + \ln\frac{p_{in}}{p_{ex}}\right]$$

用$(p_{in} + p_{ex})/2$除方程两边,便得到气体冷却剂在受热直通道中压降的表达式为

$$p_{in} - p_{ex} = G^2\frac{R\,\overline{T}}{(p_{in} + p_{ex})/2}\left[f\frac{L}{2D_e} + \frac{T_{ex} - T_{in}}{\overline{T}} + \ln\frac{p_{in}}{p_{ex}}\right]$$

$$= \frac{G^2}{\overline{\rho}}\left[f\frac{L}{2D_e} + \frac{T_{ex} - T_{in}}{\overline{T}} + \ln\frac{p_{in}}{p_{ex}}\right] \tag{4-24}$$

式中　$\overline{\rho}$——在平均压力$\overline{p} = (p_{in} + p_{ex})/2$和平均温度$\overline{T}$下的气体的平均密度,可由理想气体状态方程式$\overline{p} = \overline{\rho}R\,\overline{T}$求得。

式(4-24)等号右边第一项表示摩擦压降;第二项表示由温度升高引起的加速压降,对于大多数气冷动力堆来说,它的数值占总压降的$10\% \sim 15\%$;第三项代表由压力降低引起的加速

压降,它的数值很小,仅占上述总压降的 1% ~ 2%。

应该指出,式(4-24)的右边也包含有未知数 p_{ex},因此用式(4-24)求解通道出口压力时,往往需要进行迭代计算。其步骤是先假定一个出口压力 p'_{ex},根据该值用式(4-24)算出一个 p_{ex},然后将算出的 p_{ex} 和 p'_{ex} 进行比较,如果两个值不等,那就将本次的 p_{ex} 设为 p'_{ex} 再次进行计算,直到两个值的差值在允许的误差范围内时为止。

4.2 两相流基本参数

描述单相流体力学流动最基本的参数为速度、流量、密度和压力等。对于两相流,除了这些参数外,还必须引入一些不同于单相流的新流动参数来进一步描述这些特性。本节主要讨论与两相流的成分、比例等有关的一些参数。

1) 质量流量和质量流速

质量流量 $\dot{m}$ 是单位时间内流过流道或绕过流体的介质流量,单位为 kg/s。在通道内质量流量为

$$\dot{m} = \int_{A_z} \rho V \mathrm{d}A = \dot{m}_g + \dot{m}_f$$

式中 A_z——流通截面。

质量流速 G 是单位流通截面的质量流量,也称为质量通量(mass flux),单位为 kg/(m²·s)。

$$G = \frac{\dot{m}}{A}$$

$$G_k = \rho_k V_k \qquad k = g, f$$

式中 G_g, G_f——气相质量流速和液相质量流速。

2) 体积流量、相速度和表观速度

两相流动的总体积流量为 Q,m³/s。定义为单位时间内流经任一通道截面的气液混合物的总体积。显然,总体积流量为每一相体积流量之和。

$$Q = Q_g + Q_f$$

$$Q_k = \frac{\dot{m}_k}{\rho_k}$$

每一相的真实相平均速度定义为

$$V_g = \frac{\dot{m}_g}{\rho_g A_g} \tag{4-25}$$

$$V_f = \frac{\dot{m}_f}{\rho_f A_f} \tag{4-26}$$

表观速度 j,又称为体积流密度,m/s,定义为单位流道截面上的体积流量,是一种经整个流通截面平均后的速度。按定义有:

$$j = j_g + j_f \tag{4-27}$$

$$j_k = \frac{Q_k}{A} \tag{4-28}$$

3）含气量（或含气率，含汽率）

在气液两相混合物中，定义了 3 种含气量，分别称为静态含气量 x_s，流动含气量（或称真实含气量）x 和热力学平衡含气量 x_e。

①静态含气量 x_s：

$$x_s = \frac{\text{气液混合物内蒸汽的质量}}{\text{气液混合物的总质量}}$$

如图 4-13 所示，考虑一个长度为 Δz 的体积元，根据上述定义可以写出：

$$x_s = \frac{\Delta z \rho_g A_g}{\Delta z \rho_f A_f + \Delta z \rho_g A_g} = \frac{\rho_g A_g}{\rho_f A_f + \rho_g A_g} \tag{4-29}$$

式中　ρ_g, ρ_f, A_g, A_f——分别为蒸汽、液体的密度，蒸汽和液体占据的截面积。

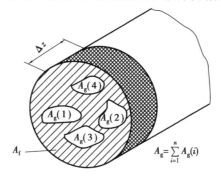

图 4-13　通道内的空泡分布

静态含气量适用于不流动的系统或气液两相平均流速相同的系统。

②流动含气量（真实干度）x：流动含气量的定义为

$$x = \frac{\text{蒸汽的质量流量}}{\text{气液混合物的总质量流量}}$$

若用 V_g, V_f 分别表示蒸汽和液体的截面平均流速，则上式又可以写成：

$$x = \frac{\rho_g V_g A_g}{\rho_f V_f A_f + \rho_g V_g A_g} \tag{4-30}$$

流动含气量 x 对分析过冷沸腾和烧干后的工况十分有用。因为在这两个区域内，气液两相间处于热力学不平衡状态，热力学平衡态含气量在这些区域内是不存在的。

根据式（4-30）的定义，对于气液同向流动，x 值的变化范围总是 $0 \leqslant x \leqslant 1$。如果两相为逆向流动，情况可能有所不同，在这种情况下，一般不再使用流动干度的定义，而转向使用下文介绍的空泡份额的定义来描述该问题。

③平衡态含气量 x_e：若气液两相处于热力学平衡状态，则 x_e 由下式确定：

$$x_e = \frac{h - h_{fs}}{h_{fg}} \tag{4-31}$$

式中　h——气液两相混合物的比焓；

h_{fs}——饱和液体的比焓；

h_{fg}——汽化潜热。

平衡态含气量可以为负，也可以为正或大于1。若 x_e 为负，则说明流体是过冷的；若 x_e 大于1，则说明流体为过热蒸汽。从上面的分析可以看出，在过冷沸腾区和过热蒸汽区，x_e 显然不等于 x。

4）空泡份额 α

空泡份额 α 被定义为蒸汽的体积与气液两相混合物总体积的比值，即

$$\alpha = \frac{U_g}{U_g + U_f}$$

式中　U_g, U_f——分别为两相混合物内气相和液相的体积。

在流动系统中，在所考虑的区段内的空泡份额 α 是该区段蒸汽的体积与气液混合物总体积之比。对于如图 4-13 所示长度为 Δz 的微元段，其数学表达式为：

$$\alpha = \frac{\Delta z \iint_{A_g} dA}{\Delta z \iint_{A} dA} = \frac{A_g}{A_g + A_f} = \frac{A_g}{A}$$

式中　A_g——时间平均空泡流通截面积；

　　　A——通道的总流通截面积。

由此可见，α 在数值上恰好等于蒸汽所占据的通道截面积的份额，因此空泡份额又经常称为截面含汽率。

5）容积含气率

容积含气率是指单位时间内流过某一截面的两相总容积流率中，气相所占的比例份额

$$\beta = \frac{Q_g}{Q_f + Q_g}$$

式中　Q_g 和 Q_f——分别表示气相和液相介质的容积流率，m^3/s。那么，容积含液率 $(1 - \beta)$ 为

$$1 - \beta = \frac{Q_f}{Q_f + Q_g}$$

6）滑速比 S

在两相流中，蒸汽的平均速度和液体的平均速度可以相等，也可以不相等。若其中蒸汽的平均速度是 V_g，液体的平均速度是 V_f，则定义 V_g 和 V_f 之比为滑速比 S，即

$$S = \frac{V_g}{V_f} \tag{4-32}$$

在垂直向上流动的两相系统中，由于蒸汽的密度小，受到浮升力的作用，因而蒸汽的运动速度要比液体的快，这样在蒸汽和液体之间便产生了相对滑移，所以 $V_g > V_f$，$S > 1$。

如果混合物的总质量流量为 $\dot{m}_t$，则蒸汽的质量流量为 $x\dot{m}_t$，液体的质量流量为 $(1 - x)\dot{m}_t$，因为

$$x\dot{m}_t = A_g V_g \rho_g, (1-x)\dot{m}_t = A_f V_f \rho_f$$

所以

$$V_g = \frac{x\dot{m}_t}{A_g \rho_g}, V_f = \frac{(1-x)\dot{m}_t}{A_f \rho_f}$$

由此可得滑速比为

$$S = \frac{V_g}{V_f} = \frac{x}{1-x} \frac{A_f \rho_f}{A_g \rho_g} \tag{4-33}$$

7)含气量、空泡份额和滑速比之间的关系

处于静止状态的单位质量的气液混合物中,蒸汽的体积等于静态含气量 x_s 乘以它的比体积 v_g,而气液混合物的体积是 $x_s v_g + (1-x_s)v_f$,于是得到

$$\alpha = \frac{x_s v_g}{x_s v_g + (1-x_s)v_f}$$

或

$$\alpha = \frac{1}{1 + \left[\frac{(1-x_s)}{x_s}\right]\left(\frac{v_f}{v_g}\right)} \tag{4-34}$$

式中 v_f, v_g——分别为液体和蒸汽的比体积,式(4-34)给出了 x_s 和 α 之间的关系。

它表明,在系统压力不十分高的情况下,一个很小的 x_s 值就可以导致一个可观的 α 值。但是在高压下,这个差别将缩小,在临界压力下,由于气相和液相已不能区分,这样也就不存在 α 的问题了。

对于流动系统,因为 $\alpha = A_g/(A_g + A_f)$,于是 $A_f/A_g = (1-\alpha)/\alpha$,把 A_f/A_g 的值代入式(4-33),整理后得到包括滑移影响在内的 α 和 x 之间的关系式

$$\alpha = \frac{1}{1 + \left(\frac{1-x}{x}\right)\left(\frac{v_f}{v_g}S\right)} = \frac{1}{1 + \left(\frac{1-x}{x}\right)\varphi} \tag{4-35}$$

式中 $\varphi = (v_f/v_g)S$。

式(4-35)表明,在压力和含气量保持不变的情况下,α 值将随着 S 的增加而减小。

把 $V_g = x\dot{m}_t/(A_g \rho_g)$ 和 $V_f = (1-x)\dot{m}_t/(A_f \rho_f)$ 代入式(4-29),则得

$$x_s = \frac{\dfrac{x\dot{m}_t}{V_g}}{\dfrac{x\dot{m}_t}{V_g} + \dfrac{(1-x)\dot{m}_t}{V_f}}$$

上式整理后变为

$$\frac{1-x_s}{x_s} = \frac{V_g}{V_f} \cdot \frac{1-x}{x} \tag{4-36}$$

可见,当 $S = V_g/V_f = 1$ 时,$x_s = x$。

而根据容积含气率的定义,则有

$$\beta = \cfrac{1}{1 + \left(\cfrac{1-x}{x}\right)\cfrac{\rho_{\text{g}}}{\rho_{\text{f}}}} \tag{4-37}$$

8) 真实密度和流动密度

真实密度 ρ_{m} 定义为流道微元两相混合物质量 M 与微元容积 $A\Delta z$ 之比,又常称为混合物密度,即为

$$\rho_{\text{m}} = \frac{\rho_{\text{g}}\alpha A\Delta z + \rho_{\text{f}}(1-\alpha)A\Delta z}{A\Delta z} = \alpha\rho_{\text{g}} + (1-\alpha)\rho_{\text{f}} \tag{4-38}$$

对应于真实密度的比体积应为

$$v_{\text{m}} = \frac{1}{\rho_{\text{m}}} = \frac{\cfrac{m_{\text{g}}}{\rho_{\text{g}}} + \cfrac{m_{\text{f}}}{\rho_{\text{f}}}}{m} = x_{\text{s}}v_{\text{g}} + (1-x_{\text{s}})v_{\text{f}}$$

流动密度 ρ 的定义为任一截面的两相混合物质量流量 $\dot{m}$ 与体积流量 Q 之比,即

$$\rho = \frac{\dot{m}}{Q} = \frac{\rho_{\text{g}}Q_{\text{g}} + \rho_{\text{f}}Q_{\text{f}}}{Q} = \beta\rho_{\text{g}} + (1-\beta)\rho_{\text{f}} \tag{4-39}$$

对应于流动密度 ρ 的比体积为

$$v = \frac{1}{\rho} = \frac{Q_{\text{g}} + Q_{\text{f}}}{\dot{m}} = xv_{\text{g}} + (1-x)v_{\text{f}}$$

4.3 流型及空泡份额

两相流的流体力学特征,如压降、空泡份额和速度分布根据所观察的流型不同而不同,正如单相流动时,其行为特征依据其是层流还是湍流来确定的。然而,与单相流相比,截至目前,对气液两相流动仍然缺乏可以作为解决实际问题框架的普适性理论。例如,对于两相流,我们没有如普朗特混合长理论等方便适用的现象学原理,没有如用于类比方法的 Colburn 的 j 因子,或者是对于边界层理论的简化方法。对于流型的确定自动为我们提供一个相边界的图像。相边界的位置则反过来根据动量和连续性方程的积分形式得到各种量的量级估算。这些估算则提示哪些量值得研究,可能会导致怎样的行为。尽管已经开发了如热线、电导探针以及其他探针等探测方法,但用可视法或者照相法仍然是除了液态金属以外两相流流型最好的定义方法。静止和运动图像都可以用于描绘流型。

4.3.1 流型分类

图 4-14(a)和图 4-14(b)分别示出了竖直和水平管道中的流型。显然,由流动和重力作用的相对方向的原因,竖直流道中不存在分层流流型,相对于水平流道,竖直流道中的流型也更加对称。这些图中的流型可以这样描述:

①泡状流:泡状流中,弥散气泡在连续相的液体中运动。该流型发生在低空泡份额条

件下。

②弹状流(段塞流):在竖直的弹状流中,气泡与管子的直径几乎相当,有一个球形的头部,分离运动的两个弹之间有一段含有分离气泡的液柱。在水平的弹状流中,在大气泡后部运动着与管子直径相同的液柱。该流型因为不同区域的密度差和压缩性可能会导致阻流不稳定性。该流型发生在中等的空泡份额及相对较低的流动速度下,该流型可以认为是介于泡状流和环状流之间的一个过渡流型。正如下面描述的几个流型那样,该过渡可能在不止一步内发生。

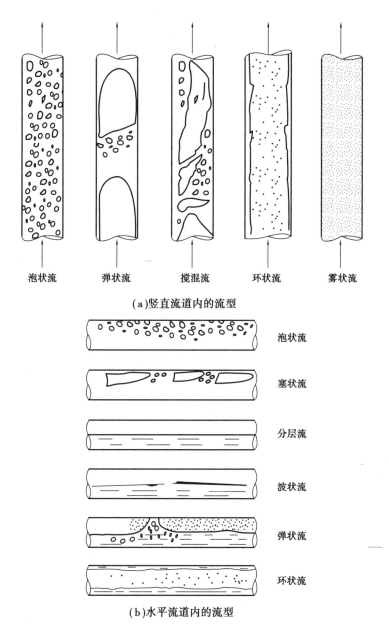

(a)竖直流道内的流型

(b)水平流道内的流型

图4-14 典型两相流流型

③塞状流:如图4-14(b)所示,水平流动的塞状流有一个拉长了的气泡。尽管该名字有时

与弹状流有交叉,但在水平流动中其形状则明显不同,气泡尾部有一个内凹的形状,或者有一个阶梯状的水跃。

④搅混流:当气相速度增加时,弹状流流型将破裂,气泡变得不稳定,将导致波动的阻流(特别是在空气-水系统中)。因此该流型又称为不稳定弹状流。

⑤细束环状流:在该流型中,在壁面有一个运动相对较慢连续的液膜,以及在中心速度相对较快的夹带有液块的气芯。该流型与环状流不同之处在于其具有夹带液块,似乎是在大片液块内运动,类似于细胞基质外部的胶化区。

⑥环状流:在环状流中,在壁面为连续的液膜,中心为连续的气芯。气芯可能夹带有液滴——为离散的雾相,而壁面液膜中也可能存在离散的气泡。该流型发生在高空泡份额和高流速下。还有一个特殊的流型,就是壁面为连续气膜,而中心为液芯。该流型称为反环状流,发生在过冷稳定膜态沸腾下。

4.3.2 液泛和流动反转

液泛和流动反转在几个重要的反应堆热工水力现象中会遇到,包括流型转变和在轻水反应堆失水事故(LOCA)中热表面的再润湿现象。液泛是指由于向上流动的气相速度足够高,使向下流动的液相停滞;而流动反转是指开始时液相与气相同向向上流动,而当气相速度降低到某个足够低的值后,发生液相流向转向。尽管已经开展了一些实验来预测液泛和流动反转,但到目前为止仍没有统一的理论。针对该问题国际上已经开发了一些经验关联式可以用于工程设计中。在这里我们将针对简单几何结构来分析该问题。

图 4-15 示出了液体注入设备中的竖直带多孔壁面的管道。开始时气相流速为零,液膜按恒定流速向下流动。气体流速逐渐增加,在管内保持两相逆向流动(管 1)。当气相流速增加,液膜厚度保持常数,数值上等于 Nusselt 于 1916 年所给出的层流液膜厚度。该无因次液膜厚度表示为

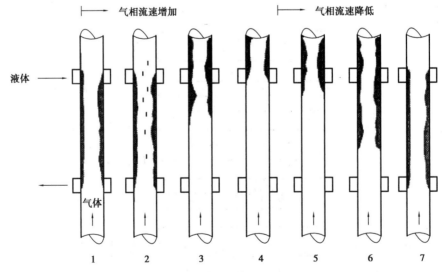

图 4-15 液泛和流动反转实验

$$\delta^* \equiv \delta\left[\frac{g \sin \theta}{\nu_f^2}\right]^{\frac{1}{3}} = 1.442 Re_f^{\frac{1}{3}} \qquad (4\text{-}40)$$

式中　$Re_f = \dfrac{4Q_f}{\pi D \nu_f}$；

　　　θ——与管轴与水平方向的夹角；

　　　ν_f——液体的运动黏度；

　　　Q_f——液体的体积流量；

　　　D——管子直径；

　　　g——重力加速度。

该关联式在 Re_f 小于 2 000 时有效。对于湍流液膜,其厚度可以表达为:

$$\delta^* = 0.304 Re_f^{\frac{7}{12}} \qquad (4\text{-}41)$$

随着气相流速增加,液膜变得不稳定,出现较大幅度的波,有效液膜厚度增加。波峰上的液体被撕裂为夹带液滴,并被气相夹带到注入点之上,一些液滴碰撞到壁面使液膜厚度增加,这时就出现了液泛现象(管2)。同时,液体注入口上部管段的压降损失急剧增加。随着气相流速继续增加,注入口以下的管段的液膜逐渐干涸(管3);当向下流动的液体完全被阻止,该点就称为完全液泛条件(管4),也称为逆向流动限制(CCFL)条件。在更高的气相流速条件下,在上部管段出现搅混流或环状流等流型。

如果这时候逐渐降低气相流速。在某个数值时液膜变得不稳定,在界面上出现大幅度的波,压降增加,液膜开始逐渐回落到注入口之下。该点称为流动反转现象(管5)。继续降低气相流速,液膜继续往下回落,直到某个气相流速下上部管道完全干涸(管6)。

图 4-15 示出的实验总结在图 4-16 中。注意液相从向上流动转变为向下流动之前会经历向两个方向流动的过渡期,反之亦然。

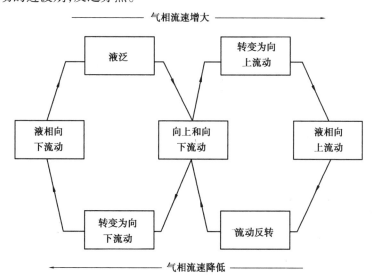

图 4-16　液泛和流动反转

关于逆向流动限制和流动反转问题,普遍采用两个无因次数来关联这个两相流的转变过程:Wallis 数和 Kutateladze 数。前者表示惯性力与作用在直径为 D 的气泡或液滴上的静压力。

后者将尺度 D 替换为拉普拉斯常数 $[\sigma/g(\rho_f - \rho_g)]^{\frac{1}{2}}$。

Wallis 数定义为：

$$\{j_k^+\} \equiv \{j_k\} \left[\frac{\rho_k}{gD(\rho_f - \rho_g)}\right]^{\frac{1}{2}}$$

其中，k 表示液相的 f 或者气相的 g，式中 $\{\}$ 符号表示截面平均。

而 Kutateladze 数（Ku）的定义为：

$$Ku_k \equiv \{j_k\} \left[\frac{\rho_k}{g\sigma(\rho_f - \rho_g)^{0.5}}\right]^{\frac{1}{2}}$$

Wallis 提出了竖直管内液泛的关联式，与通道的尺寸有关，即

$$\{j_g^+\}^{0.5} + m\{j_f^+\}^{0.5} = C \tag{4-42}$$

式中　m, C——常数，与管道出口的形式有关。

圆管的 $m = 1.0$，圆滑出口 $C = 0.9$，而直角管出口为 0.725。在实际应用中，这两个常数对不同的几何结构根据实验确定。

Porteous 给出了半理论的逆向流动限制条件：

$$\frac{\{j\}}{\sqrt{gD}} = 0.105\sqrt{\frac{\rho_f - \rho_g}{\rho_g}}$$

对于流动反转，Wallis 建议：

$$\{j_g^+\} = 0.5$$

后来 Wallis 和 Kuo 修正了该流动反转的关系让它与实验数据更加一致，显示它与管子直径的关系并不是很大。

在分析了直径为 6～309 mm 的管内空气-水的实验结果后，Pushkin 和 Sorokin 提出流动反转在 Kutateladze 数为 3.2 时发生：

$$Ku_g = 3.2$$

他们所提出的该条件与液泛条件很相近。

逆向流动限制现象还被其他多个作者所分析，总的来讲，可以将逆向流动限制触发的条件解释为 4 种物理机制：

①液膜驻波机制。

②两相相对速度所导致的界面不稳定性。

③液膜净流量为 0。

④从液膜撕裂的液滴夹带起始机制。

流动反转现象与液膜的流体动力学特性密切相关。Bankoff 和 Lee 对现有的竖直和水平逆向流动的液泛和流动反转实验和分析研究有深入的评述。因为对各个现象的起始有多种定义，在应用这些经验关联式之前需要仔细检查其应用条件。图 4-17 给出了竖直逆向流动的压降特性的实验数据。

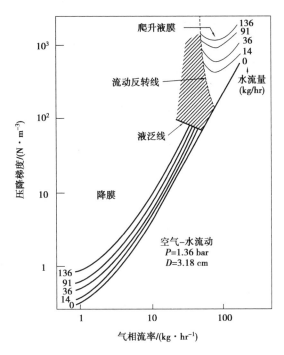

图 4-17　竖直逆向流动转变的压降特性

4.3.3　流型图

大多的流型按照一维管道定义。流型转变通常与管内流动的平均参数(例如干度)相关联。在更高级的反应堆安全分析程序中,考虑多维效应使得基于静止参数(如空泡份额)的流型图变得必要。目前的多维流型图还没有像一维流型图那样得到了深入的实验和验证。

1)竖直流动

Hewitt 和 Roberts 基于直径为 31. 2 mm 的圆管,在 0. 14 ~ 0. 54 MPa 压力范围内的空气-水的实验数据开发了一维流型图(图 4-18)。发现该流型图对 12. 7 mm 内径的直管在压强为 3. 45 ~ 6. 90 MPa 的蒸汽-水两相流是适用的。该流型图是基于液体和蒸汽的动量通量$\rho_f\{j_f\}^2 = \dfrac{G_m^2(1-x)^2}{\rho_f}$和$\rho_g\{j_g\}^2 = \dfrac{G_m^2 x^2}{\rho_g}$绘制的。

Taitel 等比较了几个流型图,发现它们之间的分散度很大,他们也基于影响流型转变的物理机制的理论分析开发了自己的流型图。

①泡状流向弹状流转变。从泡状流向弹状流或搅混流转变主要的判据是达到最大的空泡份额为 0. 25 后发生气泡聚合为弹状流。液相和气相速度的关系为

$$V_f = V_g - V_\infty \tag{4-43}$$

式中　V_∞——大气泡(5 < d < 20 mm)的终端上升速度,对气泡的尺寸不敏感,用式(4-44)

　　　计算:

$$V_\infty = 1. 53\left(\frac{g(\rho_f - \rho_g)\sigma}{\rho_f^2}\right)^{\frac{1}{4}} \tag{4-44}$$

式中　σ——表面张力。

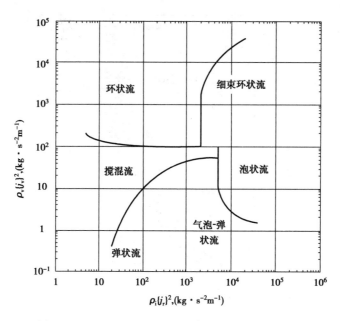

图 4-18 Hewitt 和 Roberts 的竖直向上流动的流型图

使用表观流速的定义,并假设速度均匀分布,由式(4-43)和式(4-44)可以得到:

$$\frac{\{j_{\mathrm{f}}\}}{\{1-\alpha\}} = \frac{\{j_{\mathrm{g}}\}}{\{\alpha\}} - 1.53\left(\frac{g(\rho_{\mathrm{f}} - \rho_{\mathrm{g}})\sigma}{\rho_{\mathrm{f}}^{2}}\right)^{\frac{1}{4}} \tag{4-45}$$

对于$\{\alpha\} = 0.25$,根据该式得到:

$$\frac{\{j_{\mathrm{f}}\}}{\{j_{\mathrm{g}}\}} = 3 - 1.15\frac{\left[g(\rho_{\mathrm{f}} - \rho_{\mathrm{g}})\sigma\right]^{\frac{1}{4}}}{\{j_{\mathrm{g}}\}\rho_{\mathrm{f}}^{\frac{1}{2}}} \tag{4-46}$$

式(4-46)在图 4-19 中为线 A。需要指出的是,Taitel 和 Dukler 以及其他一些研究者选取 $\{\alpha\} = 0.3$ 作为泡状流存在的最大空泡份额。这样得到流型转变的判据为

$$\frac{\{j_{\mathrm{f}}\}}{\{j_{\mathrm{g}}\}} = 2.34 - 1.07\frac{\left[g(\rho_{\mathrm{f}} - \rho_{\mathrm{g}})\sigma\right]^{\frac{1}{4}}}{\{j_{\mathrm{g}}\}\rho_{\mathrm{f}}^{\frac{1}{2}}} \tag{4-47}$$

对于直径很小的管子,上升气泡可能更容易聚集为气弹。因此对于很小的流道可能不存在泡状流流型。这种情况下在很低的液相和气相流速下就只有弹状流工况。泡状流消失的判据是变形气泡上升速度 V_0 接近气泡或泰勒气泡上升的终端速度 V_{b},即:$V_{\infty} \geqslant V_{\mathrm{b}}$,其中 $V_{\mathrm{b}} = 0.35\sqrt{gD}$(当 $\rho_{\mathrm{g}} \ll \rho_{\mathrm{f}}$ 时)。

因为终端速度 V_{∞} 由式(4-44)给出,得到无泡状流流型的管道判据为

$$\left[\frac{\rho_{\mathrm{f}}^{2}gD^{2}}{(\rho_{\mathrm{f}} - \rho_{\mathrm{g}})\sigma}\right]^{\frac{1}{4}} \leqslant 4.36 \tag{4-48}$$

②弥散泡状流向泡状流/弹状流转变。在高液相流速下,因为湍流作用而发生气泡破裂而导致气泡聚合被阻止。根据 Taitel 等的推导,该力受 $\{j_{\mathrm{f}}\}$ 和 $\{j_{\mathrm{g}}\}$ 的共同作用。

$$\{j_{\mathrm{f}}\} + \{j_{\mathrm{g}}\} = 4\left\{\frac{D^{0.429}(\sigma/\rho_{\mathrm{f}})^{0.089}}{\nu_{\mathrm{f}}^{0.072}}\left[\frac{g(\rho_{\mathrm{f}} - \rho_{\mathrm{g}})}{\rho_{\mathrm{f}}}\right]^{0.446}\right\} \tag{4-49}$$

式中 ν_f——液相的运动黏度;

$\quad$ D——管子直径。

式(4-49)示为图 4-19 中的线 B。

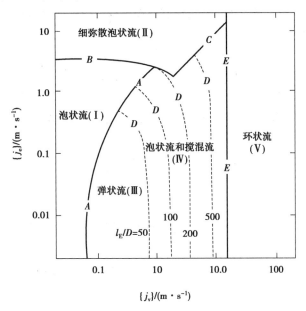

图 4-19 Taitel 等空气-水在 25 ℃、0.1 MPa 的 50 mm 管内的流型图

如果将气泡密排在一起(可能它们之间是相互接触的),最大可能的空泡份额为 0.52。在高液相流速(气泡会发生破裂)下,两相的相对速度为 0,因此从截面含气率和体积含气率的关系中,可以得到:

$$\frac{\{\alpha\}}{\{1-\alpha\}} = \frac{\{\beta\}}{1-\{\beta\}} \frac{V_f}{V_g}$$

当 $V_f \approx V_g$ 时,有

$$\{\alpha\} = \frac{\{j_g\}}{\{j_g\} + \{j_f\}}$$

因此

$$0.52 = \frac{\{j_g\}}{\{j_g\} + \{j_f\}} \tag{4-50}$$

定义为图 4-19 中的线 C,是另外一个泡状流存在的限制线。

③弹状流向搅混流转变。弹状流是当泡状流中气泡足够多,小气泡聚合为大的泰勒气泡时发生。如果两个泰勒气泡之间的液塞很小不能维持泰勒气泡存在时,就发生了搅混流流型。关于该流型的过渡机制目前提出了几个,可以参考 Nicklin 和 Davidson 的文献。

Taitel 等给出了搅混流的另外一个视角,认为搅混流本质上是弹状流的发展长度区域。因此他们推导出了搅混流的最大长度(l_ε):

$$\frac{l_\varepsilon}{D} = 40.6\left(\frac{\{j\}}{\sqrt{gD}} + 0.22\right) \tag{4-51}$$

该方程表明弹状流发展长度与 $\{j\}/\sqrt{gD}$ 有关。

对于不存在泡状流或环状流的情况下,他们的判据可以用来确定从搅混流转变为弹状流之前可存在的长度。如果沿管长的位置比发展长度短,可能观察到搅混流或弹状流。如果发展长度比管长的位置短,则只存在弹状流。在给定的 l_e/D 下该情况在图 4-19 中表达为线 D。

在 Taitel 和 Dukler 早期的文章中,他们建议如果 $\{j_g\}/\{j_f\} \geqslant 0.85$ 时,在 $l_e/D > 50$ 时存在搅混流。也就是说当 $\{j_g\}/\{j_f\} \geqslant 5.5$ 时,只要 $l_e/D > 50$,都存在搅混流。例如,当 $\{j_g\} = 1.0$ m/s,根据图 4-19 中的线 D,当 $l_e/D = 100$ 时,直到 $\{j_f\} = 0.5$ m/s 或 $\{j_g\}/\{j_f\} \approx 2.0$,搅混流都存在。因此存在两种实质上不同的弹状流和搅混流边界的定义。

④弹状流/搅混流向环状流过渡。对于从弹状流/搅混流向环状流的过渡,Taitel 等认为气相速度必须要足够高能够阻止液膜下落而形成液桥。能悬浮液体的最小气相速度根据重力和曳力的平衡来确定:

$$\frac{1}{2} C_d \left(\frac{\pi d^2}{4} \right) \rho_g V_g^2 = \left(\frac{\pi d^3}{6} \right) g (\rho_f - \rho_g)$$

或

$$V_g = \frac{2}{\sqrt{3}} \left[\frac{g(\rho_f - \rho_g)d}{\rho_g C_d} \right]^{\frac{1}{2}} \tag{4-52}$$

根据 Hinze 的判据,液滴的直径按照最大稳定液滴尺寸来确定:

$$d = \frac{K\sigma}{\rho_g V_g^2}$$

式中 K——临界韦伯数,其值为 $20 \sim 30$。综合以上两式,可得

$$V_g = \left(\frac{4K}{3C_d} \right)^{\frac{1}{4}} \frac{[\sigma g(\rho_f - \rho_g)]^{\frac{1}{4}}}{\rho_g^{\frac{1}{2}}} \tag{4-53}$$

如果 K 取 30,C_d 为 0.44(注意因为 V_g 是 1/4 次方,对具体数值不太敏感),假设在环状流中,液膜非常薄,因此 $j_g \approx V_g$,根据式(4-53)得到

$$\frac{\{j_g\} \rho_g^{\frac{1}{2}}}{[\sigma g(\rho_f - \rho_g)]^{\frac{1}{4}}} = 3.1 \tag{4-54}$$

因此环状流的转变与管径和液体流速无关(图 4-19 中表达为线 E。)

式(4-54)的左边是 Kutateladze 数(Ku),它代表气相动水头与作用在尺寸为 $\sqrt{\sigma/[g(\rho_f - \rho_g)]}$ 的液体毛细波上的惯性力之比。

非常有意思的是,如果用流动反转起始的环状流触发机制,可以得到类似的判据。

2)水平流动

Mandhane 等基于气相和液相的表观流速提出了一个水平流动的流型图,如图 4-20 所示。流型图的适用参数范围见表 4-6。Taitel 和 Dukler 等发现用机理模型所得到的流型图与该图边界类似。

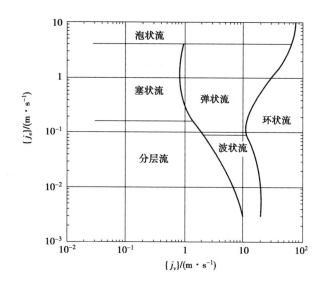

图 4-20　Mandhane 等的水平流动流型图

表 4-6　Mandhane 等流型图的参数范围

项目	参数范围
管子内径	12.7 ~ 165.1 mm
液体密度	705 ~ 1 009 kg/m^3
气相密度	0.80 ~ 50.5 kg/m^3
液相黏度	3×10^{-4} ~ 9×10^{-2} kg/(m·s)
气相黏度	10^{-5} ~ 2.2×10^{-5} kg/(m·s)
表面张力	24 ~ 103 mN/m
液相表观流速	0.9 ~ 7 310 mm/s
气相表观流速	0.04 ~ 171 m/s

3）多维流型图

对于三维流动,在每个点有不止一个方向的流动分量。为了继续使用一维的流型图,需要采用新的方法。在这个过程中需要考虑两个问题:

①使用如空泡份额等静止的含气量信息,该种流型图可以如 RELAP5 程序中所用的那样（图 4-21）。

②在流型图上使用总流速作为特征流速。每种方法都有其受限的地方。例如,流型图没有包含液体和气体区域的壁面热流密度。

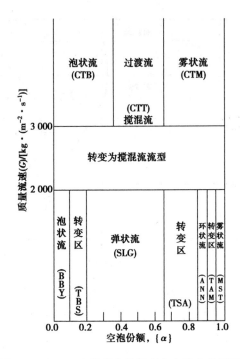

图 4-21　RELAP5 程序中的竖直向上流动的流型图

4.3.4　空泡份额的确定

有必要将轴向位置的面积平均空泡份额与流动干度关联起来。这可以通过定义气相和液相的相对速度或者如 4.1 节所述的滑速比 S 来确定。

1) 通用的一维关系

当截面平均空泡份额 $\{\alpha\}$ 随时间的波动可以忽略时，对于一维流动，式(4-33)可变为

$$S = \frac{V_g}{V_f} = \frac{x}{1-x} \frac{\rho_f}{\rho_g} \frac{\{1-\alpha\}}{\{\alpha\}}$$

因此有

$$\{\alpha\} = \frac{1}{1 + \frac{1-x}{x} \frac{\rho_g}{\rho_f} S} \qquad (4-55)$$

从式(4-55)中可以看出，在高滑速比和高 ρ_g/ρ_f 时，空泡份额是下降的。对于压力为 6.9 MPa 下蒸汽-水的空泡份额和滑速比的关系示于图 4-22 中。可以看到，当 $S=1$ 时，当干度仅为 5% 时，空泡份额已经接近 50%，而在较高滑速比时，该值要小一些。在低压下，因为 ρ_g/ρ_f 降低，在相同干度和滑速比时空泡份额要高些。

滑速比本身受压力(或者密度比)影响，也受断面的空泡份额的分布影响。后面将会谈到，宏观的滑速比可以通过当地相速度比(或者微观滑移)和空泡分布得到。滑速比可以作为一个特定值通过基于与流型相关的方法得到。

对于均相流模型，假设滑速比 S 为 1.0。因此空泡份额与干度的关系与流型无关，其简化的关系为

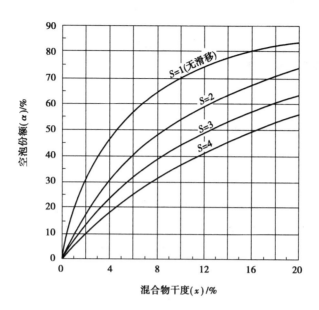

图 4-22　6.9 MPa 下蒸汽-水的空泡份额和滑速比的关系

$$\{\alpha\} = \cfrac{1}{1 + \cfrac{1-x}{x}\cfrac{\rho_{\mathrm{g}}}{\rho_{\mathrm{f}}}}（均相流模型）$$

注意在饱和条件下体积含气率 $\{\beta\}$ 可以根据其与干度的关系式(4-37)得到

$$\beta = \cfrac{\cfrac{x}{\rho_{\mathrm{g}}}}{\cfrac{x}{\rho_{\mathrm{g}}} + \cfrac{(1-x)}{\rho_{\mathrm{f}}}} = \cfrac{1}{1 + \left(\cfrac{1-x}{x}\right)\cfrac{\rho_{\mathrm{g}}}{\rho_{\mathrm{f}}}} \tag{4-56}$$

很显然,当采用均相流模型时, $\{\alpha\} = \{\beta\}$, $S=1$。

2) 漂移流模型

关于滑速比更为通用的关系是 Zuber 和 Findlay 考虑通道内平均速度的漂移流模型。首先,将气相速度表达为混合物的表观速度和气相当地漂移速度的和。因此有

$$V_{\mathrm{g}} = j + V_{\mathrm{gj}} \tag{4-57}$$

因此对于气相的表观速度 j_{g} 有

$$j_{\mathrm{g}} = \alpha V_{\mathrm{g}} = \alpha j + \alpha(V_{\mathrm{g}} - j)$$

将该式在断面上平均,得到

$$\{j_{\mathrm{g}}\} = \{\alpha j\} + \{\alpha(V_{\mathrm{g}} - j)\}$$

注意到右边第二项是用漂移速度来定义的。在物理上它表示气相以速度 j 从单位面积(与通道的轴向正交)上通过的流率。则气相的表观速度可以从式(4-58)得到

$$\{j_{\mathrm{g}}\} = C_0\{\alpha\}\{j\} + \{\alpha\}V_{\mathrm{gj}} \tag{4-58}$$

式中分布参数 C_0 定义为

$$C_0 \equiv \cfrac{\{\alpha j\}}{\{\alpha\}\{j\}} \tag{4-59}$$

有效漂移速度定义为

$$V_{gj} \equiv \frac{\{\alpha(V_g - j)\}}{\{\alpha\}} \tag{4-60}$$

式中的 $\{\alpha\}$ 可以根据式(4-58)得到

$$\{\alpha\} = \frac{\{j_g\}}{C_0\{j\} + V_{gj}} \tag{4-61}$$

可以认为空泡份额受两个因素的影响,则式(4-61)可以写为

$$\frac{\{\alpha\}}{\{\beta\}} = \frac{1}{C_0 + \dfrac{V_{gj}}{\{j\}}} \tag{4-62}$$

式中,C_0 项代表由于径向的空泡和速度分布不均所导致的全局效应。

而 $V_{gj}/\{j\}$ 项代表当地相对速度效应。在较高速度下,当地效应可以忽略,也就是说相对速度可以忽略(即 $V_{gj} \approx 0$)。该条件在蒸汽-水系统中可以使用,这也是 Armand 和 Treschev 以及 Bankoff 等模型所隐含的条件,该条件可以写为:

$$\{\alpha\} = K\{\beta\} \tag{4-63}$$

式中的常数 K 定义为

$$K = \frac{1}{C_0} \tag{4-64}$$

对于均相流,不考虑当地滑移,也不考虑径向的分布效应,因此 $C_0 = 1$,有

$$\{\alpha\} = \{\beta\} \quad (\text{对应均相流模型})$$

当地滑移比较小时,Armand 和 Treschev 建议

$$\frac{1}{C_0} = K = 0.833 + 0.05\ln(10p)$$

式中的 p 的单位为 MPa。Bankoff 建议

$$K = 0.71 + 0.0145p$$

式中的 p 的单位仍为 MPa。

Dix 提出了一个关于适用于各种流型的 C_0 的表达式

$$C_0 = \{\beta\}\left[1 + \left(\frac{1}{\{\beta\}} - 1\right)^b\right] \tag{4-65}$$

式中,$b = (\rho_g/\rho_f)^{0.1}$。

如果采用质量流量和干度来表达式(4-61),则有

$$\{\alpha\} = \frac{\dfrac{x\dot{m}}{\rho_g A}}{C_0\left(\dfrac{x}{\rho_g} + \dfrac{1-x}{\rho_f}\right)\dfrac{\dot{m}}{A} + V_{gj}} \tag{4-66}$$

比较式(4-66)和式(4-35),可以得到

$$S = C_0 + \underset{\substack{\text{因空泡分布}\\\text{不均匀}}}{\frac{(C_0-1)x\rho_f}{(1-x)\rho_g}} + \underset{\substack{\text{因气相和液相间}\\\text{当地速度差}}}{\frac{V_{gj}\rho_f}{(1-x)G}} \tag{4-67}$$

对流通截面上空泡均匀分布的情形,$C_0 = 1$。Zuber 和 Findlay 建议 C_0 和 V_{gj} 为流型的函数。泡状流和弹状流 $C_0 = 1.2$,空泡份额接近于 0 时,$C_0 = 0$,在高空泡份额时 $C_0 = 1$。而泡状流和弹状流的漂移速度 V_{gj} 可表示为

$$V_{gj} = (1 - \{\alpha\})^n V_\infty; \quad 0 < n < 3$$

式中　V_∞——气泡上升的终端速度,终端速度和 n 的取值见表4-7。需要指出的是,在泡状流时因为有其他气泡存在,其漂移速度比终端速度低。而在弹状流和搅混流中与 V_∞ 相同。

表 4-7　各种流型的 n 和 V_∞

流型	n	V_∞
小气泡($d < 0.5$ cm)	3	$\dfrac{g(\rho_f - \rho_g)d^2}{18\mu_f}$
大气泡($d < 2$ cm)	1.5	$1.53\left[\dfrac{\sigma g(\rho_f - \rho_g)}{\rho_f^2}\right]^{\frac{1}{4}}$
搅混流	0	$1.53\left[\dfrac{\sigma g(\rho_f - \rho_g)}{\rho_f^2}\right]^{\frac{1}{4}}$
弹状流(在直径为 D 的管内)	0	$0.35\sqrt{g\left(\dfrac{\rho_f - \rho_g}{\rho_f}\right)D}$

Ishii 将漂移流关系延伸到环状流。然而在环状流中气相的体积流率与总体积流率有一些差异,V_{gj} 并不显著。

4.4　两相流压降

对于两相流,特别是沸腾两相流,其流动结构和参数不仅沿通道的轴向和横截面都有变化,而且还是时间的函数,因而在一般情况下将构成一个非稳态的二维或三维的流动与换热问题。求解这类问题的难度很大,因此希望能将问题进行适当简化,找出一个既能进行分析,又要保持两相流重要特征的处理方法。目前大都采用假设两相流体的基本参数仅沿通道的轴向发生变化,按一维稳态问题处理的方法。显然这是对真实流动情况的概括性简化,这样的假设必然会带来一定的误差,有一定的局限性。尽管这样,如果应用得当,在许多场合简化的一维流动可以使复杂的问题得到简单的处理,而且其结果对实际应用来说仍然具有合理性和准确性。

在两相流动压降的分析计算中,广为应用的模型有"均相流模型"和"分相流模型"(分离流模型)。均相流模型假设两相均匀混合,把两相流动看作某个具有假想物性的单相流动,该假想物性与每相的特性有关。分相流模型则假设两相完全分开流动,把两相流动看作各相分开的单独的流动,并考虑相间的作用。本节将采用这两种模型对所要讨论的问题进行分析。

4.4.1 两相流压降梯度和压降组成

这里我们先基于均相流模型讨论压降,然后再基于非均相流模型来讨论。此外,在这里需要强调的是,在两相流中大量采用经验关联式的现象不足为奇,因为两相流本身就是一个非常复杂混乱的流动。

压降梯度可以通过两相混合物在 z 方向一维通道的动量方程来计算

$$\frac{\partial}{\partial t}(G_{\mathrm{m}}A_{\mathrm{z}}) + \frac{\partial}{\partial z}\left(\frac{G_{\mathrm{m}}^2 A_{\mathrm{z}}}{\rho_{\mathrm{m}}^+}\right) = -\frac{\partial}{\partial z}(pA_{\mathrm{z}}) - \int_{P_{\mathrm{z}}}\tau_{\mathrm{w}}\mathrm{d}P_{\mathrm{z}} - \rho_{\mathrm{m}}g\cos\theta A_{\mathrm{z}}$$

式中 θ——流动方向与竖直向上方向的夹角。

对于在截面不变通道内的稳定流动,上式可以简化为

$$-\frac{\mathrm{d}p}{\mathrm{d}z} = \frac{\mathrm{d}}{\mathrm{d}z}\left(\frac{G_{\mathrm{m}}^2}{\rho_{\mathrm{m}}^+}\right) + \frac{1}{A_{\mathrm{z}}}\int_{P_{\mathrm{z}}}\tau_{\mathrm{w}}\mathrm{d}P_{\mathrm{z}} + \rho_{\mathrm{m}}g\cos\theta$$

该式中,假设通道的径向压差可以忽略。

上式表达了通道中总压降梯度的组成,分别为加速压降梯度、摩擦压降梯度和提升压降梯度等3部分组成,即

$$-\frac{\mathrm{d}p}{\mathrm{d}z} = \left(\frac{\mathrm{d}p}{\mathrm{d}z}\right)_{\mathrm{a}} + \left(\frac{\mathrm{d}p}{\mathrm{d}z}\right)_{\mathrm{f}} + \left(\frac{\mathrm{d}p}{\mathrm{d}z}\right)_{\mathrm{el}} \tag{4-68}$$

式中各项分别为

$$\left(\frac{\mathrm{d}p}{\mathrm{d}z}\right)_{\mathrm{a}} = \frac{\mathrm{d}}{\mathrm{d}z}\left(\frac{G_{\mathrm{m}}^2}{\rho_{\mathrm{m}}^+}\right) \tag{4-69}$$

$$\left(\frac{\mathrm{d}p}{\mathrm{d}z}\right)_{\mathrm{f}} = \frac{1}{A_{\mathrm{z}}}\int_{P_{\mathrm{z}}}\tau_{\mathrm{w}}\mathrm{d}P_{\mathrm{z}} = \frac{\bar{\tau}_{\mathrm{w}}P_{\mathrm{z}}}{A_{\mathrm{z}}}$$

$$\left(\frac{\mathrm{d}p}{\mathrm{d}z}\right)_{\mathrm{el}} = \rho_{\mathrm{m}}g\cos\theta \tag{4-70}$$

式中 $\bar{\tau}_{\mathrm{w}}$——剪切应力的周向平均;

ρ_{m}^+——动力密度。

注意在流动方向 $\mathrm{d}p/\mathrm{d}z$ 为负,$(\mathrm{d}p/\mathrm{d}z)_{\mathrm{f}}$ 始终为负值。另外两项的符号与通道条件有关。对于加热通道,ρ_{m} 在 z 方向降低,则 $(\mathrm{d}p/\mathrm{d}z)_{\mathrm{a}}$ 为正值。如果 $\cos\theta$ 为正,则 $(\mathrm{d}p/\mathrm{d}z)_{\mathrm{el}}$ 为正值。

为了得到具体的压降,需要对压降梯度方程进行积分:

$$\Delta p \equiv p_{\mathrm{in}} - p_{\mathrm{out}} = \int_{z_{\mathrm{in}}}^{z_{\mathrm{out}}}\left(-\frac{\mathrm{d}p}{\mathrm{d}z}\right)\mathrm{d}z$$

或者

$$\Delta p = \Delta p_{\mathrm{a}} + \Delta p_{\mathrm{f}} + \Delta p_{\mathrm{el}} \tag{4-71}$$

式中

$$\Delta p_{\mathrm{a}} = \left(\frac{G_{\mathrm{m}}^2}{\rho_{\mathrm{m}}^+}\right)_{\mathrm{out}} - \left(\frac{G_{\mathrm{m}}^2}{\rho_{\mathrm{m}}^+}\right)_{\mathrm{in}} \tag{4-72}$$

$$\Delta p_{\mathrm{f}} = \int_{z_{\mathrm{in}}}^{z_{\mathrm{out}}}\frac{\bar{\tau}_{\mathrm{w}}P_{\mathrm{z}}}{A_{\mathrm{z}}}\mathrm{d}z$$

$$\Delta p_{\mathrm{el}} = \int_{z_{\mathrm{in}}}^{z_{\mathrm{out}}}\rho_{\mathrm{m}}g\cos\theta\mathrm{d}z \tag{4-73}$$

如果基于每相的质量流速写出动量通量,动力密度 ρ_m^+ 可以写为与流动干度的关系。因为

$$\frac{1}{\rho_m^+} \equiv \frac{1}{G_m^2}\{\rho_g\alpha V_g^2 + \rho_f(1-\alpha)V_f^2\}$$

流动干度可以由下式得出

$$xG_m = \{\rho_g\alpha V_g\},\ (1-x)G_m = \{\rho_f(1-\alpha)V_f\}$$

则有

$$\frac{G_m^2}{\rho_m^+} = \frac{x^2 G_m^2}{c_g\{\rho_g\alpha\}} + \frac{(1-x)^2 G_m^2}{c_f\{\rho_f(1-\alpha)\}} \tag{4-74}$$

式中,$c_g \equiv \dfrac{\{\rho_g\alpha V_g\}^2}{\{\rho_g\alpha V_g^2\}\{\rho_g\alpha\}}$,$c_f \equiv \dfrac{\{\rho_f(1-\alpha)V_f\}^2}{\{\rho_f(1-\alpha)V_f^2\}\{\rho_f(1-\alpha)\}}$。对于各相在流道中径向分布均匀的情况下,$c_g = c_f = 1.0$。这种情形下,式(4-74)变为

$$\frac{1}{\rho_m^+} = \frac{x^2}{\{\rho_g\alpha\}} + \frac{(1-x)^2}{\{\rho_f(1-\alpha)\}} \tag{4-75}$$

对于均匀速度分布,在考虑加速压降时忽略径向分布的不均匀性。

两相流摩擦压降梯度可以表达为与单相相似的如下形式:

$$\left(\frac{dp}{dz}\right)_f = \frac{\overline{\tau_w P_w}}{A_z} \equiv \frac{f_{TP}}{D_e}\left[\frac{G_m^2}{2\rho_m^+}\right] \tag{4-76}$$

式中　$D_e = \dfrac{4A_z}{P_w}$ ——水力当量直径。

两相流摩擦压降梯度 $(dp/dz)_f$ 的表达式一般都定义为同样总质量流速的单相流摩阻系数 f_{lo} 与两相流摩擦压降倍数 ϕ_{lo}^2 的关系,如果是对于蒸汽的参数分别为 f_{go} 和 ϕ_{go}^2。这些参数之间的关系为:

$$\left(\frac{dp}{dz}\right)_f^{TP} = \phi_{lo}^2\left(\frac{dp}{dz}\right)_f^{lo} = \phi_{go}^2\left(\frac{dp}{dz}\right)_f^{go}$$

因此有

$$\phi_{lo}^2 = \frac{\rho_f}{\rho_m^+}\frac{f_{TP}}{f_{lo}} \tag{4-77}$$

$$\phi_{go}^2 = \frac{\rho_g}{\rho_m^+}\frac{f_{TP}}{f_{go}}$$

一般情况下,在沸腾通道中使用"全液相"参数,而在凝结通道中使用"全气相"参数。因此在两相沸腾通道中的摩擦压降梯度表示为:

$$\left(\frac{dp}{dz}\right)_f^{TP} = \phi_{lo}^2\frac{f_{lo}}{D_e}\left[\frac{G_m^2}{2\rho_f}\right] \tag{4-78}$$

4.4.2　均相流压降模型

均相流模型假定液相和蒸汽的速度相等,两相处于热力学平衡状态,它们的速度为

$$V_m \equiv \frac{G_m}{\rho_m} = \frac{\rho_g\alpha V_g + \rho_f(1-\alpha)V_f}{\rho_g\alpha + \rho_f(1-\alpha)}$$

对于均相流模型有(或者任何模型假设两相速度相等的情况下)

$$V_g = V_f = V_m$$

将式(4-73)和式(4-74)代入式(4-75),得到

$$\frac{1}{\rho_{\mathrm{m}}^{+}} = \frac{x \{\rho_{\mathrm{g}} \alpha\} V_{\mathrm{m}}}{\{\rho_{\mathrm{g}} \alpha\} G_{\mathrm{m}}} + \frac{(1-x) \{\rho_{\mathrm{f}}(1-\alpha)\} V_{\mathrm{m}}}{\{\rho_{\mathrm{f}}(1-\alpha)\} G_{\mathrm{m}}}$$

$$= \frac{x V_{\mathrm{m}} + (1-x) V_{\mathrm{m}}}{G_{\mathrm{m}}} = \frac{V_{\mathrm{m}}}{G_{\mathrm{m}}} = \frac{1}{\rho_{\mathrm{m}}} \tag{4-79}$$

式(4-79)表明,在均相流模型中,动力密度等于混合物密度,即 $\rho_{\mathrm{m}}^{+} = \rho_{\mathrm{m}}$。

对于均相流,考虑到动力密度与混合物密度相等,因此有

$$\frac{1}{\rho_{\mathrm{m}}^{+}} = \frac{V_{\mathrm{m}}}{G_{\mathrm{m}}} = \frac{\alpha V_{\mathrm{m}} + (1-\alpha) V_{\mathrm{m}}}{G_{\mathrm{m}}}$$

因此根据干度 x 的定义,得到

$$\frac{1}{\rho_{\mathrm{m}}^{+}} = \frac{V_{\mathrm{m}}}{G_{\mathrm{m}}} = \frac{x G_{\mathrm{m}}/\rho_{\mathrm{g}} + (1-x) G_{\mathrm{m}}/\rho_{\mathrm{f}}}{G_{\mathrm{m}}}$$

对于均相流有

$$\frac{1}{\rho_{\mathrm{m}}^{+}} = \frac{x}{\rho_{\mathrm{g}}} + \frac{1-x}{\rho_{\mathrm{f}}} \quad (\text{均相流}) \tag{4-80}$$

因为 G_{m} 在等截面管中不变,则均相流模型加速压降写为

$$\left(\frac{\mathrm{d}p}{\mathrm{d}z}\right)_{\mathrm{a}} = G_{\mathrm{m}}^{2} \frac{\mathrm{d}}{\mathrm{d}z} \left[\frac{1}{\rho_{\mathrm{f}}} + \left(\frac{1}{\rho_{\mathrm{g}}} - \frac{1}{\rho_{\mathrm{f}}} \right) x \right]$$

或者

$$\left(\frac{\mathrm{d}p}{\mathrm{d}z}\right)_{\mathrm{a}} = G_{\mathrm{m}}^{2} \left[\frac{\mathrm{d}v_{\mathrm{f}}}{\mathrm{d}z} + \left(\frac{\mathrm{d}v_{\mathrm{g}}}{\mathrm{d}z} - \frac{\mathrm{d}v_{\mathrm{f}}}{\mathrm{d}z} \right) x + (v_{\mathrm{g}} - v_{\mathrm{f}}) \frac{\mathrm{d}x}{\mathrm{d}z} \right] \tag{4-81}$$

如果 v_{g} 和 v_{f} 与 z 无关,也就是说液体和气体都假设为不可压缩,则有

$$\left(\frac{\mathrm{d}p}{\mathrm{d}z}\right)_{\mathrm{a}} = G_{\mathrm{m}}^{2} (v_{\mathrm{g}} - v_{\mathrm{f}}) \frac{\mathrm{d}x}{\mathrm{d}z} = G_{\mathrm{m}}^{2} v_{\mathrm{fg}} \frac{\mathrm{d}x}{\mathrm{d}z}$$

当只忽略液体的压缩性时,则为

$$\left(\frac{\mathrm{d}p}{\mathrm{d}z}\right)_{\mathrm{a}} = G_{\mathrm{m}}^{2} \left(x \frac{\partial v_{\mathrm{g}}}{\partial p} \frac{\mathrm{d}p}{\mathrm{d}z} + v_{\mathrm{fg}} \frac{\mathrm{d}x}{\mathrm{d}z} \right) \tag{4-82}$$

对于均相流,摩擦压降梯度的式(4-76)变为

$$\left(\frac{\mathrm{d}p}{\mathrm{d}z}\right)_{\mathrm{f}} = \frac{f_{\mathrm{TP}}}{D_{\mathrm{e}}} \left[\frac{G_{\mathrm{m}}^{2}}{2\rho_{\mathrm{m}}} \right] \tag{4-83}$$

因此,综合上述的式(4-68)、式(4-70)、式(4-82)和式(4-83),并重新整理得到

$$-\left(\frac{\mathrm{d}p}{\mathrm{d}z}\right)_{\mathrm{HEM}} = \frac{\dfrac{f_{\mathrm{TP}}}{D_{\mathrm{e}}} \left(\dfrac{G_{\mathrm{m}}^{2}}{2\rho_{\mathrm{m}}} \right) + G_{\mathrm{m}}^{2} v_{\mathrm{fg}} \dfrac{\mathrm{d}x}{\mathrm{d}z} + \rho_{\mathrm{m}} g \cos\theta}{1 + G_{\mathrm{m}}^{2} x \dfrac{\partial v_{\mathrm{g}}}{\partial p}} \tag{4-84}$$

式(4-84)中,除了两相摩擦阻力系数 f_{TP} 外,其余均为已知量。因此,寻求 f_{TP} 便成为采用式(4-84)求解均相流两相压降的关键。目前已经发展了一些用来确定两相摩擦阻力系数的方法,其中最为简单和最常见的方法是先定义一个合适的混合物的"平均黏性系数" $\bar{\mu}$,然后再用标准的摩擦阻力系数关系式进行求解。通常 $\bar{\mu}$ 和 x 之间在满足极限条件 $x = 0, \bar{\mu} = \mu_{\mathrm{f}}; x = 1,$ $\bar{\mu} = \mu_{\mathrm{g}}$ 的前提下建立 $\bar{\mu}$ 的关系式。这些关系式可能的形式有:

（1）McAdams 平均黏度

$$\frac{1}{\bar{\mu}}=\frac{x}{\mu_g}+\frac{1-x}{\mu_f}\tag{4-85}$$

（2）Cicchitti 平均黏度

$$\bar{\mu}=x\mu_g+(1-x)\mu_f\tag{4-86}$$

（3）Dukler 平均黏度

$$\bar{\mu}=\bar{\rho}[xv_g\mu_g+(1-x)v_f\mu_f]\tag{4-87}$$

为了计算由式（4-77）定义的两相摩擦压降倍数 ϕ_{lo}^2，可以采用下面两种近似方法：

①假设 f_{TP} 等于与两相总质量流量 G_m 相同的液相单相流的摩擦系数：

$$f_{TP}=f_{lo}\tag{4-88}$$

②假设两相流的 f_{TP} 与雷诺数的关系与单相的 f_{lo} 关系相同，因此有：

$$\frac{f_{TP}}{f_{lo}}=\frac{\dfrac{C_1}{Re_{TP}^{-n}}}{\dfrac{C_1}{Re_{lo}^{-n}}}=\left(\frac{Re_{TP}}{Re_f}\right)^n\tag{4-89}$$

$-(dp/dz)_{lo}$ 表示把整个流体都当作液体时由达西公式计算得到的全液相压降梯度，即 $-(dp/dz)_{lo}=f_0G_m^2v_f/2D$。其中 f_0 为全液相摩擦阻力系数。写成一般的形式则为

$$-\left(\frac{dp}{dz}\right)_f=-\left(\frac{dp}{dz}\right)_{f_0}\phi_{lo}^2\tag{4-90}$$

式中　ϕ_{lo}^2——全液相两相摩擦压降倍数。

由式（4-77）定义，均相流模型下，根据式（4-88）的条件可以写出

$$\phi_{lo}^2=\frac{\rho_f}{\rho_m}\frac{f_{TP}}{f_{lo}}=\frac{\rho_f}{\rho_m}\tag{4-91}$$

在热力学平衡条件下，式（4-91）变为

$$\phi_{lo}^2=\left[1+x\left(\frac{\rho_f}{\rho_g}-1\right)\right]\tag{4-92}$$

如果采用式（4-89）的假设，并基于式（4-85），得到

$$\phi_{lo}^2=\frac{\rho_f}{\rho_m}\frac{f_{TP}}{f_{lo}}=\left(1+x\frac{v_{fg}}{v_{fs}}\right)\left(1+x\frac{\mu_{fg}}{\mu_{gs}}\right)^{-n}\tag{4-93}$$

假设两相摩擦阻力系数按 Blasius 关系式用黏性系数表示为

$$f_{TP}=0.3164\left(\frac{G_mD_e}{\bar{\mu}}\right)^{-0.25}$$

如 $\bar{\mu}$ 用式（4-85）求值，则可得到下面的两相流摩擦压降梯度的表达式：

$$-\left(\frac{dp}{dz}\right)_f=-\left(\frac{dp}{dz}\right)_{lo}\left(1+x\frac{v_{fg}}{v_{fs}}\right)\left(1+x\frac{\mu_{fg}}{\mu_{gs}}\right)^{-0.25}\tag{4-94}$$

式中，μ_{fg} 为气液两相的黏性系数的差值，即 $\mu_{fg}=\mu_f-\mu_g$。因此有

$$\phi_{lo}^2=\left(1+x\frac{v_{fg}}{v_{fs}}\right)\left(1+x\frac{\mu_{fg}}{\mu_{gs}}\right)^{-0.25}\tag{4-95}$$

表 4-8 列出了用各种模型计算得到的两相摩擦压降倍数 ϕ_{lo}^2 的值。可以看到模型之间差

异比较大,在选用模型时需要根据工况及物性参数条件选择适当的模型计算。

表 4-8　用各种模型计算的汽水混合物的 ϕ_{lo}^2 值

p/MPa	各个干度下的 ϕ_{lo}^2 值						数据来源
	$x=0.0$	$x=0.1$	$x=0.2$	$x=0.5$	$x=0.8$	$x=1.0$	
7.03	1	2.73	4.27	8.3	11.81	13.98	式(4-95)
7.03	1	2.07	4.14	10.35	16.6	20.7	式(4-92)
7.03	1	5.4	8.6	17	22.9	15	Martinelli-Nelson(图 4-24)
5.09	1	3.9	6.4	12.9	18.5	21.9	式(4-95)
5.09	1	2.98	5.96	14.9	23.8	29.8	式(4-92)
5.09	1	7.1	12.4	25.5	35	22.5	Martinelli-Nelson(图 4-24)
2.01	1	8.25	14.4	29.7	42.9	51	式(4-95)
2.01	1	8.5	17	42.5	67	85	式(4-92)
2.01	1	18.4	36.2	90	132	80	Martinelli-Nelson(图 4-24)

4.4.3　分相流压降

在一般情况下,两相混合物中两相的速度和温度可能是不一样的。在分相流模型中,假设系统满足热力学平衡条件(具有相同温度),与均相流模型不同,认为两相的速度是不一样的。根据以上假设来推导摩擦压降梯度的关系。

忽略液体的压缩性,假设断面具有相同的相密度和速度,在定质量流速条件下,加速压降的定义为将式(4-75)代入式(4-69)得到

$$\left(\frac{\mathrm{d}p}{\mathrm{d}z}\right)_a = G_{\mathrm{m}}^2 \frac{\mathrm{d}}{\mathrm{d}z}\left(\frac{(1-x)^2 v_{\mathrm{f}}}{\{1-\alpha\}} + \frac{x^2 v_{\mathrm{g}}}{\{\alpha\}}\right) = G_{\mathrm{m}}^2\left[-\frac{2(1-x)v_{\mathrm{f}}}{\{1-\alpha\}} + \frac{2xv_{\mathrm{g}}}{\{\alpha\}}\right]\left(\frac{\mathrm{d}x}{\mathrm{d}z}\right) +$$

$$G_{\mathrm{m}}^2\left[\frac{(1-x)^2 v_{\mathrm{f}}}{\{1-\alpha\}^2} - \frac{x^2 v_{\mathrm{g}}}{\{\alpha\}^2}\right]\left(\frac{\mathrm{d}\alpha}{\mathrm{d}z}\right) + G_{\mathrm{m}}^2 \frac{x^2}{\{\alpha\}}\frac{\partial v_{\mathrm{g}}}{\partial p}\left(\frac{\mathrm{d}p}{\mathrm{d}z}\right) \tag{4-96}$$

将式(4-73)、式(4-78)和式(4-96)代入式(4-68)则得总的静态压降,重新整理得

$$-\left(\frac{\mathrm{d}p}{\mathrm{d}z}\right)_{\text{SEP}} = \left[1 + G_{\mathrm{m}}^2 \frac{x^2}{\{\alpha\}}\frac{\partial v_{\mathrm{g}}}{\partial p}\right]^{-1}\left\{\phi_{lo}^2 \frac{f_{lo}}{D_{\mathrm{e}}}\left[\frac{G_{\mathrm{m}}^2}{2\rho_{\mathrm{f}}}\right] + G_{\mathrm{m}}^2\left[\frac{2xv_{\mathrm{g}}}{\{\alpha\}} - \frac{2(1-x)v_{\mathrm{f}}}{\{1-\alpha\}}\right]\frac{\mathrm{d}x}{\mathrm{d}z} + \right.$$

$$\left. G_{\mathrm{m}}^2\left[\frac{(1-x)^2 v_{\mathrm{f}}}{\{1-\alpha\}^2} - \frac{x^2 v_{\mathrm{g}}}{\{\alpha\}^2}\right]\frac{\mathrm{d}\alpha}{\mathrm{d}z} + \rho_{\mathrm{m}}g\cos\theta\right\} \tag{4-97}$$

比较式(4-84)和式(4-97)可以看到,因为在分相流模型中 α 的变化并不仅与 x 相关,在其加速压降中还增加了依赖于 $\mathrm{d}\alpha/\mathrm{d}z$ 的一项。

为了计算压降,必须将式(4-84)或式(4-97)沿轴向长度积分。但对此式直接积分求解很困难,其处理方法一般是采用数值积分,按照计算要求分段逐步进行。倘若作一些简化,在某些情况下,式(4-84)也可用解析法求解。例如,在高压下气相的压缩性也可以忽略,即

$$\left| G_{\mathrm{m}}^2 \frac{x^2}{\{\alpha\}}\frac{\partial v_{\mathrm{g}}}{\partial p}\right| \ll 1$$

这样将大大简化式(4-84)和式(4-97)的计算难度。

4.4.4　两相摩擦压降倍数的确定

1) Lockhart-Martinelli **方法**

该方法有两个基本假设:

①在两相流流场中,常用的单相压降关系可以分别用于两相压降的计算。

②在轴向位置两相压力梯度相同。

在前面的讨论中,我们将摩擦压降与具有相同质量流速的单相压降联系起来。另外还有一个方法是沿通道的摩擦压降可以通过在通道内分别流动的两相的流流来预测。因此

$$\left(\frac{\mathrm{d}p}{\mathrm{d}z}\right)_f^{\mathrm{TP}} \equiv \phi_l^2 \left(\frac{\mathrm{d}p}{\mathrm{d}z}\right)_f^l \equiv \phi_g^2 \left(\frac{\mathrm{d}p}{\mathrm{d}z}\right)_f^g \tag{4-98}$$

式中,$\left(\frac{\mathrm{d}p}{\mathrm{d}z}\right)_f^l$ 和 $\left(\frac{\mathrm{d}p}{\mathrm{d}z}\right)_f^g$ 分别为液相和气相以它们的实际流率单独通过通道的压降。则根据定义有

$$\left(\frac{\mathrm{d}p}{\mathrm{d}z}\right)_f^l = \frac{f_l}{D_e}\left[\frac{G_m^2(1-x)^2}{2\rho_f}\right]; \left(\frac{\mathrm{d}p}{\mathrm{d}z}\right)_f^g = \frac{f_g}{D_e}\left[\frac{G_m^2 x^2}{2\rho_g}\right] \tag{4-99}$$

因此有

$$\phi_l^2 = \frac{f_{\mathrm{TP}}}{f_l}\frac{\rho_f}{\rho_m^+}\frac{1}{(1-x)^2} \tag{4-100}$$

$$\phi_g^2 = \frac{f_{\mathrm{TP}}}{f_g}\frac{\rho_g}{\rho_m^+}\frac{1}{x^2} \tag{4-101}$$

从式(4-77)和式(4-100),有

$$\phi_{lo}^2 = \frac{\rho_f}{\rho_m^+}\frac{f_{\mathrm{TP}}}{f_0} = \phi_l^2 \frac{f_l}{f_f}\frac{\rho_f}{f_{lo}}(1-x)^2 \tag{4-102}$$

因为 $Re_{lo} = G_m D_e/\mu_f$, $Re_f = G_m(1-x)D_e/\mu_f$

摩擦阻力系数与相应的雷诺数的关系可以写为

$$f_l \sim \left(\frac{\mu_f}{D_e G_f}\right)^n, f_g \sim \left(\frac{\mu_g}{D_e G_g}\right)^n, f_{lo} \sim \left(\frac{\mu_f}{D_e G_m}\right)^n \tag{4-103}$$

式中,$n=0.25$ 或 0.2,依据选取的模型不同而不同。将式(4-103)代入式(4-102),得到

$$\phi_{lo}^2 = \phi_l^2 \frac{[G_m(1-x)D_e/\mu_f]^{-n}}{(G_m D_e/\mu_f)^{-n}}(1-x)^2 = \phi_l^2(1-x)^{2-n} \tag{4-104}$$

Lockhart 和 Martinelli 定义了一个参数 X(目前称为 Martinelli 参数)为:

$$X^2 \equiv \frac{(\mathrm{d}p/\mathrm{d}z)_f^l}{(\mathrm{d}p/\mathrm{d}z)_f^g} \tag{4-105}$$

注意从式(4-98)中可知,$X^2 = \phi_g^2/\phi_l^2$。将式(4-99)和式(4-103)代入式(4-105),当取 f 与 $Re^{-0.25}$ 成正比时($n=0.25$),得到热平衡条件下的 X^2

$$X^2 = \left(\frac{\mu_f}{\mu_g}\right)^{0.25}\left(\frac{1-x}{x}\right)^{1.75}\left(\frac{\rho_g}{\rho_f}\right) \tag{4-106}$$

如果取 f 与 $Re^{-0.2}$ 成正比时 $(n=0.2)$，得到

$$X^2 = \left(\frac{\mu_f}{\mu_g}\right)^{0.2}\left(\frac{1-x}{x}\right)^{1.8}\left(\frac{\rho_g}{\rho_f}\right) \tag{4-107}$$

Lockhart 和 Martinelli 建议 ϕ_l 和 ϕ_g 可以关联为关于 X 的单值函数。图形关系示于图4-23中。他们的结果是根据低压下水平绝热两组分系统流动的数据得到的。他们的曲线可以用下面的关系式来拟合：

$$\phi_l^2 = 1 + \frac{C}{X} + \frac{1}{X^2} \tag{4-108}$$

$$\phi_g^2 = 1 + CX + X^2 \tag{4-109}$$

$$1 - \alpha = \frac{X}{\sqrt{X^2 + CX + 1}} \tag{4-110}$$

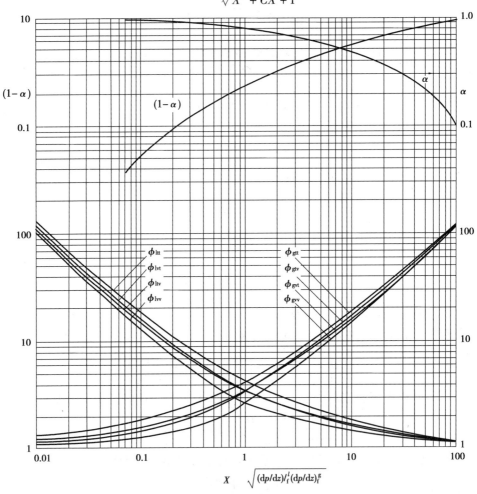

图4-23　压强梯度比率和空泡份额的 Martinelli 模型

C 的取值见表4-9所列，与某相的流动是处于层流或湍流的流态有关。在实际使用中，如果考虑流态的变化所导致的 ϕ_g^2 和 ϕ_l^2 的数据分散比实验值大，因此一般对所有流态都用 $C=20$ 的值（即只考虑湍流-湍流工况）。

根据式(4-108)和式(4-110)也隐含了下述条件

$$\phi_l^2 = (1 - \alpha)^{-2} \qquad (4\text{-}111)$$

该式也被 Chisholm 理论推导得出。

表 4-9　各流态组合下常数 C 的取值

液相-气相	C
湍流-湍流(tt)	20
层流-湍流(vt)	12
湍流-层流(tv)	10
层流-层流(vv)	5

2) Martinelli-Nelson 方法

Martinelli 和 Nelson 处理了蒸汽-水的数据。他们的基本假设是 ϕ_{lo}^2 可以在任何压力条件下都与流动干度关联起来。热力学平衡及流动处于湍流-湍流状态。使用 Lockhart-Martinelli 的 X_{tt}(湍流-湍流)的结果,建立了 ϕ_{lo}^2 的关联(图 4-24)。

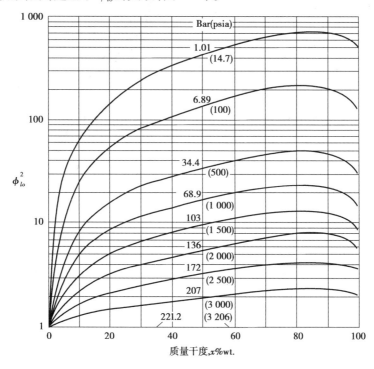

图 4-24　Martinelli-Nelson 的将 ϕ_{lo}^2 作为干度和压力的函数

Jones 给出了蒸汽-水的 ϕ_{lo}^2 分析值:

$$\phi_{lo}^2 = 1.2 \left[\frac{\rho_f}{\rho_g} - 1 \right] x^{0.824} + 1.0$$

注意该方法假设在采用均相流模型时,质量流速不影响 ϕ_{lo}^2。

在计算加热通道的总压降时,摩擦压降需要根据平均 ϕ_{lo}^2 来计算:

$$\overline{\phi_{lo}^2} = \frac{1}{x}\int_0^x \phi_{lo}^2 \mathrm{d}x = \frac{1}{x}\int_0^x \phi_l^2(1-x)^{1.75}\mathrm{d}x$$

或者

$$\overline{\phi_{lo}^2} = \frac{1}{x}\int_0^x \left(1 + \frac{C}{X} + \frac{1}{X^2}\right)(1-x)^{1.75}\mathrm{d}x \tag{4-112}$$

在 $X_{tt}(C=20)$ 下采用 Martinelli-Nelson 方法所得到的结果如图 4-25 所示。

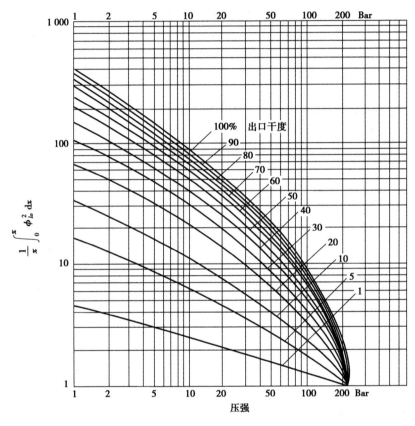

图 4-25　在入口干度为 0 下采用 Martinelli-Nelson 方法所得到平均 ϕ_{lo}^2

积分式(4-97),并忽略蒸汽的压缩性得到

$$\Delta p = \frac{f_{f_0}}{D_e}\frac{G_m^2}{2\rho_f}\int_0^L \phi_{lo}^2 \mathrm{d}z + G_m^2\left[\frac{(1-x)^2}{(1-\alpha)\rho_f} + \frac{x^2}{\alpha\rho_g}\right]_{\alpha,x_{z=0}}^{\alpha,x_{z=L}} + \tag{4-113}$$

$$\int_0^L g\cos\theta[\rho_g\alpha + \rho_f(1-\alpha)]\mathrm{d}z$$

在 $z=0$ 时, $\alpha=x=0$,在整个加热长度 L 热流密度不变,则在全长方向蒸汽干度线性增加:

$$\frac{\mathrm{d}x}{\mathrm{d}z} = 常数 = \frac{x_{ex}}{L}$$

因此式(4-113)可以写为

$$\Delta p = \frac{f_{lo}}{D_e}\frac{G_m^2}{2\rho_f}L\left[\frac{1}{x_{ex}}\int_0^{x_{ex}}\phi_{lo}^2\mathrm{d}x\right] + \frac{G_m^2}{\rho_f}\left[\frac{(1-x_{ex})^2}{(1-\alpha_{ex})} + \frac{x_{ex}^2\,\rho_f}{\alpha_{ex}\,\rho_g} - 1\right] +$$

$$\frac{L\rho_f g \cos\theta}{x_{ex}}\int_0^{x_{ex}}\Big[1-\Big(1-\frac{\rho_g}{\rho_f}\Big)\alpha\Big]\mathrm{d}x$$

或

$$\Delta p = \frac{f_{lo}}{D_e}\frac{G_m^2}{2\rho_f}L(r_3)+\frac{G_m^2}{\rho_f}(r_2)+L\rho_f g\cos\theta(r_4) \tag{4-114}$$

式中,参数 r_3 为基于全液相流动的长度平均两相流摩擦压降倍数。在轴向均匀加热条件下,r_3 等于 $\overline{\phi_{lo}^2}$,可以用式(4-112)来计算。α 值与干度的关系示于图 4-26 中。r_2 取值在大气压和出口干度在 $1\%\sim100\%$ 的条件下从 2.3 到 1 500,在 7.0 MPa 下从 0.2 到 20。

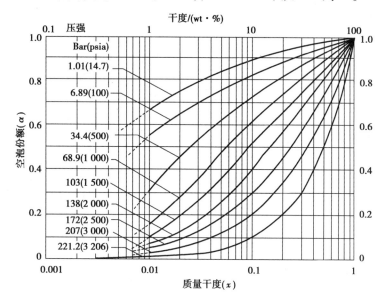

图 4-26　Martinelli-Nelson 方法的空泡份额

式(4-114)的形式对于预测更为普遍加热方式下的压降情形很有用处,也可以使用其他的模型。然而,r_2,r_3 和 r_4 的值对于非均匀加热的情况和采用不同的 ϕ_{lo}^2 及 α 的模型时是不同的。

需要认识到 Martinelli-Nelson 方法和均相流模型的一些不足之处:

①它们都忽略了在给定干度条件下质量流速(G_m)对压降梯度的影响,然而实验发现 ϕ_{lo}^2,ϕ_l^2 和 ϕ_g^2 与质量流速 G_m 有关。

②它们都没有考虑表面张力效应,在高压下还非常重要(特别是接近临界点时)。

各研究者发现在 $500 < G_m < 1\,000$ kg/($m^2\cdot s$)下,Martinelli-Nelson 结果比均相流模型好;但在 $G_m = 2\,000$ kg/($m^2\cdot s$)时,均相流模型要好一些。该结果的原因可能是在给定干度下高流速两相流混合更为均匀所致。

3)Baroczy 质量流速修正

Baroczy 尝试除了蒸汽-水以外流体的 G_m 对 ϕ_{lo}^2 影响的修正。他的关系用两组曲线表示。第一组把两相摩擦压降倍数 ϕ_{lo}^2 作为物性指数 $(\mu_{fs}/\mu_{gs})^{0.2}/(\rho_f/\rho_g)$ 的函数,以干度 x 为参量,并以质量流速 $G_m = 1\,356$ kg/($m^2\cdot s$)作为基准流速而绘成的曲线,如图 4-27 所示。另一组是两相摩擦压降倍数与含气率、物性指数和质量流速的函数关系曲线,如图 4-28 所示。在 G_m 的数值不是 1 356 kg/(m² · s)时,就要用这个比值乘以从图 4-27 所查得的 ϕ_{lo}^2。如果质量流速的数值不等于图中所注明的 5 种质量流速,则可用线性内插得到。

$$\phi_{lo}^2(G_m) = \Omega \phi_{lo}^2(G_{ref}) \tag{4-115}$$

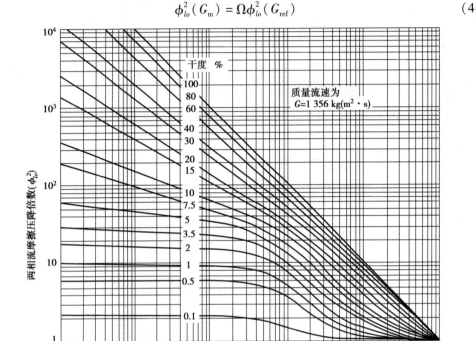

图 4-27　Baroczy 两相流摩擦压降倍数 ϕ_{lo}^2

由于在过冷沸腾流动和饱和沸腾流动之间并没有本质的物理区别,并且在过冷沸腾区与沸腾区边界处的任一特性参数都是连续的,因此在已知过冷沸腾真实含气率 x、空泡份额 α 和两相摩擦压降倍数 ϕ_{lo}^2 时,同样可以用式(4-84)和式(4-97)来计算过冷沸腾压降梯度。

4) 各种模型的比较

Idsinga 等对 18 种两相摩擦压降的关联式用 2 220 组绝热条件下蒸汽-水的实验数据及 1 230 组非绝热的数据进行了比较。这些数据涉及几种几何结构和流型,参数范围为:

压力:1.7 ~ 10.3 MPa;质量流速:270 ~ 4 340 kg/(m² · s);干度:过冷 ~ 1.0;当量直径:2.3 ~ 33.0 mm;几何结构:圆管、环管、矩形通道和棒束。

比较发现,4 种模型和关系式结果比较好,包括 Baroczy 关系式、Thom 关系式和两种均相流摩擦压降倍数:

均相流模型 1:
$$\phi_{lo}^2 = 1 + x\left(\frac{v_{fg}}{v_f}\right)$$

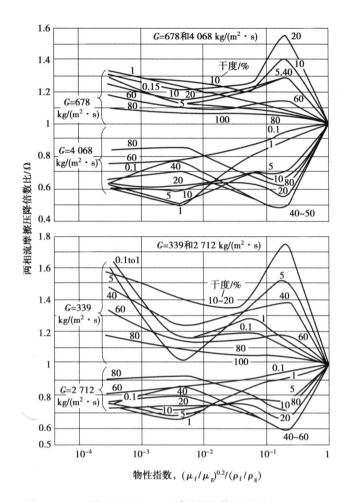

图 4-28　Baroczy 质量流速修正因子

均相流模型 2：
$$\phi_{lo}^2 = \left[1 + x\left(\frac{v_{fg}}{v_f}\right)\right]\left[1 + x\left(\frac{\mu_g}{\mu_f} - 1\right)\right]^{0.25}$$

对于当量直径大约为 12 mm 的通道（例如压水堆情况），Baroczy 关系式在 $x > 0.6$ 下预测最好，在 $x < 0.3$ 下，则 Armand-Treschev 关系式结果最好。

4.4.5　回路内的流动压降

前面我们讨论了流体在系统中任意给定的两个流通截面之间压降的计算方法。在反应堆的热工水力分析中，除了需要计算系统中各点的冷却剂的压力数值之外，往往还需要知道冷却剂在反应堆回路系统内循环流动时的总压降。例如在计算冷却剂循环泵所消耗的功率，以及确定堆的自然循环能力时都需要总压降的数值。

计算反应堆回路的总压降通常采取的步骤是：首先根据流体在回路中的受热情况（加热、冷却、等温）把回路划分为若干段，算出每一段内的各压降之和，然后再把各段的压降相加，即得到整个回路的总压降。假设把回路划分成 i 段，则总压降的数学表达式可以写成：

$$\Delta p_t = \sum_i \left(\Delta p_{el} + \Delta p_a + \Delta p_{f,l} + \Delta p_{f,c}\right)_i$$

或者

$$\Delta p_t = \sum_i \Delta p_{el,i} + \sum_i \Delta p_{a,i} + \sum_i \Delta p_{f,l,i} + \sum_i \Delta p_{f,c,i}$$

上式左边 Δp_t 表示回路中的总压降,右边的各项依次表示回路中的提升压降、加速压降、摩擦压降、形阻压降的总和。对于闭合回路来说,系统中所产生的加速压降之和为零。即 $\sum_i \Delta p_{a,i} = 0$。这样上式就变为

$$\Delta p_t = \sum_i \Delta p_{el,i} + \sum_i \Delta p_{f,l,i} + \sum_i \Delta p_{f,c,i} \tag{4-116}$$

4.5 流动回路和自然循环

为了保证反应堆安全,运行一个核电厂也需要了解系统不太可能发生的预期瞬态问题。为了保证系统不超过热工和压力设计限值,在流动达到某个预设点参数时,尽管还在限值内,系统仍将启动保护系统。因此有必要分析整个冷却剂系统和二回路系统的稳态和瞬态特性来预测可能发生的事故序列,提供足够的时间干预而保障系统在所设计的限值之内。

对冷却剂回路的分析可以有多种层次的复杂度。为了用于反应堆运行和控制的分析,需要快速的计算,因此一般采用简单的模型;而对于安全分析,特别是堆芯,需要采用较为复杂的模型。很多情况下,可以依靠简单的回路或者系统分析获得堆芯或者蒸汽发生器的压力和流动的边界条件,然后采用这些边界条件针对这些部件进行详细的分析。因此系统分析方法可以描述诸如在失流事故、蒸汽管线破裂、汽轮机跳机等事故下的电厂宏观行为。然后可以用部件程序分析堆芯最热燃料组件的局部行为等问题。

回路分析的另外一个重要应用是优化电厂的几何结构,最大提升其自然循环能力排出停堆余热。对现代电厂设计有一个很有意义的目标,就是尽量采用非能动余热排出方法,而不需要外加泵驱动。然而,一般在停堆后一段时间(几天)都是采用主动余热排出的方法。而在沸水堆中,因为相变导致的密度差较大,冷却剂通过自然循环可以排出很高的功率,甚至可达到几百兆瓦。

目前,国际核工界已经开发了几个用于反应堆回路分析的高级热工水力分析程序(包括如针对轻水堆的系统分析程序 RETREN、RELAP5 和 TRACE 等,针对金属堆的如 SSC 程序等)。然而,瞬态过程中的冷却剂和燃料温度可以通过简单的回路分析得到,这一般基于一维模型来进行分析。

自然循环是指在闭合回路内依靠热段(上行段)和冷段(下行段)中的流体密度差所产生的驱动压头来实现的流动循环。对于反应堆系统来说,如果堆芯结构和管道系统设计得合理,就能够利用这种驱动压头驱动冷却剂在一回路中循环,并带出堆内产生的热量(裂变热或衰变热)。无论是单相流动系统,还是两相流动系统,产生自然循环的原理都是相同的。

在本节我们将针对如图 4-29 所示简化的压水堆一回路进行分析。尽管该图仅为压水堆的回路,但其处理方法可以扩展到除汽轮机以外的所有反应堆的回路情况。

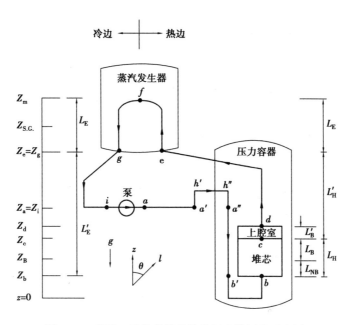

图 4-29　采用 U 形传热管的简化压水堆回路示意图

4.5.1　回路流动方程

首先基于图 4-29 导出一维回路流动方程。该回路具有单相和两相堆芯条件的所有必要的特征,包括:

①在代表堆芯的 L_H 长度内热量加入热段中。

②对于有沸腾的情形下,沸腾在 Z_B 处开始发生,沸腾长度为 L_B。

③堆芯上部的 L'_B 不提供热量输入,代表燃料棒上部的堆腔或者反射层位置。

④冷却发生在热交换器的 $2L_E$ 长度内,代表回路中简化的 U 形管蒸汽发生器。

对于与 z 轴夹角为 θ 的轴向不变流通面积的一维流动的守恒方程包括:

动量方程:

$$\frac{\partial G_m}{\partial t} + \frac{\partial}{\partial l}\left(\frac{G_m^2}{\rho_m}\right) = -\frac{\partial p}{\partial l} - \frac{fG_m|G_m|}{2D_e\rho_m} - \rho_m g\cos\theta \tag{4-117}$$

能量方程:

$$\rho_m\frac{\partial h_m}{\partial t} + G_m\frac{\partial h_m}{\partial l} - \frac{\partial p}{\partial t} = \frac{q''P_h}{A} + \frac{G_m}{\rho_m}\left[\frac{\partial p}{\partial l} + \frac{fG_m|G_m|}{2D_e\rho_m}\right] \tag{4-118}$$

上述方程中,l 表示沿通道轴向的流动方向,可能不是一直是竖直方向,f 为对应于当前的单相或两相流型的摩擦阻力系数。

将式(4-117)的各项按照图 4-29 的回路从泵的 a 点开始积分,到泵的入口点 i 点结束。先从右边第一项开始。

静压的积分为

$$\int_a^i -\frac{\partial p}{\partial l}\mathrm{d}l = p_a - p_i = \Delta p_泵$$

式中　$\Delta p_泵$——运行条件下为正;而因阻力损失,泵在静止条件下为负。

159

令 $-\dfrac{fG_{\mathrm{m}}\mid G_{\mathrm{m}}\mid}{2D_{\mathrm{e}}\rho_{\mathrm{m}}}=\Psi$，则对阻力项在堆芯和堆腔内、蒸汽发生器以及回路的其余部分进行分段积分得到：

$$\int_a^i -\frac{fG_{\mathrm{m}}\mid G_{\mathrm{m}}\mid}{2D_{\mathrm{e}}\rho_{\mathrm{m}}}\mathrm{d}l = \int_b^d \Psi\mathrm{d}l + \int_e^g \Psi\mathrm{d}l + \int_a^b \Psi\mathrm{d}l + \int_d^e \Psi\mathrm{d}l +$$

$$\int_g^i \Psi\mathrm{d}l = -\Delta p_{\text{堆芯}} - \Delta p_{\mathrm{S.G.}} - \Delta p_{\mathrm{ex}}$$

式中，Δp_{ex} 为除了堆芯和蒸汽发生器之外回路的损失。注意 $\Delta p_{\text{堆芯}}$、Δp_{ex} 和 $\Delta p_{\mathrm{S.G.}}$ 为正值，代表了沿回路流动方向压强阻力损失的大小。当只在重力项考虑相密度的变化时，f 和 G_{m} 在定面积加热通道中就成为与位置无关的量，则

$$\int_b^d -\frac{fG_{\mathrm{m}}\mid G_{\mathrm{m}}\mid}{2D_{\mathrm{e}}\rho_{\mathrm{m}}}\mathrm{d}l = -\left(\frac{f_{lo}G_{\mathrm{m}}\mid G_{\mathrm{m}}\mid}{2D_{\mathrm{e}}\rho_{\mathrm{f}}}\right)_{\text{堆芯}}\left[L_{\mathrm{NB}} + \overline{\phi_{lo}^2}(L_{\mathrm{B}} + L_{\mathrm{B}}')\right]$$

注意如果在堆芯通道中存在某些局部阻力件时，则上式修改为：

$$\int_b^d -\frac{fG_{\mathrm{m}}\mid G_{\mathrm{m}}\mid}{2D_{\mathrm{e}}\rho_{\mathrm{m}}}\mathrm{d}l = -\frac{f_{lo}G_{\mathrm{m}}\mid G_{\mathrm{m}}\mid\left[L_{\mathrm{NB}} + \overline{\phi_{lo}^2}(L_{\mathrm{B}} + L_{\mathrm{B}}')\right] + \sum_j K_j(G_{\mathrm{m}}\mid G_{\mathrm{m}}\mid)_j D_{\mathrm{e}}}{2D_{\mathrm{e}}\rho_{\mathrm{f}}}$$

式中　　K_j——在通道中的 j 位置的局部阻力系数。可以是单相，也可以是两相。

重力项积分为

$$\int_a^i -\rho_{\mathrm{m}}g\cos\theta\mathrm{d}l = -\int_a^i \rho_{\mathrm{m}}g\mathrm{d}z$$

$$= -\int_a^{a'}\rho_{\mathrm{m}}g\mathrm{d}z - \int_{a'}^{a''}\rho_{\mathrm{m}}g\mathrm{d}z - \int_{a''}^{b'}\rho_{\mathrm{m}}g\mathrm{d}z -$$

$$\int_{b'}^b \rho_{\mathrm{m}}g\mathrm{d}z - \int_b^f \rho_{\mathrm{m}}g\mathrm{d}z - \int_f^i \rho_{\mathrm{m}}g\mathrm{d}z$$

式中，$\mathrm{d}z = \cos\theta\mathrm{d}l$。

可以很容易看到，当忽略压降对每项的密度变化，ρ_{m} 仅因为在堆芯和蒸汽发生器的加热或冷却而受到影响。因此在绝热段 $a'\sim a''$ 和 $b'\sim b$ 都有相同的位头，a 和 a' 两点 z 向位置都相同，因此上式右边的第一、第二和第四项都为零。因此上式简化为

$$\int_a^i -\rho_{\mathrm{m}}g\cos\theta\mathrm{d}l = -\int_b^f \rho_{\mathrm{m}}g\mathrm{d}z - \int_f^i \rho_{\mathrm{m}}g\mathrm{d}z - \int_{a''}^{b'}\rho_{\mathrm{m}}g\mathrm{d}z$$

$$= -\int_b^f \rho_{\mathrm{m}}g\mathrm{d}z - \int_f^{b'}\rho_{\mathrm{m}}g\mathrm{d}z$$

因此在整个回路对重力项积分得

$$\int_a^i -\rho_{\mathrm{m}}g\cos\theta\mathrm{d}l = -(\bar{\rho}_{\mathrm{m}})_{\mathrm{b-f}}g(Z_{\mathrm{m}} - Z_{\mathrm{b}}) - (\bar{\rho}_{\mathrm{m}})_{\mathrm{f-b'}}g(Z_{\mathrm{b}} - Z_{\mathrm{m}})$$

$$= \left[(\bar{\rho}_{\mathrm{m}})_{\mathrm{f-b'}} - (\bar{\rho}_{\mathrm{m}})_{\mathrm{b-f}}\right]g(Z_{\mathrm{m}} - Z_{\mathrm{b}})$$

其中，$(\bar{\rho}_{\mathrm{m}})_{\mathrm{b-f}} = \dfrac{\int_b^f \rho_{\mathrm{m}}\mathrm{d}z}{Z_{\mathrm{m}} - Z_{\mathrm{b}}}$；$(\bar{\rho}_{\mathrm{m}})_{\mathrm{f-b'}} = \dfrac{\int_f^{b'}\rho_{\mathrm{m}}\mathrm{d}z}{Z_{\mathrm{b}} - Z_{\mathrm{m}}}$。因此，重力的净浮力是由热边和冷边的平均密度不同所导致，它的值等于密度差乘以有密度差的总高度。

考虑式(4-117)的左边各项，将第一项积分得到回路中冷却剂的时间加速项：

$$\int_a^i \frac{\partial G_{\mathrm{m}}}{\partial t}\mathrm{d}l = \sum_k L_k \frac{\partial (G_{\mathrm{m}})_k}{\partial t} = \sum_k \frac{L_k}{A_k}\frac{\partial \dot{m}_k}{\partial t}$$

式中，L_k 为具有定常面积 A_k 的 k 流段的长度。

对于空间加速项，有

$$\int_a^i \frac{\partial}{\partial l}\left(\frac{G_{\mathrm{m}}^2}{\rho_{\mathrm{m}}}\right)\mathrm{d}l = \left(\frac{G_{\mathrm{m}}^2}{\rho_{\mathrm{m}}}\right)_i - \left(\frac{G_{\mathrm{m}}^2}{\rho_{\mathrm{m}}}\right)_a$$

如果泵两边的接管面积相同，通过泵后流体的密度不变，则上式结果为零。

忽略局部阻力损失，回路的动量方程可写为：

$$\sum_k L_k \frac{\partial (G_{\mathrm{m}})_k}{\partial t} = \Delta p_{\text{泵}} - \Delta p_{\mathrm{f}} + \Delta p_{\mathrm{B}} \tag{4-119}$$

式中　$\Delta p_{\text{泵}}$——泵的压头；

Δp_{f}——整个回路的摩擦压力损失，分为堆芯、蒸汽发生器和其他的外部压头损失等，因此有：

$$\Delta p_{\mathrm{f}} = \left(\frac{fG_{\mathrm{m}}\mid G_{\mathrm{m}}\mid}{2D_{\mathrm{e}}\,\rho_{\mathrm{m}}}L\right)_{\text{堆芯}} + \left(\frac{fG_{\mathrm{m}}\mid G_{\mathrm{m}}\mid}{2D_{\mathrm{e}}\,\rho_{\mathrm{m}}}L\right)_{\mathrm{S.G.}} + \Delta p_{\mathrm{f,ex}}$$

Δp_{B} 为浮力水头，即

$$\Delta p_{\mathrm{B}} = [\,(\bar{\rho}_{\mathrm{m}})_{\text{冷段}} - (\bar{\rho}_{\mathrm{m}})_{\text{热段}}]g(Z_{\mathrm{m}} - Z_{\mathrm{b}})$$

对于能量方程，压力变化和摩擦耗散所导致的能量改变可以忽略；在压力变化不大的情况下，$\partial p/\partial t$ 可以忽略。在堆芯及蒸汽发生器之外的焓变化可以忽略，因此，基于图 4-29，式（4-118）可以变为

$$\int_b^c A\rho_{\mathrm{m}} \frac{\partial h}{\partial t}\mathrm{d}l + \int_e^g A\rho_{\mathrm{m}} \frac{\partial h}{\partial t}\mathrm{d}l + \int_b^c AG_{\mathrm{m}} \frac{\partial h_{\mathrm{m}}}{\partial l}\mathrm{d}l + \int_e^g AG_{\mathrm{m}} \frac{\partial h_{\mathrm{m}}}{\partial l}\mathrm{d}l$$
$$= \int_b^c q''P_{\mathrm{h}}\mathrm{d}l + \int_e^g q''P_{\mathrm{h}}\mathrm{d}l \tag{4-120}$$

尽管上述方程既可以用于两相，也可以用于单相，但需要注意的是许多反应堆系统工作于单相状态（PWR，LMR 和 HGTR）。只有在一些严重瞬态条件下，压水堆一回路的蒸汽发生器或液态金属堆的换热器才有两相。因此，先分析单相条件，然后再用类似的方法分析两相条件。

4.5.2　单相稳态自然循环

在自然循环条件下，系统没有泵的驱动，流动在浮力产生的压头驱动下循环。设计良好的反应堆系统具有通过自然循环带出衰变热的潜力。具体能从反应堆中带出多少热量根据系统的设计不同而不同。

1) 与热构件中心位置的关系

在稳态条件下，式（4-119）和式（4-120）中的所有时变项都为零。在单相条件下，$L_{\mathrm{NB}}=L_{\mathrm{H}}$，沸腾长度 L_{B} 以及平均符号（对于 G 和 h）都可以去掉。因此动量方程式（4-119）可以简化为

$$\Delta p_{\mathrm{f}} = \Delta p_{\mathrm{B}} \tag{4-121}$$

根据该两项的定义，式（4-121）可以写为

$$\left(\frac{fG|G|}{2D_e\,\rho}L\right)_{\text{堆芯}} + \left(\frac{fG|G|}{2D_e\,\rho}L\right)_{\text{S.G.}} + \Delta p_{f,ex} = \left[\,(\bar{\rho})_{\text{冷段}} - (\bar{\rho})_{\text{热段}}\,\right]g\left[\,Z_m - Z_b\,\right]$$

密度与温度的关系可以写为线性关系,即

$$\rho = \rho_0\left[\,1 - \beta(T - T_0)\,\right]$$

式中　ρ_0——参考温度 T_0 下的密度;

　　β——热膨胀系数,等于 $(-\partial\rho/\partial T)/\rho$。

为简单起见,假设堆芯输入热量和蒸汽发生器排出热量都为均匀热流密度,则对堆芯的热平衡为

$$\dot{m}(h_c - h_b) = q''_H(P_h)_H L_H = \dot{Q}_H$$

因此,冷却剂在堆芯中(加热通道)温升为:

$$\Delta T_H = T_c - T_b = \frac{\dot{Q}_H}{\bar{c}_p \dot{m}} \tag{4-122}$$

式中　$\bar{c}_p$——在堆芯温度范围内的平均定压比热。

对于堆芯均匀加热的情形下,在热段($b \sim e$)的温升可表示为:

$$T - T_b = \Delta T_H \frac{z - Z_b}{Z_c - Z_b} \quad Z_b \leqslant z \leqslant Z_c$$

$$= \Delta T_H \qquad Z_c \leqslant z \leqslant Z_e$$

如果用从加热通道开始的距离来计算,则上式可以写为:

$$T - T_b = \Delta T_H \frac{l}{L_H} \quad 0 \leqslant l \leqslant L_H$$

$$= \Delta T_H \qquad L_H \leqslant l \leqslant L_H + L'_H$$

稳态条件下,蒸汽发生器的温降 ΔT_E 是等于 ΔT_H 的。

可以将浮力项重新整理成回路中与最大密度差及加热中心和冷却中心高差的关系。因为浮力水头是沿回路沿程对重力项进行积分得到的,可以把该项写为:

$$\Delta p_B = -\int_b^c \rho g\mathrm{d}z - \int_c^e \rho g\mathrm{d}z - \int_e^g \rho g\mathrm{d}z - \int_g^b \rho g\mathrm{d}z \tag{4-123}$$

$$\qquad\quad \text{加热} \qquad \text{绝热} \qquad \text{冷却} \qquad \text{绝热}$$

但在右边第一项中,$\mathrm{d}T/\mathrm{d}z$ 为常数,$\mathrm{d}\rho/\mathrm{d}T$ 在单相流中可以近似的处理为常数,所以密度沿 z 向线性变化,则第一项积分可写为

$$-\int_b^c \rho g\mathrm{d}z = -\frac{\rho_b + \rho_c}{2}gL_H$$

对于第二项积分,密度 ρ 为常数,因此有:

$$-\int_c^e \rho g\mathrm{d}z = -\rho_c gL'_H$$

对于第三项积分,假设在 e 和 f 之间,ρ 沿 z 向线性增加,在 f 和 g 之间也是同样情况。因此有

$$-\int_e^g \rho g\mathrm{d}z = -\int_e^f \rho g\mathrm{d}z + \int_g^f \rho g\mathrm{d}z$$

$$= -\frac{\rho_e + \rho_f}{2}gL_E + \frac{\rho_f + \rho_g}{2}gL_E = \frac{\rho_g - \rho_e}{2}gL_E$$

因为 $\rho_e = \rho_c, \rho_g = \rho_b$,所以有

$$-\int_e^g \rho g \mathrm{d}z = \frac{\rho_b + \rho_c}{2} g L_E$$

式 (4-123) 的最后一项为

$$-\int_g^b \rho g \mathrm{d}z = \rho_b g L_E'$$

将以上关系代入式 (4-123) 得到:

$$\Delta p_B = \rho_b \left(\frac{L_E}{2} + L_E' - \frac{L_H}{2} \right) g - \rho_c \left(\frac{L_E}{2} + L_H' + \frac{L_H}{2} \right) g$$

因为 $L_E' - \dfrac{L_H}{2} = L_H' + \dfrac{L_H}{2}$,则上式变为

$$\Delta p_B = (\rho_b - \rho_c) g \Delta L \tag{4-124}$$

式中, $\Delta L = \dfrac{L_E}{2} + L_H' + \dfrac{L_H}{2}$ 。也就是说, ΔL 为反应堆系统冷热芯之间的高差。因此有

$$\begin{aligned} \Delta p_B &= (\rho_{in} - \rho_{out})_{\text{堆芯}} g \Delta L \\ &= -(\rho_{in} - \rho_{out})_{\text{S.G.}} g \Delta L \end{aligned}$$

应用密度和温度的关系,得到

$$\Delta p_B = \beta \rho_0 \Delta T_H g \Delta L \tag{4-125}$$

对于以上三式的物理解释可以是:浮力水头等于冷却剂沿回路最大密度和最小密度之差在高度上的作用水头,或者是冷热芯高差的作用水头。最大密度和最小密度分别发生在热排出和热输入的位置。该描述对于其他的轴向热输入输出的浮力水头都是相同的描述。

摩擦阻力可以写为如下的形式:

$$\Delta p_f = \left(\frac{f G |G|}{2 D_e \rho} L \right)_{\text{堆芯}} + \left(\frac{f G |G|}{2 D_e \rho} L \right)_{\text{S.G.}} + \Delta p_{f,ex} \equiv C_R \frac{\dot{m}^2}{2 \rho_f}$$

式中 $\dot{m}$ ——回路的质量流率;

$\quad C_R = R(\dot{m})^{-n}$ ——水力阻力系数;

$\quad R$ ——计算阻力系数时的比例常数。

在湍流下, $n = 0.2$,层流时 $n = 1$ 。因此有:

$$\Delta p_f = \frac{1}{2} R \frac{(\dot{m})^{2-n}}{\rho_f}$$

将 Δp_f 和 Δp_B 的关系式代入式 (4-121) ,并假设在回路中温度变化相对于密度变化很小,因此 $\rho_0 \approx \rho_f$,可以得到

$$\frac{1}{2} R \frac{(\dot{m})^{2-n}}{\rho_0} = \beta \rho_0 \Delta T_H g \Delta L \tag{4-126}$$

式中 ρ_0 ——参考冷却剂密度。因此,对于给定温差,得到回路的质量流率为

$$\dot{m} = \left(\frac{2 \beta \Delta T_H g \Delta L}{R} \rho_0^2 \right)^{\frac{1}{2-n}} \tag{4-127}$$

在给定加热功率 $\dot{Q}_H$ 下,将 ΔT_H 的关系式 (4-122) 代入式 (4-126) 得到

$$\dot{m} = \left(\frac{2\beta \dot{Q}_H g \Delta L}{\overline{c_p} R} \rho_0^2 \right)^{\frac{1}{3-n}} \qquad (4\text{-}128)$$

需要注意的是,在实际的反应堆系统中,堆芯内温度并不是线性上升的,在换热器内温度下降可能接近于指数形式。因此,求解反应堆系统的精确方程需要借助于数值手段。Zvirin等显示精确解和线性温度分布假设之间的误差很小,在 $\dot{m}$ 和 ΔT_H 上只有 5% 左右。

在给定允许 ΔT_H 下,在确定的系统结构条件下,通过自然循环能带出的最大功率可通过将式(4-128)代入式(4-127),重新整理得到

$$\dot{Q}_H = \overline{c_p} \left(\frac{2\beta g \Delta L \rho_0^2}{R} \right)^{\frac{1}{2-n}} (\Delta T_H)^{\frac{3-n}{2-n}}$$

可以看出对系统排热能力影响最大的因素是 ΔT_H、$\overline{c_p}$ 和 ρ_0,而 ΔL 和 R 的影响相对较小。

2)自然循环中的摩擦阻力系数

需要指出的是,在实验中观察到在相同雷诺数条件下,小管道实验中自然循环的摩擦阻力系数要比强迫循环要高一些。图 4-30 示出了这个结果。层流向湍流转变的位置在 $Re = 1\,500$ 左右,与强迫循环类似。摩擦阻力系数与通道几何结构有关。

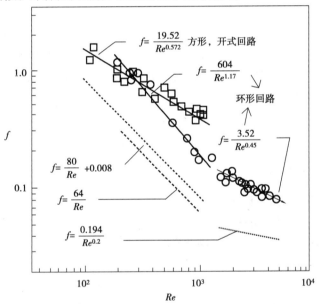

图 4-30 摩擦阻力系数与雷诺数的关系
实线为自然循环,虚线为强迫循环

当流体以低速强制流入加热通道时,选择合适的摩擦阻力系数与回路中主导的流态有关。存在 3 种流态:强迫对流、混合对流或自然对流。研究提出了几个无因次参数来描绘流态边界的特征。如采用雷诺数和 $GrPr$ 数。雷诺数越高,达到纯自然循环的 $GrPr$ 数也就越高。通道的几何结构也会影响流态的边界位置。

4.5.3　两相稳态自然循环

根据式(4-119)和摩擦压降及浮力压降的定义,堆芯沸腾的稳态自然循环回路的动量方程可以写为

$$\left\{\frac{fG_{\mathrm{m}}|G_{\mathrm{m}}|}{2D_{\mathrm{e}}\rho_{\mathrm{m}}}\left[L_{\mathrm{NB}}+\overline{\phi_{lo}^2}(L_{\mathrm{B}}-L_{\mathrm{B}}')\right]\right\}_{\text{堆芯}}+\Delta p_{\mathrm{f,S.G.}}+\Delta p_{\mathrm{f,ex}}$$
$$=\left[(\bar{\rho}_{\mathrm{m}})_{\text{冷段}}-(\bar{\rho}_{\mathrm{m}})_{\text{热段}}\right]g\left[Z_{\mathrm{m}}-Z_{\mathrm{b}}\right] \tag{4-129}$$

在稳态条件下(忽略做功项)在堆芯对能量方程进行积分,得到:

$$\dot{Q}_{\mathrm{H}}=\int_{Z_{\mathrm{b}}}^{Z_{\mathrm{c}}}q''P_{\mathrm{h}}\mathrm{d}z=\int_{Z_{\mathrm{b}}}^{Z_{\mathrm{c}}}AG_{\mathrm{m}}\frac{\mathrm{d}h_{\mathrm{m}}}{\mathrm{d}z}\mathrm{d}z$$

式中,各高度定义如图4-29所示。在理想条件下求解上述两个方程。并有如下假设:

①热阱能够将到达的蒸汽立即冷凝,冷段仅有单相液体。因此$(\bar{\rho}_{\mathrm{m}})_{\text{冷段}}=\rho_{\mathrm{f}}$。冷凝在蒸汽发生器的中段发生,$z=Z_{\mathrm{S.G.}}$,$Z_{\mathrm{S.G.}}-Z_{\mathrm{e}}=L_{\mathrm{E}}/2$。

②忽略堆芯以外的摩擦压降,即$\Delta p_{\mathrm{f,ex}}=0$,$\Delta p_{\mathrm{f,S.G.}}=0$。

③轴向热流密度均匀,因此有$q''(z)=$常数$=\dfrac{\dot{Q}_{\mathrm{H}}}{L_{\mathrm{H}}P_{\mathrm{h}}}$;　$Z_{\mathrm{c}}>Z>Z_{\mathrm{b}}$。

在上述条件下,根据单相段L_{NB}的能量平衡,沸腾起始点Z_{B}的定义为:

$$q''P_{\mathrm{h}}(Z_{\mathrm{B}}-Z_{\mathrm{b}})\equiv q''P_{\mathrm{h}}L_{\mathrm{NB}}=\dot{m}(h_{\mathrm{fs}}-h_{\mathrm{in}});\quad h_{\mathrm{fs}}>h_{\mathrm{in}} \tag{4-130}$$

用热平衡含气率来描述平均焓更为方便,在任何位置的焓可以写为

$$h=h_{\mathrm{fs}}+xh_{\mathrm{fg}}$$

如果入口干度为x_{in},在堆芯长度方向压力近似不变(即$h_{\mathrm{fg}}=$常数),则式(4-130)可写为

$$q''P_{\mathrm{h}}(z-Z_{\mathrm{b}})=\dot{m}(x-x_{\mathrm{in}})h_{\mathrm{fg}}$$

如果加热从$z>Z_{\mathrm{b}}$开始,对于轴向均匀热输入条件下,有:

$$x-x_{\mathrm{in}}=0\quad 0<z<Z_{\mathrm{b}}$$

$$x-x_{\mathrm{in}}=\frac{\dot{Q}_{\mathrm{H}}}{\dot{m}h_{\mathrm{fg}}}\frac{z-Z_{\mathrm{b}}}{L_{\mathrm{H}}}\quad Z_{\mathrm{b}}<z<Z_{\mathrm{c}}$$

$$x-x_{\mathrm{in}}=\frac{\dot{Q}_{\mathrm{H}}}{\dot{m}h_{\mathrm{fg}}}\quad Z_{\mathrm{c}}<z<Z_{\mathrm{c}}+\frac{L_{\mathrm{E}}}{2}$$

饱和状态下的混合物真实密度为$\rho_{\mathrm{m}}=\alpha\rho_{\mathrm{gs}}+(1-\alpha)\rho_{\mathrm{fs}}=\rho_{\mathrm{fs}}-\alpha(\rho_{\mathrm{fs}}-\rho_{\mathrm{gs}})$,$\alpha$为截面平均空泡份额,可以用均相流模型来估计,则$\alpha=1/[1+(1-x)/x\cdot(v_{\mathrm{fs}}/v_{\mathrm{gs}})]$。因此有

$$\rho_{\mathrm{m}}=\rho_{\mathrm{f}}-\frac{\rho_{\mathrm{f}}-\rho_{\mathrm{g}}}{1+\dfrac{1-x}{x}\left(\dfrac{\rho_{\mathrm{g}}}{\rho_{\mathrm{f}}}\right)}=\frac{\rho_{\mathrm{f}}}{1+x\left(\dfrac{\rho_{\mathrm{f}}}{\rho_{\mathrm{g}}}-1\right)}$$

对于$\rho_{\mathrm{f}}\gg\rho_{\mathrm{g}}$时,

$$\rho_{\mathrm{m}}=\frac{\rho_{\mathrm{f}}}{1+x\dfrac{\rho_{\mathrm{f}}}{\rho_{\mathrm{g}}}} \tag{4-131}$$

因此,根据式(4-131),在加热通道的平均密度可以写为

$$(\bar{\rho}_{\mathrm{m}})_{热段} = \frac{1}{Z_{\mathrm{S.G.}} - Z_{\mathrm{b}}} \int_{Z_{\mathrm{b}}}^{Z_{\mathrm{S.G.}}} \frac{\rho_{\mathrm{f}}}{1 + x\dfrac{\rho_{\mathrm{f}}}{\rho_{\mathrm{g}}}} \mathrm{d}z$$

$$= \frac{1}{Z_{\mathrm{S.G.}} - Z_{\mathrm{b}}} \left[\rho_{\mathrm{f}}(Z_{\mathrm{B}} - Z_{\mathrm{b}}) + \int_{0}^{x_0} \frac{\rho_{\mathrm{f}}}{1 + x\dfrac{\rho_{\mathrm{f}}}{\rho_{\mathrm{g}}}} \left(\frac{\mathrm{d}z}{\mathrm{d}x}\right) \mathrm{d}z + \frac{\rho_{\mathrm{f}}}{1 + x_0\dfrac{\rho_{\mathrm{f}}}{\rho_{\mathrm{g}}}} (Z_{\mathrm{S.G.}} - Z_{\mathrm{c}}) \right]$$

式中,x_0 为堆芯出口干度,假设 x_{in} 低于零。因为 $\dfrac{\mathrm{d}x}{\mathrm{d}z} = \dfrac{x_0}{L_{\mathrm{B}}} = \dfrac{x_0 - x_{\mathrm{in}}}{L_{\mathrm{H}}} =$ 常数,所以上式可写为

$$(\bar{\rho}_{\mathrm{m}})_{热段} = \frac{\rho_{\mathrm{f}}}{Z_{\mathrm{S.G.}} - Z_{\mathrm{b}}} \left[L_{\mathrm{NB}} + \frac{\ln(1+\gamma)}{\gamma} L_{\mathrm{B}} + \frac{1}{1+\gamma} \left(L_{\mathrm{H}}' + \frac{L_{\mathrm{E}}}{2} \right) \right] \tag{4-132}$$

式中,$\gamma = x_0 \dfrac{\rho_{\mathrm{f}}}{\rho_{\mathrm{g}}}$。

这样,我们就可以在假设 1 的基础上,利用式(4-129)和式(4-132)写出浮力压头项为:

$$(\bar{\rho}_{\mathrm{m,冷}} - \bar{\rho}_{\mathrm{m,热}})(Z_{\mathrm{m}} - Z_{\mathrm{b}}) = (\bar{\rho}_{\mathrm{m,冷}} - \bar{\rho}_{\mathrm{m,热}})(Z_{\mathrm{S.G.}} - Z_{\mathrm{b}})$$

$$= \rho_{\mathrm{f}}(Z_{\mathrm{S.G.}} - Z_{\mathrm{b}}) - \rho_{\mathrm{f}} \left[L_{\mathrm{NB}} + \frac{\ln(1+\gamma)}{\gamma} L_{\mathrm{B}} + \frac{1}{1+\gamma} \left(L_{\mathrm{H}}' + \frac{L_{\mathrm{E}}}{2} \right) \right] \tag{4-133}$$

根据均相流模型,两相摩擦压降倍数为 $\phi_{lo}^2 \approx \dfrac{\rho_{\mathrm{f}}}{\rho_{\mathrm{m}}}$,因此在整个沸腾长度有

$$\overline{\phi_{lo}^2} = \frac{1}{L_{\mathrm{B}} + L_{\mathrm{B}}'} \int_{Z_{\mathrm{B}}}^{Z_{\mathrm{d}}} \frac{\rho_{\mathrm{f}}}{\rho_{\mathrm{m}}} \mathrm{d}z$$

根据式(4-131),把 ρ_{m} 代入上式,得

$$\overline{\phi_{lo}^2} = \frac{L_{\mathrm{B}}}{L_{\mathrm{B}} + L_{\mathrm{B}}'} \left[1 + \frac{\gamma}{2} \right] + \frac{L_{\mathrm{B}}'}{L_{\mathrm{B}} + L_{\mathrm{B}}'} (1 + \gamma)$$

利用上式、假设 2 和式(4-133)重写式(4-129)得到

$$\left(\frac{f_{lo} G_{\mathrm{m}}^2}{2 D_{\mathrm{e}} \rho_{\mathrm{f}}} \right)_{堆芯} \left\{ L_{\mathrm{NB}} + \left(\frac{L_{\mathrm{B}}}{L_{\mathrm{B}} + L_{\mathrm{B}}'} \left[1 + \frac{\gamma}{2} \right] + \frac{L_{\mathrm{B}}'}{L_{\mathrm{B}} + L_{\mathrm{B}}'} [1 + \gamma] \right)(L_{\mathrm{B}} + L_{\mathrm{B}}') \right\}$$

$$= \rho_{\mathrm{f}} \left(L_{\mathrm{E}}' + \frac{L_{\mathrm{E}}}{2} \right) g - \rho_{\mathrm{f}} \left[L_{\mathrm{NB}} + \frac{\ln(1+\gamma)}{\gamma} L_{\mathrm{B}} + \frac{1}{1+\gamma} \left(L_{\mathrm{H}}' + \frac{L_{\mathrm{E}}}{2} \right) \right] g$$

注意 $Z_{\mathrm{S.G.}} - Z_{\mathrm{b}} = L_{\mathrm{E}}' + \dfrac{L_{\mathrm{E}}}{2}$,则上式重新整理得

$$\rho_{\mathrm{f}} \left(L_{\mathrm{E}}' + \frac{L_{\mathrm{E}}}{2} \right) g = \rho_{\mathrm{f}} \left[L_{\mathrm{NB}} + \frac{\ln(1+\gamma)}{\gamma} L_{\mathrm{B}} + \frac{1}{1+\gamma} \left(L_{\mathrm{H}}' + \frac{L_{\mathrm{E}}}{2} \right) \right] g +$$

$$\left(\frac{f_{lo} G_{\mathrm{m}}^2}{2 D_{\mathrm{e}} \rho_{\mathrm{f}}} \right)_{堆芯} \left[L_{\mathrm{NB}} + L_{\mathrm{B}} \left(1 + \frac{\gamma}{2} \right) + L_{\mathrm{B}}' (1 + \gamma) \right]$$

上式的左边代表冷段的静压,可以认为是驱动热段流动的外部压头。右边的第一项代表热段的静压,第二项代表需要克服热段摩擦阻力和局部阻力的压头。因此对于一个给定的冷段,左边是常数,与 G_{m} 无关。而右边则是与出口干度 x_0 相关的曲线。稳态流量 G_{m} 决定于系统性能曲线图上该曲线与代表左边静压的水平线的交点位置。如果曲线与该水平线有多个交点,表示系统在自然循环条件下存在可能的波动特性。

上式还可以延伸为包括所有部位的摩擦阻力影响。例如,可以在单相段加入一个摩擦长度 L_1^+,对于局部损失可以加入一个 L_1 来表达,因此上式可以改写为

$$\rho_f\left(L_E' + \frac{L_E}{2}\right)g = \rho_f\left[L_{NB} + \frac{\ln(1+\gamma)}{\gamma}L_B + \frac{1}{1+\gamma}\left(L_H' + \frac{L_E}{2}\right)\right]g +$$

$$\left(\frac{f_{lo}G_m^2}{2D_e\rho_f}\right)_{\text{堆芯}}\left[L_{NB} + L_1 + L_1^+ + L_B\left(1+\frac{\gamma}{2}\right) + L_B'(1+\gamma)\right]$$

式中的沸腾长度和非沸腾长度可以根据 x_{in} 和 x_0 由下列关系来确定

$$L_B = L_H - L_{NB}$$

$$\frac{L_{NB}}{L_H} = \frac{0 - x_{in}}{x_0 - x_{in}}$$

$$x_0 - x_{in} = \frac{\dot{Q}_H}{\dot{m}h_{fg}} = \frac{q''(P_HL_H)}{\dot{m}h_{fg}}$$

从上述内容可知,自然循环的建立是依靠驱动压头克服了回路内上升段(热管段)和下降段(冷管段)的压力损失而产生的。如果驱动压头不足以克服上述压降,自然循环能力就要下降或最终停止。这可能是由于上升段和下降段的摩擦压降和形阻压降太大,需要设法减小这些压降,例如采用管径稍大的管子,尽量减少各种形阻压降的阻力件等。这也可能是由于驱动压头太小,即由于上升段和下降段之间的流体的密度差不够大。在核电厂中还可能由于蒸汽发生器二次侧的冷却能力过强,反而会使一回路的自然循环能力减小以致中断。核电厂蒸汽发生器的一次侧是倒 U 形管,只有当 U 形管两边的流体具有较大的密度差时,才会产生相当的驱动压头。如果当二次侧的冷却能力过强(流量很大,温度较低),就会很快把在倒 U 形管上升段内的一次侧水温降下来,使之与下降段中的水温相差很少,驱动压头就会大大降低,使自然循环能力减小,甚至中断。

另外,自然循环必须是在一个流体连续流动的回路(或容器)中进行,如果中间被隔断,就不能形成自然循环。例如在堆芯中产生了气相,并积存在压力容器的上腔室,使热段出水管裸露出水面,不能形成一个流通回路,自然循环就要中断。还有如果在蒸汽发生器的倒 U 形管顶部积存了较多的气相,驱动压头又不能使倒 U 形管上升段的水(或汽水混合物)赶走积存的气相,自然循环则随之停止。

4.6　临界流和冷却剂的喷放

临界流量是可压缩流体从高压流向低压所能达到的最大流量。对于不可压缩流体从高压向低压流动的过程中,降低背压就可以增大流量,但对于可压缩流体,当背压降低到某一临界值后,继续降低背压,上游的流量就不再增加。可压缩流体从上游压力 p_0 流向下游,背压降低过程中速度的特性示于图 4-31 中,注意当背压 p_b 降低到临界压力 p_{cr} 以下后,排放质量流速就变为常数。

临界流的概念,可通过如图 4-31 所示的气体流动加以说明。如果上游容器的压力 p_0 保持不变,并假设容器中的流体温度和比体积都是定值 T_0,v_0。当外部压力即背压 p_b 下降到低

于容器内的流体压力时(曲线1),流体便自通道内向外流出,并在通道内自 p_0 至通道出口(左侧)压力 p_{ex} 之间建立起一个压力梯度,这时的 p_{ex} 等于 p_b。当 p_b 进一步降低时,p_{ex} 也随之下降,并且其值等于变化后的 p_b,出口流速随之相应增大(曲线2);这个关系维持直到某个 p_b 值,在该 p_b 值下通道出口处流体的速度刚好等于该处温度和压力下的声速 c 为止(曲线3)。此后,若 p_b 进一步下降,出口质量流速不会再加大,p_{ex} 也不会再降低(曲线4和曲线5),这时的流动就称为临界流。

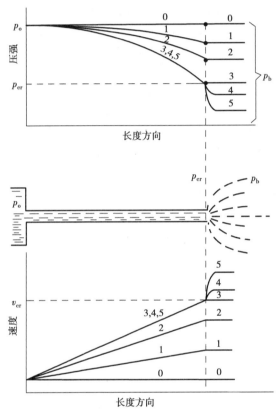

图 4-31　气体临界流行为

出口截面上的压力之所以不会继续下降,并因此使流速达到临界流速,这可以用压力变化的扰动在流体中的传播特性来解释。我们知道,在不流动的介质中某处所产生的任何压力变化不会立即传播到全部介质,而是以该介质内的声速在介质中传播的。也就是说,给定介质中的声速就是该介质中压力变化的传播速度。下面我们就用这一概念来解释流体自通道流出时的临界现象。

因为这里所讨论的压力变化的传播是在流动着的流体中进行的,所以必须分清压力波的绝对传播速度和相对传播速度。流体所流入的外部介质中如有压力下降,则所形成的压力波扰动在流体中的传播速度是以声速推进的。而对上游静止的通道来说,压力波传播的绝对速度等于声速与流体流出速度两者之差。随着 p_b 的下降,流体的流出速度逐渐增加,这个差值也就会越来越小。当背压降低到使出口速度等于声速时,这个差值便等于零。这时通道出口截面上的压力就是临界压力 p_{cr}。如果再进一步降低背压 p_b,使之低于临界值,则由于出口截面上的流出速度已等于声速,因而以声速推进的压力波就不能逆流传播超过通道的出口截面。

这时通道的出口截面压力仍将是 p_{cr}，它高于外部压力。由通道流出的流体到了低压的外部再进行非等熵的膨胀。临界流不仅发生在通道断裂的破口处，也可能在破口上游的某一截面发生，只要那里的流速足够高。例如在沸水堆的喷射泵中就可能发生。

在单相和两相系统中，临界流动现象已经得到了深入的研究。在蒸汽透平电厂的两相旁通系统中以及化学和能源工业的排放阀中，临界现象非常重要。核电厂的冷却剂丧失事故（LOCA）中的临界流条件是近年来许多关于两相流的实验和理论研究的主要驱动力。临界流对反应堆冷却剂丧失事故的安全非常重要，因为破口处的临界流量决定了冷却剂丧失的速度和一回路卸压的速度。它的大小不仅直接影响到堆芯的冷却能力，而且还决定各种安全和应急系统开始工作的时间。在发生这类事故时，如果不能及时对堆芯提供有效的冷却，即使反应堆能够及时停闭，也不能完全排除发生严重事故的可能性，这是由于传热恶化，裂变产物释放的衰变热也会把燃料元件烧毁。在水冷堆内，炽热的锆包壳还会与蒸汽发生化学反应，从而放出大量的热量，衰变热与化学热一起还有可能使堆芯熔化。因此，研究临界流、计算临界流量，对确定事故的危害程度以及设计有效的事故冷却系统，都是十分重要的。

4.6.1　单相流体的临界流

先分析讨论在一维水平管道中单相临界流可能会对分析两相临界流问题有所帮助。

质量守恒和动量输运方程可以写为：

$$\dot{m} = \rho V A$$

$$\frac{\dot{m}}{A} \frac{\mathrm{d}V}{\mathrm{d}z} = -\frac{\mathrm{d}p}{\mathrm{d}z} - \left(\frac{\mathrm{d}p}{\mathrm{d}z}\right)_f$$

如果系统没有加热，也忽略摩擦损失，这时流动变为理想绝热等熵流动。

临界流也就是不管下游压力如何变化，$\dot{m}$ 已经达到最大值，即

$$\frac{\mathrm{d}\dot{m}}{\mathrm{d}p} = 0$$

根据质量守恒方程有

$$\frac{\mathrm{d}\dot{m}}{\mathrm{d}p} = VA\frac{\mathrm{d}\rho}{\mathrm{d}p} + \rho A\frac{\mathrm{d}V}{\mathrm{d}p}$$

因此在临界条件下，有

$$\left(\frac{\mathrm{d}V}{\mathrm{d}p}\right)_{cr} = -\frac{V}{\rho}\frac{\mathrm{d}\rho}{\mathrm{d}p}$$

对于等熵流动（不考虑摩擦），其动量方程为

$$\frac{\mathrm{d}V}{\mathrm{d}p} = -\frac{A}{\dot{m}}$$

因此临界质量流量根据下式确定：

$$\frac{\dot{m}_{cr}}{A} = G_{cr} = \frac{\rho}{A}\frac{\mathrm{d}p}{\mathrm{d}V}$$

或者

$$G_{cr}^2 = \rho^2 \frac{\mathrm{d}p}{\mathrm{d}\rho} \tag{4-134}$$

因为 $\rho = \dfrac{1}{v}, \dfrac{\mathrm{d}p}{\mathrm{d}\rho} = -V^2 \dfrac{\mathrm{d}p}{\mathrm{d}v}$，故有

$$G_{cr}^2 = -\frac{\mathrm{d}p}{\mathrm{d}v} \tag{4-135}$$

而单相状态下等熵流动的声速为

$$c^2 = \left(\frac{\mathrm{d}p}{\mathrm{d}\rho}\right)_s \tag{4-136}$$

因此临界流条件下的质量流速与等熵状态下的情况完全相同。但该关系在两相流下不成立。

式(4-134)和式(4-136)很难直接使用，因为它们需要喉口或出口的当地条件(压力和温度)。另外一个方法就是采用热力学焓的方法来处理。通常可以认为流体在流入通道之前的容器中是处于静止状态的，焓为总焓 h_0。假定在系统中流动的是气相(蒸汽或气体)，如果流体流经通道的时间很短，可以认为它与外界既无热量交换也无动量交换，忽略摩擦，这样流体的流动就是等熵流动，那么在整个流动过程中，滞止焓 h_0^0 不变。对于一维水平流动，可以写出如下的能量方程：

$$h_0^0 = h_0 = h + \frac{V^2}{2}$$

因此在管内的质量流速为：

$$G = \rho V = \rho \sqrt{2(h_0 - h)}$$

对于理想气体的等熵膨胀，有

$$\frac{\rho}{\rho_0} = \left(\frac{p}{p_0}\right)^{\frac{1}{\gamma}}, \frac{T}{T_0} = \left(\frac{p}{p_0}\right)^{\frac{\gamma-1}{\gamma}}, \gamma = \frac{c_p}{c_v}, \mathrm{d}h = c_p \mathrm{d}T$$

因此将上述关系代入质量流速方程有

$$G = \rho_0 \sqrt{2c_p T_0 \left(1 - \frac{T}{T_0}\right)\left(\frac{p}{p_0}\right)^{\frac{2}{\gamma}}}$$

$$G = \rho_0 \sqrt{2c_p T_0 \left[\left(\frac{p}{p_0}\right)^{\frac{2}{\gamma}} - \left(\frac{p}{p_0}\right)^{\frac{\gamma+1}{\gamma}}\right]} \tag{4-137}$$

在 p_b 比临界压力 p_{cr} 高时，质量流速随 p/p_0 的比值变化而变化，$p = p_b$。在 p_b 较低时，质量流速保持恒定。该临界压力可以通过式(4-137)关于 G 对 p 求偏导得到。

$$\frac{\partial G}{\partial p} = 0$$

得到：

$$\left(\frac{p_b}{p_0}\right)_{cr} = \left(\frac{2}{\gamma+1}\right)^{\frac{\gamma}{\gamma-1}}$$

4.6.2 两相流的临界流

两相流可以通过动量方程中的 $\partial p / \partial z$ 为无穷大来确定临界条件。对于均相流模型，也就是说式(4-84)的分母必须为零。即

$$(G_m^2)_{cr} = -\frac{1}{x}\frac{\mathrm{d}p}{\mathrm{d}v_g}$$

注意如果对于纯气体(即 $x = 1.0$),该式变为式(4-135)。

对于分相流模型,式(4-97)意味着临界流发生的条件为:

$$(G_m^2)_{cr} = -\frac{\{\alpha\}}{x^2}\frac{\mathrm{d}p}{\mathrm{d}v_g}$$

上述两个模型的临界流条件不一致的原因是分相流模型中存在滑速比。

非平衡条件,包括两相间的速度和温度的差异在决定出口流率方面作用巨大。在达到热力学平衡前,流体闪蒸需要一定长度的管段来发生。在缺乏过冷和不凝性气体的条件下,液体达到热力学平衡大概需要 0.1 m 的长度。在流动长度小于 0.1 m 的情况下,长度越短,非平衡程度提高,更多的流体保持为液态,喷放速率会快速增加。图 4-32 给出了临界压力与长度和直径之比(L/D)的关系。而当满足热力学平衡时,可以用平衡条件给出临界流的条件。

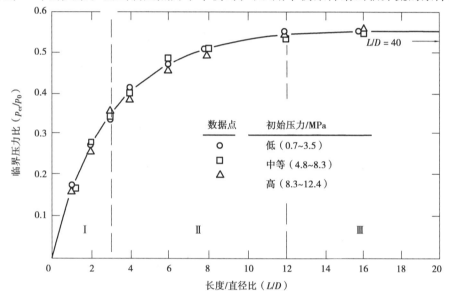

图 4-32　临界(壅塞)压力比和 L/D 的关系

Ⅰ、Ⅱ、Ⅲ分别为非平衡模型的 3 个区域

1)热力学平衡滑动模型

参考单相一维能量方程,两相混合物的焓在热力学平衡条件下的等熵膨胀过程可以写为:

$$h_0 = xh_g + (1-x)h_f + x\frac{V_g^2}{2} + (1-x)\frac{V_f^2}{2} \tag{4-138}$$

式中　x——热力学平衡假设下的流动干度。

比熵也可以写为

$$s_0 = xs_g + (1-x)s_f$$

因此有

$$x = \frac{s_0 - s_f}{s_g - s_f} \tag{4-139}$$

将式(4-138)的 V_g 和 V_f 与质量流速 G 关联起来,得到

$$G_{cr} = \Omega \sqrt{2[h_0 - xh_g - (1-x)h_f]} \tag{4-140}$$

式中,$\Omega = \left\{ \left[\dfrac{x}{\rho_g} + \dfrac{(1-x)S}{\rho_f} \right] \left[x + \dfrac{1-x}{S^2} \right]^{\frac{1}{2}} \right\}^{-1}$

滑速比 $S = V_g/V_f$。因此 $G_{cr} = G(h_0, p_0, p_{cr}, S)$。因此,如果临界压力已知,则 ρ_g, ρ_f, h_g 及 h_f 已知。已知 s_0 和 p_{cr},就可以利用式(4-139)确定 x。因此唯一未知量就是滑速比 S。

应用比较广泛的滑速比 S 的模型包括:

均相流模型:$S = 1.0$

Moody 模型:$S = \left(\dfrac{\rho_f}{\rho_g} \right)^{\frac{1}{3}}$

Fauske 模型:$S = \left(\dfrac{\rho_f}{\rho_g} \right)^{\frac{1}{2}}$

Moody 模型基于关于滑速比的最大比动能得到,即

$$\frac{\partial}{\partial S} \left[\frac{xV_g^2}{2} + \frac{(1-x)V_f^2}{2} \right] = 0$$

用 Moody 模型计算得到的在不同 p_0 和 h_0 条件下水的喷放速率示于图 4-33 中。

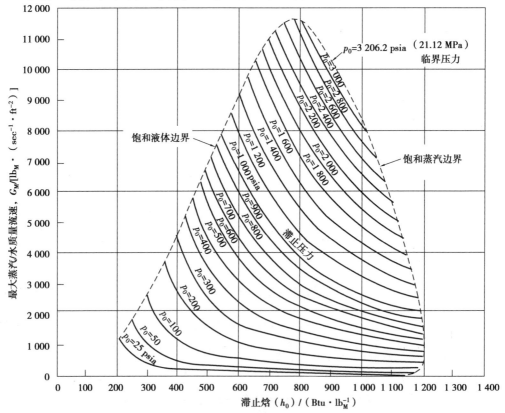

图 4-33 Moody 模型临界喷放流速与滞止焓和滞止压力的关系

而 Fauske 模型则基于关于滑速比的最大流体动量得到,即

$$\frac{\partial}{\partial S}[xV_g+(1-x)V_f]=0$$

而采用 Fauske 模型计算得到的在不同 p_0 和 h_0 条件下水的喷放速率示于图 4-34 中。

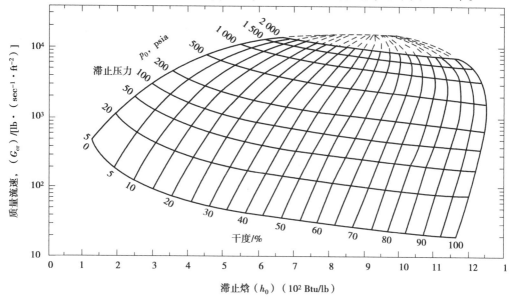

图 4-34　采用 Fauske 模型计算的临界喷放速度与滞止焓和滞止压力的关系

另一个方法就是根据临界流的物理特征,计算关于喉口压力变化所能达到的最大 G_{cr}

$$\left(\frac{\partial G}{\partial p}\right)_S=0,\quad\left(\frac{\partial^2 G}{\partial p^2}\right)_S<0$$

该条件已经应用于单相气体的情况下。上式可以在特定的滑速比模型下,在已知 h_0 和 p_0 时确定平衡条件下的喷放速率。

当管道长度大于 300 mm,压力高于 2.0 MPa 下,均相流模型预测结果很好。Moody 模型预测值过高,最大达到了两倍,而 Fauske 模型预测结果介于两个模型之间。当管道长径比 $L/D>40$ 时,均相流模型比其他模型好。总的来讲,两相临界流的预测能力还存在很大的不确定性,对一个问题预测很好的模型在预测其他问题的时候不见得很好。

2) 非热平衡的情况

对于孔板($L/D=0$),实验数据表明,喷放速率为:

$$G_{cr}=0.61\sqrt{2\rho_f(p_0-p_b)}$$

对于 $0<L/D<3$ 的情况(图 4-32 的区域 I),可采用下式计算:

$$G_{cr}=0.61\sqrt{2\rho_f(p_0-p_{cr})}$$

式中的 p_{cr} 从图 4-32 中取值。

对于 $3<L/D<12$ 的情况(图 4-32 的区域 II),喷放流量比上式所计算的少。对于 $12<L/D<40$(区域 III),喷放流量可以采用上式和图 4-32 来计算。

在没有明显的摩擦损失时,Fauske 提出采用如下的关联式:

$$G_{cr}=\frac{h_{fg}}{v_{fg}}\sqrt{\frac{1}{NTc_f}} \tag{4-141}$$

式中 h_{fg}——汽化潜热,J/kg;

$\quad\quad v_{fg}$——比体积变化量,m³/kg;

$\quad\quad T$——绝对温度,K;

$\quad\quad c_f$——液体比热,J/(kg·K);

$\quad\quad N$——非平衡参数,由下式确定:

$$N = \frac{h_{fg}^2}{2\Delta p \rho_f K^2 v_{fg}^2 T c_f} + 10L$$

式中,$\Delta p = p_0 - p_b$,Pa;K 为流出系数(尖缘为 0.61);L 为管长,为 0~0.1 m。

对于较大的 $L(L\geqslant 0.1\text{ m})$,$N=1$,则式(4-141)变为

$$G_{cr} = \frac{h_{fg}}{v_{fg}}\sqrt{\frac{1}{Tc_f}}$$

当物性参数按照 p_0 时给定,上式所预测的 G_{cr} 值称为平衡速率模型(equilibrium rate model,ERM)。ERM 模型及其他模型预测的结果比较示于图 4-35 中。

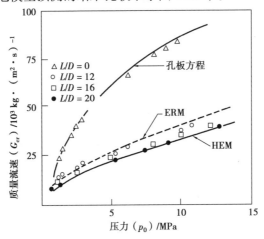

图 4-35　初始饱和水典型闪蒸喷放的实验与模型预测结果的比较

过冷度对喷放速率的影响可以简单地考虑为因过冷所能提供的单相压降 $[p_0 - p(T_0)]$,式中的下标 0 表示滞止状态。临界喷放速率用下式表示:

$$G_{cr} = \sqrt{2[p_0 - p(T_0)]\rho_f + G_{ERM}^2}$$

实验研究的结果表明,上式对过冷水喷放速率计算的结果吻合很好。

4.7　流动不稳定性

在有热量输入的流动系统中,如果流体发生相变,即出现两相流时,流体以非均匀形态所出现的大的体积变化可能导致流动的不稳定性。这里所说的流动不稳定性,是指在一个质量流速、压降和空泡份额之间存在着耦合的两相系统中,流体受到一个微小的扰动后所产生的流量漂移或者以某一频率的恒定振幅或变振幅进行的流量振荡。这种现象与机械系统中的振动很相似。质量流速、压降和空泡可以看作机械系统中的质量、激发力和弹簧。在这中间,质量

流速和压降之间的关系起着重要作用。流动不稳定性不仅在热源有变动的情况下会发生,而且在热源保持恒定的情况下也会发生。

在反应堆、蒸汽发生器以及其他存在两相流的设备中一般都不允许出现流动不稳定性,其主要原因如下所述。

①流量和压力振荡所引发的机械力会使部件产生有害的机械振动,而持续的机械振动会导致部件的疲劳破坏。

②流动振荡会干扰控制系统。在冷却剂同时兼做慢化剂(例如水)的反应堆中,流动振荡会引起反应堆物理特性的快速变化,使这一问题变得更为突出。

③流动振荡会使部件的局部热应力产生周期性变化,从而导致部件的热疲劳破坏。

④流动振荡会使系统内的传热性能变坏,极大地降低系统的输热能力,并使临界热流密度大幅度下降,造成沸腾危机过早出现。实验证明,当出现流动振荡时,临界热流密度的数值会降低 40% 之多。

两相流不稳定性大致可分为两大类:静力学不稳定性和动力学不稳定性。

静力学不稳定性是系统的稳态工作点会非周期性地改变。它的基本特征是,系统在经受一个微小扰动后,会从原来的稳态工作点转变到另一个不同的稳态工作点运行。这类不稳定性是由于系统的流量与压降之间关系的变化、流型转换或传热机理的变化所致。

动力学不稳定性是系统的稳态工作状况会周期性地改变,这里惯性和反馈效应是制约流动过程的主要因素。它的基本特征是当系统经受某一瞬时的扰动时,在以声速传播的压力扰动和以流动速度传播的流量扰动之间的滞后和反馈作用下,流动发生周期性振荡。这类不稳定性的产生主要原因是系统的流量、密度、压降之间的延迟与反馈效应,热力学不平衡性以及流型变换等。

比较详细的流动不稳定性分类列于表 4-10 中。在反应堆设计中,流动不稳定性是重要的水力学限值,下面主要讨论与反应堆设计有关的几种流动不稳定性。

表 4-10　两相流不稳定性的分类

类别	型式	机理或条件	基本特征
静力学 不稳定性	流量漂移	压降特性曲线的斜率小于驱动压头特性曲线的斜率	流量发生突变,大的流量漂移
	沸腾危机	不能有效地从加热表面带走热量	壁面温度波动,流量振荡
	流型不稳定性	泡状—团块状流型与环状流型交替变化,前者比后者有较小的空泡份额和较大的压降	周期性流型转换和流量变化
	蒸汽爆发不稳定性	由于缺乏汽化核心而周期性交替出现亚稳态到稳态的变化	液体过热或急剧蒸发,流道中伴随有逐出和再充满现象
动力学 不稳定性	声波不稳定性	压力波共振	频率高(10 ~ 100 Hz),振荡的频率与压力波在系统中传播所需的时间有关

续表

类别	型式	机理或条件	基本特征
动力学 不稳定性	密度波 不稳定性	流量、密度和压降之间相互关系的延迟和 反馈效应	频率低(1 Hz 左右),与连续的行波 时间有关
	热振荡	传热系数变化与流动过程之间的相互 作用	发生膜态沸腾工况
	沸水堆的 不稳定性	空泡反应性与流动动态传热之间的相互 作用	仅在燃料元件时间常数小和压力 低时才显现出明显的不稳定性
	管间脉动	在少量平行管间的相互作用	多种方式的流量再分配
	压降振荡	流量漂移导致管道与可压缩体积之间动 态的相互作用	频率低(0.1 Hz)的周期性过程

4.7.1 静力学不稳定性

1)流量漂移

(1)不稳定性分析

流量漂移也称为水动力不稳定性,其特点是正常流量突然变成低流量。Ledinegg 在 1938 年最早研究了这种流动不稳定性,所以又称为 Ledinegg 不稳定性。发生水动力不稳定性的原因,可以由一个具有恒定热量输入的沸腾通道的压降 Δp 与流量 W 之间的关系曲线,即水动力特性曲线(图 4-36)来说明。当进入通道内的水流量很大、外加的热量不足以使水达到沸腾时,通道内流动的流体全都是液态水。如果流量降低,则通道内的压降也随着按单相水的水动力特性曲线单调下降(图 4-36 曲线Ⅱ中的 cb 段)。当进入通道内的水流量降低到一定程度后,通道内开始出现沸腾段,这时压降随流量变化的趋势就要由两个因素来决定:

①由于流量降低,压降有下降的趋势。

②由于发生沸腾,汽水混合物体积膨胀、流速增加,从而使压降反而随流量的减少而增大。

压降究竟随流量如何变化,要看这两个因素中哪一个起主要作用。如果第一个因素起主要作用,则压降就会随流量的减少而降低。图 4-36 中的曲线Ⅰ就属于这种情况,这种情况的分析与单相情况类似。如果第二个因素起主要作用,就会出现流量减少,压降反而上升的现象(图 4-36 曲线Ⅱ中的 ba 段)。到了 a 点所对应的流量 W_a 以后,如果继续降低流量,通道出口处的含汽量就会很大,甚至会出现过热段。流量越低,过热段所占的比例越大,这时体积膨胀的因素对增加压降所起的作用已经很小了,压降差不多会沿着过热蒸汽的水动力特性曲线随流量而单调下降(图 4-36 曲线Ⅱ中的 aO 段)。图 4-36 曲线Ⅱ表明的情况说明,Δp 与 W 之间并不是单调关系,在曲线 a、b 两点之间所包含的压降范围内,对应一个压降可能有 3 种不同的流量。由于水动力特性曲线的这种变化,当提供一个外加驱动压头 Δp_d 时,通道中的流量就有可能出现不同的数值,可以是 W_1,也可以是 W_3,而 W_2 所对应的状态是亚稳态的。如果并联工作的各个通道处于这种流动工况,虽然它们两端的压差是相等的,但是却可以具有不相同的流量。某一个通道中的流量可能时大时小(非周期的变化)。与此同时,在并联通道的总流量不变的情况下,其他通道的流量也会发生相应的非周期变化,这就发生了水动力不稳定性。

(2)稳定性准则

根据上面的分析,如果系统运行在图 4-36 中曲线 Oa 段、bc 段,即正斜率$[\partial \Delta p_t/\partial G>0]$区段,则流动是稳定的。例如运行在 bc 段(或 Oa 段),此时进入通道内的流量有一个微量变化,如增加一个微量的 ΔG,则系统压降将变得比驱动压头大,这样就会使流量减小,从而使系统恢复到原来的运行点。相反地,若流量减少一个微量 ΔG,则这对驱动压头要比系统的压降大,从而迫使流体加速,流量增大,直到恢复到点 1 或点 3 为止。

如果系统运行在 ab 段,即负斜率$[\partial \Delta p_t/\partial G<0]$区段,则流动是不稳定的。例如运行在点 2,流动就不再稳定。此时流量不管是增加还是减少,系统将不能再恢复到点 2 运行。质量流量或者增加到能够稳定运行的点 3,或者减少到点 1,这样就产生了流量漂移。

在$[\partial \Delta p_t/\partial G<0]$的这个区段内,若能提供这样一个驱动压头随流量的变化曲线,即负斜率的绝对值比水动力特性曲线的负值更小(图 4-36 中虚线 de 所示),则就可以使流量稳定下来。此时若通道内的流量有所增加,则由于驱动压头低于系统压降,流体将减速,从而使流量重新稳定在运行点 2,虽然$\partial \Delta p_t/\partial G$ 是负的,但系统仍然是稳定的。

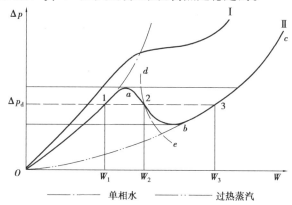

图 4-36　加热通道内的水动力特性曲线

综上所述,当管路特性曲线的压降-流量曲线斜率$[\partial \Delta p/\partial G]_d$ 代数上低于了回路驱动压头曲线的斜率$[\partial \Delta p/\partial G]_t$,就会发生该类流动不稳定性。因此避免出现 Ledinegg 的流动不稳定性判据为:

$$\left(\frac{\partial \Delta p}{\partial G}\right)_d < \left(\frac{\partial \Delta p}{\partial G}\right)_t \tag{4-142}$$

该流动不稳定性发生的条件是流量增加而压降降低的管路特性曲线呈现负斜率的区域。在低压过冷沸腾系统中,如果回路中有加热通道,又有平行的大旁通时,在恒定压降的条件下,流量漂移导致 CHF 总在压降-流量曲线的最低点发生。图 4-37 中示出了 CHF 总在远低于通道正常 CHF 值下发生。Ledinegg 流动不稳定性代表了有共同联箱大量平行管的限制条件,因为每个单独的通道都可以看作具有不变的压降。将流量工况稳定控制在最小值到 CHF 之间一般通过入口节流实现,但这样做所导致的驱动压力增加值变得很可观,也会大幅度降低系统的自然循环能力。因此如何平衡这两者之间的关系是一个重要的研究课题。向下流动的平行通道系统会经历有所不同的流量漂移,在某些通道会发生流动反转。在加热的下降通道中,因为动量和重力压降项的相互作用,压降／流量曲线经常发生最小值现象。

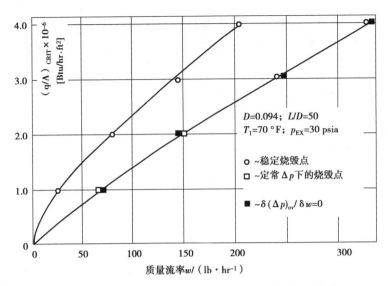

图 4-37　在恒定压降下临界热流密度与质量流率的关系

（3）防止水动力不稳定性的措施

从上面的分析可以看出，要防止水动力不稳定性可以从下述几个方面着手。

①系统不在水动力特性曲线 $[\partial\Delta p_{\mathrm{t}}/\partial G<0]$ 的区段内运行。如果遇到系统必须在该区段运行，可选用大流量下压头会大幅降低的水泵，以满足 $[\partial\Delta p/\partial G]_{\mathrm{d}}-[\partial\Delta p/\partial G]_{\mathrm{t}}<0$ 的要求。

②使水动力特性曲线趋于稳定，即消除曲线中的 $[\partial\Delta p_{\mathrm{t}}/\partial G<0]$ 的区段，使 Δp_{t} 对 G 成为单值函数。其主要方法有：

a. 在通道进口加装节流件，增大进口局部阻力。图 4-38 中的曲线 2 为节流件阻力损失与流量的关系，因为通道进口一般为过冷水，比体积不变，所以其压降随流量的增大而增加。曲线 1 为未装节流件时通道的水动力特性。曲线 3 则为加装节流件后的通道的水动力特性。曲线 3 是曲线 1 和曲线 2 以流量相等的压降叠加而得。此时一个压降和流量的关系即变为单调上升。该方法是工程实践中最常用的方法。

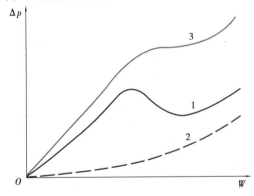

图 4-38　用节流稳定水动力特性

1—未加节流件时的水动力特性；2—节流件的压降特性；3—加装节流件后的水动力特性

b. 选取合适的系统参数。系统的运行压力越高，两相间的比体积就相差越小，流动也就越稳定，如图 4-39 所示。这是因为两相流出现流动不稳定性的根本原因在于，当水变成蒸汽时，汽水混合物的比体积变化比较大。当压力达到临界压力时，汽水混合物的比体积相同，不稳定性也就不会再出现了。

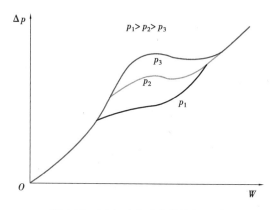

图 4-39　压力对水动力特性的影响

除了系统的压力以外,通道进口处水的欠热度也会影响水动力特性的稳定性。通常欠热度对动力特性的影响有一个确定的界限值。在界限值以下时,减小水的欠热度,可使流动趋于稳定,如图 4-40 所示。当欠热度为零时,压降 Δp_1 便与质量流率的平方(即 W^2)成正比,这时对应于每一压降有两个 W,一个为正值,另一个为负值,但实际上对应于一个压降只有一个流量,故不会发生流动不稳定。大于此界限值,减小进口过冷度会增加沸腾段的长度,结果反而使流动的稳定性降低。可见当欠热度大于界限值时,只有增加通道进口的过冷度,才会提高流动的稳定性。

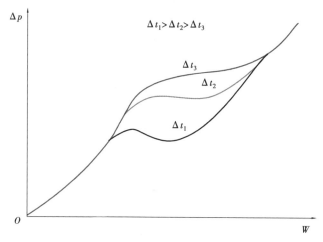

图 4-40　欠热度对水动力特性的影响

2) 沸腾危机流动不稳定性

沸腾危机时流动波动的发生机制是壁面温度突然变化而使传热机制发生改变所致。在过冷或低干度条件下的沸腾危机发生时,猜想壁面附近传热和流体力学关系因为蒸汽层分离而发生改变,尽管针对该问题目前还缺乏强有力的实验数据支撑。Mathisen 观察到在压力高于6.0 MPa 时发生沸腾临界时同时伴随着流动波动,Dean 等使用不锈钢管电加热,并从多孔壁面向内喷射蒸汽的 F-113 沸腾中也观察到类似的现象。

3)流型转变不稳定性

推测该流动不稳定性发生在流动条件处于接近泡弹状流向环状流的转变点上。因为偶然的原因所致的流量减少的波动使气泡数量增加,可能使流型从泡弹状流转变为低摩擦压降的环状流,从而使驱动力比通道特性阻力大,流量随之上升。随着流量上升,输入的热量所产生的蒸汽又不足以保持环状流,流型随之转变为泡弹状流。该过程可能循环出现,这个波动行为又部分与流体的加速和减速的滞后有关。大体上,一般为一系列的流体力学机制导致流型转变为另一种流型,而总会有一些松弛机制伴随这些机制导致周期性的行为。总的来讲,松弛机制以最终的波动幅度和阈值出现。Bergles 等建议低压水的 CHF 数据可能强烈地受加热段不稳定的流型影响。长度、入口温度、质量流速和压力等的复杂因素的效应与大幅度的弹状流流型转变有关。因为弹状流可以看作从泡状流向环状流转变的过渡流型,特别是低压条件下的非等温流动尤其,因此该现象可以看作流型转变流动不稳定性。而这时的 CHF 则被认为是次要的现象。实验观察到波动行为与流型转变有关,但并不清楚该流型转变是否是密度波或压力波波动所导致。Grant 也报道了在换热器壳侧大幅度的压力波动和换热器振动是壳侧大的弹状流间断堵塞了流道所致。

4)碰撞、间歇泉和蒸汽爆发流动不稳定性

碰撞、间歇泉和蒸汽爆发流动不稳定性等属于非平衡不稳定性,非平衡态不稳定性与流型转变流动不稳定性有类似的地方。该流动不稳定性是由于沿回路系统的流型转变波的传播所导致。以变形功扰动和传热扰动波为主要特征。

该类型的流动不稳定性涉及静态现象耦合一些非周期行为的流动不稳定性。由于扰动不规则,所以每次的流量偏移可以认为在水力学上都是相互独立的。**碰撞现象**(Bumping)存在于低压碱金属的沸腾中,在此传热区域表面温度在沸腾和自然对流之间不稳定移动,推测可能是因为在某些空穴存在气相所致。在高热流密度和高压下该现象消失。

间歇泉在底部加热的各种端头封闭竖直液体金属柱中出现。当热流密度足够高时,在底部开始沸腾,在低压下因为静压突然降低而使产生的蒸汽突然增加,通常会发生蒸汽突涌出通道现象。然后液体回缩,重新恢复到过冷非沸腾的状态,循环重新开始。另外一个蒸汽突涌可能的机制是蒸汽喷发。**蒸汽喷发**流动不稳定性以在高过热液体中蒸汽相突然出现并快速增长为特征。在液态碱金属及碳氟化合物液体中经常出现,两种液体都与工程表面有接近于零的接触角。因为有很好的润湿性,较大的表面凹穴都已经被淹没,导致核化的温度非常高。处于均匀高过热的液体,可能会突然产生蒸汽核快速蒸发,导致蒸汽喷发流动不稳定性。

冷凝爆炸不稳定性是将蒸汽直接通入水池,与过冷水直接接触而冷凝,气泡破裂伴随的爆炸过程称为冷凝爆炸。该过程的物理机制还不是非常清楚,但因为反应堆非能动冷却的需要,该过程近年来是一个研究热点。泵运行中的气蚀现象与这个过程有关。

蒸汽爆发不稳定性指冷却剂周期性地被突涌出流道。该现象包括简单的进出口上较小幅度的流量波动,或者表现为从流道两端喷涌出大量的冷却剂。该循环与其他上面所描述的现象类似,常包括孕育、核化、喷涌和液体回流等过程。这些不稳定性的问题主要与快堆安全有关。在化学工业中,常用的重力再沸器会遇到上述各种静态喷射不稳定性。再沸器启动时,尤需要注意这类现象。

蒸汽冷凝阻塞现象：在自然循环回路中，气泡周期性地自上升段排出，并在水平段内聚合的现象也属于这类不稳定性。在 U 形加热管内会发生一种"气块漂移不稳定性"的喷泉现象。气块被下降管入口内的欠热水冷凝后，进入下降管内的水量就迅速增加。这种喷泉现象中气泡凝结起重要作用。

4.7.2　动力学流动不稳定性

两相流混合物相界面之间的热力-流体动力学相互作用形成相界面波传播，可粗略地将这种界面波分为两类：即压力波（或声波）和密度波（或空泡波）。任何一个实用的两相流动系统中，这两类波往往同时存在并相互作用。一般来说，它们的传播速度差 1~2 个数量级，可用传播速度来区分这两种不同的波所造成的动态不稳定性现象。在不同的条件下，由声波不稳定性和密度波不稳定性可以合成各种不稳定性，对两相流系统可能造成损害。

1）声波不稳定性

习惯上将属于声波频率范围的压力波传播引起的流动不稳定性称为声波振荡或声波不稳定性。实验观察到声波振荡发生在欠热沸腾区、体积沸腾区和膜态沸腾区，并有实验观察到其流量波动与稳态流量相比可能还比较大。流体系统受到压力扰动导致流量振荡，其特征为振荡频率高（10~100 Hz），流量振荡周期与压力波通过流道所需的时间为同一量级。亚临界或超临界条件下的受迫低温流体被加热到膜态沸腾，或低温系统受到迅速加热等工况，均观察到了声波频率的流量振荡。这种振荡是因为蒸汽膜受到压力波扰动。当压力波的压缩波通过加热面时，气膜厚度受到压缩，气膜导热改善，传入热量增加，使蒸汽产生率增大。反之，当压力波的膨胀波通过加热表面时，气膜膨胀，气膜导热减少，传热率降低，蒸汽产生率随之减少。这一过程反复循环，导致不稳定性的发生。

一般来说，声波不稳定性不会形成破坏性的压力脉动或流动脉动。然而，不希望系统维持运行在高频率的压力振荡条件下。目前，虽然有一些分析声波不稳定性的方法，但由于受到测量手段的限制，实测与预测值还不很一致，还需要进一步的研究工作。

2）密度波不稳定性

密度波不稳定性是工业设备中常见的流动不稳定性。沸腾流道受到干扰后，若蒸发率发生周期性变化，即空泡份额发生周期性变化，导致两相混合物的密度发生周期性的变化，从而导致压降特性发生变化。随着流体流动，形成周期性变化的两相混合物密度波动传播，这称为**密度波不稳定性**（Density wave instability，DWI）（或空泡波）不稳定性，也可称为**流量-空泡反馈不稳定性**。

假设流入通道的流体入口焓值、加热功率和通过沸腾通道的总压降不变。若沸腾通道的入口受到扰动，入口流量发生瞬时波动减少，因为加热功率保持不变，靠近入口处的焓升会增大，设变化量为 δh。焓升增大，设在单相流动区域压降变化量为 $\delta\Delta p_{1\lambda}$；在两相流动区域压降变化量为 $\delta\Delta p_{2\lambda}$；同时，由于焓升增大，蒸发率增大，产生更多蒸汽，从而使空泡份额增大，设为 $\delta\alpha$。空泡增多，使两相流区域压降进一步增大，设其为 $\delta\Delta p_{2\alpha}$。同时，设空泡份额变化而导致的单相流动区域的压降变化为 $\delta\Delta p_{1\alpha}$。而由于通过沸腾通道的总压降保持不变，即（$\delta\Delta p_{1\lambda}$ + $\delta\Delta p_{1\alpha}$）+（$\delta\Delta p_{2\lambda}$ + $\delta\Delta p_{2\alpha}$）= 0，设 $\delta\Delta p_{1\lambda}$ + $\delta\Delta p_{1\alpha}$ = $\delta\Delta p_1$，$\delta\Delta p_{2\lambda}$ + $\delta\Delta p_{2\alpha}$ = $\delta\Delta p_2$，则

$\delta(\Delta p_1 + \Delta p_2) = 0$。所以由于两相流动区域扰动而产生的压降变化会导致单相流动区域产生相反的压降变化,单相流动区域压降减小,反馈到入口的流体流动即为入口流量增大。入口流量增大,则会导致与上述过程相反的过程,最终反馈到入口的变化即为入口流量减小。在一定的边界条件下,以上过程将会循环发生,进口流量扰动与出口压力扰动的相位可以相差180°,产生自持振荡,即流体密度(或空泡份额)发生周期性变化。这种因扰动而导致的两相混合物密度发生的周期性变化称为密度波型脉动或称为密度波不稳定性。密度波型脉动为低频脉动,频率通常小于1 Hz,通常情况下其脉动周期为流体流经加热流道所需时间的1~2倍。

密度波不稳定性一般发生在沸腾流道的内部特性曲线的负斜率区和入口液体密度与出口两相混合物密度相差很大的工况。

3)管间脉动(并行通道流动不稳定性)

在如反应堆、换热器等由多个并联通道所构成的堆芯等设备中,其并联通道间可能发生流动不稳定性,即所谓的管间脉动。在发生管间脉动时,尽管并联通道的总流量以及上下腔室的压降并无显著变化,但其中某些通道的进口流量 W_f 却可能会发生周期性的变化。当一部分通道的水流量增大时,与之并联工作的另一部分通道的水流量则减小,两者之间的流量脉动恰好成180°的相位差。与此同时,这些通道出口的蒸汽量 W_g 也相应发生周期性的变化。这样,一部分通道进口水流量的脉动与其出口蒸汽量的脉动呈180°的相位差,即当水流量最大时,蒸汽量最小;而当水流量最小时,蒸汽量最大。图4-41示出了某实际并联通道脉动时所测量的汽、水流量的周期性变化特征。

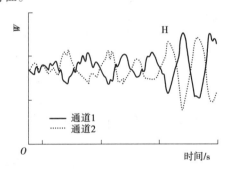

图4-41 管间脉动时的汽-水流量的周期性变化

管间脉动的频率一般为1~10次/min,频率的高低取决于通道的受热情况、结构尺寸和型式以及流体的热力参数。水的脉动流量与平均流量的最大偏差,称为脉动振幅,而同一流道相邻两个最大水流量峰值的间隔时间称为脉动周期。上述汽-水两相流的脉动现象与水动力流量漂移不稳定性的区别在于,前者是周期性的脉动,而后者是非周期性的流量漂移。

关于管间脉动的原因,迄今还不是非常确定,尚处于进一步的研究中,下面只对其中的一种解释进行简单介绍。如图4-42所示,在并联通道运行时,通道中的热流密度总会有一些波动,如果某一个通道中的热流密度突然由 q_1'' 升高到 q_2'',则由于热流密度的突然增加,该通道沸腾段的沸腾就会加剧,蒸汽量增加。这一现象导致沸腾起始点附近产生瞬时局部压力升高,并将其前后流体分别向通道进口和出口两端推动,因而使进口流量减少而出口蒸汽量增加。与此同时,由于热流密度的增加和水流量的减少,通道的单相加热段 L_{no} 缩短,有一部分加热段变为沸腾段 L_B 的一部分;局部压力的升高会将一部分汽水混合物瞬间推向过热段,使过热段

L_{sup}缩短。这样,瞬时蒸汽量的增加和过热段的缩短都导致出口蒸汽温度 T_g 的下降,这是脉动的第一瞬时。由于局部压力升高,相应的饱和温度也升高,水加热到沸点所需要的显热也相应增加,于是蒸汽的产率下降;而此时进水少、排出的蒸汽多,所以局部的压力接着下降。但是,这样一来通道进口压力与局部点之间的压差增加了,因而进水量随之增加。随着进水量的增加,除去提高水的焓达到饱和的热量外,剩余用于汽化的热量减少,导致排除的蒸汽量逐渐减少,这时就又开始了非沸腾段增长,沸腾段缩短及过热段增长的过程。排气量的减少和过热段的增长都导致出口蒸汽温度的升高,这是脉动的第二瞬时。而从第二瞬时的局部压力开始下降起,相应的饱和温度也开始降低,于是蒸发率又开始增加。蒸发量的增加又促使局部压力升高,如此又恢复到第一瞬时的情况。由此可见,一旦发生一次扰动,就会连续地、周期性地发生流量和温度的脉动。与某一通道流量和温度发生变化的同时,与这一通道并联的其他通道的流量就会出现相反的变化,因而会产生周期性的管间脉动。流量的忽多忽少,使加热段、沸腾段和过热段的长度发生周期性的变化,因而通道中不同放热工况分界处的管壁就会交变地与不同状态的流体相接触,致使管壁温度周期性地波动,从而可能导致金属部件发生热疲劳破坏。

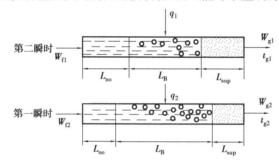

图 4-42　热流密度的变化对流动工况的影响

影响管间脉动的主要因素如下所述。

(1) 压力

压力越高,两相间的比体积相差越小,局部压力升高等现象就越不易发生,因而脉动的可能性也就越小。

(2) 出口含汽量

出口含汽量越小,汽水混合物体积的变化也越小,流动也就越稳定。

(3) 热流密度

热流密度越小,汽水混合物的体积由热流密度的波动而引起的变化也就越小,脉动的可能性也就越小。

(4) 流速

进口流速越大,阻滞流体流动的蒸汽容积增大现象也就越不易发生,因而可以减轻或避免管间脉动。

消除管间脉动,除了可以调节与以上因素有关的参数外,最有效的方法就是在加热通道的进口加装节流件,提高进口阻力。这样做可以使沸腾起始点附近产生的局部压力升高远低于进口压力,从而使流量波动减少,直至消除。

图 4-43 示出了节流件防止脉动的作用。曲线 2 表示正常工况下沿通道长度 L 的压力变化。曲线 1 为脉动过程中局部压力降低时沿通道长度 L 的压力变化。曲线 3 则为局部压力升

高时沿通道长度的压力变化,此时进入通道的水流量减小而出口蒸汽流量增加,若该局部压力超过进口压力 p_{in},则水就会倒流回去,沸腾起始点也就向进口方向移动。如果在并联的各个通道的进口都加装节流件,使节流件产生的压降超过可能的压力波动幅度,加装节流件后波峰时的压降特性如图中粗线所示,则脉动现象就可消除。那么节流件的压降究竟应该保持多大才能消除脉动呢? 实验表明,要防止脉动必须满足下列准则:

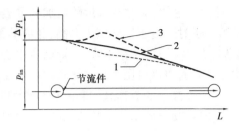

图 4-43 节流件对防止管间脉动的作用

$$\frac{\Delta p_{no} + \Delta p_{j}}{\Delta p_{B}} \geqslant a \tag{4-143}$$

式中 Δp_{no}——加热单相段的压降;

Δp_{j}——节流件产生的压降;

Δp_{B}——沸腾段的压降,当出口为过热蒸汽时还应加上过热段的压降。

a——一常数,取决于系统的工作压力 p 和通道中流体的质量流速 G。

根据式(4-143)算出节流件的压降 Δp_{j},即可确定所需节流件的开孔尺寸。该方法在锅炉水冷壁、反应堆堆芯进口及蒸汽发生器的传热管等得到广泛应用。

4) 热力振荡

热力振荡是指在流动膜态沸腾工况下,当流体受到扰动时,壁面蒸汽膜的传热性能发生变化,使壁面温度发生周期性变化。受恒热流密度加热的沸腾流道工作在膜态沸腾工况下,传热性能差,壁温高,受扰动后容易转变为过渡沸腾,传热性能变好,流体接受热量增加,壁温降低。低温制冷系统受到快速加热时的膜态沸腾区可能发生这种热力振荡,加热壁有可能交替处于过渡沸腾和膜态沸腾工况,壁面温度发生大幅度振荡。热力振荡循环必然伴有密度波振荡,但密度波振荡不一定会引起这种大幅度壁面温度变化的热力振荡。

5) 沸水堆不稳定性

沸水堆固有空泡反应性-功率反馈效应所导致。如果流动振荡的时间常数与反应性变化-燃料元件温度变化的时间常数相当时,该反馈效应则更为显著。

6) 压降振荡

当系统存在可压缩容积以及系统运行在接近水动力特性曲线的负斜率区时,有可能发生压降振荡。压降振荡频率比密度波振荡频率约小一个数量级(~0.1 Hz)。

压降振荡的一种物理解释如下:当系统的下游加热管(图 4-44)处于发生流量漂移的边缘,质量流速的微量下降就会引起该段流动阻力的增加。如果系统两端间的驱动压头保持不变,波动罐后的压力就会升高,迫使流体流入可压缩容积(波动罐)。与此同时,系统上游管段的压降和流量开始下降,下游段流量的进一步降低将会引起该管段阻力减小,波动罐下游接管的压力随之下降,于是流体离开可压缩体积流入下游。上述过程在可压缩体积与加热管段间的相互作用下往复进行,形成持续性的压降振荡。

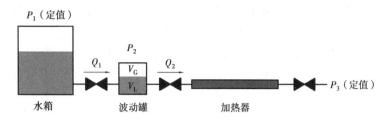

图 4-44　压降振荡

在上述讨论的各种不稳定性中,反应堆设计者最为关注的是流量漂移和密度波振荡。各种不稳定性或多或少与 Ledinegg 不稳定性有关,都可以从该流动不稳定性的分析出发进行分析计算。事实表明,只要反应堆设计得合理,这些不稳定性对反应堆的正常运行不会造成不利后果。

4.8　反应堆水力分析

为了在安全可靠的前提下尽量提高反应堆的输出功率,在进行热工设计之前,必须预先知道堆芯热源的空间分布和各个冷却剂通道内的流量。有了这两个数据,才能根据所选定的堆芯结构、燃料组件的几何尺寸、材料的热物性等,通过计算,确定整个堆芯的焓场、温度场,分析反应堆的安全性和经济性。堆芯释热率的分布已经在第 2 章进行了详细的讨论,这一节将讨论冷却剂在堆芯内各冷却剂通道之间的流量分配问题。

由于各种原因,进入堆芯的冷却剂并不是均匀分配的。对于不同类型的反应堆,造成流量分配不均匀的主要原因并不完全一样,所以必须根据具体堆型进行具体分析。就压水堆而言,造成流量分配不均匀的原因主要有:

①进入下腔室的冷却剂,不可避免地会形成许多大大小小的涡流区,从而可能造成各冷却剂通道进口处的静压力各不相同。

②各冷却剂通道在堆芯或燃料组件中所处的位置不同,其流通截面的几何形状和大小也就不可能完全一样,例如处在燃料组件边、角位置上的冷却剂通道,其流通截面和中心处的流量就可能不一样。

③燃料元件和组件制造、安装的偏量,会引起冷却剂通道流通截面的几何形状和大小偏离设计值。

④各冷却剂通道中的释热量不同,引起各通道内冷却剂的温度、热物性以及含汽量也各不相同,从而导致各通道中的流动阻力产生显著的差别。这是使流入各通道的冷却剂流量大小不同的一个重要原因。

从反应堆的总热功率确定所需要的冷却剂总流量并不困难,但要找出冷却剂在堆芯内的流量分配数据就不那么容易了。由于堆芯内冷却剂流动的复杂性,目前还不可能单纯依靠理论分析来解决堆芯流量的分配问题,而只能借助于描述稳态工况的冷却剂热工水力基本方程、已知的变量、边界条件以及一些经验数据或关系式,求得可能满足工程要求的堆芯流量分配的近似解。比较准确的流量分配,一般是在设计了堆本体之后,根据相似理论,通过水力模拟实验测量出来的,不过这也只能测得在冷态工况下的流量分布;有时甚至要在反应堆建成后进行堆内实际测量才能得到。目前快速发展的 CFD 方法,并伴随逐渐成熟的相关模型,正成为计算堆芯流量分配的一个非常重要的手段,而且也正在成为主流手段之一。

压水堆堆芯的成千上万个相互平行的冷却剂通道可以看作一组并联通道。堆芯的上下腔室就是这些平行通道的汇集处,依照计算模型的不同,并联通道通常被划分为闭式通道和开式通道两类。如果相邻通道的冷却剂之间不存在质量、动量的交换,就称这些通道为闭式通道,反之则称为开式通道。由棒束燃料组件组成的堆芯,在实际运行时相邻通道的冷却剂之间将发生混合或交混。但是,如果在热工水力计算中,不考虑这些通道之间的冷却剂的质量、动量和能量的交换,那就意味着仍然把这些通道当作闭式通道处理。下面以压水堆为例,具体讨论求解堆芯流量分配的方法。

4.8.1 动力堆水力结构及水力分析的边界条件

动力堆压力容器的整体结构如图 4-45 所示。典型的堆芯结构为燃料和冷却剂混杂布置。冷却剂通道具有共用的入口和出口联箱结构。压水堆的冷却剂通道之间是互通的,为开式通道结构。在这种情况下,堆芯可以认为是由冷却剂沿长度方向可以连续交混的平行通道所组成的非均质结构。

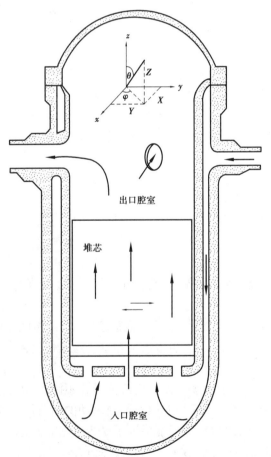

图 4-45　反应堆压力容器结构示意图

沸水堆和液态金属冷却反应堆的燃料组件则是有盒的结构,一组燃料棒包容在流动边界中形成一个燃料组件。这样在组件内形成了非均质连续质量、动量和能量交混的平行冷却剂通道。然而,液态金属冷却快堆中,因为存在高导热的金属钠,相邻组件间仍然存在可观的能量交换。

在所有的反应堆设计中,除了流过堆芯的冷却剂外,一般还有一部分的旁流去冷却堆芯的支撑结构和热屏等堆内构件,旁流与主流在堆芯的出口处混合。

在实际工程中,堆物理过程和热工水力行为是强耦合的量,不能单独讨论冷却剂的密度或燃料的温度分布。在密度变化较大的沸水堆稳态运行和压水堆及金属冷却快堆的瞬态运行等场合需要进行核热耦合分析。

实际的堆芯边界条件反映了反应堆燃料组件在流动回路中的物理布置。尽管在出口腔室的设计中一般能获得均匀的出口压力分布,而入口腔室的设计不可避免地会在各个组件中导致压力和流量在径向分布不均,需要考虑入口腔室内详细的流动结构以确定堆芯各个通道的入口压力和速度。在一些情形下,需要采用二维,甚至三维的分析方法。当把入口腔室中的流场纳入分析中后,就需要将合适的边界条件延伸到更上游的区域。例如,可以将边界条件延伸到压力容器的入口接管,在那里有确定的入口流量。然而,堆芯入口面的边界条件与入口联箱的相应区域的边界条件一般要合理匹配。

因为堆芯入口的压力和速度分布直接相关,任何将堆芯单独作为一个边界问题的分析都必须保证边界条件设置的一致性。

在以前的堆芯水力分析程序中,堆芯组件在回路中所能描述的特征很有限,反应堆设计和分析一般用简单系统回路结构和部件分别计算,然后再迭代耦合。这样,堆芯是在所施加的一定的边界条件下进行分离求解的。有两种基本的边界条件:压力边界条件及质量流量(速度)边界条件。具体使用哪种边界条件与所涉及的具体问题有关。比如亚音速流动或超音速流动(即马赫数 $Ma>1$),可压缩流动或不可压缩流动;空间维度,即一维或多维流动。这里我们仅讨论亚音速流动。总的来说,我们将流动看作可压缩流,在某些特殊情况下看作不可压缩流动。针对流动维度的问题,在堆芯通道和下腔室中的考虑是不同的。

4.8.2　单通道中的流动

流动条件一般按照密度与压力和焓的相关度来进行分类的。一般假设了 4 种单通道的边界条件:

①入口和出口压力边界条件。

②入口质量流量或流速边界条件,出口压力边界条件。

③入口压力边界,出口质量流量边界条件。

④入口和出口质量流量边界条件。

例如,对于典型的非加热可压缩流动,认为密度是压力的函数,即 $\rho(p)$,还必须设定一个基准焓值 h^* 。在加热不可压缩流动中,可以认为密度是焓的单值函数,即 $\rho(h)$,通常称为热膨胀流动。在具体运用中,可根据实际情况确定其中一种边界条件来进行计算。

1) 非加热通道

考察一个在入口和出口之间的可压缩单通道,密度为压力的单值函数,确定参考焓。对于可压缩亚音速流动,只需要设定通道两端一个边界条件就可以决定通道内的流动行为;而对于超音速流动,需要设定入口的两个边界条件,而出口的边界条件则对内部的流动不产生直接的影响。对于非加热不可压缩单通道,因为密度与压力无关,密度以及其他物性参数则用参考压力下的物性参数来表示。

考察一个非加热不可压缩流动。因为流体的密度采用参考压力和焓条件下的密度,流动条件不再单独受当地压力条件的影响,而只与通道的差压有关。因此该问题的边界条件为边界条件分类中的第一类:两端联箱间的压差。在通道长度方向质量流量均匀。而第二到第四类的边界条件成为设定质量流量。这些边界条件与参考压力和参考焓一道,定义了非加热不可压缩流动的问题。

2) 加热通道

对于加热可压缩流动,需要加入焓(或温度)边界条件。在实际情况中,只考虑通道截面平均参数,因此问题成为集总参数的一维问题。对于可压缩流动,表 4-11 总结了每种边界条件的特征。对于这种一维集总参数的方法,按单位长度加入的热量用等效体积释热率来表示。对于通道冷却剂接受燃料棒释热的情形,需要受第 1 章所述的设计限值的限制。

表 4-11　单加热通道在可压缩亚音速流动条件下的问题定义

	定流动条件			定压力条件
求解目标	焓 $h(z,t)$ 空泡份额 $\alpha(z,t)$ 压降 $p_{in}(t)-p_{out}(t)$			焓 $h(z,t)$ 空泡份额 $\alpha(z,t)$ 质量流量 $\dot{m}(z,t)$
约束条件	设计限值 几何 材料			设计限值 几何 材料
输入条件	能量产生率 $q'''(z,t)$,及/或表面热流密度 $q''(z,t)$ 摩擦阻力系数 $f(h,p,G,q'')$			能量产生率 $q'''(z,t)$,及/或表面热流密度 $q''(z,t)$ 摩擦阻力系数 $f(h,p,G,q'')$
边界约束	第二类边界条件 $\dot{m}_{in}(t),p_{out}(t)$ 入口焓 $h_{in}(t)$	第三类边界条件 $p_{in}(t),\dot{m}_{out}(t)$ 入口焓 $h_{in}(t)$	第四类边界条件 $\dot{m}_{in}(t),\dot{m}_{out}(t)$ 入口焓 $h_{in}(t)$	第一类边界条件 $p_{in}(t),p_{out}(t)$ 入口焓 $h_{in}(t)$

在加热不可压缩流动条件下,密度仅与当地焓有关,即为热膨胀流动。入口和出口的质量流速可以不同,但它们相互关联。对于第二类边界条件问题,除了需要确定质量流量外,还需要给出焓边界条件。

4.8.3　联箱相连的加热闭式多通道中的流动

图 4-46 给出了压水堆和沸水堆典型的燃料组件通过入口和出口联箱相连通道的情况。该种有 N 个一维通道的情形可以直接使用压力-压力的第一类边界条件。确定两端压力边界需要预先假设,或者知道两端联箱中的压力分布情况。而第二类到第四类的边界条件需要用联箱中的总质量流量形式来表达,而不是通道中的总流量。因此,对于 N 条平行通道,需要附加 N-1 个边界条件(第二类为入口条件,第三类为出口条件,第四类为两边)。该附加边界条件可以是入口压力分布。然而,这样所提供的是 N 个边界条件而不是 N-1 个。此外,如果能确定出口联箱的压力分布,这将可以确定所有通道的质量流量。当把这所有流量加起来,可能会与总流量存在差异。因此,指定入口压力将有可能会把这个问题变成超定问题。正确给定附加条件的方法为,在任意的参考压力 p^* 下(该参考压力 p^* 与定义密度所给定的压力不同)确定压力的径向分布。图 4-46 示出了第二类边界条件所需要的所有条件。因此,对于任意参考压力 p^*,需要给出 $N-1$ 个通道的相对压降。

$$p_{1,\text{in}} - p_{2,\text{in}}; p_{1,\text{in}} - p_{3,\text{in}}; \cdots; p_{1,\text{in}} - p_{N,\text{in}}$$

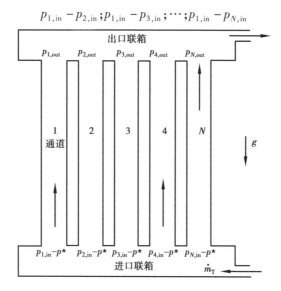

图 4-46　联箱相连的并联通道及第二类边界条件所需要确定的值

该边界条件包括总入口质量流量、入口径向压力梯度分布及出口压力水平。如果将第二类边界条件的入口条件和出口条件对换,则变成第三类边界条件。该两类边界条件涉及总的入口质量流量和两个联箱间压降梯度的径向分布。第四类边界条件则需要分别给出径向压力梯度分布和两个联箱的质量流量。

对于加热通道的不可压缩流动(即热膨胀流动),需要指定一个参考压力。边界条件的简化与前面讨论过的单通道热膨胀流的边界条件类似。第一类边界条件简化为指定压差。第二类及第三类边界条件简化为指定入口或出口压力梯度及总质量流量。第四类边界条件则与第二类或第三类边界条件相同。

对于所有边界条件组合,在同一个腔室中可指定各通道间的径向压力梯度。在大多数的情况下,可以认为各通道间的压强梯度为零,即

$$p_{\text{in}}(r) = 常数$$

即

$$\left.\frac{\partial p(r,t)}{\partial r}\right|_{in}=0$$

及/或

$$p_{out}(r) = 常数$$

得到各通道的压降相等的结论,即

$$\Delta p_1 = \Delta p_2 = \cdots = \Delta p_N \tag{4-144}$$

表 4-12 总结了加热多通道可压缩流动的问题定义,第四类边界条件在实际工程中不大可能会遇到。加热多通道问题可以通过忽略冷却剂物性与压力和焓的关系来简化,这对于大多数情况下的单相不可压缩冷却剂环境都是适用的。根据连续性的要求,各通道的质量流量之和应该等于总流量,因为假定为常物性问题,动量方程就可以不用耦合能量方程求解。

表 4-12　加热多通道在可压缩亚音速流动条件下的问题定义

	定流动条件		定压力条件
求解目标	焓 $h(z,r,t)$		焓 $h(z,r,t)$
	空泡份额 $\alpha(z,r,t)$		空泡份额 $\alpha(z,r,t)$
	压降 $p_{in}(r,t) - p_{out}(r,t)$		质量流量 $\dot{m}(z,r,t)$
约束条件	设计限值		设计限值
	几何		几何
	材料		材料
输入条件	释热率 $q'''(z,r,t)$,及/或表面热流密度 $q''(z,r,t)$		释热率 $q'''(z,r,t)$,及/或表面热流密度 $q''(z,r,t)$
	摩擦阻力系数,$f(h,p,G,q'')$		摩擦阻力系数,$f(h,p,G,q'')$
	第三类压力 $p_{in}(r,t)$	第二类压力 $p_{out}(r,t)$	第一类压力 $p_{in}(r,t)$ 及 $p_{out}(r,t)$
边界约束	压力梯度 $\left.\frac{\partial p(r,t)}{\partial r}\right|_{in}=0$	压力梯度 $\left.\frac{\partial p(r,t)}{\partial r}\right|_{out}=0$	
	总质量流量 $\dot{m}_T(t)_{out}$	总质量流量 $\dot{m}_T(t)_{in}$	
	入口焓 $h_{in}(r,t)$	入口焓 $h_{in}(r,t)$	入口焓 $h_{in}(r,t)$

对于两相流问题,可以类似地忽略密度的变化,这样质量和能量方程也可以部分解耦求解。例如,可以假设两相处于饱和状态,沿通道长度的压力变化不大,这样所有的物性参数都可以根据参考压力来计算。如果能忽略压力传播效应,采用加热不可压缩流动的假设仍然可以得到满意的结果。

然而,因为热膨胀流的密度与焓有关,某些位置的速度仍然需要求解能量和质量守恒方程。如果可以忽略密度与焓的关系,这样守恒方程就可以完全解耦独立求解。该类问题是最为基本的问题,在均相流模型及释热率表达为分析表达式的形式下可以很容易求得分析解。

4.8.4　开式加热多通道中的流动

开式通道中,允许发生流道之间的质量交换,这样就需要一个关于横向流的动量方程来描述该问题。这样的流动本质上是一种二维问题,与前述的一维问题处理方法不同。该二维的流动结构需要在每个进口有两个边界条件,每个出流面有一个边界条件。

因此,对于入口腔室设置为一维流动,并需要补充一个侧向速度。而对于流道侧面需要附加的边界条件与发生入流或出流有关。在以上两个问题中,我们讨论附加速度作为边界条件的情形。在侧面入流条件下,横向和轴向速度分量示于图 4-47 中。而对于出流的情形,只需要确定一个速度分量,我们称为侧向速度。完整的边界条件包括一维流道的轴向速度分量,以及适当的侧向分量条件。

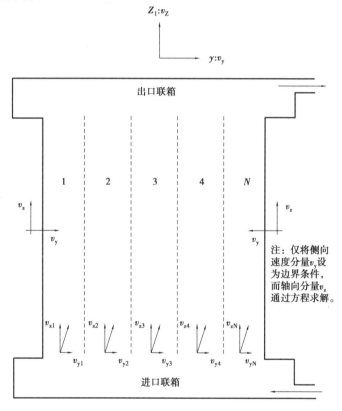

图 4-47　具有侧向速度入口边界的开式加热通道侧向速度边界条件

在实际工程中,这些问题通过设定入口腔室侧径向流量分布来求解。这样,N 个边界条件代替了 $N-1$ 入口径向压力分布加总流量的边界条件。然而,开式流道的横流在 $10 \sim 20$ 倍水力直径的位置已经基本消除了入口边界条件的影响,解的结果对径向速度及压力分布等边界条件并不敏感。但考虑到径向速度对传热的影响,特别是对某些特定点临界热流密度的影响,在实际工作中,该横向速度仍然是反应堆热工分析中的非常重要的内容,关于该问题将在下一章详细讨论。

思考题

4-1 单相流压降通常由哪几部分组成？试以压水堆稳态运行工况为例加以说明。

4-2 何谓多相流、单组分两相流、双组分两相流？酒精和水、二氧化碳和氧气算吗？

4-3 何谓流型？在竖直加热通道中汽水两相流主要存在哪些流型？特点是什么？研究流型对反应堆热工分析有何意义？

4-4 什么是空泡份额、滑速比？在汽水两相流中定义了哪三种含汽量，它们的含义是什么？在过冷沸腾区 x 和 x_e 是一回事吗？在饱和沸腾区呢，为什么？

4-5 两相流压降如何计算？模型有哪些？如何计算带有定位格架的棒状燃料元件组件的流动压降？

4-6 何谓自然循环？其物理机制是什么？对反应堆安全有何意义？

4-7 何谓临界流？为何要研究临界流，对反应堆热工设计有何意义？

4-8 流动不稳定性有哪些危害？如何分类？单相流系统中会出现流动不稳定性吗？为什么？

4-9 计算两相临界流的 Fauske 模型与 Moody 模型之间有没有差别，差别在哪里？

4-10 针对开式通道和闭式通道，其边界条件有哪些，各自的特点是什么？

习 题

4-1 某传热试验装置是由一根长为 1.2 m、内径为 13 mm 的垂直圆管组成的试验段。水从试验段顶部流出，经过一个 90°弯头后进入长 1.5 m 的套管式热交换器。假设热交换器安装在水平管道的中间部分，水在管内流动，冷却水在管外逆向流动。热交换器的内管以及把试验段、热交换器、泵连接起来的管道均为内径为 25 mm 的不锈钢管。回路高 3 m，总长 18 m，共有 4 个 90°弯头。在试验段的进出口都假设有突然的面积变化。回路的运行压力是 16 MPa，当 260 ℃ 的水以 5 m/s 的速度等温流过试验段时，求回路的摩擦压降。若试验段均匀加热，使试验段的出口水温变为 300 ℃（进水温度仍为 260 ℃），回路的压降又是多少？

4-2 试推导出汽水两相流的空泡份额 α、真实干度 x 和滑速比 S 之间的关系式。

4-3 某沸水堆冷却剂通道，高 1.8 m，运行压力 4.8 MPa，进入通道的水的过冷度为 13 ℃，离开通道时的含气量是 0.06，如果通道的加热方式是①均匀加热和②正弦加热（坐标原点在通道入口处），试分别计算通道不沸腾段长度和沸腾段长度（忽略过冷沸腾段和外推长度）。

4-4 现有一热工实验回路，竖直加热管道内径为 2 cm，高度为 2 m，冷却水的质量流量为 1.2 t/h，系统运行压力为 10 MPa，进口水比焓为 1 214 kJ/kg。对通道沿轴向均匀加热，热流密度为 6.7×10^5 W/m²。试计算加热通道内饱和沸腾起始点的高度，通道出口含气率及通道流动总压降（两相采用分相流模型）。

4-5　按下述条件计算内径为 5.1 cm 的沸腾通道出口处的摩擦压降梯度。流体为气水两相流,压力为 18 MPa,进口处饱和水的质量流量为 2.15 kg/s,出口质量含气率为 0.183。

4-6　水在截面积为 1.5×10^{-4} m² 的流道中流过,质量流量为 0.29 kg/s,压力为 7.2 MPa,质量含气率为 0.15,分别用①均相流模型;②Bankoff 变密度模型;③Dix 漂移流模型计算空泡份额。假设该情况下流型为搅混流。

4-7　某压水堆,运行压力 13.8 MPa,水平均温度为 340 ℃,一回路主管道直径为 0.3 m。在离压力壳出口管约 6 m 处突然发生断裂,端口是完整的而且与管道轴线相垂直,背压是大气压。试计算发生断裂瞬间的冷却剂丧失率。

4-8　现有一沸水堆系统如图 4-48 所示,满功率运行工况和自然循环运行工况的参数见表 4-13 所示,冷段管直径 $D_c = 0.661$ m,试计算①稳态自然循环的质量流量是全功率运行时的百分比;②该自然循环方式的余热排出能力。假设摩擦阻力系数可由 $f = 0.184Re^{-0.2}$ 计算。

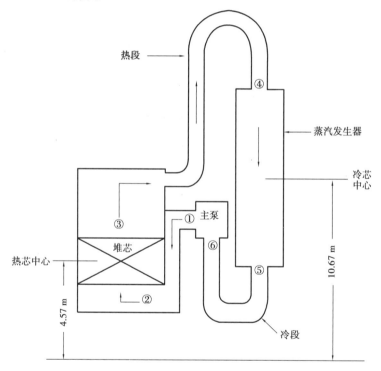

图 4-48　习题 4-7 图

表 4-13　习题 4-8 表

	Q_t/MWt	T_{in}/℃	T_{out}/℃	p/MPa	$\Delta p_{泵}$/MPa
满功率工况	2 772	291.7	321.1	15.17	0.62
自然循环工况	不确定	291.7	326.7	15.17	0.0

4-9　确定适用于分析以下 3 个试验段的水力和热边界条件集,这些试验段是在恒功率的

流量阻塞瞬态下进行的。考虑图 4-49(a)和(b)中的测试循环中每个测试部分的情况。试验段 1：具有流动阻塞的单通道，在轴向中间位置减少了 50% 的流通截面面积。试验段 2：两个相互连接的通道，其中一个通道具有试验段 1 所述的流动阻塞。试验段 3：20 个相互连接的通道，其中一个通道具有试验段 1 所述的流动阻塞。注意该问题有 6 个结果。

4-10　一位工程师建议，对多环路核反应堆的一次侧系统流量分析应仅使用第二类边界条件或第三类而不是第一类边界条件（见 4.8.2 节），因为系统环路可类比为静压联箱之间的通道。将环路表示为通道，总质量流量的连续性关系变为 $\dot{m}_{T,in} = 0$，因为环路从出口返回到入口，使在入口和出口腔室内流量的代数和均为零。请问这个提议可行吗？如果可行，为什么这个表示法只能有限地使用？根据反应堆回路的几何结构的原理图来回答。

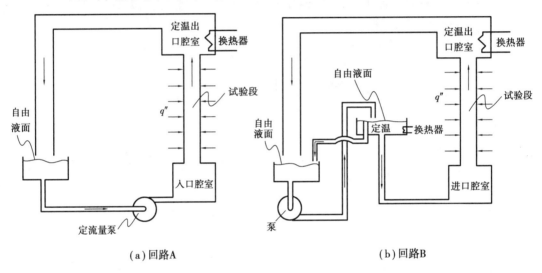

(a)回路A　　　　　　　　　　　(b)回路B

图 4-49　习题 4-9 图

第 5 章
堆芯稳态热工分析

5.1 核反应堆分析方法

每种核反应堆的通道类型决定了它所适用的模型和方法。其关键几何特征是燃料栅元结构是否包容在一个周期性的外燃料盒或通道中。如果有,则流动可以看作是一系列仅在联箱相连的平行通道所组成,假设流道的截面均匀就可以适用联箱连接的孤立通道的分析方法。如果没有外燃料盒包容这些燃料,对这些通道进行同步求解过程中,需要知道各冷却剂通道间的质量、动量和能量交换,适用于使用开式通道的分析方法。表 5-1 总结了动力堆堆芯热工分析所采用的方法,这些内容将在下面详细讨论。

表 5-1　动力堆堆芯热工分析方法

	反应堆	燃料组件
BWR/LMR	孤立通道(燃料组件间)	相互连通(冷却剂通道间)
PWR	相互连通(燃料组件间)	相互连通(冷却剂通道间)

5.1.1 沸水堆和液态金属堆堆芯分析

在沸水堆和液态金属堆的堆芯中,燃料元件在结构上和水力学上组成了燃料组件。在堆芯的整体分析中,这些组件假设为均质化的单一通道。因为组件间并不会发生相互的质量和动量交换,反应堆堆芯就可以看作由组件所代表的各个孤立通道在上下腔室连接的并行通道所组成,如图 5-1 左上所示。入口和出口条件是强耦合的,所采用的典型边界条件是描述堆芯进口径向压力梯度和出口压力水平,一般都假设均匀分布,并采用总入口流量条件。

如果需要了解单个燃料组件内各子通道的情况,组件可以假设是由多个平行、相互连通的子通道所组成,如图 5-1 右下部区域所示。这种情况与下面所讨论的压水堆的情况类似。而液态金属堆采用六角形的燃料栅元布置,如果在组件内径向功率梯度可以忽略,则可以假设燃料组件为一系列的同心环的子通道所组成。

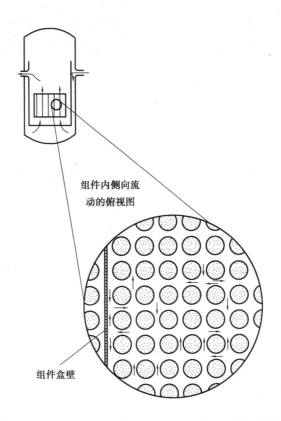

组件内侧向流
动的俯视图

组件盒壁

图 5-1 沸水堆堆芯内的燃料组件(LMR 堆芯的六边形栅元结构类似)

5.1.2 压水堆堆芯分析

为了操作方便,将压水堆的燃料组件机械地组成一个个的燃料组件。然而,压水堆堆芯组件间并没有盒壁将组件分隔开。所有区域子通道的冷却剂都与邻近区域相通。

传统上压水堆的分析采用两步方法来进行。第一步是将整个燃料组件视为均质化的单通道。在均质化处理过程中,假设该单通道有平均特性,其宏观行为与实际流道的总体特性相同,当然不直接考虑组件内的微观流动行为,这样就大大简化了计算工作量。实际上因为反应堆的流道太多,不可能直接考虑所有单个通道的热工水力问题。热工分析的第一步的主要目标是确定堆芯和"热"组件的宏观行为。

第一步也得到了通过热组件侧面的横向质量、动量和能量交换。接下来热工分析的第二步则采用第一步分析所得到的侧向边界条件,对热组件内的特性进行分析。这一步主要关注反应堆一些特殊的区域,需要注意的是该两步分析法在可接受的计算代价的前提下确定热组件,然后分析热组件内的行为。此外,还开发了单步法/并行法分析热通道附近代表均匀假设条件下的反应堆堆芯剩余的其他通道。

5.1.3 集总及分布参数法

确定开式通道的各个流道之间的相互窜流是反应堆堆芯分析的主要挑战。对于这样的开式通道问题,采用三维瞬态多离散区域的求解是最理想的分析方法,但从工程的角度来看,这样的方法既不必要也不实际。需要对该问题引入必要的假设,将该问题转化为容易处理的问题。该简化的问题可以是需要采用计算机的目前最为先进的复杂方法,例如子通道分析方法,也可以是可手算的方法,例如孤立单元法。在每种方法中,需要不同程度地确定计算的单元并对一定的区域进行均质化,这些问题将在后面逐一讨论。

在对堆芯热工的稳态求解的步骤中,第一步是确定究竟是采用热力学系统的方法,还是采用控制体的方法。因为燃料组件由固定的燃料棒和流动的冷却剂组成,采用系统的方法并不方便,因此基本上所有的分析方法都基于控制体方法。定义控制体的形状和尺寸因方法不同而不同。这些方法根据以下问题进行分类:

①连续介质的基本守恒方程是针对集总参数还是分布参数的。

②所选择的燃料组件是孤立的组件还是与周围区域相连通的组件。

因为以上的问题涉及两种大的分析策略,将以上两个方面进行组合,可以得到 4 种不同的燃料棒束分析方法:

①集总参数—区域孤立。

②集总参数—区域连通。

③分布参数—区域孤立。

④分布参数—区域连通。

集总参数法意味着燃料组件划分为均质的区域,每个均质区域的各个性质都只有一个数值。这种方法中,每个均质区域或控制体中的性质没有空间梯度。与之相反,分布参数法指组件的各个性质都是空间相关的,根据空间点不同而不同。以上方法分别称为集总参数(LP)法和分布参数(DP)法。

对于集总参数法,燃料组件中的冷却剂区域细分为控制体。子通道方法是集总参数法的特例,燃料组件分解为对称通道。燃料棒部分与每个通道相联系,可以采用边界条件方法联系起来,也可以用燃料和包壳控制体与相邻的子通道联系起来。然而,采用这种与相邻冷却剂子通道联系起来的方法给分析引入了额外的复杂性。

5.2　热管因子和热点因子

在反应堆的热工设计中,一般都先考虑反应堆在名义(设计)值下的运行特性,然后评估反应堆的一些参数变化对性能的影响。热点因子和热管因子就可以用于评估实际反应堆因各种累积效应的原因所导致性能偏离设计工况的程度。

有几个例子可以说明在反应堆设计中引入热点因子和热管因子后让一些设计原则更加清晰。在早期的压水堆设计中,使用了热流密度热点因子 F_q。该因子定义为堆芯中可能发生的最高热流密度与堆芯平均热流密度的比值。与之类似,膜温差热点因子 F_θ 定义为堆芯中包壳和冷却剂间最大的膜温差与平均膜温差的比值。最后,使用了冷却剂在热通道的温升热管因子 $F_{\Delta T}$ 或焓升热管因子 $F_{\Delta H}$。冷却剂的温升热管因子 $F_{\Delta T}$ 定义为温度上升最高的燃料组件出入口温升与堆芯的平均温升的比值。焓升热管因子 $F_{\Delta H}$ 定义为温度上升最高的燃料组件出入口焓升与堆芯所有通道的平均焓升的比值。注意,如果冷却剂的比热容与温度无关时,则 $F_{\Delta T}$ 和 $F_{\Delta H}$ 两者在数值上是相同的。

5.2.1 核热管因子和核热点因子

在反应堆内,即使燃料元件的形状、尺寸、密度和裂变物质富集度都相同,堆内中子注量率的分布也是不均匀的。再加上堆芯内存在控制棒、水隙、空泡以及在堆芯周围存在反射层,就更加重了堆芯内中子注量率整体和局部分布的不均匀性。显然,与上述中子注量率分布相对应,堆芯内的热功率分布也就不会均匀。当不考虑堆芯进口处冷却剂流量分配的不均匀,以及不考虑燃料元件的尺寸、性能等在加工、安装、运行中的工程因素所造成的偏差,单纯从核的原因来看,堆芯内就存在着某一积分功率输出最大的燃料元件冷却剂通道,这种冷却剂通道通常称为热管或热通道。同时,堆芯内还存在着某一燃料元件表面热流密度最大的点,这种点通常称为热点。从安全的角度看,作为限制性条件,热管和热点对确定堆芯功率的输出量起着决定性的作用。

热管和热点的定义及其应用是随着反应堆的设计、制造、运行经验的积累和计算模型以及计算工具的发展而不断发展的。在早期设计的反应堆中,整个堆芯内所装载的裂变物质的富集度是相同的,燃料组件的形状和尺寸也是相同的,堆芯进口处流入各燃料元件冷却剂通道内的流体温度和流量的设计值也认为相同。在这种情况下,整个堆芯中积分功率输出最大的燃料元件冷却剂通道必然就是热管。在反应堆的物理和热工设计中,为了保证堆的安全,通常保守地将堆芯内的中子注量率局部峰值人为地都集中到热管内。这样一来,热点自然也就位于热管内,也就是说热管包含了热点。同时还保守地假定,径向核热管因子 F_R^N 沿热管全长是常数,热管的轴向归一化功率分布 $\phi(z)$ 与堆芯其余冷却剂通道的轴向功率分布相同,即热管的轴向归一化功率仅为轴向位置的函数,与径向无关。很显然,按照上述方法确定的热管和热点,其工作条件肯定是堆芯内最"热"的了。因此只要保证热管的安全,而无须再烦琐地计算堆内其余燃料元件和冷却剂通道的热工参数,就能保证堆芯其余燃料元件的安全了。这就是为什么在反应堆发展的早期,在堆热工设计中采用热管和热点分析模型(后面称为单通道模型的堆芯稳态热工设计)的原因。

相应于热管,我们引入平均管的概念。平均管是一个具有设计的名义尺寸、平均的冷却剂流量和平均释热率的假想通道,平均管反映整个堆芯的平均特性。引入热点、热管和平均管概念的意义在于:在堆的额定功率、传热面积以及冷却剂流量等条件确定以后,确定堆芯内热工参数的平均值是比较容易的问题。但堆芯功率的输出并非取决于热工参数的平均值,而是取决于堆芯内最恶劣的局部热工参数值。要得到局部的热工参数却不是一件容易的问题。为了衡量各有关的热工参数最大值偏离平均值的程度,引进了热管、热点和平均管的概念。在此基础上引入热管因子和热点因子。通常把热管因子分为核热管因子和工程热管因子两大类。此外,还可以分为热流密度热管因子和焓升热管因子两大类。

为了定量表征热管和热点的工作条件,堆芯功率分布的不均匀程度常用热流密度核热点因子 F_q^N 来表示。在单通道模型中,人为地把热点设于热管内,故 F_q^N 有时也称为热流密度核热点因子。如果不考虑堆芯中控制棒、水隙、空泡和堆芯周围反射层的影响,则热流密度核热点因子定义为

$$F_q^N = \frac{\text{堆芯最大热流密度}}{\text{堆芯平均热流密度}} = \frac{q''_{\max}}{\overline{q''_m}} = F_R^N F_Z^N \tag{5-1}$$

式中　$\overline{q''_m}$ ——平均管的热流密度;

　　　F_R^N ——径向核热管因子;

　　　F_Z^N ——轴向核热管因子。

在实际计算中,还必须考虑控制棒、水隙、空泡等局部因素对功率分布的影响,还应考虑到堆芯核设计中如应用 R-Z 坐标(断面径向-轴向坐标)计算时的方位角影响,以及核计算不准确性所造成的误差,故上式应改写为

$$F_q^N = F_R^N F_Z^N F_L^N F_\theta^N F_U^N \tag{5-2}$$

式中　F_L^N——控制棒等局部因素造成的局部峰核热点因子;

　　　F_θ^N——方位角修正系数;

　　　F_U^N——核计算误差修正系数。

由于 $\dfrac{q'''_{max}}{\overline{q'''}} = \dfrac{q''_{max}}{\overline{q''}} = \dfrac{q'_{max}}{\overline{q'}} = F_q^N$,故 $q'''_{max} = F_q^N \overline{q'''}$,$q''_{max} = F_q^N \overline{q''}$,$q'_{max} = F_q^N \overline{q'}$。$q'''_{max}$、$q''_{max}$、$q'_{max}$ 分别为最大体积释热率、最大表面热流密度和最大线功率密度;而 $\overline{q'''}$、$\overline{q''}$、$\overline{q'}$ 则分别为平均体积释热率、平均表面热流密度和平均线功率密度。平均线功率密度的计算式为:

$$\overline{q'} = \frac{\dot{Q}_t F_u}{nL} \tag{5-3}$$

式中　$\dot{Q}_t$——堆热功率;

　　　F_u——燃料中的释热份额;

　　　n——全堆燃料元件总根数;

　　　L——堆芯高度。

根据上述的定义,热管中的积分功率输出 Q_{max} 可表示为:

$$Q_{max} = \left(\int_0^L q'(z)\,dz\right)_{max} = \int_0^L \overline{q'} F_R^N F_L^N F_\theta^N \phi(z)\,dz$$

热管和平均管中冷却剂焓升的比值,称为焓升核热管因子,并用 $F_{\Delta H}^N$ 表示。即:

$$F_{\Delta H}^N = \frac{热管最大焓升}{堆芯平均管焓升} = \frac{\Delta h_{max}}{\overline{\Delta h}}$$

如果整个堆芯装载完全相同的元件,又假设热管和平均管内冷却剂的流量相等,并忽略其他工程因素影响,则堆芯冷却剂的焓升核热管因子 $F_{\Delta H}^N$ 就等于径向核热管因子 F_R^N,即

$$F_{\Delta H}^N = \frac{热管平均线功率 \times 堆芯高度 / 冷却剂流量}{平均管平均线功率 \times 堆芯高度 / 冷却剂流量}$$

$$= \frac{\int_0^L \overline{q'} F_R^N \phi(z)\,dz}{\overline{q'} L} = \frac{F_R^N \int_0^L \phi(z)\,dz}{L} = \frac{F_R^N \overline{\phi}(L) L}{L} = F_R^N \overline{\phi}(L)$$

由于轴向归一化功率分布 $\phi(z)$ 是对轴向全长 L 的功率平均值来归一化的。故 $\overline{\phi}(L)$ 等于 1,于是有:

$$F_{\Delta H}^N = F_R^N \tag{5-4}$$

在实际计算热管冷却剂焓升时,还应计入 F_L^N 及 F_θ^N 两个因子的影响,一般常将这两个因子归并计入 F_R^N 中。

如果上面单独由核的原因引起的热流密度核热点因子 F_q^N 和焓升核热管因子 $F_{\Delta H}^N$ 用有关热工参数的名义(设计)值表示,则它们也可以改写成如下的形式:

$$F_q^N = \frac{\text{堆芯名义最大热流密度}}{\text{堆芯平均热流密度}} = \frac{q_{n,\max}}{\overline{q}} \tag{5-5}$$

$$F_{\Delta H}^N = \frac{\text{堆芯名义最大焓升}}{\text{堆芯平均管焓升}} = \frac{\Delta h_{n,\max}}{\overline{\Delta h}} \tag{5-6}$$

5.2.2 工程热管因子和工程热点因子

上面关于热流密度核热点因子 F_q^N 和焓升核热管因子 $F_{\Delta H}^N$ 的定义式中,所涉及的燃料元件的热流密度和冷却剂的焓升,都是用的名义值,即没有考虑诸如燃料元件等在加工、安装及运行中的各类工程因素所造成的实际值与设计值之间的偏差。但在实际工程计算中,都必须考虑这些工程因素所造成的偏差。

上述工程上不可避免的误差,会使堆芯内燃料元件的热流密度、冷却剂流量及焓升、燃料元件的温度等偏离名义值。为了定量分析由工程因素引起的热工参数偏离名义值的程度,这里引出了热流密度工程热点因子 F_q^E 和焓升工程热管因子 $F_{\Delta H}^E$ 的概念。即

$$F_q^E = \frac{\text{堆芯热点最大热流密度}}{\text{堆芯名义最大热流密度}} = \frac{q_{h,\max}}{q_{n,\max}} \tag{5-7}$$

$$F_{\Delta H}^E = \frac{\text{堆芯热管最大焓升}}{\text{堆芯名义最大焓升}} = \frac{\Delta h_{h,\max}}{\Delta h_{n,\max}} \tag{5-8}$$

综合考虑核和工程两方面的因素后,定义热流密度热点因子 F_q 和焓升热管因子 $F_{\Delta H}$ 为:

$$F_q = F_q^N F_q^E = \frac{q_{n,\max}''}{\overline{q''}} \cdot \frac{q_{h,\max}''}{q_{n,\max}''} = \frac{q_{h,\max}''}{\overline{q''}} \tag{5-9}$$

$$F_{\Delta H} = F_{\Delta H}^N F_{\Delta H}^E = \frac{\Delta h_{n,\max}}{\overline{\Delta h}} \cdot \frac{\Delta h_{h,\max}}{\Delta h_{n,\max}} = \frac{\Delta h_{h,\max}}{\overline{\Delta h}} \tag{5-10}$$

同时考虑核和工程两方面的因素后,对热管和热点的定义可阐述为:热管是堆芯内具有最大焓升的冷却剂通道。这里所说的冷却剂通道,在按正方形栅格排列的棒束燃料组件中,它是由 4 根相邻的燃料元件棒所围成的冷却剂通道;而在按三角形栅格排列的棒束燃料组件中,则是由 3 根相邻的燃料元件棒所围成的冷却剂通道。至于热点,则是燃料元件上限制堆芯功率输出的局部点。

为了更清楚地表现,下面将用数学表达式来说明单通道分析模型中热管和热点上热工参数的计算方法,同时也说明热管因子和热点因子的用法。

热管冷却剂焓升为:

$$\Delta h_{h,\max} = \frac{\int_0^L \overline{q'} F_R^N F_{\Delta H}^E \phi(z) \, dz}{W} \tag{5-11}$$

该式中 F_R^N 中已经包含 F_L^N 及 F_θ^N。燃料元件表面最大热流密度 $q_{h,\max}'' = \overline{q''} F_q^N F_q^E$。

燃料元件温度的计算,以燃料包壳外壁的膜温差为例:

$$\Delta\theta_a(z) = \frac{q'(z)}{\pi d_{co} h(z)} = \frac{\overline{q'} F_R^N F_q^E \phi(z)}{\pi d_{co} h(z)}$$

在以上计算中,F_q^E 和 $F_{\Delta H}^E$ 都取不利于安全的工程偏差,因此这些因子都大于1。所以,在考虑了工程因素的影响后,计算得到的燃料元件最高温度比没有考虑工程偏差时的要高。正

因为如此,在反应堆热工设计中又称这两者为工程不利因子。

目前,在子通道分析模型中,热管被定义为冷却剂焓升最高的燃料元件冷却剂通道。由式(5-11)可见,热管出现在积分功率输出和冷却剂流量的比值最大的位置上,而并不一定发生在积分功率输出最大或冷却剂流量最小的通道。但在目前动力堆采用开式通道的情况下,堆芯进口对冷却剂流量分配不均的影响只有在离进口 0.6 m 左右的长度表现出来,再往后其影响就很小了;因而堆芯内热管的位置主要取决于冷却剂通道全长上积分功率输出的大小,而堆芯进口冷却剂的流量分配不均仅起着较小的作用。至于热点,则仍然是燃料元件上限制堆芯功率输出的局部点。

在子通道分析模型中,可直接根据堆芯三维功率分布、焓升工程热管因子和热流密度工程热点因子计算出燃料元件的温度。下式根据这种模型写出的一根燃料元件棒外表面温度的计算公式:

$$T_{co}(x,y,z) = T_{f,in} + \frac{\int_0^x q'(x,y,z)F_{\Delta H}^E dz}{W(x,y,z)\cdot c_p} + \frac{q'(x,y,z)F_q^E}{\pi d_{co}h(x,y,z)}$$

5.2.3　降低热管因子和热点因子的途径

热管因子及热点因子是影响反应堆热工设计安全性和经济性的重要因素,也是动力堆的重要技术性能指标之一。因此,在反应堆设计时必须设法降低它们的数值。热管因子及热点因子是由核和工程两方面不利因素造成的,因而要减小它们的数值也必须从下述两个方面着手。

(1)在核方面

主要是沿堆芯径向装载不同富集度的核燃料,在堆芯周围设置反射层,在堆芯径向不同位置布置一定数量的控制棒和可燃毒物棒。以上几种方法只能部分改善堆芯径向功率分布的不均匀性。至于展平堆芯的轴向功率分布,实际上只能采用设置反射层或长短控制棒结合的方法来实现。

(2)在工程方面

主要是合理地控制有关部件的加工及安装误差,同时需要兼顾工程热管因子和工程热点因子数值的减小和加工费用的增加两者之间的平衡。通过合理的结构设计和反应堆水力模拟实验,改善堆芯下腔室的冷却剂流量分配的不均匀性。加强堆芯内相邻冷却剂通道间的流体横向交混,以降低热管内冷却剂的焓升。

随着反应堆设计、建造和运行经验的积累,热管因子及热点因子的数值也在逐渐降低。表5-2 列出了核电厂压水堆的热管因子及热点因子在不同年代的取值。从表中可以看到 F_q^E 和 $F_{\Delta H}^E$ 的值都大于1,因为都是取不利于安全的工程偏差(仅流动交混因子 $F_{\Delta H,5}^E<1$,但所有工程分因子综合后的 $F_{\Delta H}^E$ 仍大于1)。因此在考虑了工程因素的影响后,计算所得的燃料元件的最高温度比没有考虑工程偏差时的要高。

表 5-2　各个年代核电厂压水堆的热管因子和热点因子

符号	20世纪50年代设计,60年代初运行	20世纪60年代设计,60年代末运行	20世纪60年代中设计,70年代初运行	20世纪70年代设计,70年代中初运行	20世纪90年代后设计,21世纪后运行
F_R^N		1.60	1.46	1.435	1.35
F_z^N		1.80	1.72	1.67	1.50
F_U^N		1.08	1.08	1.08	1.05
$F_q^N = F_R^N F_Z^N F_U^N$		3.11	2.71	2.59	2.026
F_q^E	1.08	1.04	1.04	1.03	1.03
$F_q = F_q^N F_q^E$	5.17	3.24	2.82	2.67	2.087
$F_{\Delta H,1}^E \cdot F_{\Delta H,2}^E$	1.14	1.14	1.08	1.08	
$F_{\Delta H,3}^E$	1.07	1.07	1.03	1.03	
$F_{\Delta H,4}^E$	1.05	1.05	1.05	1.05	
$F_{\Delta H,5}^E$		0.95	0.92	0.92	0.90
$F_{\Delta H}^E = \prod_{i=1}^{5} F_{\Delta H,i}^E$	1.28	1.22	1.075	1.075	1.028
$F_{\Delta H}^N = F_R^N F_U^N$		1.73	1.58	1.545	1.417
$F_{\Delta H} = F_{\Delta H}^N F_{\Delta H}^E$		2.11	1.70	1.67	1.457

5.2.4　热管因子和热点因子的工程应用

关于工程热管因子和工程热点因子的综合计算,先后有两种方法在实用中采用较多,一种是乘积法,另一种是混合法。在反应堆发展的早期,热流密度工程热点因子 F_q^E 和焓升工程热管因子 $F_{\Delta H}^E$ 的计算都采用乘积法。这种方法通常是把所有工程偏差都看作是非随机性质的,在综合计算影响热流密度的各工程偏差时,保守地采用了将各个工程偏差值相乘的方法,即所说的乘积法;综合计算影响冷却剂焓升的工程偏差时也同样采用乘积法。乘积法的含义就是指把所有有关的最不利的工程偏差都同时集中作用在热管或热点上。所谓最不利的工程偏差,是指在综合计算时取对安全不利方向的最大工程偏差。由上可见,乘积法虽然满足了堆内燃料元件的热工设计安全要求,但却降低了堆的经济性。

目前广泛应用的方法是混合法,这种方法把燃料元件和冷却剂通道的加工、安装及运行中产生的误差分成两大类:一类是非随机误差,或称为系统误差,例如由堆芯下腔室流量分配不均、流动交混及流量再分配等因素造成的热管冷却剂实际焓升与名义焓升间的偏离;另一类是随机误差或统计误差,如燃料元件及冷却剂通道尺寸的加工、安装误差。在计算焓升工程热管因子时,因存在两类不同性质的误差,所以首先应分别计算各类误差所造成的分因子量,如属非随机误差,则按前述乘积法计算分因子量;如属随机误差,则按误差分布规律用相应公式计算;然后再将不同误差性质的两大类焓升工程热管因子逐个相乘得到总的焓升工程热管因子。同理,在计算热流密度工程热点因子时,也应按其各类误差的性质分布进行计算。由上可见,混合法的实质是把工程误差分为非随机误差与随机误差两大类,先分别计算各类误差,最后再把它们综合起来。

用随机误差进行计算时,认为所有有关的不利工程因素是按一定的概率作用在热管和热点上的。与前述非随机误差的计算相比,有几点不同:①取"不利的工程因素"而非"最不利的工程因素";②"按一定的概率作用在热管和热点上",而非"必然同时集中作用在热管和热点上";③有一定的可信度(即概率)而非"绝对安全可靠"。

标准误差的定义为

$$\sigma = \sqrt{\frac{1}{N}\sum_{i=1}^{N}(x_i - x_0)^2} \tag{5-12}$$

式中 x_i——第 i 个样本的值;

x_0——名义期望值;

N——总的样本数。

标准误差 σ 的意义是指在一批产品中某种零件加工后的实际尺寸与标准尺寸的偏差值平方和的均方根。在核工程中,常取标准误差的 3 倍作为极限误差,用符号 $[3\sigma]$ 表示,即

$$[3\sigma] = 3\sigma \tag{5-13}$$

在 $\pm x$ 范围内,如果该值的分布满足正态分布,则误差出现的概率 p 为误差函数:

$$p = \int_{-x}^{x}\frac{1}{\sqrt{2\pi}\sigma}e^{-\frac{x^2}{2\sigma^2}}dx = \frac{1}{\sqrt{\pi}}\int_{-x}^{x}e^{-\frac{x}{\sqrt{2}\sigma}}d\left(\frac{x}{\sqrt{2}\sigma}\right) = \frac{1}{\sqrt{\pi}}\int_{-t}^{t}e^{-t^2}dt \tag{5-14}$$

式中,$t = \frac{x}{\sqrt{2}\sigma}$。用不同的 x 值代入式(5-14),即得到:

当 $x = \pm\sigma$ 时,$p = 68.3\%$;

当 $x = \pm2\sigma$ 时,$p = 95.6\%$;

当 $x = \pm3\sigma$ 时,$p = 99.7\%$;

也就是说,在 $\pm3\sigma$ 范围内,高斯曲线与横坐标之间的面积(即概率)为 99.7%,而在 $\pm3\sigma$ 范围之外的概率只有 0.3%。在反应堆的燃料元件加工中,负误差不影响堆的安全,故求取合格范围内的概率时,积分的下限和上限分别取 $-\infty$ 与 $\pm3\sigma$,在这个范围内的概率近似写为 99.87%。

以上误差是针对直接测量量的误差分析。有些物理量在某些场合不能或不便直接测量,那么就只能借助于直接测量一些与这些物理量有关的物理量,再计算求得,这种量就称为间接测量量。对于能直接测量的物理量本身,在测量时不可避免地会出现一定的误差,这就使得间接测量值也会产生一定的误差。间接测量误差的计算可以采用误差传递的方法来计算。

设间接测量值 Q 是直接测量值 $q_1,q_2,\cdots,q_n$ 的函数,各个 q 的误差为 $\sigma_{q_1},\sigma_{q_2},\cdots,\sigma_{q_n}$,这将使 Q 产生一个误差 ΔQ,这个 ΔQ 就称为间接测量误差。如果 q_i 的误差 σ_{q_i} 属于随机性质,且服从正态分布,则 ΔQ 也属于随机性质,并且也服从正态分布。

采用相对误差表示直接测量值的误差,较绝对误差更能反映误差的特性。在实际使用中,一般采用相对均方根误差

$$\sigma_Q = \frac{\Delta Q}{Q} \tag{5-15}$$

式中 Q——某一物理量的名义值;

ΔQ——该物理量均方误差的绝对值。

应用在间接测量中的误差传递公式,则 Q 的相对标准差可以表示为

$$\sigma_Q = \sqrt{\left(\frac{\partial Q}{\partial q_1}\right)^2\left(\frac{\sigma_{q_1}}{Q}\right)^2 + \left(\frac{\partial Q}{\partial q_2}\right)^2\left(\frac{\sigma_{q_2}}{Q}\right)^2 + \cdots + \left(\frac{\partial Q}{\partial q_n}\right)^2\left(\frac{\sigma_{q_n}}{Q}\right)^2} \tag{5-16}$$

在堆热工计算中也是这样,如果一个工程热点分因子(或热管分因子)是某些物理量的函数,而且这些物理量的误差是各自独立地符合正态分布的随机误差,那么该工程热点分因子(或热管分因子)也将服从正态分布。

下面根据前述工程热管因子和热点因子的计算方法,先分别计算各分因子的值,而后再综合成总的工程热管因子及工程热点因子。

1)热流密度工程热点因子 F_q^E

热流密度工程热点因子包含4个方面的影响因素,即燃料芯块的直径、密度、裂变物质的富集度以及燃料包壳外径的加工误差。这些误差都是随机性质的,实测表明符合正态分布,且各个影响因素的误差值是互不相关的独立变量,它们将使燃料元件包壳外表面热流密度偏离名义值。

燃料元件包壳外表面热流密度与局部点的燃料芯块质量和富集度成正比,而质量又与密度和横截面积成正比。所以热流密度正比于燃料芯块的富集度 e、密度 ρ 和横截面积 A。热流密度还与燃料元件包壳外表面成反比,而包壳外表面积与包壳外径 $d_{co,n}$ 成正比,所以热流密度与元件包壳外径成反比,即

$$q''_{n,max} \propto e_n \rho_n d_{u,n}^2 / d_{co,n}$$

式中 $q''_{n,max}$——燃料元件表面热流密度名义最大值。

在反应堆设计中,常取极限误差 3σ 作为合格产品的允许误差范围。此时,落在 $(-\infty, +3\sigma)$ 内的概率为 99.87%。包壳外表面热流密度的极限相对误差值为

$$\left[\frac{3\sigma_q^E}{q''_{n,max}}\right] = 3\sqrt{\left(\frac{2\sigma_{q_1}}{d_{u,n}}\right)^2 + \left(\frac{\sigma_\rho}{\rho_n}\right)^2 + \left(\frac{\sigma_e}{e_n}\right)^2 + \left(\frac{\sigma_{d_{co}}}{d_{co,n}}\right)^2} \tag{5-17}$$

式中 $3\sigma_q^E$——工程上不利因素引起的燃料元件表面热流密度极限误差;

$q''_{n,max}$——燃料元件表面热流密度名义最大值;

$d_{u,n}, \sigma_n$——分别为燃料元件芯块直径的名义值及均方差;

ρ_n, σ_p——分别为芯块密度的名义值及均方差;

$d_{co,n}, \sigma_{co}$——分别为燃料元件包壳外径的名义值及均方差。

最后可得热流密度工程热点因子为:

$$F_q^E = \frac{q''_{h,max}}{q''_{n,max}} = \frac{q''_{n,max} + \Delta q''}{q''_{n,max}} = 1 + \frac{\Delta q''}{q''_{n,max}}$$

故:
$$F_q^E = 1 + 3\left(\frac{\sigma_q^E}{q''_{n,max}}\right) \tag{5-18}$$

2)焓升工程热管因子 $F_{\Delta H}^E$

对于压水堆,焓升工程热管因子 $F_{\Delta H}^E$ 由5个分因子组成。

①由芯块直径、密度及裂变物质富集度的加工误差引起的焓升工程热管分因子 $F_{\Delta H,1}^E$。

这几项均属随机误差,故类似于 F_q^E 的求法,可写为

$$\left[\frac{3\sigma_{\Delta H,1}^E}{\Delta h_{n,max}}\right] = 3\sqrt{\left(\frac{2\sigma_{du,hc}}{d_{u,n}}\right)^2 + \left(\frac{\sigma_{\rho,hc}}{\rho_n}\right)^2 + \left(\frac{\sigma_{e,hc}}{e_n}\right)^2}$$

式中 $\left[\frac{3\sigma_{\Delta H,1}^E}{\Delta h_{n,max}}\right]$——由燃料芯块直径、密度和燃料富集度偏离名义值引起的热管冷却剂的焓升极限相对误差。

由于热管焓升是对通道全长上的冷却剂焓升而言的,上式各均方差均有下标 hc,即表示计算均方差应取热管全长上误差的平均值,如

$$\sigma_{\mathrm{du,hc}} = \sqrt{\frac{\Delta \overline{d_{\mathrm{u,1}}^2} + \Delta \overline{d_{\mathrm{u,2}}^2} + \cdots + \Delta \overline{d_{\mathrm{u,N}}^2}}{N}} \tag{5-19}$$

最后可得

$$F_{\Delta\mathrm{H,1}}^E = 1 + 3\left(\frac{\sigma_{\Delta\mathrm{H,1}}^E}{\Delta H_{\mathrm{n,max}}}\right) \tag{5-20}$$

②由燃料元件冷却剂通道尺寸的加工误差引起的焓升工程热管分因子 $F_{\Delta\mathrm{H,2}}^E$。

在影响 $F_{\Delta\mathrm{H,2}}^E$ 的 3 个因素中,燃料元件包壳外径的加工误差和燃料元件栅距的安装误差都属于随机误差,第三个因素是运行后燃料元件的弯曲变形。要想取得在燃料元件全长上由弯曲变形所造成的通道尺寸的平均误差,也是相当困难的。故从保守角度出发,弯曲变形量取最大值,并且作为非随机误差处理,也就是运用乘积法处理。

$$F_{\Delta\mathrm{H,2}}^E = \frac{\Delta h_{\mathrm{h,max,2}}}{\Delta h_{\mathrm{n,max}}} = \frac{Q_{\mathrm{n,max}}/W_{\mathrm{h,min,2}}}{Q_{\mathrm{n,max}}/\overline{W}} = \frac{\overline{W}}{W_{\mathrm{h,min,2}}}$$

式中　$Q_{\mathrm{n,max}}$——热管中的名义最大积分输出功率;

$\overline{W}$——平均管的冷却剂流量;

$W_{\mathrm{h,min,2}}$——上述 3 个工程上的不利因素所造成的热管中冷却剂最小流量。

热管的面积 A 和当量直径 D_{e} 分别为

$$A = P^2 - \frac{\pi}{4}d_{\mathrm{co}}^2$$

$$D_{\mathrm{e}} = \frac{4\left(P^2 - \frac{\pi}{4}d_{\mathrm{co}}^2\right)}{\pi d_{\mathrm{co}}} = \frac{4P^2 - \pi d_{\mathrm{co}}^2}{\pi d_{\mathrm{co}}}$$

上述两式中均包含燃料元件棒的栅距 P 和燃料棒的包壳外径 d_{co} 两个参数,必须先分别求出 P 和 d_{co} 的实际值。d_{co} 只存在加工误差,且属于随机误差,P 则包含随机性质的安装误差及非随机性质的运行后完全变形而造成的误差。下面先对各项误差按其性质分别求出,然后再把它们综合起来。

燃料棒在安装中的栅距极限误差为 $3(\sigma_{\mathrm{s,P}}/P_{\mathrm{n}})$,相应的焓升工程热管因子为

$$F_{\Delta\mathrm{H,sP}}^E = 1 + 3(\sigma_{\mathrm{s,P}}/P_{\mathrm{n}}) \tag{5-21}$$

燃料棒在运行后弯曲变形使栅距产生误差,相应的焓升工程热管因子为 $F_{\Delta\mathrm{H,sb}}^E = P_{\mathrm{min,b}}/P_{\mathrm{n}}$,$P_{\mathrm{min,b}}$ 为热管全长上燃料棒弯曲变形后的最小栅距;P_{n} 为栅距名义值。此时,热管的流通面积变为:

$$A = (P_{\mathrm{n}}F_{\Delta\mathrm{H,sP}}^E F_{\Delta\mathrm{H,sb}}^E)^2 - \frac{\pi}{4}(d_{\mathrm{co,n}}F_{\Delta\mathrm{H,dco}}^E)^2 \tag{5-22}$$

$$D_{\mathrm{e}} = \frac{4A}{\pi d_{\mathrm{co,n}}F_{\Delta\mathrm{H,dco}}^E} \tag{5-23}$$

假设其他热工参数为常量,单纯考虑燃料元件冷却剂通道尺寸偏差,并认为平均管和热管的冷却剂流动压降相等,即 $\Delta p_{\mathrm{h}} = \Delta p_{\mathrm{m}}$。为简便起见,流动压降只考虑沿程摩擦压降,则热管压降为

$$\Delta p_{\mathrm{h}} = f\frac{\rho V^2 L}{2D_{\mathrm{e}}} = \left(\frac{aL\nu^b}{2\rho^{1-b}} \cdot \frac{W^{2-b}}{D_{\mathrm{e}}^{1+b}A^{2-b}}\right)_{\mathrm{h}}$$

故热管中冷却剂的最小流量为

$$W_{h,min,2} = \left(\frac{2\rho^{1-b}}{aL\nu^b}\right)_h^{\frac{1}{2-b}} A_h D_{e,h}^{\frac{1+b}{2-b}} \Delta p_h^{\frac{1}{2-b}}$$

同理可得平均管的流量为：

$$\overline{W} = \left(\frac{2\rho^{1-b}}{aL\nu^b}\right)_m^{\frac{1}{2-b}} A_m D_{e,m}^{\frac{1+b}{2-b}} \Delta p_m^{\frac{1}{2-b}}$$

上两式的第一部分近似为常数并相等，又因为 $\Delta p_h = \Delta p_m$，故得

$$
\begin{aligned}
F_{\Delta H,2}^E &= \frac{\overline{W}}{W_{h,min,2}} = \frac{(AD_e^{\frac{1+b}{2-b}})_m}{(AD_e^{\frac{1+b}{2-b}})_h} \\
&= \frac{P_n^2 - \frac{\pi}{4}d_{co,n}^2}{\overline{P}_{h,min}^2 - \frac{\pi}{4}\overline{d}_{co,h,max}^2} \cdot \left[\frac{(4\overline{P}^2 - \pi d_{co,n}^2)/(\pi d_{co,n})}{(4\overline{P}_{h,min}^2 - \pi \overline{d}_{co,h,max}^2)/(\pi \overline{d}_{co,h,max})}\right]^{\frac{1+b}{2-b}}
\end{aligned}
\tag{5-24}
$$

把 A 和 D_e 两个数值代入式(5-24)就可求得 $F_{\Delta H,2}^E$ 的值。

③堆芯下腔室冷却剂流量分配不均的焓升工程热管分因子 $F_{\Delta H,3}^E$。

由于堆芯下腔室结构上的原因，分配到堆芯各冷却剂通道的流量是不均匀的。其不均匀程度难以用理论分析求出，一般需从堆本体的水力模拟装置中实验测出。现有的实测数据表明，堆芯各燃料元件冷却剂通道的流量与平均管流量相比，有大有小，但从热工设计安全要求出发，总是取热管分配到的流量小于平均管的流量。根据实测的热管流量，即可求得

$$F_{\Delta H,3}^E = \frac{\overline{W}}{W_{h,min,3}} \tag{5-25}$$

式中　$W_{h,min,3}$——由堆芯下腔室分配到热管的冷却剂流量。

④考虑热管内冷却剂流量再分配时的焓升工程热管分因子 $F_{\Delta H,4}^E$。

现代设计的压水反应堆，允许热管内的冷却剂发生过冷沸腾和饱和沸腾。这样，由于热管内有气泡生成，热管内冷却剂的流动压降就要比没有发生沸腾时的大。但由于加在热管两端的驱动压头没变，因此热管在发生沸腾时冷却剂流量就要减少，多出的这一部分冷却剂就要流到堆芯其他燃料元件冷却剂通道中去。上述现象通常称为并联平行通道间的冷却剂流量再分配。当燃料元件的释热量一定时，流量再分配会使热管冷却剂焓升增加。该因素对焓升的影响用 $F_{\Delta H,4}^E$ 表示，即

$$F_{\Delta H,4}^E = \frac{\Delta h_{h,min,4}}{\Delta h_{h,min,4}} = \frac{\dfrac{Q_{n,max}}{W_{h,min,4}}}{\dfrac{Q_{n,max}}{W_{h,min,3}}} = \frac{W_{h,min,3}}{W_{h,min,4}} \tag{5-26}$$

式中　$W_{h,min,4}$——发生流量再分配后的热管冷却剂流量。

确定热管在沸腾状态下的流量可以通过迭代法来确定。先根据下腔室的流量分配在热管内减少量计算其有效驱动压头 $\Delta p_{h,e}$，然后假设一个考虑流量再分配时的热管冷却剂流量，根据该流量可以算出相应热管的压降 Δp_h，经过若干次迭代后满足收敛条件即为流量的实际值。

⑤考虑相邻通道间冷却剂相互交混的焓升工程热管分因子 $F_{\Delta H,5}^E$。

在相邻通道内冷却剂相互之间进行着横向的动量、质量和热量交换。热管中较热的冷却

剂与相邻通道中较冷的冷却剂间的相互交混使热管中的冷却剂焓升降低,这将有利于热管的安全。该影响用 $F_{\Delta H,5}^{E}$ 表示,即

$$F_{\Delta H,5}^{E} = \frac{\Delta h_{h,max,5}}{\Delta h_{n,max}} \tag{5-27}$$

考虑横向交混后,热管冷却剂的实际最大焓升就不同于热管冷却剂名义最大焓升。这种误差也不属于随机误差,也很难从理论分析中得到,而只能直接进行实验测定或根据由实验整理出来的经验关系式计算得到。

最后综合各分因子求得总的焓升工程热管因子为

$$F_{\Delta H}^{E} = \prod_{i=1}^{5} F_{\Delta H,i}^{E} = F_{\Delta H,1}^{E} F_{\Delta H,2}^{E} F_{\Delta H,3}^{E} F_{\Delta H,4}^{E} F_{\Delta H,5}^{E} \tag{5-28}$$

在混合法中,把燃料元件和冷却剂通道的加工、安装及运行中产生的误差分成随机误差和非随机误差计算,比早期的乘积法将所有的误差全部作为非随机误差计算要先进。将误差分类后算得的因子要比将误差全部作为非随机误差时的小;与之相应,用前者计算得到的燃料表面最大热流密度和燃料元件最高温度也比较低。这样,在满足堆热工设计准则要求的前提下,就可以提高堆的功率输出。总之,混合法既考虑了堆的安全要求,又考虑了堆的经济性,因此在反应堆设计中得到了广泛采用,这也是目前反应堆设计中的主流方法。

工程热管及热点因子的计算方法合理与否,将直接影响到堆的安全可靠性与经济性。如果计算方法太保守,把属于随机性质的误差当作非随机误差处理,则算得的工程热管和热点因子偏大,虽然安全,但会影响堆的经济性。反之,如果把非随机误差当作随机误差处理,就会影响堆的安全性。因此必须正确区分随机误差和非随机误差。

另外,燃料元件的加工误差值确定是否合适,也会影响到堆的经济性。例如把燃料元件芯块直径的加工误差定得太小,那么堆芯热工性能改善不多,而加工费用却要大幅度增加。因此必须合理确定加工误差。

5.3　冷却剂通道中的一维流动方程

5.3.1　均相流基本方程

在反应堆设计中,为简单起见,可以将燃料组件中各冷却剂通道的通道简化为通过单一通道的问题来处理,需要求解该通道的质量、动量和能量守恒方程,假设冷却剂仅从底部入口进入。同时还需要单独求解燃料和包壳的传热方程。假设通道截面积在轴向是均匀的。

研究两相混合物冷却剂在通道中从下往上流动,为简单起见,我们用均相流模型来考虑该问题。

对于两相混合物的流动,其质量、动量和能量方程可写为如下方程。

质量守恒方程:

$$\frac{\partial}{\partial t}(\rho_m A_z) + \frac{\partial}{\partial z}(G_m A_z) = 0 \tag{5-29}$$

式中,$\rho_m = \{\rho_g \alpha\} + \{\rho_f(1-\alpha)\}$,$G_m = \{\rho_g \alpha v_{gz}\} + \{\rho_f(1-\alpha)v_{fz}\}$。

动量守恒方程:

$$\frac{\partial}{\partial t}(G_m A_z) + \frac{\partial}{\partial z}\left(\frac{G_m^2}{\rho_m^+}A_z\right) = -\frac{\partial(pA_z)}{\partial z} - \int_{P_z}\tau_w dP_z - \rho_m g A_z \cos\theta \tag{5-30}$$

式中，$\frac{1}{\rho_m^+} = \frac{1}{G_m^2}\{\rho_g \alpha v_{gz}^2 + \rho_f(1-\alpha)v_{fz}^2\}$ 为断面平均动量比体积；$\frac{1}{A_z}\int_{P_z}\tau_w dP_z = \left(\frac{\partial p}{\partial z}\right)_f$ 为摩擦压降梯度；θ 为流动方向与竖直方向的夹角。

注意在第 4 章中两相流摩擦压降梯度可以关联为与壁面剪切力的关系，也可以将其类比于单相流的情形，故：

$$\left(\frac{\partial p}{\partial z}\right)_f = -\frac{\tau_w P_w}{A_z} = f_{TP}\frac{G_m^2}{D_e 2\rho_m} \tag{5-31}$$

若两相速度相等，则 $\rho_m^+ = G_m^2/(G_g V_g + G_f V_f) = G_m^2/(G_g + G_f)V_m = \rho_m$

能量守恒方程：

$$\frac{\partial}{\partial t}\left[(\rho_m h_m - p)A_z\right] + \frac{\partial}{\partial z}(G_m h_m^+ A_z) = q_m''' A_z + q_w'' P_w + \frac{G_m}{\rho_m}\left[F_{wz}''' + \frac{\partial p}{\partial z}\right]A_z \tag{5-32}$$

式中，$h_m = \{\alpha \rho_g h_g + (1-\alpha)\rho_f h_f\}/\rho_m$，$h_m^+ = \{\alpha \rho_g h_g v_{gz} + (1-\alpha)\rho_f h_f v_{fz}\}/G_m$，摩擦力 $F_{wz}''' = \frac{1}{A_z}\int_{P_z}\tau_w dP_z$。

根据式(5-31)，有：

$$F_{wz}''' = \left(\frac{\partial p}{\partial z}\right)_f \tag{5-33}$$

对于一个竖直不变截面的通道，在假设 $p_g \approx p_f \approx p$ 的前提下，并忽略混合物中的内热源，上述的质量、动量和能量守恒方程写为如下形式：

$$\frac{\partial \rho_m}{\partial t} + \frac{\partial}{\partial z}(G_m) = 0 \tag{5-34}$$

$$\frac{\partial G_m}{\partial t} + \frac{\partial}{\partial z}\left(\frac{G_m^2}{\rho_m^+}\right) = -\frac{\partial p}{\partial z} - \frac{fG_m|G_m|}{2D_e\rho_m} - \rho_m g\cos\theta \tag{5-35}$$

$$\frac{\partial}{\partial t}(\rho_m h_m - p) + \frac{\partial}{\partial z}(G_m h_m^+) = \frac{q_w'' P_h}{A_z} + \frac{G_m}{\rho_m}\left(\frac{\partial p}{\partial z} + \frac{fG_m|G_m|}{2D_e\rho_m}\right) \tag{5-36}$$

式中，摩擦系数 f 没有标出下标，可以适用于单相和两相条件。

动量方程中的绝对值 G_m 表示考虑摩擦阻力会随着流动方向变化而发生正负值的变化。

式(5-36)整理得

$$\frac{\partial}{\partial t}(\rho_m h_m) + \frac{\partial}{\partial z}(G_m h_m^+) = \frac{q_w'' P_h}{A_z} + \frac{\partial p}{\partial t} + \frac{G_m}{\rho_m}\left(\frac{\partial p}{\partial z} + \frac{fG_m|G_m|}{2D_e\rho_m}\right) \tag{5-37}$$

以上几个方程中，所有参数都与轴向位置和时间有关。

在均相流模型条件下，$V_f = V_g = V_m$，则上述方程变为

$$\frac{\partial}{\partial t}\rho_m + \frac{\partial}{\partial z}\rho_m V_m = 0 \tag{5-38}$$

$$\rho_m \frac{\partial V_m}{\partial t} + G_m \frac{\partial V_m}{\partial z} = -\frac{\partial p}{\partial z} - \frac{fG_m|G_m|}{2D_e\rho_m} - \rho_m g\cos\theta \tag{5-39}$$

$$\rho_m \frac{\partial h_m}{\partial t} + G_m \frac{\partial h_m}{\partial z} = \frac{q'' P_h}{A_z} + \frac{\partial p}{\partial t} + \frac{G_m}{\rho_m}\left(\frac{\partial p}{\partial z} + \frac{fG_m|G_m|}{2D_e\rho_m}\right) \tag{5-40}$$

在对以上问题进行求解之前,需要明确我们所关心的具体的水力学特性。这些特性将影响我们为了简化方程的复杂性而对该问题所做的假设。

首先,需要讨论轴向方向上各个截面的分布特性。当流动为单相流动时,在 10 ~ 100 倍的水力直径距离上流动将充分发展;但对于加热通道的两相流来讲,则不存在充分发展的概念。另外一个重要的流动特性就是通道和与其相通的其他通道中的密度变化对压力场的影响。在强迫循环时,对流动影响不大,因此浮力效应可以忽略;但对于自然循环,压力梯度受焓变化而导致密度变化,因此浮力压头需要精确计算。当外部压力和浮力压头都不能单独主导时,该流动就是混合对流。最后一个重要问题是冷却剂的质量和动量守恒可以在以下边界条件下求解:①给定入口和出口压力;②给定入口流量和出口压力;③给定入口压力和出口速度。对于第二和第三个边界条件,可以得到没有给出的另外的边界压力。然而,对于第一种边界条件,可能有多个解都满足方程。在物理上,有可能因为加热通道的密度变化会有多个流量都满足这个结果,特别是在通道有沸腾发生时尤其会是如此,该问题就是我们前面所讨论的并行通道流动不稳定性问题。

5.3.2　加热通道的稳态单相流动

在稳态竖直管中,式(5-35)可以简化为

$$\frac{\mathrm{d}}{\mathrm{d}z}\left(\frac{G_{\mathrm{m}}^2}{\rho_{\mathrm{m}}^+}\right) = -\frac{\mathrm{d}p}{\mathrm{d}z} - \frac{fG_{\mathrm{m}}\mid G_{\mathrm{m}}\mid}{2D_{\mathrm{e}}\rho_{\mathrm{m}}} - \rho_{\mathrm{m}}g \tag{5-41}$$

对动量方程的精确解需要确定流体性质随轴向的变化,如 ρ 和 μ 等性质。可以对式(5-41)积分得到压降。积分后整理得

$$p_{\mathrm{in}} - p_{\mathrm{out}} = \left(\frac{G_{\mathrm{m}}^2}{\rho_{\mathrm{m}}^+}\right)_{\mathrm{out}} - \left(\frac{G_{\mathrm{m}}^2}{\rho_{\mathrm{m}}^+}\right)_{\mathrm{in}} + \int_{Z_{\mathrm{in}}}^{z_{\mathrm{out}}}\frac{fG_{\mathrm{m}}\mid G_{\mathrm{m}}\mid}{2D_{\mathrm{e}}\rho_{\mathrm{m}}}\mathrm{d}z + \int_{Z_{\mathrm{in}}}^{z_{\mathrm{out}}}\rho_{\mathrm{m}}g\mathrm{d}z \tag{5-42}$$

因为加速项是一个全微分项,只与积分上下限有关,而摩擦项和重力项则与积分路径有关。

1)单相压降

在单相液体流动时,可以假设流体物理性质沿加热通道的变化可以忽略,这样就可以把动量方程和能量方程解耦。如果沿轴向的流通截面积不变,则质量流速 G_{m} 为常数,$\rho_{\mathrm{m}}^+ = \rho_{\mathrm{f}} \approx$ 常数,加速压降可以忽略,因此式(5-42)可以近似写为

$$p_{\mathrm{in}} - p_{\mathrm{out}} = \frac{fG_{\mathrm{m}}\mid G_{\mathrm{m}}\mid}{2D_{\mathrm{e}}\rho_f}(Z_{\mathrm{out}} - Z_{\mathrm{in}}) + \Delta p_{\mathrm{c}} + \rho_f g(Z_{\mathrm{out}} - Z_{\mathrm{in}}) \tag{5-43}$$

在实际计算中,常采用根据通道中心参数确定的平均性质。这样的计算对于单相液体流动已足够精确。然而,对于气体流动或两相流,沿径向和轴向流体物性的变化通常不能忽略,在对式(5-42)进行积分时需要恰当定义平均物性参数。

如果沿轴向的流通截面积变化,G_{m} 就不再是常数,式(5-42)右边头两项的和不再为零,因为此原因导致的压强变化需要根据第 4 章的流通截面引起的压强变化的方法来计算。

此外,如果 p_{in} 和 p_{out} 为通道两端联箱的值,则还需要加上入口和出口的局部压降损失。

2)单相冷却剂和燃料棒能量方程的解

第 2 章讨论了燃料棒的径向温度分布,这里所讨论的燃料棒轴向的温度分布与径向温度分布有关。

在定常状态下,在轴向截面面积不变的条件下,式(5-40)变为

$$G_{\mathrm{m}} \frac{\mathrm{d}h_{\mathrm{m}}}{\mathrm{d}z} = \frac{q''P_{\mathrm{h}}}{A_{z}} + \frac{G_{\mathrm{m}}}{\rho_{\mathrm{m}}} \left(\frac{\mathrm{d}p}{\mathrm{d}z} + \frac{fG_{\mathrm{m}} \mid G_{\mathrm{m}} \mid}{2D_{\mathrm{e}} \rho_{\mathrm{m}}} \right) \tag{5-44}$$

忽略压强梯度和摩擦耗散所带来的能量变化,式(5-44)则变为

$$G_{\mathrm{m}}A_{z} \frac{\mathrm{d}h_{\mathrm{m}}}{\mathrm{d}z} = q''(z)P_{\mathrm{h}} \tag{5-45}$$

或

$$\dot{m} \frac{\mathrm{d}h_{\mathrm{m}}}{\mathrm{d}z} = q'(z) \tag{5-46}$$

在给定的质量流量$(\dot{m})$下,冷却剂的焓升根据轴向释热率而变化。在核反应堆中,当地释热与中子注量率和易裂变物质分布有关。中子注量率受慢化剂密度、吸收材料(如控制棒)分布和当地易裂变核素和增殖材料的浓度等的影响。因此,一个完整的堆热工设计分析需要进行核热耦合的热工水力分析。关于燃料的温度计算问题请参见第2章的讨论。

5.4 加热通道的稳态两相流动和非平衡流动压降

5.4.1 稳态两相流能量方程的解

在沸水堆或处于某些特殊情况下的压水堆中,当液体冷却剂进入加热通道后会发生沸腾。冷却剂经过一定的轴向长度就开始沸腾,而此段初始长度(图5-2)称为非沸腾长度,关于该段长度的分析见第3章。因为相变发生在等温下,沸腾高度需要根据焓来开发新的方程。根据式(5-45),从入口积分到任意高度得

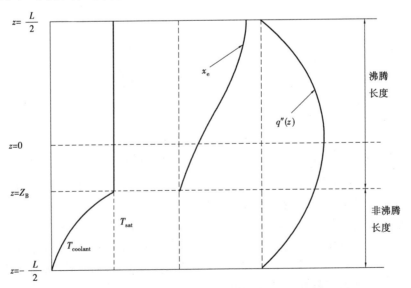

图5-2 单通道余弦功率分布下的冷却剂温度和干度分布

$$h(z) - h_{in} = \frac{P_h}{G_m A_z}\int_{-\frac{L}{2}}^{z} q''(z)\,\mathrm{d}z \tag{5-47}$$

如果在给定的冷却剂体积发生沸腾开始,式(5-47)就可以用于确定沸腾起始点位置 Z_B。为简便起见,我们假设热力学平衡,沸腾发生在当地压力的饱和熔时,即 $h(Z_B) = h_{fs}$。在通道中也会发生过冷沸腾,但在我们所关心的工况中,绝大部分为饱和沸腾,过冷沸腾的影响则很小。

在余弦功率分布和令 $L_e = L$ 下,由式(5-47)得到

$$h_{fs} - h_{in} = \frac{P_h q_0'' L}{G_m A_z \pi}\Big(\sin\frac{\pi Z_B}{L} + 1\Big) \tag{5-48}$$

因为 $\frac{2}{\pi}q_0'' P_h L = \frac{2}{\pi}q_0' L = \dot{q}$, $G_m A_z = \dot{m}$,式(5-48)变为

$$h_{fs} - h_{in} = \frac{\dot{q}}{2\dot{m}}\Big(\sin\frac{\pi Z_B}{L} + 1\Big) \tag{5-49}$$

沸腾起始点(Z_B)就可以由式(5-49)得到

$$Z_B = \frac{L}{\pi}\sin^{-1}\Big[-1 + \frac{2\dot{m}}{\dot{q}}(h_{fs} - h_{in})\Big] \tag{5-50}$$

根据热平衡条件,$h_{out} - h_{in} = \dot{q}/\dot{m}$,故式(5-50)变为

$$Z_B = \frac{L}{\pi}\sin^{-1}\Big[-1 + 2\Big(\frac{h_{fs} - h_{in}}{h_{out} - h_{in}}\Big)\Big] \tag{5-51}$$

当沿轴向的压力变化相对于入口压力很低时,可以认为 h_{fs} 和 h_{fg} 沿轴线保持恒定。这时轴向任一点的干度就可以写为

$$x_e(z) = x_{e_{in}} + \frac{P_h}{G_m A_z h_{fg}}\int_{-\frac{L}{2}}^{z} q''(z)\,\mathrm{d}z \tag{5-52}$$

$$x_e(z) = x_{e_{in}} + \frac{\dot{q}}{2\dot{m}h_{fg}}\Big(\sin\frac{\pi z}{L} + 1\Big) \tag{5-53}$$

注意在正常工况下因为入口液体处于过冷状态,故 $x_{e_{in}}$ 为负值。如果轴向质量干度已知,可以根据热平衡假设预测轴向的空泡份额分布:

$$\alpha = \frac{1}{1 + \frac{1-x}{x}\frac{\rho_g}{\rho_f}\frac{V_g}{V_f}} = \frac{1}{1 + \frac{1-x}{x}\frac{\rho_g}{\rho_f}S} \tag{5-54}$$

5.4.2　两相压降特性

一般性方程[式(5-42)]原则上已足以求解压降问题,然而,如果将通道的压降—流量行为延伸到整个流量范围,则阻力特性并不是一个线性关系。如 4.7 节所讨论的那样,实际上,在比较广的压力—流量范围内,Δp-$\dot m$ 的特性曲线可能导致多个解和流动不稳定性,这个特性我们在第 4 章讨论流动不稳定性时已经有所涉及。熟悉这些特性可以帮助我们理解和分析复杂系统的行为。

如果加热通道中流量较低,大部分通道面积将被气相所占据,这里我们将主要讨论摩擦阻力主导的压降—流量特性。

对于施加恒定总功率的通道,摩擦阻力主导的压降—流量特性如图5-3 所示,A 点为足够

高液相流量下在单相液相特性曲线上任意选取的点。在 A-B 区域随流量下降,压降按 $\dot{m}^{2-n}$ 规律下降,n 由流态所决定。在靠近 B 点时,通道中开始沸腾;当到达 B 点,通道中所产生的蒸汽已足以反转总压降的继续下降的趋势。在这点,蒸汽量增加所导致的摩擦阻力增加量已经超过了因为沸腾所导致的重位压降的减少量。因此,即使在相对较大的流量时,在高功率下也可能因为开始沸腾而导致总压降 Δp 的增加。在 C 点,流量已比较低,通道中的蒸汽流量较高,降低流量所导致的摩擦系数 f 增加已不再是主导因素。这样,C-D 区域的压降趋势又重新变为了按 $\dot{m}^{2-n}$ 规律下降,从这点开始,整个压降特性变成了单相蒸汽主导的特性。在 D 点以后,系统完全恢复了重力主导。如果沸腾时流量特别低,重位压降降低的量高于摩擦压降的增高值,将反而会导致总压降降低。

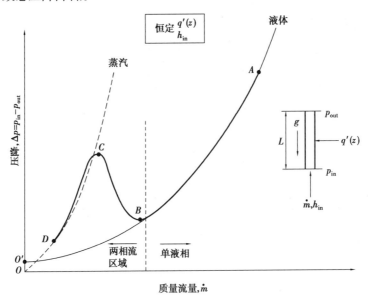

图 5-3　加热通道的压降—流量特性

O' 曲线——液体在绝热通道中的特性曲线;O 曲线——气相在绝热通道中的特性曲线

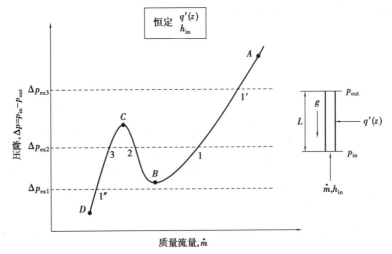

图 5-4　在给定外部压降条件下的稳定和不稳定运行条件

假设系统施加了外部压降 Δp_{ex} 的边界条件,即 p_{in} 和 p_{out} 保持常数。假设有 3 种 Δp 的情形(图 5-4):

$$\Delta p_{ex} > \Delta p_C$$

$$\Delta p_C > \Delta p_{ex} > \Delta p_B$$

$$\Delta p_{ex} < \Delta p_B$$

对于中间的情况,可能会有多种可能的通道流量都满足。这样,不是每一个交点都是稳定的。稳定性判据可以按照下述方法来确定。加热通道中的流体因为外部压降(Δp_{ex})和内部(主要是摩擦压降)压降(Δp_f)的不同而加速或者减速,该过程可以描述为

$$I \frac{\mathrm{d}\dot{m}}{\mathrm{d}t} = \Delta p_{ex} - \Delta p_f \tag{5-55}$$

式中　$I = L/A_z$——流体在通道中的几何惯量

如果对系统施加小扰动 $\Delta\dot{m}$,则变为

$$I \frac{\partial \Delta\dot{m}}{\partial t} = \frac{\partial(\Delta p_{ex})}{\partial \dot{m}} \Delta\dot{m} - \frac{\partial(\Delta p_f)}{\partial \dot{m}} \Delta\dot{m} \tag{5-56}$$

$\Delta\dot{m}$ 可以表示为

$$\Delta\dot{m} = \varepsilon e^{\omega t}$$

由式(5-56)得到

$$\omega = \frac{\dfrac{\partial(\Delta p_{ex})}{\partial \dot{m}} - \dfrac{\partial(\Delta p_f)}{\partial \dot{m}}}{I} \tag{5-57}$$

稳定性的判据应该是小扰动不会随着时间而增长。因此 ω 必须小于等于零。因此根据式(5-57),得到判据为

$$\frac{\partial(\Delta p_{ex})}{\partial \dot{m}} < \frac{\partial(\Delta p_f)}{\partial \dot{m}} \tag{5-58}$$

外部驱动压降 Δp_{ex} 为图 5-4 中的水平线,因此从式(5-58)中,稳定运行的区域为其中负斜率的特性曲线区域,以及 A-B 段及 C-D 段。图中 2 点不是一个稳定工作点,而 1′,1,3 及 1″为稳定工作点。

2 点的行为在物理上可以这样解释。当 $\dot{m}$ 稍许降低(增加)时,摩擦压降增加(降低),导致流量继续降低(增加)。该降低(增加)过程直到 3 点(1 点)摩擦压降重新与外部施加的压降相等才停止变化。

对于 $\Delta p_C > \Delta p_{ex} > \Delta p_B$ 的情形,对于给定流道有两个解可以不予考虑(交点 3 和 1)。对于该广为所知的 Leddinegg 不稳定性的分析由 Maulbetsch 和 Griffith 等作出。当系统压力较低时,该流动不稳定性因为液/汽密度比高而更为显著。以上推导过程从物理机制上说明了 4.7 节中 Ledinegg 流动不稳定性发生时的特性。

5.5　单通道模型的堆芯稳态热工分析

堆芯热工水力的分析方法主要有单通道分析方法、子通道分析方法、多孔介质方法、标准

的棒束热工水力分析方法等。

在堆芯的初步设计中,单通道模型得到了较为广泛的应用。即将所要计算的热管看作孤立、封闭的通道,在整个高度上与相邻通道间没有冷却剂的质量、动量和能量交换。这种分析模型最适合于计算闭式通道。对于开式通道,由于相邻通道间流体发生横向质量、动量和热量的交换,应用这样的模型进行分析就显得比较粗糙了。不过,为了简化计算,也有采用此模型进行计算的情况,需要再添加一个流体横向交混工程热管因子来修正焓升。

5.5.1 核反应堆热工参数的选择

1) 核电厂反应堆热工参数的选择

对核电厂动力堆,热工设计的要求就是在保证安全可靠的前提下尽可能地提高其经济性,整个核电厂经济方面的要求最终体现在每千瓦时的电能或机械能的成本上,要求电能的成本越低越好。因此堆的热工设计要服从整个核电厂设计的最优化,即整个核电厂在安全可靠的前提下达到每单位电能成本最低的这一总目标。

为了对上述问题有一个较为全面的认识,下面将对电能成本的组成、堆热工参数、结构参数与电能成本间的关系、堆热工参数与二回路热工参数间的关系以及热工参数的选择原则等问题作定性的讨论。

核电厂的单位电能成本,和常规热能动力装置一样,也是由燃料费、设备折旧费以及运行管理费等三方面组成,可用式(5-59)表示:

$$C_e = \frac{N_t f}{N_{ne}} + \frac{C}{N_{ne}} + \frac{S}{N_{ne}} [\ \text{元} / (\text{kW} \cdot \text{h})\ ] \tag{5-59}$$

式中 C_e——单位电能成本,元/(kW·h);

     N_t——反应堆输出热功率,kW;

     f——反应堆每放出 1 kW·h 的热能所消耗的燃料费,元/(kW·h);

     C——设备折旧费,元/h;

     S——运行管理费;

     N_{ne}——电站有效电功率或净输出电功率,kW。

电站有效电功率可由式(5-60)计算,即

$$N_{ne} = N_t \eta_R \eta_{SG} \eta_t \eta_{ir} \eta_M \eta_e - N_{pt} = N_e - N_{pt} \tag{5-60}$$

式中 η_R——反应堆的热量利用率;

     η_{SG}——蒸汽发生器的热利用率;

     η_t——汽轮机理想循环热效率;

     η_{ir}——汽轮机的内效率;

     η_M——汽轮机的机械效率;

     η_e——发电机效率;

     N_e——电站生产的毛电功率,kW;

     N_{pt}——电站的厂用电功率,kW。

上述的 η_R 和 η_{SG} 都与设备的热功率有关,但其数值变化不大。η_{ir}、η_M 和 η_e 与设备容量及设计制造工艺水平等有关,功率确定后,这些数据也就相应确定。动力循环热效率 η_t 除与所选用的蒸汽动力循环(如回热循环、再热循环等)类型有关外,主要取决于二回路系统的热工

参数(如新蒸汽初压力、温度和终压力)。如果蒸汽初参数有较大的改变,那么 η_t 的变化也较大,从而对单位电能成本的影响也就比较大。但是,二回路的热工参数与一回路的热工参数密切相关,其参数的提高要受一回路热工参数的制约。因此,反应堆热工参数的选择必须和整个核电厂的参数选择联系在一起同时考虑。

在电能成本的组成中,运行管理费占总成本的相对份额较小,且随电厂功率变化的改变量很小,所以电能成本主要由燃料费及设备折旧费两项决定。

从以上讨论可以看出,在反应堆热功率 N_t 给定的情况下,若能提高动力循环的热效率 η_t、堆芯的功率密度、燃料的燃耗深度,减少单位电功率的燃料费用、降低厂用电,都可以降低电能成本。

(1) 提高动力循环热效率 η_t 来降低电能成本的途径

关于该问题在第 1 章已经涉及,在这里仅给出几条总结。

① 提高堆冷却剂的工作压力。在压水堆内,水的工作压力一定要高于与堆芯出口水温相对应的饱和压力,这样才能保证水处于过冷状态。因此,若能提高堆的工作压力,就可以提高堆出口处的冷却剂温度。这样,在其他条件不变的情况下,就可以相应地提高动力循环的蒸汽初参数,从而提高动力循环热效率。但是,堆出口冷却剂温度的提高,要受到燃料元件包壳表面腐蚀的温度限制;而堆工作压力的提高,又会使反应堆部件的制造费用增加。还应该指出的是,提高堆冷却剂温度本身也有一定的限制。如果把二回路蒸汽初参数提得过高,就需要改变二回路设备所使用的材料及厚度,从而使二回路的设备费增加。总之,一回路压力的提高,需要全面考虑才能确定。

② 提高堆冷却剂的流量。在堆的热功率和出口冷却剂温度一定的情况下,提高堆的冷却剂总流量可以使堆进口冷却剂温度提高,从而使堆芯冷却剂的平均温度提高。当蒸汽发生器的传热面积一定时,将使动力循环的蒸汽初参数提高,从而使动力循环的热效率提高。但增加冷却剂的流量,会使主循环泵消耗的功率增大,从而使厂用电相应增加。还会使泵的制造费用增加,使一回路管道和设备的尺寸加大,增加了造价,提高了设备费的投入,从而增加了财务成本。

③ 适当选定堆冷却剂的工作温度。这与冷却剂工作压力和流量的选定有密切关系。当堆功率一定时,冷却剂的压力及流量一经选定,堆芯进出口间的冷却剂温升就随之确定。在堆的进口温度、出口温度和平均温度这 3 个参数中,究竟先确定哪个数值,这与电厂控制运行的方案有关。如果控制对象是堆的冷却剂平均温度,则流量选定后冷却剂平均温升也就随之确定。与此同时,堆进口和出口处的冷却剂温度也就随之确定了。如果堆芯冷却剂平均温度提高,就可提高动力循环蒸汽参数,从而可提高动力循环热效率。但提高堆芯冷却剂的平均温度,会使堆芯冷却剂出口温度升高,反应堆的工作压力也必须相应提高。另外,燃料包壳表面还有加速腐蚀的温度限制,水堆中还会使燃料元件表面临界热流密度降低,从而使最小 DNBR 减小。堆芯冷却剂温升的确定,在后面关于蒸汽发生器工作条件时还会涉及。

(2) 提高堆芯的功率密度来降低电能成本

若能提高堆芯功率密度,则在堆芯热功率不变的情况下可减小堆芯尺寸,从而可以节省设备投资费用。

(3) 增加核燃料的燃耗深度来降低电能成本

核电厂的核燃料平均燃耗深度已经从早期反应堆的几千 MW·d/t(U) 增加到现在的 45 000 MW·d/t(U),第三代核电更提高到了 60 000 MW·d/t(U),但这方面仍有潜力可挖。

(4)减少厂用电来降低电能成本

厂用电主要消耗在一回路的主冷却剂泵上,只要适当降低冷却剂在堆芯及管道中的流速、缩短管道长度、增加冷却剂密度(如对气体冷却剂只要增加工作压力即可增加密度),就可以降低厂用电的消耗,但这与反应堆的安全分析有非常紧密的关系。

(5)降低设备投资费用来降低电能成本

如向单堆大功率方向或模块化堆发展,尽可能降低安全设施方面的费用等。目前对这方面已经有了比较深入的研究,比如最新开发的 NuScale 反应堆等。

2)蒸汽发生器的工作条件,Q-T 图

如第 1 章所述,目前典型的压水堆核电厂系统由一回路和二回路组成,通过蒸汽发生器将这两个回路联系起来。这两个回路热工参数的选择必然受到蒸汽发生器工作条件的限制,因此必须讨论蒸汽发生器的工作条件。蒸汽发生器中一回路冷却剂流过的一次侧的冷却剂与二回路冷却剂流过的二次侧的工质之间的传热过程可用 Q-T 图表示,如图 5-5 所示。图中纵坐标 T 表示温度,横坐标 Q 表示热量。图中 1-2 线表示一回路冷却剂的温度变化曲线;3-K-4 表示二回路工质的温度变化曲线。冷却剂以 $T_{f,ex}$ 的温度进入蒸汽发生器,沿程把热量传给二次侧工质,温度逐渐降低,在蒸汽发生器一次侧出口处,温度降为 $T_{f,in}$,而后又重新回到反应堆内。二回路工质先沿 3-K 线单相加热,给水温度 T_w 逐渐上升,在 K 点达到饱和并开始沸腾产生蒸汽,故此时温度为 T_{gs},并在此之后保持不变。图中 $\overline{T_f}$ 为一次侧冷却剂平均温度,$\overline{T_{stl}}$ 为二次侧工质平均受热温度。由图 5-5 可见,冷却剂与工质温度变化时,两者间的温差也随之变化,K 点的温差 $\Delta\theta_K$ 为整个蒸汽发生器中温差的最小值。只有当两种流体间温差 $\Delta\theta_K > 0$ 时,蒸汽发生器中的热交换才能进行,这就是蒸汽发生器中进行传热的工作条件。一般取 $\Delta\theta_K = 10 \sim 25\ ℃$。

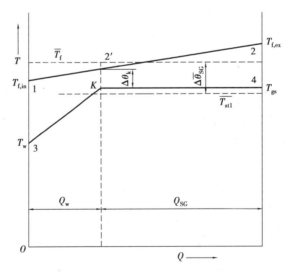

图 5-5　蒸汽发生器的 Q-T 图

3)核电厂一回路和二回路热工参数间的关系和参数选择

下面讨论蒸汽发生器一次侧冷却剂与二次侧工质这两者间流量、温度和压力等参数之间的相互关系。

冷却剂流量与工质流量间的关系可通过热平衡关系求出。已知两者的压力和温度,并忽

略热损失及出口蒸汽的过热度,则冷却剂传出的热量应该等于工质吸收的热量,即

$$W_1 c_p (T_{f,ex} - T_{f,in}) = W_2 (h_{gs} - h_w) \tag{5-61}$$

或

$$W_1 (h_{f,ex} - h_{f,in}) = W_2 (h_{gs} - h_w) \tag{5-62}$$

式中　W_1, W_2——一次侧和二次侧的总流量,kg/h;

　　　c_p——冷却剂定压比热容,J/(kg·℃);

　　　$h_{f,in}$, $h_{f,ex}$——冷却剂流出和流入蒸汽发生器的比焓,J/kg;

　　　h_{gs}, h_w——工质饱和蒸汽和给水比焓,J/kg;

　　　$T_{f,in}$, $T_{f,ex}$——冷却剂流出和流入蒸汽发生器时的温度,℃。

以压水动力堆为例,假设已知堆工作压力 p 为 15.5 MPa,冷却剂 $T_{f,in}$, $T_{f,ex}$ 分别为 286 ℃ 及 324 ℃;又已知蒸汽发生器内工质的工作压力 p_{sg} 为 5.7 MPa,饱和蒸汽比焓 h_{gs} 为 2.786 MJ/kg,工质给水比焓 h_w 为 1.068 MJ/kg($T_w = 246$ ℃)。则依据式(5-61),可得

$$W_1 \times 5.028 \times 10^3 (324 - 286) = W_2 \times (2.786 - 1.068) \times 10^6$$

即

$$\frac{W_1}{W_2} \approx 9$$

由此可见,产生 1 kg 的饱和蒸汽,就需要吸收 9 kg 的冷却剂自 $T_{f,ex}$ 至 $T_{f,in}$ 放出的热量。这是由于给水变为饱和蒸汽需要吸收大量的汽化潜热,而冷却剂的温度自 $T_{f,ex}$ 至 $T_{f,in}$ 并未发生相变,放出来的只是显热。这也回答了为什么核电厂的厂用电主要消耗在一回路主循环泵上的原因。当然,不同类型的核电厂这个比值是不尽相同的。

一次侧冷却剂与二次侧工质的流量大小还影响到蒸汽发生器的传热系数的大小。蒸汽发生器的传热方程为

$$Q = U F_{SG} \Delta \overline{\theta_{SG}} (kW) \tag{5-63}$$

式中　U——蒸汽发生器中冷却剂与工质间的传热系数,kW/(m²·℃);

　　　F_{SG}——蒸汽发生器的总传热面积,m²;

　　　$\Delta \overline{\theta_{SG}}$——蒸汽发生器中冷却剂与工质间的平均温差,℃;

　　　Q——蒸汽发生器中由冷却剂传给工质的热量,kW。

综合传热系数可由式(5-64)计算

$$U = \frac{1}{\dfrac{1}{h_1} + \dfrac{\delta}{k} + \dfrac{1}{h_2}} \tag{5-64}$$

平均温差 $\Delta \overline{\theta_{SG}}$ 可由式(5-65)求得

$$\Delta \overline{\theta_{SG}} = \overline{T_f} - \overline{T_{st1}} \tag{5-65}$$

式中　$\overline{T_f}$——一次侧冷却剂的平均温度,℃;

　　　$\overline{T_{st1}}$——二次侧工质的平均温度,℃。

蒸汽发生器中 $\Delta \overline{\theta_{SG}}$ 的大小与 $\Delta \theta_K$ 有关。若 $\Delta \theta_K$ 减小,则 $\Delta \overline{\theta_{SG}}$ 减小;当 $\overline{T_f}$ 一定时,应使 $\overline{T_{st1}}$ 增加,以提高动力循环热效率。然而这样一来 $\Delta \theta_K$ 就会减小,若要使一定量的热量 Q 由一次侧传到二次侧,就必须增大传热面积 F_{SG} 和传热系数 U。由于核电厂的空间限制比较小,F_{SG} 可以加大,不过这会使设备投资增加。管壁材料选定后,热导率也就确定下来。这样,在管壁厚度一定的情况下,要增大传热系数,只有增大 h_1 和 h_2。就只有靠提高一次侧冷却剂和二次侧

工质的流速,而流速的提高要受蒸汽发生器因为流体冲刷而引起的侵蚀、流致振动和冲击的限制,还要受泵功率增加的限制。

下面讨论一次侧冷却剂与二次侧工质温度(及相应压力)间的关系。

(1)提高二次侧工质的给水温度

如图 5-6 所示,在 T_{gs}(相应饱和压力 p_{gs})不变的情况下,提高给水温度 T_w,可以提高动力循环的热效率。这时若仍保持 $\Delta\theta_k$ 不变,则当 T_w 上升时,T_{gs} 必须下降。而由于 T_{gs} 对热效率的影响较 T_w 的大,所以动力循环热效率反而降低。由此可见,给水温度 T_w 不能任意提高。

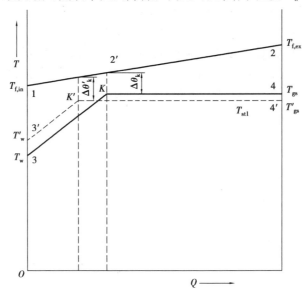

图 5-6　提高 T_w 时蒸汽发生器的 Q-T 图

(2)提高一次侧冷却剂的热工参数

要想在保持 $\Delta\theta_k$ 不变的条件下提高 T_w 或 T_{gs},只有同时提高一次侧冷却剂的进出口温度 $T_{f,in}$ 和 $T_{f,ex}$。提高 $T_{f,ex}$ 会受到燃料元件包壳加速腐蚀的限制,还需提高堆内的工作压力 p,这将受到多方面条件的限制。因而只能提高 $T_{f,in}$,但提高 $T_{f,in}$ 会使堆内冷却剂温度 $T_{f,ex}$-$T_{f,in}$ 变得较小,从图 5-6 中可以看到,$T_{f,ex}$-$T_{f,in}$ 变化比较平缓。这时若仍维持堆的总功率不变,就要求增加冷却剂流量。在压水堆中,水的密度较大,比热容也较大,若循环泵原来所消耗的功率不太大,稍微提高 $T_{f,in}$ 也不会使冷却剂流量 W_1 增加太多。由于以上原因,压水堆中冷却剂温升 ΔT 一般较小,为 25～30 ℃。在这种情况下,动力循环只能采用饱和汽轮机。在气冷动力堆中,气体的密度较小,比热容也较小,一回路循环风机所消耗的功率本来就较大,当 $T_{f,ex}$ 一定时,要提高 $T_{f,in}$ 就会使冷却剂的流量增加较多,从而使循环风机所消耗的功率更大;这样一来,还会要求循环风机等设备的尺寸也相应增大。因此气冷动力堆中冷却剂的温升一般取得比较大。

在讨论了蒸汽发生器的工作条件和一、二回路的热工参数间的关系后,现在再来讨论动力循环中工质平均受热温度的选择。应该说明的是,这些讨论没有涉及设备费用的问题,因而有很大的局限性。

前面已经指出

$$N_e = N_t\eta_R\eta_{SG}\eta_t\eta_{ir}\eta_M\eta_e = N_t\eta_t\eta_t' \tag{5-66}$$

式中

$$\eta_t' = \eta_R \eta_{SG} \eta_{ir} \eta_M \eta_e$$

由堆芯燃料元件与冷却剂间的对流换热过程,可得堆芯输出的热功率

$$N_t = hF(\overline{T}_{co} - \overline{T}_f) \qquad (5\text{-}67)$$

式中　h——冷却剂与燃料包壳之间的对流换热系数,$W/(m^2 \cdot \text{℃})$;

　　　F——燃料元件的总换热面积,m^2;

　　　$\overline{T}_{co}$——燃料元件包壳外表面的平均温度,℃;

　　　$\overline{T}_f$——冷却剂平均温度,℃。

为了便于分析,把反应堆输出的热功率 N_t 写成如下的形式:

$$N_t = hF[\overline{T}_{co} - (\overline{T}_{st1} + \Delta\overline{\theta}_{SG})] \qquad (5\text{-}68)$$

式中　$\overline{T}_{st1}$——动力循环二次侧工质的平均受热温度,℃;

　　　$\Delta\overline{\theta}_{SG}$——蒸汽发生器内一次侧和二次侧间的平均温差,℃。

$\overline{T}_{co}$、$\overline{T}_f$ 及 $\overline{T}_{st1}$ 的分布画在 $T\text{-}s$ 图上,如图 5-7 所示。

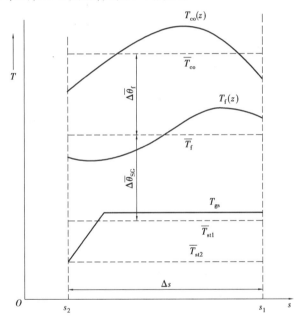

图 5-7　典型核电站的一、二回路间温度的关系

η_t 值可由式(5-69)表示:

$$\eta_t = \frac{q_1 - q_2}{q_1} = \frac{(\overline{T}_{st1} - \overline{T}_{st2})\Delta s}{\overline{T}_{st1}\Delta s} = 1 - \frac{\overline{T}_{st2}}{\overline{T}_{st1}} \qquad (5\text{-}69)$$

式中　Δs——工质由给水温度变为饱和温度时比熵的变化量,$J/(kg \cdot K)$;

　　　$\overline{T}_{st2}$——汽轮机乏汽冷凝温度,K。

将 η_t 代入 N_e 中得

$$N_e = N_t \eta_t \eta_t' = C_1 \left[\overline{T}_{co} - (\overline{T}_{st1} + \Delta\overline{\theta}_{SG}) \right] \left(1 - \frac{\overline{T}_{st2}}{\overline{T}_{st1}} \right) \qquad (5\text{-}70)$$

其中，$C_1 = hF\eta_t'$。

图 5-8 示出了 N_t、N_e、η_t 与 $\overline{T}_{st1}$ 的变化关系。N_e 与 $\overline{T}_{st1}$ 的关系在开始时，N_e 随着 $\overline{T}_{st1}$ 的增加而增加；在 $\overline{T}_{st1}$ 达到某一数值后，随着 $\overline{T}_{st1}$ 的增加 N_e 反而减小。因而必有某个 $\overline{T}_{st1}$ 值使 N_e 达到最大值。令 $\dfrac{\mathrm{d}N_e}{\mathrm{d}\,\overline{T}_{st1}} = 0$，可以求得 N_e 最大时的 $\overline{T}_{st1}$ 值——$\overline{T}_{st1,th}$，即

$$\overline{T}_{st1,th} = \sqrt{(\overline{T}_{co} - \Delta\theta_{SG})\,\overline{T}_{st2}} \tag{5-71}$$

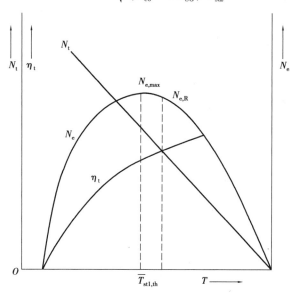

图 5-8　N_t、N_e、η_t 与 $\overline{T}_{st1}$ 的关系

（$N_{e,R}$ 为实际的 N_e）

从理论上看，这个 $\overline{T}_{st1,th}$ 应该是最佳温度，可以得到最大的总电功率 N_e。但由图 5-8 可以看到，N_e 达到最大值时，并不是 η_t 的最大值，因而这个 $\overline{T}_{st1,th}$ 只是理论上的较佳值，而不是电能成本最低的最佳值。从 η_t 与 $\overline{T}_{st1}$ 的关系可以看出，此时的 η_t 也较低，在发出同样电功率的情况下，要求反应堆有更高的热功率，相应地就会使燃料费用增大。为了使电能成本降低一些，在初步估算时，动力循环工质平均受热温度 $\overline{T}_{st1}$ 可以选得比 $\overline{T}_{st1,th}$ 略高，这样 η_t 就可以略微提高。从图 5-8 可以看到，此处 N_e 曲线比较平坦，由 $N_{e,max}$ 变为 $N_{e,R}$，总的电功率减少并不多，但 N_t 却可以减少很多。由此可见，要使核电厂电能成本降低，并不是电功率越大越好，也不是动力循环热效率越高越好，而是要在这两者中进行适当的折中，取一个合适的中间数值。

如果是设计发电与增殖（核燃料）两用堆，则由于核燃料的增殖系数等于或大于 1，核燃料费用相对较小，因而电功率 N_e 最大的方案就是电能成本最低的方案。而且此时生成新核燃料的数量与堆热功率成正比。可见发电与增殖两用堆的参数选择原则与电厂动力堆的略有不同。

5.5.2　最小临界热流密度比

为了保证反应堆的安全，在水堆设计中总是要求燃料元件表面的最大热流密度小于临界热流密度。为了定量地表示这个安全要求，如第 1 章所述，引用了临界热流密度比这个概念。

所谓临界热流密度比,就是指用适当的关系式计算得到的冷却剂通道中燃料元件表面某一点的临界热流密度 $q''_{DNB,c}(z)$ 与该点的实际热流密度 q'' 的比值,通常用符号 DNBR 来表示。其定义式为:

$$DNBR(z) = \frac{q''_{DNB,c}(z)}{q''(z)} \tag{5-72}$$

$DNBR(z)$ 值沿冷却剂通道长度是变化的,其最小值成为最小临界热流密度比或最小偏离核态沸腾比,记为 MDNBR 或 R_{min}。如果临界热流密度的计算公式没有误差,则当最小 DNB 比等于 1 时,表示燃料元件表面发生烧毁。为了保证堆的安全,在水堆的热工设计中,把最小 DNBR 不小于某一规定值作为堆热工设计准则之一。对于堆的稳态工况和预计的事故工况,都要分别定出最小 DNBR 的规定值。其具体数据依照所选用的计算公式而定。以使用 W-3 公式为例,压水堆稳态额定工况时一般可取 R_{min} 为 $1.8 \sim 2.2$,而对于预计的常见事故工况,则要求 R_{min} 大于 1.3,但该值近年来有降低的趋势。

燃料元件释热率沿轴向分布不均。而冷却剂的焓又沿着通道轴向越来越高,由于这两种因素的共同作用,最小 DNBR 既不是发生在燃料元件最大表面热流密度处,也不是发生在燃料元件冷却剂通道出口处,而是发生在最大热流密度点后面某个位置上,图 5-9 示出了压水堆的 DNBR 沿轴向 z 的变化。

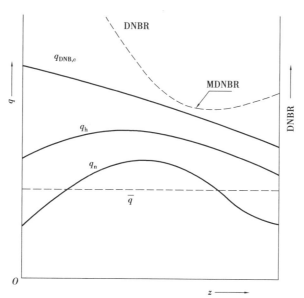

图 5-9　燃料元件表面热流密度和 DNBR 沿轴向变化的示意图

$\bar{q}$—堆芯平均热流密度;q_n—平均管轴向名义热流密度;q_h—热管轴向热流密度;

$q_{DNB,c}$—专门 CHF 公式计算的热流密度

对于堆运行的不同寿期和不同的控制棒下插位置,会有不同的最小 DNBR 值。在堆热工设计中应考虑到这一点,即在堆的整个运行寿期内,在稳态额定工况下的最小 DNBR 值仍在热工设计准则规定的允许范围内。

计算热管轴向 $DNBR(z)$ 的式(5-72)还可以改写为如下形式:

$$\text{DNBR}(z) = \frac{q''_{\text{DNB,c}}(z)}{q'' F_R^N \phi(z) F_q^E} F_g F_c \tag{5-73}$$

式(5-73)中已对定位格架和冷壁效应进行了修正,对热流分布不均匀的影响也已包含在 $q''_{\text{DNB,c}}(z)$ 中。

5.5.3 单通道模型反应堆热工设计的一般步骤和方法

对任何反应堆的设计,其共同的要求是要确保反应堆安全可靠地运行。但由于设计任务和给定的条件各不相同,经济性要求和特殊性要求的侧重面不相同,例如对于舰船用核动力装置往往把尺寸和质量的限制放在第一位;而对于陆上核电厂,尺寸和质量的限制往往是第二位的,经济性要求往往放在第一位,因而堆热工设计的步骤就可能不一样。这里以核电厂为例介绍堆热工设计的一般步骤和方法。

1) 商定有关热工参数

根据设计任务书提出的电厂总功率的要求,堆热工设计方应与一、二回路系统设计方初步商定有关的热工参数。属于二回路系统的热工参数主要有动力循环的蒸汽初参数以及给水温度;而属于一回路系统的热工参数则是堆内冷却剂的工作压力、温度和流量。由此可以估算出电厂总效率和需要反应堆输出的热功率,即

$$N_t = \frac{N_e}{\eta_T} \tag{5-74}$$

式中 N_t——反应堆输出的热功率,kW;

N_e——电站生产的毛电功率,kW;

η_T——电站总毛效率,根据式(5-66),有

$$\eta_T = \eta_t \eta_R \eta_{\text{SG}} \eta_{\text{ir}} \eta_M \eta_e \tag{5-75}$$

2) 确定燃料元件参数

确定燃料元件的形状、尺寸、栅距、排列方式及每个燃料组件内的燃料元件数;计算燃料元件总传热面积并确定堆芯的布置。根据堆芯输出的总热功率和燃料元件表面平均热流密度 $\overline{q''}$ 可求得所需的燃料元件总传热面积 F,即

$$F = \frac{N_t}{\overline{q''}} F_u \tag{5-76}$$

式中 F_u——燃料内的释热量占堆芯总释热量的份额。

设待求的堆芯燃料元件总根数为 N,则有

$$N = \frac{F}{\pi d_{\text{co}} L} = \frac{N_t}{\pi d_{\text{co}} L \overline{q''}} F_u$$

式中 d_{co}——燃料元件棒的外径,m;

L——堆芯活性段高度,m。

若燃料元件按正方形排列组成方形组件,则堆芯等效直径与燃料元件数 N 之间有如下的关系

$$\frac{N}{n} T^2 = \frac{\pi}{4} D_{\text{ef}}^2$$

式中 n——每个燃料组件内燃料元件的棒数;

T——燃料组件每边的长度,包括组件间的水隙宽度,m;

D_{ef}——堆芯等效直径,m。

综合以上几个式子,可得

$$\frac{\pi}{4}D_{ef}^2\frac{n}{T^2}\pi d_{co}L = \frac{N_t}{q''}F_u$$

上式中有两个未知数,即堆芯的等效直径 D_{ef} 和高度 L。堆物理设计方面希望堆芯高度对等效直径的比值 L/D_{ef} 保持在 0.9~1.5 的范围内。在这个范围内的中子泄漏较少,可以减少核燃料的临界装载量。此外,压力壳的直径与高度也要受到强度、加工及运输条件等方面的限制,这些限制也会影响到 L/D_{ef} 的比值。

定出 L/D_{ef} 的值后,由上式即可求得 L 和 D_{ef} 的值。有了 D_{ef} 之后,燃料元件的总根数和燃料组件数也随之确定,在这个基础上即可对堆芯进行初步布置。

3)根据热工设计准则中规定的内容进行有关的计算

例如在水堆热工稳态设计中,要计算热管中的 MDNBR、燃料元件包壳外表面最高温度、燃料芯块中心最高温度以及出口含汽率。为此,首先必须预先知道热管内冷却剂轴向的焓场分布。可是,计算冷却剂焓场分布必须先要知道热管内冷却剂的质量流速;计算冷却剂质量流速又必须知道流体物性参数;而流体物性又与流体焓场有关。因此,在堆芯的有效冷却剂流量确定后,整个冷却剂质量流速场与焓场的计算过程,实质上是冷却剂的能量守恒方程和动量守恒方程之间的迭代过程。为了计算热管冷却剂的焓和质量流速,还得事先求出平均管的相应参数。

(1)计算平均管冷却剂的质量流速

平均管的冷却剂质量流速 G_m 等于冷却堆芯燃料元件的有效流量除以冷却剂的有效流通截面积。所谓冷却燃料的有效冷却剂流量,是指进入压力壳的冷却剂总流量中用来冷却燃料元件的那一部分流量。还有一小部分流量不参与燃料元件的冷却,它们包括从压力壳进口直接泄漏到出口接管的流量;从堆芯下腔室向上流经堆芯外面围板与吊篮之间的环形空间,而后进入堆芯上腔室,再流至压力壳出口接管的流量;流入控制棒套管内,用以冷却控制棒,而后流出套管与堆芯上腔室的流体混合,随后再流出压力壳的流量;流经控制棒套管外围不参与冷却燃料元件的一部分流量;从压力壳进口处直接流到压力壳上封头内、供冷却上封头内构件的一部分流量。以上这些不流经燃料元件周围、不参与冷却燃料元件的冷却剂流量称为非有效流量或旁通流量、漏流量,用旁流系数(或称为漏流系数)ξ_s 来定量描述,即

$$\xi_s = \frac{W_\xi}{W_t} \tag{5-77}$$

式中　W_t——冷却剂的总流量,kg/s;

W_ξ——冷却剂的旁通流量,kg/s。

不同结构的反应堆其旁流系数是不相同的,通常先由堆热工设计方面提出一个合理的数值,而后由结构设计和结构试验予以实现,该系数的典型值为 0.05。

当已知旁通流量后,即可求得平均管冷却剂的质量流速

$$G_m = \frac{(1-\xi_s)W_t}{NA_b}[\mathrm{kg/(m^2\cdot s)}] \tag{5-78}$$

式中　A_b——相应于一根燃料栅元的冷却剂流通截面积,m^2;

N——燃料元件总根数。

（2）计算平均管冷却剂的比焓场 $h_{\mathrm{f,m}}(z)$

根据第 3 章的讨论，平均管冷却剂比焓场 $h_{\mathrm{f,m}}(z)$ 的计算公式为

$$h_{\mathrm{f,m}}(z) = h_{\mathrm{f,in}} + \frac{\overline{q''} A_{\mathrm{L}}}{G_{\mathrm{m}} A_{\mathrm{b}}} \int_0^z \phi(z)\,\mathrm{d}z \tag{5-79}$$

式中 A_{L}——一根燃料元件单位长度上的外表面积，$\mathrm{m^2/m}$。

（3）计算平均管的各类压降

即求 $\Delta p_{\mathrm{f,m}}$，$\Delta p_{\mathrm{a,m}}$，$\Delta p_{\mathrm{in,m}}$，$\Delta p_{\mathrm{ex,m}}$，$\Delta p_{\mathrm{g,m}}$ 及 $\Delta p_{\mathrm{el,m}}$ 的值。需要说明的是，应该应用平均管冷却剂的焓值和系统压力求冷却剂的密度和黏性系数等物性参数，再应用这些物性参数去计算平均管的各类压降。

（4）计算热管的有效驱动压头和冷却剂的质量流速

有了平均管的各类压降，在这个基础上就可以进一步求解热管的有效驱动压头。根据前一章的讨论，热管的有效驱动压头可以写为

$$\Delta p_{\mathrm{h,e}} = \kappa_{\mathrm{f,h}} \Delta p_{\mathrm{f,m}} + \kappa_{\mathrm{a,h}}(\Delta p_{\mathrm{a,m}} + \Delta p_{\mathrm{in,m}} + \Delta p_{\mathrm{ex,m}} + \Delta p_{\mathrm{g,m}}) + \Delta p_{\mathrm{el,m}} \tag{5-80}$$

根据上一章流量分配部分所述的方法，通过迭代，就可以求出热管内的冷却剂的质量流速 G_{h}。

（5）计算热管的冷却剂焓场

热管冷却剂焓场的计算公式为

$$h_{\mathrm{f,h}}(z) = h_{\mathrm{f,in}} + \frac{\overline{q''} F_{\mathrm{R}}^{N} F_{\Delta\mathrm{H}}^{E} A_{\mathrm{L}}}{G_{\mathrm{h}} A_{\mathrm{b}}} \int_0^z \phi(z)\,\mathrm{d}z \tag{5-81}$$

式中 $h_{\mathrm{f,h}}(z)$——热管轴向 z 处的冷却剂比焓，$\mathrm{J/kg}$；

F_{R}^{N}——径向核热管因子；

$F_{\Delta\mathrm{H}}^{E}$——焓升工程热管因子；

G_{h}——热管冷却剂的质量流速，$\mathrm{kg/(m^2 \cdot s)}$。

（6）计算最小 DNBR

有了热管内冷却剂的质量流速和焓场分布，就可以按照式（5-73）计算热管轴向燃料元件表面的 $\mathrm{DNBR}(z)$ 和 $\mathrm{MDNBR}(R_{\min})$，使 $R_{\min}$ 值满足热工设计准则规定的要求。

（7）计算燃料元件的温度

需要计算燃料元件的中心最高温度和表面最高温度，校核它们是否超过堆热工设计准则的限值。

由于燃料元件释热量的轴向分布不能用某一简单的函数来描述，因而堆物理计算提供的堆芯轴向功率分布也就不可能是一连续函数，而是沿轴向离散的分步长功率平均值的分布（或节点上功率值的分布）。因而在进行热工计算时也就只能把燃料元件沿轴向进行离散化的计算，并把每一步长中的释热量看作常量，所分步长的数量按工程要求的精度而定。要计算燃料元件包壳温度和中心温度，就得从元件外面的冷却剂温度算起，往里逐层计算。

当用式（5-81）算得了冷却剂的焓后，根据冷却剂工作压力下的焓温转换数据，即可求得热管冷却剂的轴向温度分布 $T_{\mathrm{f,h}}(z)$。

在采用单通道模型进行方案设计时，一般都假设热点位于热管内，则燃料元件包壳外表面的温度为

$$T_{\mathrm{co,h}}(z) = T_{\mathrm{f,h}}(z) + \Delta\theta_{\mathrm{f}}(z) \tag{5-82}$$

式中　$\Delta\theta_f(z)$——燃料元件包壳外表面与冷却剂间的膜温差，℃。

在压水堆的情况下，由于热管冷却剂与元件外壁之间的换热状况沿轴向会有变化，一般有单相强迫对流换热、过冷沸腾换热、低含汽量饱和沸腾换热等 3 种。不同情况下的换热强度不同，因而 $\Delta\theta_f(z)$ 的计算公式也就不一样，后两种换热工况可近似用一个换热公式计算。由此可见，计算 $\Delta\theta_f(z)$ 时首先必须找出发生过冷沸腾起始点的位置。如图 5-10 所示，用单相强迫对流换热公式算得的 $\Delta\theta_f(z)$ 曲线与用 Jens-Lottes 沸腾传热方程算得的 $\Delta\theta_{f,J}(z)$ 曲线的交点 ONB 即为过冷沸腾起始点。找出过冷沸腾起始点之后才能应用相应的公式计算 $\Delta\theta_f(z)$。在过冷沸腾起始点之前，要采用单相强迫对流换热公式计算 $\Delta\theta_f(z)$。

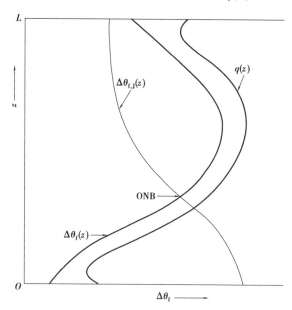

图 5-10　膜温差及热流密度沿堆芯高度的变化

$$\Delta\theta_f(z) = \frac{q''(z)}{h(z)} = \frac{\overline{q''(z)}F_R^N F_q^E \phi(z)}{h(z)} \tag{5-83}$$

式中　$h(z)$——单相水强迫对流换热系数，$\mathrm{W/(m^2 \cdot ℃)}$。

在过冷沸腾起始点之后，要采用 Jens-Lottes 传热方程计算过冷沸腾膜温差，若用 $\Delta\theta_{f,J}(z)$ 表示该膜温差，可以得到

$$\Delta\theta_{f,J}(z) = T_s + 25\left(\frac{\overline{q''(z)}F_R^N F_q^E \phi(z)}{10^6}\right)\exp(-p/6.2) - T_f(z) \tag{5-84}$$

式中　T_s——冷却剂的饱和温度，℃；

　　　p——压力，MPa。

若把以上两种换热工况组合表达，则

$$\Delta\theta_f(z) = \begin{cases} \Delta\theta_f(z)，当 \Delta\theta_f(z) \leqslant \Delta\theta_{f,J}(z) 时 \\ \Delta\theta_{f,J}(z)，当 \Delta\theta_f(z) > \Delta\theta_{f,J}(z) 时 \end{cases} \tag{5-85}$$

由上述判别式可见，对于压水动力堆的一般热流密度分布（图 5-10）情况下，沿着轴向高度的膜温差总是取由两种公式计算值的较小者。

燃料元件包壳内表面温度为

$$T_{ci}(z) = T_{co}(z) + \Delta\theta_c(z) \qquad (5\text{-}86)$$

式中 $\Delta\theta_c(z)$——包壳外表面的温降,即

$$\Delta\theta_c(z) = \frac{\overline{q'}\delta_c F_R^N F_q^E \phi(z)}{\pi \overline{d_c} k_c(z)}$$

式中 δ_c——包壳厚度,m;

$\overline{q'}$——燃料元件平均线功率密度,W/m;

$k_c(z)$——燃料元件包壳材料的热导率,W/(m · ℃)。

燃料芯块表面温度

$$T_{fo}(z) = T_{ci}(z) + \Delta\theta_g(z) \qquad (5\text{-}87)$$

式中 $\Delta\theta_g(z)$——棒状燃料元件包壳与芯块间气隙的温降,即

$$\Delta\theta_g(z) = \frac{\overline{q'} F_R^N F_q^E \phi(z)}{\pi\left(\dfrac{d_{ci} + d_{fo}}{2}\right) h_g}$$

式中 h_g——包壳与芯块间的气隙等效换热系数,W/(m² · ℃);

d_{fo}——芯块的直径,m。

燃料芯块中心温度

$$\int_0^{T_0(z)} k_u(T)\,dT = \int_0^{T_{fo}(z)} k_u(T)\,dT + \frac{\overline{q'} F_R^N F_q^E \phi(z)}{4\pi} \qquad (5\text{-}88)$$

由式(5-88)可以看出,已知 $T_{fo}(z)$ 后,等式右边全为已知值,因而即可根据右边的已知值,从积分热导率图线或表上查出 T_0 值。若燃料元件轴向释热率为不规则分布,则可沿燃料元件轴向分段算出 $T_0(z)$,然后找出 T_0 的最大值及其所在的位置。据此判明 T_0 的最大值是否满足设计准则的要求。

在上面的计算中,假设热点位于热管内,而且在整个堆芯只计算一个热管和相应的限值。实际上,热点不一定位于热管内。如果热点不在热管内,那么要计算燃料元件最高温度,就必须先算出该热点所在的冷却剂通道中冷却剂的焓,而后再计算燃料元件的温度。此外,随着堆设计、建造和运行经验的积累,堆的设计方法也在不断地改进和发展中,因此在堆热工设计中应对热管和热点作具体分析,不一定整座堆只算一个热管和相应的热点。在早期设计的反应堆中,整个堆芯的裂变燃料富集度都相同,而且堆芯进口处冷却剂的温度也相同,进口处也不安装节流件。在这种情况下,对整个堆芯只需计算一个热管就足够了。在堆热工设计改进后,对有盒壁的燃料组件,采用了堆芯进口处分区安装节流件的办法,使冷却剂流量分配正比于释热量的分布。考虑到结构上不至于太复杂,以及在堆芯运行寿期中径向功率分布会趋于平缓,实际上通常将堆芯进口冷却剂流量分配分为两个区或者三个区。这时虽然整个堆的燃料富集度都相同,但因堆径向不同区域内的冷却剂流量不相同,故必须分别计算每个区内的热管冷却剂焓升以及与之相应的热点上的热工参数,而后再确定一个全堆最高参数的热管和最高的燃料中心温度、最小 DNBR 等。当堆芯径向不同区内出现安全裕量相差太大时,还可适当调整冷却剂流量分区的范围。现代设计的压水动力堆,为了展平堆芯径向功率分布的不均匀程度,采用了燃料分区装载的方案,即整个堆芯径向的燃料富集度分成两个区或三个区。而燃料元件组件四周无盒壁,堆芯进口处不再安装流量节流件,沿通道轴向相邻燃料组件的冷却剂间可以相互交混。此时若再在堆芯进口处加装冷却剂流量节流件,其效果已不如有盒壁的那样显

著。同时,不加装流量分配节流件还可以减少结构上的复杂性和降低堆芯压降。此时若堆芯下腔室流量分配已较均匀,又加上开式栅格间冷却剂的横流,已使整个堆芯径向不同位置上的冷却条件相近,但由于燃料富集度仍然分区装载,因而在单通道模型中还需分别计算各区的热管和相应的燃料最高中心温度值、最小 DNBR 值,使这些数值全部满足堆热工设计准则规定的要求,并且各区安全裕度相近。

在进行了堆芯传热面积计算和安全核算后,若其结果全部满足热工设计准则的要求,接下去则可进行其他专题的计算。若不满足热工设计准则的要求,则需要重新调整传热面积的尺寸及其布置,甚至要重新确定堆芯热工参数,直到符合设计准则为止。

与堆热工设计有关的其他方面计算内容包括:控制棒的冷却计算,水堆冷却剂中空泡份额分布的计算,燃料芯块平均温度的计算,堆本体的水力特性计算等。其中有些数据需要提供给堆物理、结构等设计方面作为输入参数。

4)堆稳态热工设计的技术经济评价

满足热工设计准则的方案是否先进,尚需进行技术经济评价。在堆热工设计时,通常的评价指标有两个,一是堆芯功率密度 N_V;一是堆冷却剂流量与功率之比,常称为比流量 N_G。

堆芯功率密度 N_V,即堆输出的热功率与堆芯体积之比,可表示为

$$N_V = \frac{N_t}{V} = \frac{N_t}{\frac{\pi}{4}D_{ef}^2 L}(\text{W/m}^3) \tag{5-89}$$

目前大型压水堆的 N_V 已可高达 110 WM/m³。近年来,因为考虑到安全原因,有降低该值的趋势。

由式(5-89)可以看出,当 N_t 一定时,堆芯功率密度与堆芯横截面积及高度有关。堆芯横截面积由燃料元件横截面积、冷却剂通道横截面积以及燃料组件间的水隙面积、控制棒及其套管内外相应面积 4 部分组成,即

$$\frac{\pi}{4}D_{ef}^2 = NA_u + NA_b + \varepsilon_1 \frac{\pi}{4}D_{ef}^2 + \varepsilon_2 \frac{\pi}{4}D_{ef}^2 \tag{5-90}$$

所以

$$\frac{\pi}{4}D_{ef}^2 = \frac{NA_u + NA_b}{1 - \varepsilon_1 - \varepsilon_2} \tag{5-91}$$

式中　A_u——一根燃料棒的截面积,m²;

　　　A_b——一根燃料元件栅元的冷却剂通道截面积,m²;

　　　ε_1——燃料组件间水隙的截面积占总截面积的百分比;

　　　N——反应堆中燃料元件总根数;

　　　ε_2——控制棒及套管内外相应面积之和占总面积的百分数。

最后可得:

$$N_V = \frac{N_t}{\frac{N_t F_u}{\pi d_{co} \overline{q''}} \cdot \frac{A_u + A_b}{1 - \varepsilon_1 - \varepsilon_2}} = \frac{(1 - \varepsilon_1 - \varepsilon_2)\overline{q''} \times 4}{\left(\frac{4A_u}{\pi d_{co}} + \frac{4A_b}{\pi d_{co}}\right) \cdot F_u} = \frac{(1 - \varepsilon_1 - \varepsilon_2)q''_{h,\max}/(F_q^N F_q^E)}{F_u(d_{co} + D_e)}$$

$$\tag{5-92}$$

式中，$\dfrac{4A_u}{\pi d_{co}} = \dfrac{4 \times \dfrac{\pi}{4}d_{co}^2}{\pi d_{co}} = d_{co}$，$D_e = \dfrac{4A_b}{\pi d_{co}}$，$D_e$ 是燃料元件冷却剂通道的当量直径，m。

由式(5-92)可见，N_V 与许多因素有关，要提高 N_V，就必须增大 $q''_{h,max}$，减小 F_q^N，F_q^E，ε_1，ε_2，d_{co} 和 D_e。

增大 $q''_{h,max}$ 值会遇到一系列限制，如燃料元件中心温度的限制。在水堆中，还要受到燃料元件表面最小 DNBR 的限制；要减小 ε_1，就要求燃料元件组件间的水隙要小，但 ε_1 太小会使燃料元件组件装卸困难；要减小 ε_2，就要求控制棒套管数目减少，但这要受到堆物理与堆控制方面要求的限制；减小燃料元件外径 d_{co}，要受到加工费用、元件的机械稳定性以及堆芯的中子经济性等因素的限制；若减小包壳厚度，会使包壳强度下降，加工也比较困难；减小燃料元件冷却剂通道的当量直径 D_e，在物理、热工和结构方面都受到一定的限制，如水铀比的要求、冷却剂流量和流阻的限制、元件加工及安装公差的要求等。还应注意到 D_e 太小，运行后元件稍有弯曲变形，对冷却剂流通截面的影响比较大；减小热流密度核热点因子 F_q^N 及热流密度工程热点因子 F_q^E 也要受到各种条件的限制，可供改进的余地在目前已不是很多了；燃料内释热量占堆芯总发热量的份额 F_u 与上述的参数联系在一起，可改进的余地也不大。

堆芯的功率密度高，则堆芯的体积可以做得比较小，从而可节省堆芯本身和反应堆压力壳等设备的投资费用。但功率密度提高后，燃料元件的 $q''_{h,max}$ 增大，燃料元件的最高中心温度也随之升高，从而影响燃料元件的燃耗深度，这样就会影响到换料周期和燃料的投资费用。因此，对于堆芯功率密度的提高，需要权衡利弊，确定一个合理的数值。

堆的冷却剂流量与功率之比 N_G，即流量 W_t 与堆输出热功率 N_t 之比，

$$N_G = \frac{W_t}{N_t} \quad [\text{kg}/(\text{W}\cdot\text{s})] \tag{5-93}$$

目前大型压水动力堆的 N_G 值在 4.72×10^{-6} kg/(W·s)左右，一般希望 N_G 小一些。在 N_t 一定的情况下，N_G 越大，即表示反应堆的冷却剂流量也越大，与之对应的主冷却剂循环泵的功耗以及一回路设备、管道尺寸也随之增大；过大的流速还会使堆芯部件受到较大的表面侵蚀以及严重的振动。但如果流量 W_t 太小，则在堆芯出口处冷却剂温度一定的情况下，堆芯进口处冷却剂温度就比较低，从而使动力循环热效率也比较低；如果 W_t 太小，则燃料元件就得不到充分的冷却。因而 N_G 的大小也必须反复比较后合理确定。

稳态热工设计确定的满足安全与经济性要求的最佳方案是瞬态热工设计的基础。但必须指出，由稳态热工设计提供给瞬态热工设计的有关热工参数，应以堆运行时的实际参数为依据，还应取对安全不利方向的实际参数。例如堆内冷却剂的工作压力、温度和流量以及堆的热功率，也和其他参数一样，存在着实际值与名义值间的误差。这种误差存在的原因主要有以下几个方面：

①造成冷却剂温度测量误差的原因主要是测量仪表的误差与测点位置选择不当。

②造成冷却剂流量测量误差的主要原因是测量仪表的误差。

③造成压力误量的原因主要是稳压器正常的压力波动和测量仪表的误差。

④堆功率误差的原因包括下列几方面：

功率测量仪表(包括一次及二次仪表)的误差，其中有热工测量仪表的误差，也有电离室的误量，而中子测量方面的误差还与测点位置有关。

⑤处在功率调节系统的盲区(即功率调节系统不起作用的范围)。

⑥控制棒提升时电表量程误差引起的过调量。

⑦控制保护系统功率整定值重现引起的误差且可能的漂移。

另外还应指出,在堆热工设计中必须对反应堆整个运行寿期中最不利的工况进行验算,这样才能确保堆的安全。

5)堆热工设计中的热工水力实验

在堆方案设计的初期,很多热工设计数据是暂定的,这就需要在取得实验数据以后对它们再加以修正。对于那些比较成熟的、可靠的数据,可以不必再另外进行实验验证。配合反应堆的稳态热工设计,需要进行的热工水力实验大致有下述几个方面。

(1)热工实验

①临界热流密度实验,结合具体的燃料元件和冷却剂结构参数和热工参数,验证所使用的临界热流密度关系式的正确性,或者通过实验,整理出可用于设计计算的经验公式或半经验公式。

②测定核燃料和包壳的热物性以及燃料与包壳之间的气隙等效传热系数。

(2)水力实验

①堆本体水力模拟实验,测定堆芯下腔室冷却剂的流量分配不均匀系数,测定压力壳内各部分的流动压降和总压降,同时测定热屏蔽区内的流速分布。

②燃料组件水力模拟实验,测定棒束组件的沿程摩擦阻力系数及各种形阻系数。

③测定相邻冷却剂通道间的流体交混系数。

④测定堆内各部分冷却剂的旁通流量。

⑤测定冷却剂过冷和饱和沸腾时的流动阻力系数(包括汽-水两相流动形阻系数)。

⑥测定冷却剂在沸腾工况下的流型及空泡份额。

⑦管内流动沸腾时的流动稳定性研究等。

5.6　子通道分析方法

在单通道模型中,把所要计算的通道看作是孤立、封闭的,在整个堆芯高度上与其他通道之间没有质量、动量和能量交换。这种分析模型并不适合于像无盒壁燃料组件那样的开式通道。为了使计算更符合实际情况,开发了更先进的子通道模型。这种模型认为相邻通道冷却剂之间在流动过程中存在着横向的质量、动量和能量交换(即横向交混),因此各通道内的冷却剂质量流速将沿着轴向不断发生变化,热通道内冷却剂的焓和温度也会有所降低,相应地,燃料元件表面和中心温度也随之略有降低。

目前工程设计和安全分析使用的堆芯分析程序几乎都是用子通道分析方法编制的。子通道是棒束之间流道的自然几何划分,它以燃料棒本身和棒间的假想连线所包围的流动面积定义为一个子通道的横截面积。流体在这样的流道中流动,一方面与周围的燃料进行能量和动量交换,另一方面通过假想边界与相邻通道进行质量、能量和动量交换。子通道方法有两个很重要的假设:

①假设流体沿通道轴向流动速度远大于横流速度,横流流量一旦离开间隙就会汇入轴向

流动(主流方向)而失去横流的方向性。因此,可以将轴向动量和横向动量分开处理。

②假定相邻通道之间的一切交换都是通过湍流横流和转向横流进行的,以简化动量微分方程。

子通道分析方法解得的流体温度和速度等参量都是取控制体的平均值,忽略了通道内部的精细分布。采用子通道程序可以更为准确地计算通道中的 DNBR 分布,可提高反应堆的经济性。目前有众多采用子通道模型的程序,如 COBRA、CATHARE、TRACE 等。

5.6.1 子通道分析的一般原理

单通道模型把所计算的通道看作是孤立、封闭的,在整个堆芯高度上与其他通道之间没有质量、动量和能量交换。虽然比较简单,但对于无盒组件等开式通道并不适用,对于有盒组件内部各燃料通道的计算也不适用。

为使计算结果更符合实际情况,发展了子通道模型。子通道模型考虑到相邻通道冷却剂之间在流动过程中存在着横向的质量、热量和动量的交换(通常统称为横向交混),因此各冷却剂通道的质量流速将沿轴向不断发生变化,使热通道内冷却剂焓和温度比没有考虑横向交混时要低,燃料元件表面和中心温度也随之略有降低。对大型压水堆,在热工参数一定的情况下,把用子通道模型计算的结果与用单通道模型计算的结果相比较,燃料元件表面的 MDNBR 值增加 5% ~ 10%。用子通道模型计算既提高了热工设计的精度,也提高了反应堆的经济性,但采用子通道模型不能像单通道模型那样只取少数热通道和热点进行计算,而是要对大量通道进行分析,因此计算工作量较大。只要子通道划分得当,该问题在计算机技术高度发展的今天已经不成为障碍。

相邻通道间冷却剂的横向交混是由于流体流动时相邻通道间流体的湍流作用,以及径向压力梯度所引起的。湍流交混可分为自然湍流交混和强迫湍流交混。自然湍流交混是相邻通道间的自然涡流扩散所造成;强迫湍流交混是定位格架等机械装置所引起的。湍流作用使开式通道间的流体产生相互等质量的交换,一般无净横向质量迁移,但有动量和热量的交换,因此常称为湍流交混,交混在这里表示交换混合的意思。径向压力梯度起因于通道进口处压力分布差异,功率分布不同,以及燃料元件棒偏心、弯曲等尺寸形状的误差,压力梯度的存在,造成了定向净横流,这种横流有时也称为转向横流。因为这是单向流动,而不是交混,所以也称为横流混合。由于径向压力梯度引起了净横向流动,则质量交换必然伴随着动量和热量的交换。

在应用子通道模型进行分析计算之前,首先需要把整个堆芯划分成若干个子通道。子通道的划分完全是人为的,可以把几个燃料组件看作一个子通道,也可把一个燃料组件内的几根燃料元件棒所包围的冷却剂通道作为一个子通道,不论所划分的子通道的横截面积有多大,在同一轴向位置上冷却剂的压力、温度、流速和热物性都认为是一样的。所以,如果子通道横截面划分得太大,则因在同一轴向位置上所有热工参数都认为是一样的,这可能与实际情况差别较大,使计算精度不理想;如果子通道横截面积划分得太小,则计算的工作量太大。计算时间几乎与子通道数目的平方成正比,计算机容量可能也难以满足要求。为了解决上述矛盾,可采用下述的 3 种方法,一般情况下这三种方法结合起来应用。

①利用整个堆芯形状、功率分布对称的特点,只须计算 1/8 堆芯即可。

②计算过程可分为两步进行。第一步:先把堆芯按燃料组件划分子通道,求出最热组件,

第二步:把最热组件按各燃料元件棒划分子通道,求出最热通道和燃料元件棒的最热点。在第二步划分子通道时,也可利用燃料组件的对称性,只需计算热组件横截面的 1/2、1/4 或 1/8。

③根据需要划分横截面大小不同的子通道。在可能出现热组件或热通道位置附近,子通道可划分得更细,在远离热组件或热通道的一般位置,子通道可划分得粗些。

要进行子通道分析,必须由物理计算提供详细的堆芯三维功率分布,尤其是热组件内各子通道精确的功率分布。还应由水力模拟试验给出堆芯进口的冷却剂流量分布,湍流交混速率及横流阻力系数,这样才能使子通道分析具有可靠的精度。

严格来讲,子通道计算在数学上是空间域内的多点边值问题,以进出口压力作为边界条件。为解决计算上的困难,通常用时间域内的初值问题来近似,用已知的进口流量和均匀的出口压力作为边界条件。

目前子通道划分主要有两种方法,如图 5-11 所示,即冷却剂中心子通道和燃料棒中心子通道。传统的棒束通道的分析都是基于冷却剂中心子通道来进行的。然而,在两相流中,特别是环状流流型中,燃料棒上的液膜很难用这种模型来描述。Gaspari 等的工作显示采用燃料棒中心的子通道划分方法在高干度流动中可以得到很好的结果。然而,在针对燃料棒中心的子通道划分方法的本构方程开发方面的进展还很小,目前,主流的子通道模型主要基于冷却剂中心子通道的方法来创建。

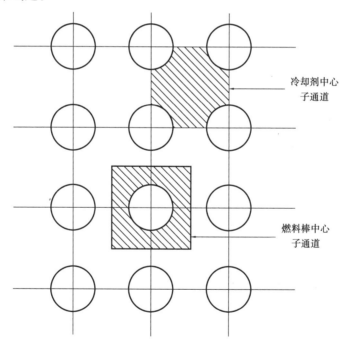

冷却剂中心
子通道

燃料棒中心
子通道

图 5-11　子通道定义方法

5.6.2　质量、能量和轴向动量守恒方程

将质量守恒原理应用于第 i 个子通道的控制体内(图 5-12),可得质量守恒方程为:

$$A_i \frac{\partial \rho_i}{\partial t} + \frac{\partial \dot{m}_i}{\partial z} = - \sum_{j=1}^{N} W_{ij} \qquad (5\text{-}94)$$

式中,A_i,ρ_i,$\dot{m}_i$ 分别为 i 子通道的流通面积、流体密度和轴向质量流量。W_{ij} 为从子通道 i 到 j 的单位长度上的横向流量。密度对时间的偏导数 $\partial\rho_i/\partial t$ 给出了由于流体的膨胀或收缩引起的流量变化。求和符号 $\sum$ 表示与 i 相邻的全部子通道(N 个)的总和。

将能量守恒应用于 i 子通道的控制体内(图 5-13),可得能量守恒方程为:

$$\frac{1}{u''}\frac{\partial h_i}{\partial t}+\frac{\partial h_i}{\partial z}=\frac{q_i'}{\dot{m}_i}-\sum_{j=1}^{N}(T_i-T_j)\frac{C_{ij}}{\dot{m}_j}-\sum_{j=1}^{N}(h_i-h_j)\frac{W_{ij}'}{\dot{m}_j}+\sum_{j=1}^{N}(h_j-h^*)\frac{W_{ij}'}{\dot{m}_j} \quad (5\text{-}95)$$

式中 h,T——分别为子通道的比焓和温度;

q'——单位长度的子通道加热量(或功率);

C_{ij}——与流体的热导率有关的系数;

W_{ij}'——子通道间的湍流交混量;

u''——能量迁移的有效速度;

h^*——横向流所携带的焓。

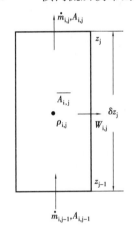

图 5-12 质量守恒方程的控制容积

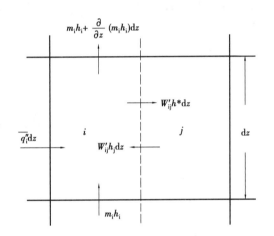

图 5-13 能量平衡

若子通道是均匀的,h^* 可定义为:当 $W_{ij}<0$ 时,$h^*=h_j$;当 $W_{ij}>0$ 时,$h^*=h_i$。

式(5-95)右边第一项表示子通道所接受的加热量与流量之比,给出了在无交混的情况下子通道焓的变化率;第二项是由于子通道间的流体的热传导所引起的焓变化率;第三项表示相邻子通道湍流交混引起的焓迁移;第四项表示横向流动引起的焓迁移。

将动量守恒应用于 i 子通道的控制体内(图 5-14),可得动量方程为:

$$\frac{\partial\dot{m}_i}{\partial t}-2u_i\frac{\partial p_i}{\partial t}+\frac{\partial p_i}{\partial z}=-\left(\frac{\dot{m}_i}{A_i}\right)^2\left[\frac{2v_if_f\phi_i}{D_i}+A_i\frac{\partial}{\partial z}\left(\frac{v_i'}{A_i}\right)\right]-$$
$$\rho_ig\cos\theta-\frac{f_r}{A_i}(u_i-u_j)W_{ij}+\frac{1}{A_i}(2u_i-u^*) \quad (5\text{-}96)$$

式中 u,p,v,v',ϕ,f_f——分别为子通道流体的流速、压力、比容、有效动量迁移比容、两相摩擦压降倍率和单相摩擦系数;

D——子通道的当量直径;

g——重力加速度;

θ——子通道轴向与竖直方向的夹角;

f_τ——考虑热量和动量涡流扩散之间不完全模拟的系数;

u^*——有效横向流速,它与能量方程中的 h^* 相类似。

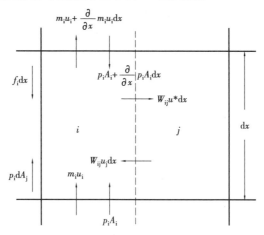

图 5-14　轴向动量守恒

式(5-96)右边的前几项分别表示摩擦压降、加速压降、提升压降和动量交换项。这几项在各子通道程序中基本相同,而最后一项(横向流引起的动量迁移)则因程序不同而异。

5.6.3　横向动量平衡方程

横向流量 W_{ij} 由横向动量平衡方程确定。由于横向流是相邻子通道间的径向压力梯度造成的定向流动,因而它在棒束组件的入口处、沸腾起始和发展的区域及元件发生变形或流动截面突然变化的区域特别重要。

在早期的子通道程序中,由于缺乏足够的试验数据,通常采用较为简化的横向动量平衡模型:

$$\Delta p_{ij} = p_i - p_j = K_m \frac{\rho_f V_{ij}^2}{2g} \tag{5-97}$$

式中　K_m——横向阻力系数;

V_{ij}——i 子通道与 j 通道之间的横向速度。

式(5-97)由于忽略了轴向流速的影响,是不恰当的。Chelemer 等根据单相实验数据,考虑到轴向流速的影响,得到如下的横向阻力系数的修正公式:

$$(K_m/K_\infty - 1)K_m = \gamma(V/u)^{-2} \tag{5-98}$$

式中　γ——常数;

V——横向流速;

u——轴向流速;

K_∞——当 $u/V \to 0$ 时的 K_m 值。

在 THINC 和 SASS 等程序中,K_m 的计算式为:

$$K_m = \left(\frac{u}{V}\right)^2 \quad (V/u \leqslant 1)$$

$$K_m = \left(\frac{u}{V}\right)^{0.470} \quad (1 \leqslant V/u \leqslant 10)$$

$$K_m = 0.34 \quad (V/u \geqslant 10)$$

在 COBRA 程序中,根据小间隙子通道间的矩形控制体内的动量平衡,得到式(5-99):

$$\frac{1}{g_c}\frac{\partial W_{ij}}{\partial t} + \frac{1}{g_c}\frac{\partial(uW_{ij})}{\partial z} = \frac{S_{ij}}{l}(p_i - p_j) - F \tag{5-99}$$

式中　F——摩阻和形阻损失;

　　　l——横向伪长度,它近似等于子通道的质心距。

Rouhani 认为横向动量平衡的完整公式除纯摩擦项外,还包括不同的惯性项和加速项。因此横向动量平衡方程的最一般形式应为

$$\Delta p_{ij} = p_i - p_j = R_v + R_u + R_w + \Delta p_{ft} \tag{5-100}$$

式中　R_v——与轴向流速有关的惯性项;

　　　R_u, R_w——水平方向的横向流的加速和减速效应;

　　　Δp_{ft}——横向流流过间隙的摩擦阻力效应。

5.6.4　湍流交混效应

相邻子通道间的湍流交混效应很重要,因为最热的子通道中的焓主要是通过这种途径来降低的。子通道间的交混程度通常用单位长度上湍流横向扰动质量流率 W' 表示

$$W' = \rho\varepsilon\left(\frac{S_{ij}}{z_{ij}^T}\right) \tag{5-101}$$

式中　$\varepsilon, z_{ij}^T, S_{ij}$——分别为湍流扩散率、与普朗特混合长度相关的系数和通道间的缝隙宽度。

在反应堆条件下,有关两相流的交混现象至今尚未完全弄清楚。大多数子通道程序所用的交混模型都是根据均匀流理论得到。关于两股流体在子通道间的交混,目前用两种模型加以描述:等质量模型和等体积模型。

等质量模型认为两股发生交混的流体是等质量的,因而在交混过程中不发生净质量交换,只引起能量和动量的交换。在 COBRA 和 THINC 等程序中采用此模型。

等体积模型认为两股发生交混的流体是等体积的。在相邻子通道内流体密度不同时,交混过程不引起能量和动量的交换,而引起净质量的交换。

5.6.5　子通道分析方法的基本缺点和一些问题的探讨

子通道分析方法能够有效地进行反应堆热工水力分析,但是也存在一些缺点和限制。其主要方面包括:

①忽略了子通道内的速度和温度的精细分布(即采用了集总参数法)。

②由于子通道布置的非正交性,致使横向动量平衡方程不能像轴向动量平衡方程那样严格处理。

③为使计算容易进行,轴向和横向动量方程的控制体之间的各种位置所需的参数要做近似处理。

在运用子通道分析时,做一些简化以利于计算,但不应为此增加实验工作的复杂性。为了使计算结果和实验结果相符,有一些方面可以进行探讨:

①初始条件和边界条件。当将反应堆冷却剂流道分两步分析时,第一步先进行全堆分析,初始条件为堆芯入口处进入各燃料组件的冷却剂之和应等于给定的冷却剂总流量;堆芯出口

处的约束条件为各燃料组件出口处的压力相同。上述第一个条件是不成问题的,但在第二个条件中,堆芯出口处等压面的位置难以确定。在第二步进行热组件内各子通道分析时,因组件横截面尺寸相对较小,可以认为组件入口处是等压面,但等压面的位置需要确定。其次,在第一步分析中,各个组件在堆芯入口处压力不相同,使压降的起算基准不同,以及计算物性参数时较复杂。此外,在由第一步转入第二步分析时,即使已知流出的冷却剂组件的横流量及焓,还要确定对流入冷却剂的相邻组件各子通道的影响大小;直观上讲,它与流体横向流过管束时的热交换情况类似,这个问题应通过计算分析和实验来验证。

②同一个组件内不同子通道的交混系数是不同的。若在同一个横截面上取一个平均的交混系数,将影响计算的精确性。

③为了简化计算,常将燃料组件局部位置上定位件对冷却剂交混的贡献沿流道全长进行均匀化处理,这将影响到冷却剂焓值。对此要作计算分析,以判断这一简化的可行性。

④计算步长内发生流体沸腾的转变点的处理。当某个计算步长内部发生欠热沸腾等转变点时,可以调整步长长度,使转变点移到步长末端点上,但却可使在相邻流道统一步长内发生欠热沸腾转变点。

⑤计算的快速收敛问题。由于相邻流道间横流量和横流阻力都很小,要使计算快速收敛,可有不同的方法。

⑥进行子通道分析的具体要求。首先必须知道详细的堆芯三维功率分布,还必须通过堆本体水力模拟装置实验测知堆芯入口处分配到各组件的冷却剂流量,以及通过实验测知相邻流道流体间的交混系数与横流阻力系数。另外,也应发展数学处理方面的计算方法。有了以上条件,可以使子通道分析更精确,计算更省,从而提高反应堆热工设计的水平。

5.6.6　子通道程序

到目前为止,国内外已有大量用于反应堆热工水力计算的子通道模型的程序。这些程序的差别主要在于处理横流混合的方法和联合求解方程组的方法各有不同。这些程序的水力模型基本相似,物理模型中最大的不确定性是子通道间的相互作用。这种相互作用是子通道分析的主要特点,通常有如下 3 个主要过程。

①由于子通道间横向压力梯度引起横向流,致使子通道间产生净的质量、能量和动量交换。

②由压力和流量的随机波动引起的湍流交混,它只引起子通道间净的热量和动量交换,不引起质量交换。

③在两相流系统中,气泡具有向高速区和几何开阔区域转移的趋势,这种趋势通常称为"空泡漂移",这也会引起子通道间的质量、能量和动量交换。

它们的共同点都是通过求解各子通道的质量守恒、能量守恒和轴向、横向动量守恒等 4 个基本方程,首先计算各子通道内不同轴向高度上冷却剂的质量流量和焓值,求出最热的通道。然后再计算燃料元件棒的温度场,求出燃料芯块中心的最高温度和燃料元件表面的最小临界热流密度比。

比较著名的水堆通用子通道程序 COBRA-TF 是一个研究核电站系统中垂直部件的热工水力特性的大型部件程序。采用两流体模型,由于相间彼此不完全独立,故方程要有一个相间的相互作用项来反映相间的动量、能量或质量的耦合关系。两流体模型的优点是可以获得详细的流场和相分布。它的主要缺点是目前所用的相互作用项还不够完善。针对核电站瞬态及事故工况下各部件冷却剂的热工水力特性,程序采取了两相三流场数学物理模型。在数值计算方法上,一方面它受计算区域的形状及复杂物性的限制较小;另一方面,由于采用强稳定两步法的计算方法,使程序的计算速度大大提高,以至可在普通计算机上完全实现对堆芯及蒸汽发生器热工水力特性的实时仿真。

鉴于 COBRA-TF 程序的先进性,下面将简要介绍该程序所用的守恒方程。

5.6.7 COBRA-TF 程序的守恒方程

COBRA-TF 程序(CTF)对于一个计算网格,质量、动量和能量是守恒的。这就使得每一相都得用 3 个守恒方程(液相和液滴流场共用一个能量方程)。这是基于两流体模型——每一相都有自己的质量、动量和能量方程。当然,守恒方程相互之间又彼此联系,比如相之间的质量交换和热量传输(蒸发和冷凝,或者夹带和沉积)。

1)质量守恒方程

一般形式的质量守恒方程如式(5-102)所示:

$$\frac{\partial}{\partial t}(\alpha_k \rho_k) + \nabla \cdot (\alpha_k \rho_k \boldsymbol{V}_k) = L_k + \boldsymbol{M}_e^T \tag{5-102}$$

式中,下标 k 代表第 k 相,用 f 代表液相,g 代表蒸汽相;e 代表夹带液滴相。方程式(5-102)的左边第一项是质量随时间的变化关系,第二项表示质量的对流项($\boldsymbol{V}$ 是速度场)。方程的右边 L_k 项为该相与其他相的质量输运,如蒸发和冷凝、夹带和沉积。L_k 项对每一相展开为

$$\begin{aligned} L_g &= \Gamma''' \\ L_f &= -(1-\eta)\Gamma''' - S''' \\ L_e &= -\eta\Gamma''' + S''' \end{aligned} \tag{5-103}$$

式中,Γ''' 表示由于相变引起的体积质量输运。注意:Γ''' 为正表示蒸汽相增加,则液相和液滴相减少;Γ''' 为负,则表示蒸汽相减少,向液相传输质量(冷凝的道理相同)。对于液相和液滴相来说,Γ''' 会分别乘上系数 $1-\eta$ 和 η,其中 η 代表蒸汽与夹带液滴之间的相变因子。方程(5-104)定义了蒸发 η 因子,而式(5-105)定义了冷凝 η 因子。

$$\eta_{evap} = \min\begin{cases} 1 - \dfrac{Q_{wf}'''}{\Gamma'''h_{fg}} \\ \dfrac{\alpha_e}{1-\alpha_g} \end{cases} \tag{5-104}$$

$$\eta_{cond} = \frac{\alpha_e}{1-\alpha_g} \tag{5-105}$$

方程(5-104)和式(5-105)中,Q_{wf}''' 表示壁面对液相的体积热量传输,h_{fg} 表示汽化潜热。用于计算夹带与沉降的 Γ 的相变模型可以参考 Kazimi 等学者的相关著作。

质量守恒方程的最后一项是网格之间由于湍流搅混和空泡漂移引起的质量输运。先进的湍流模型并没有包含在 CTF 中,因为假设了子通道轴向流动占主要部分,简单的湍流扩散模型用于计算通道之间的轴向动量的湍流传输。注意:湍流搅混只发生在横向方向。

2)动量守恒方程

动量守恒方程为

$$\frac{\partial}{\partial t}(\alpha_k\rho_k\boldsymbol{V}_k) + \frac{\partial}{\partial x}(\alpha_k\rho_k u_k\boldsymbol{V}_k) + \frac{\partial}{\partial y}(\alpha_k\rho_k v_k\boldsymbol{V}_k) + \frac{\partial}{\partial z}(\alpha_k\rho_k w_k\boldsymbol{V}_k)$$

$$= \alpha_k \rho_k \mathbf{g} - \alpha_k \nabla p + \nabla \cdot \left[\alpha_k (\tau_k^{ij} + T_k^{ij}) \right] + \mathbf{M}_k^L + \mathbf{M}_k^d + \mathbf{M}_k^{\mathrm{T}} \qquad (5\text{-}106)$$

方程左边表示体积动量随着时间和对流的变化率。注意左边项乘上的是速度矢量 V_k，每一项都有 3 个部分 $(u_k \mathbf{i} + v_k \mathbf{j} + w_k \mathbf{k})$。基于笛卡尔坐标系，则 3 个方向共有 3 个动量方程。方程的右边包括重力项、压力项、黏性和湍流剪切力项，由于相变和夹带引起的动量源项，界面曳力项和由于湍流搅混引起的动量传输项。其中假设压力在所有相中是相等的，重力为体积力。CTF 中没有包含湍流剪切模型，所以接下来要把此项从动量方程中消除。湍流搅混使用简单的湍流扩散近似值。

黏性应力项展开成壁面剪切和流体-流体剪切两部分，如下所示：

$$\nabla \cdot (\alpha_e \tau_e^{ij}) = \tau_{we}''' \qquad (5\text{-}107)$$

$$\nabla \cdot (\alpha_g \tau_g^{ij}) = \tau_{wg}''' + \nabla \cdot (\alpha_g \sigma_g^{ij}) \qquad (5\text{-}108)$$

$$\nabla \cdot (\alpha_f \tau_f^{ij}) = \tau_{wf}''' + \nabla \cdot (\alpha_f \sigma_f^{ij}) \qquad (5\text{-}109)$$

式中，τ_{we}'''，τ_{wg}''' 和 τ_{wf}''' 分别表示液相、蒸汽相和液滴相的体积壁面阻力。注意在这里假设液滴相不接触壁面，因此没有壁面阻力；τ_{we}''' 通过经验关联式得到。液相—液相黏性剪切应力也没有包含在 CTF 中，所以也将在动量方程中消掉。

$\mathbf{M}_k^L$ 项代表由于相变和夹带或者沉积引起的动量源项，其形式如下：

$$\mathbf{M}_g^L = \Gamma''' V$$

$$\mathbf{M}_f^L = -\Gamma'''(1 - \eta) V - S''' V \qquad (5\text{-}110)$$

$$\mathbf{M}_e^L = -\Gamma''' \eta V + S''' V$$

式中，V 代表质量流方向的相速度。例如，如果蒸发来自液滴场，然后在动量方程中 $\Gamma''' \eta V_e$ 从液滴动量守恒方程中扣除，同样的动量也需要加入蒸汽动量方程。

界面曳力项 $\mathbf{M}_k^d$ 对于三相分别展开为：

$$\mathbf{M}_g^d = -\tau_{i,gf}''' - \tau_{i,ge}'''$$

$$\mathbf{M}_f^d = \tau_{i,gf}''' \qquad (5\text{-}111)$$

$$\mathbf{M}_e^d = \tau_{i,ge}'''$$

式中，$\tau_{i,gf}'''$ 和 $\tau_{i,ge}'''$ 为体积相间阻力，分别是蒸汽与液体界面、蒸汽与液滴界面。注意：曳力项对于蒸汽场是负值，对于液滴和液相场是正值。这是因为 CTF 规定蒸汽相速度比液相和液滴相快，这就意味着界面摩擦阻滞蒸汽相，而拖曳液相和液滴相。如果相反成立，如蒸汽相速度比液相和液滴相慢，则相应的项在 CTF 中相反。界面剪切力与流型相关，关于该项的计算有不少的模型涉及该问题，但还远未成熟，该问题仍然是目前的研究热点，而且也可能是下一阶段两相流研究的突破之处。

方程 (5-106) 的最后一项是因湍流搅混和空泡漂移引起的动量源项，$\mathbf{M}_k^{\mathrm{T}}$。注意，只有轴向方向才有由于湍流搅混和空泡漂移引起的对流项。

3）能量守恒方程

能量守恒方程的一般形式如式 (5-112) 所示：

$$\frac{\partial}{\partial t} (\alpha_k \rho_k h_k) + \nabla \cdot (\alpha_k \rho_k h_k V_k) = -\nabla \cdot \left[\alpha_k (\mathbf{q}_k + \mathbf{q}_k^T) \right] + \Gamma_k h_{ig} + q_{wk}''' + \alpha_k \frac{\partial p}{\partial t} \quad (5\text{-}112)$$

方程的左边分别是能量随时间的变化率和进出控制体的对流项。方程的右边则分别是：k 相的导热和湍流耗散热，由于相变的能量传输，体积壁面热量传输和压力作功项。其中假设在液相中没有热量产生,辐射传热只发生在固体表面之间和蒸汽和液滴之间,忽略内部耗散,在每一相中压力是相等的。

实际上没有确定的流体导热模型,因此在 CTF 中 q_k 为 0。q_k^T 表示由于湍流搅混和空泡漂移引起的能量交换,在 CTF 中只考虑了横向和轴向的能量输运。

当各子通道的冷却剂热工参数求出后,随之就可以求出燃料元件各温度值,在水堆中还可求出燃料元件表面的最小临界热流密度比。在压水动力堆中,当热工参数一定时,用子通道模型计算较之用单通道模型计算,在燃料元件表面的 MDNBR 方面一般可挖掘 5% ~ 10% 的潜力。例如某压水动力堆的热工参数为:热功率 N_t 为 1 063 MW,工作压力 p 为 15. 288 MPa,冷却剂平均质量流速 G 为 $2. 27 \times 10^3$ kg/($m^2 \cdot$ s)。用单通道模型计算 MDNBR 为 1. 860,用子通道模型计算 MDNBR 为 2. 039,两种不同的计算模型 MDNBR 的值相差 9. 6% 。

同样,要进行子通道分析,必须知道堆芯功率的三维分布,尤其是热组件内各子通道的精确功率分布,还要知道堆芯下腔室的冷却剂流量分布、相邻子通道流体间的湍流交混流量 W_{ij} 以及相邻子通道间流体的横流阻力系数 C_{ij}。后面这 3 项数据只能依靠实验测得。如果没有上述几方面的精确数据,子通道分析就难以进行。因此,一方面必须进行测定这些数据的热工水力实验,另一方面还应发展数学处理方法。只有这样,才能使堆的热工计算既迅速而又精确,从而保证在安全的前提下充分挖掘堆的经济潜力。

5.7 反应堆热工的概率分析方法

5.7.1 关系式精度的评价

现有的 DNB 经验关系式是基于多棒束试验基础上得出的。考虑到包括轴向和径向功率峰因子、棒束功率、入口质量流速、入口温度、压力、棒束和格架的几何形状、格架位置和 DNB 位置等影响因素。将这些参数输入子通道分析程序中,用于确定发生 DNB 位置的局部条件(质量流速、熔、压力、干度、空泡份额)。这些量与已知的 DNB 热流密度一起,以及所提出的 DNB 关系式的函数形式,被用来评估关系式参数。适当的关系式常数通常由回归分析确定。然后,通过将计算的子通道条件代入关系式,将计算的 DNB 热流密度除以实验测量的热流密度,将得到每个数据点的 DNBR 值。对收集的 DNBR 值进行统计分析,以确定 DNBR 的平均值 $\bar{\mu}(R)$ 和标准差 s。

现代反应堆的设计要求设置最小允许的 DNBR 值 R_{min},要求在 $R > R_{min}$ 时,有 95% 的概率不会出现 DNB 现象。为了建立这个准则,我们需要一个符合 DNBR 数据特性的概率分布函数。目前主要的关系式都是从满足倒正态分布的数据中得到的,假设比值 M/P,其中 M 是临界热流密度的实验值,P 是用消除系统预测误差后的关系式预测的值,M/P 的概率分布可视为正态分布,如图 5-15 所示。假设有限数量的 M/P 样本的平均值是 $\bar{\mu}(1/R)$。因此,正态分布 $1/R_{min}$ 的公差极限为

$$\lim \left(\frac{1}{R} \right) = \bar{\mu} \left(\frac{1}{R} \right) - ks \tag{5-113}$$

式中 $\bar{\mu}(1/R)$ ——$(1/R)$ 的平均值;

s——$(1/R)$数据的标准差;

k——在 95% 置信度下概率为 95% 的置信

参数,则最小 DNBR 为

$$R_{\min} = \frac{1}{\overline{\mu}\left(\dfrac{1}{R}\right) - ks} \qquad (5\text{-}114)$$

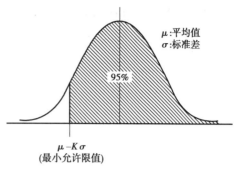

图 5-15　M/P 的分布(正态分布)

对于大样本数,k 值接近于 1.645 时能保证单边 95% 的概率。$R_{\min}$ 的值随关系式的变化很大。对于 W-3 公式,$R_{\min} = 1.3$;而对于 WRB-1 公式,则为 $R_{\min} = 1.17$。

如果一个反应堆在 DNBR 为 1.17 下运行,这并不一定意味着在 DNB 实际发生之前,功率可以增加 17%。因为随着功率增加,局部焓和干度也随之增加,从而降低了大多数关系式(如 W-3 或 WRB-1 公式)所预测的临界热流密度。因此,临界功率比(CPR)将小于 DNBR。然而,对于 DNB 公式来说,例如 EPRI 关系式[式(4-93)],情况并非如此,其分母形式为 $[C + (x_c - x_{in})/q'']$,其中 q'' 是测量的热流密度。该关系式表明 DNBR 几乎随功率水平不变。因此,要求 WRB-1 关系式的最小 DNBR 为 1.17,这意味着最小 CPR 为 1.07,因此,DNB 关系式不确定度的允许值仅要求功率低于 DNB 功率的 7% 即可。然而,式(4-93)为 1.17 的 DNBR 意味着 CPR = 1.17,因此,DNB 关系式不确定度的允许值要求功率至少比 DNB 时的功率低 17%。在假设的条件下,WRB-1 提供了更大的运行安全裕度。因此,最好使用 CPR 统计来比较各种关系式的准确性。然而,使用 DNBR 值进行核电厂安全评估要方便得多,因为这些值是在反应堆功率下确定的,而 CPR 计算需要获得临界功率水平。

5.7.2　基于总 DNBR 的概率设计方法

在 5.1 节所讨论的保守设计方法中,将参数和核热通道的因子设置为最不利值,即乘积法,来进行核电厂运行的子通道分析以预测 DNB。然后,将最小 DNBR 设置为所需的值,以考虑前一节中所述的关系式不确定性。基于最不利的电厂运行条件的分析导致了非常保守的设计。

而随机设计方法认识到,正如 5.2 节所讨论的那样,所有电厂运行参数不太可能同时处于最不利的值。这些设计方法将压力容器的冷却剂流量、压力、有效流量分数、核热管因子($F_q^N, F_{\Delta H}^N$)、工程热管因子($F_{\Delta H}^E$)、堆芯功率和冷却剂入口温度等的不确定性视为随机量。将不确定度的影响直接与 DNBR 关系式不确定度相结合,建立总的 DNB 不确定度。然后进行堆芯子通道分析,以确定 DNB 条件,并将所有电厂参数设置为其名义值。然而,所得到的 DNBR 必须高于新的更高的 MDNBR。新的 MDNBR 被设置为在 95% 的置信水平下提供 95% 的不发生 DNB 的总体概率。

已经有几种方法将电厂参数的变化与 DNBR 的变化关联起来。最简单的方法为平方根法,电厂不确定性因子 Y 的定义为

$$Y = \frac{R_r}{R_n} \qquad (5\text{-}115)$$

式中　R_n——所有的设计参数为其名义值时所确定的 DNBR,而 R_r 为电厂实际运行条件所确定的 DNBR 值。

R_r 是一个与影响 DNBR 各种参数不确定性相关的随机值。如果影响 Y 的参数表示为 x_1，$x_2, \cdots, x_n$，则 Y 可以用其平均值 $\bar{\mu}_Y$ 进行泰勒展开：

$$Y - \bar{\mu}_Y = \frac{\partial Y}{\partial x_1}(x_1 - \bar{\mu}_1) + \frac{\partial Y}{\partial x_2}(x_2 - \bar{\mu}_2) + \cdots + \frac{\partial Y}{\partial x_n}(x_n - \bar{\mu}_n) + 高阶项 \quad (5-116)$$

当平均值附近的扰动很小时，可以忽略高阶项，则 Y 的偏差从式(5-117)得到

$$\left(\frac{\sigma_Y}{\bar{\mu}_Y}\right)^2 = \left(\frac{\partial Y}{\partial x_1}\right)^2\left(\frac{\sigma_1}{\bar{\mu}_1}\right)^2 + \left(\frac{\partial Y}{\partial x_2}\right)^2\left(\frac{\sigma_2}{\bar{\mu}_2}\right)^2 + \cdots + \left(\frac{\partial Y}{\partial x_n}\right)^2\left(\frac{\sigma_n}{\bar{\mu}_n}\right)^2 \quad (5-117)$$

式中　σ_i^2——x_i 的方差；

　　　$\bar{\mu}_i$——x_i 的平均值。

$(\partial Y/\partial x_i)$ 的值是用 $(\Delta Y/\Delta x_i)$ 来近似的，并采用子通道分析程序来评估。如果每个设计参数的平均值和概率分布已知，则可以确定 DNBR 的 $\sigma_Y/\bar{\mu}_Y$。

中心极限定理指出，当一个量是若干随机变量的函数时，即使个别量可能不正常，该量的分布函数也将接近正态分布。因此可以认为 Y 满足正态分布。

各电厂参数可能会在其名义值附近对称变化。在许多情况下，表示这些参数的概率密度函数是未知的，但可以建立单个参数的上下界。一种常见的做法是假定参数近似为正态分布，上下界可以用 $\pm 2\sigma$ 表示限值(边界内变化的 95%)，在名义条件下对称变化。如果对正态分布的适用性有疑问，可以保守地假设参数的均匀分布。在这种情况下，标准偏差将是 $a/\sqrt{3}$ 而不是 $a/2$，其中 a 是上限或下限的大小。

为了获得设计限值(最小允许 DNBR)，我们必须在统计上将电厂参数不确定性因子 Y 与 DNB 关系式的不确定性结合起来。回想前述内容，当前的 DNB 关系式遵循倒数正态分布。考虑根据概率密度函数 $f(X)$ 的随机变量 $X(1/R = X)$ 表示的实验数据分析得出的 DNBR 的倒数。然后从式(5-118)得到累积概率函数 $\phi(X)$

$$\phi(X) = \int_{-x}^{X} f(X)\,\mathrm{d}X \quad (5-118)$$

对于特定的 X 值(比如 A)

$$\phi(A) = p(X < A) \quad (5-119)$$

式中　$\phi(A)$——将式(5-118)的积分上限 X 设为 A 得到的值。

如果 X 和 Y 都是具有分布函数 ϕ_1 和 ϕ_2 的独立变量，则设计条件的组合概率不会超过 X 和 Y 的卷积。所以，数值 XY 小于给定值 A 的概率数值逼近为

$$p(XY < A) \leqslant \sum_i \left[\phi_1(X_{i+1}) - \phi_1(X_i)\right]\left[\phi_2\left(\frac{A}{X_i}\right)\right] \quad (5-120)$$

式中，下标 i 表示计算 X 的第 i 个位置。通过假设 A 的一系列值，可以确定 (XY) 的分布函数。按照 $p(XY < A)$ 为 0.95 的要求，获得 A 值。这将提供 95% 的非失效概率。满足条件的 A 值是允许的最小 DNB 比。当使用这些统计概念来评估这个比率时，它有时被称为随机或统计设计极限(SDL)。

另一种随机方法是基于蒙特卡罗分析。该方法同时考虑了系统参数不确定性和 DNB 关系式的影响。在蒙特卡罗分析中，一个适当的随机数被加到代表一个电厂参数的每个变量的名义值上。然后计算调整输入集的 DNBR。通过增加一个随机数以表示关系式不确定度来调整该 DNBR，或 DNBR 也可以乘以一个随机数以反映关系式不确定性。

所需的随机数是通过首先为每个感兴趣的变量建立累积概率函数[式(5-118)]所获得的。一旦这些函数存在,程序将产生一介于 0 和 1 之间的随机数。然后让变量的值等于随机数的累积概率。将获得的变量值输入 DNBR 计算中。每个过程变量都以相同的方式确定。随机数和 DNBR 计算重复很多次得到统计结果。

对于每一组随机变量,DNB 值可以使用几个通道的单通道分析程序生成,也可以使用对多个更精细的子通道分析结果进行拟合的响应面来获得 DNB 值。响应面是一个多项式拟合到蒙特卡罗输出结果的回归分析。

找到所计算出的 DNBR 的标准差,然后用它来估计总体方差。利用卡方(χ^2)分布和式(5-121)得到总体方差的单侧 95% 置信区间 $s^2(95)$

$$s^2(95) = \frac{n-1}{\chi^2_{0.05}}s^2 \tag{5-121}$$

式中　s——样本方差;

　　　n——蒙特卡罗运算次数;

　　　$\chi^2_{0.05}$——$(n-1)$ 自由度及总体方差超过 $s^2(95)$ 的 0.05 概率的 χ^2 值。

随机 DNBR 极限 SDL 设为

$$SDL = 1 + 1.645s_{95} \tag{5-122}$$

以实现在 95% 的置信水平(假设正态分布)下,满足 95% 的安全运行概率。

蒙特卡罗方法和统计平方公差法的比较结果表明,两种方法得到的结果基本相同。

5.7.3　运行条件下 DNB 失效概率的评估

前一节的随机设计方法可以扩展到如何确定在实际运行条件下可能发生故障的燃料棒的数量。我们可以将注意力集中在热管上,并默认其他通道的失效概率为零。

在实际运行条件下,名义 DNBR 将大大高于统计设计极限,这样才能让控制棒有运行裕度,确保在预期瞬态时不会超过统计设计极限,运行功率远低于最大允许值。因此需要确定堆芯内实际存在的各种功率水平的 DNB 失效概率。

蒙特卡罗或统计平方公差法将产生累积概率函数 $\phi'(XY)$。对于任何一个给定的通道,可以得到 DNB 的失效概率为

$$1 - p(XY < R_j) \leqslant 1 - \phi'(R_j) \tag{5-123}$$

式中　R_j——运行条件下所研究通道的名义 DNBR;

　　　$\phi'(R_j)$——当 $XY = R_j$ 时计算的 $\phi'(XY)$ 值。

将堆芯中的燃料棒划分为用 m 个不同功率水平的组,每组中有 n_j 个燃料棒。每组燃料棒的预期失效棒的数量 n_{fj} 将为

$$n_{fj} = [1 - \phi'(R_j)]n_j \tag{5-124}$$

总的预期失效棒的数量为将 m 组燃料棒的 n_{fj} 加起来的值。

在前面的讨论中,假设 DNBR 是通过指定热管失效概率来选择的,需要评估该选择方法的可用性。这一过程是可逆的,堆芯范围内的统计分析可用于选择设计 DNBR。例如,我们可以指定可能发生 DNB 的燃料棒的数量小于1。

学术界还针对堆芯提出了其他的统计分析方法。这些方法与本文所述方法之间的一个显著区别是使用极值统计理论来确定低概率事件。

思考题

5-1 有哪些反应堆热工分析方法？请说明。

5-2 何谓热管因子与热点因子？有哪些降低这些因子的途径？

5-3 在反应堆热功率确定的情况下，如何降低核电厂的发电成本？试总结并加以说明。

5-4 什么是最小临界热流密度比？有何意义？

5-5 热工设计中的热工水力实验有哪些内容？

5-6 子通道分析方法的假设是什么？有哪些常用程序？它们各自的主要特点是什么？

5-7 确定反应堆冷却剂的工作压力、进出口温度及流量时，应考虑哪些因素？

习　题

5-1 以典型压水堆中的 U 形管蒸汽发生器为例，一次侧水流经 U 形管，在入口和出口腔室相连。这些管子直径相等，但长度不同。

①确定短管中的水流量 $\dot{m}_1$ 与长管中的水流量 $\dot{m}_2$ 之比。尺寸如图 5-16 所示。你可以作出合理的近似，但需要清楚说明你的理由。假设管的直径为 20 mm，流动是完全湍流的。

②如果蒸汽发生器有 10 000 根管子，流量为 2 000 kg/s，蒸汽发生器的压降是多少？

5-2 在图 5-17 中，需要通过用垂直的圆丝连接到边缘销（每个子通道一根丝）使 19 棒束的边缘和中心通道的冷却剂温升相等。假设冷却液在 27 ℃时为单相，则找出所需的圆丝的直径。

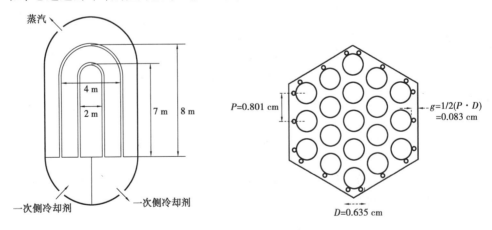

图 5-16　习题 5-1 图　　　　　　　　图 5-17　习题 5-2 图

5-3 某压水堆高 3 m，热棒轴向热流密度分布为 $q(z) = 1.3 \cos[0.75(z - 0.5)]$ MW/m²，坐标原点在堆芯中心，求热通道内轴向热点因子。

5-4 已知反应堆的棒状元件包壳外径的名义尺寸为 $d = 1.526\ 3$ cm，对已加工的一批元件进行检验，给出下列统计分布（表 5-3），试求对应于极限误差的燃料元件棒的直径。

表 5-3　习题 5-4 表

组序号	组内平均直径 d/cm	每组元件数目
1	1.521 3	4
2	1.522 5	87
3	1.523 8	302
4	1.525 2	489
5	1.526 3	1 013
6	1.527 6	501
7	1.528 9	296
8	1.530 2	97
9	1.532 7	11

5-5　已知压水反应堆的热功率为 2 727.27 MW;燃料元件包壳外径 10 mm,包壳内径 8.6 mm, 芯块直径 8.43 mm;燃料组件采用 15×15 正方形排列,每个组件内有 20 个控制棒套管 和 1 个中子注量率测量管,燃料棒的中心栅距 13.3 mm,组件间水隙 1 mm。系统工作压 力 15.48 MPa,冷却剂平均温度 302 ℃,堆芯冷却剂平均温升 39.64 ℃,冷却剂旁流系数 9%,堆下腔室流量不均匀系数 0.05,燃料元件包壳外表面平均热流密度 652.76 kW/m², $F_q^N = 2.3$,$F_R^N = 1.438$,$F_{\Delta h}^E = 1.08$,$F_q^E = 1.03$。又假设在燃料元件内释热份额占总发热 量的 97.4%,堆芯高度取 3.29 m,并近似认为元件中心最高温度发生在元件半高处。已 知元件包壳的热导率 $k_c = 0.005\ 47(1.8t_{co} + 32) + 13.8$ W/(m·℃)。用单通道模型求 燃料元件中心最高温度。

第 **6** 章
堆芯瞬态热工分析

由于动量方程和能量方程之间的耦合以及这些方程的非线性性质,一般的瞬态方程很难直接求解。但可以通过两种方式简化这些方程。

① 通过在通道中的速度分布近似来解耦动量和能量方程。这种方法包括动量积分法和后面所述的其他相关方法。

② 通过将偏微分方程转化为可以在时间域和空间域分别求解的常微分方程。该方法是特征线方法的基础,请参见其他的一些更为深入的书籍。

6.1 动量方程的瞬态近似解

有几个近似方法可用来解耦动量和能量方程,获得瞬态问题的解。如果忽略流体的可压缩性,瞬态问题的解将更加简化。在这里将讨论几种近似。

假设系统满足以下近似:

① 在两相流中,气液以相同的速度运动(无滑移)。

② 流道横向的特性变化可以忽略不计。

在上述条件下,可直接使用下列方程:

$$\frac{\partial \rho_m}{\partial t} + \frac{\partial G_m}{\partial z} = 0 \tag{6-1}$$

$$\frac{\partial G_m}{\partial t} + \frac{\partial}{\partial z}\left(\frac{G_m^2}{\rho_m}\right) = -\frac{\partial p}{\partial z} - \frac{f G_m |G_m|}{2 D_e \rho_m} - \rho_m g \tag{6-2}$$

$$\rho_m \frac{\partial h_m}{\partial t} + G_m \frac{\partial h_m}{\partial z} = \frac{q'' P_h}{A_z} + \frac{\partial p}{\partial t} + \frac{G_m}{\rho_m}\left[\frac{\partial p}{\partial z} + \frac{f G_m |G_m|}{2 D_e \rho_m}\right] \tag{6-3}$$

利用上述 3 个方程及适当的本构关系,可以得到给定初始和边界条件下流动参数 $G_m(z, t)$、$p(z, t)$ 和 $h_m(z, t)$ 等的解。这些变量的初始条件假定为已知的稳态解。

热流密度 q'' 可作为输入条件,它可能是常数或者与时间相关。在实际的反应堆中,热流密度取决于冷却剂和燃料的热条件。因此,在假定可以确定燃料中子响应和瞬态热传导的影响

的前提下确定 q'' 的值。

动量方程的边界条件包括入口的 $G_m(0, t)$ 或 $p(0, t)$，以及出口的 $G_m(L, t)$ 或 $p(L, t)$。如4.8.1节中所讨论的那样，常见的方法是指定 $p(L, t)$ 和 $p(0, t)$ 或 $G_m(0, t)$ 中的任一个。在接下来的讨论中，假设入口和出口压力是确定的，这对应于4.8.1节中的第一类边界条件。此条件适用于连接到大联箱的瞬态问题，因为大联箱中的压力不会显著受到通道本身瞬态过程的影响，这正如在压水堆上下腔室间堆芯的情况那样。

为了求解能量方程，应该设定进入通道流体的比焓，无论是从通道底部还是顶部进入。为了分析方便，假设在通道中的任何位置都是向上流动，因此，除了需要指定入口处的焓 $h_m(0, t)$ 外，还需要指定 $q''(z, t)$。

此外，还需要确定混合物密度 ρ_m 和摩擦阻力系数 f 的本构方程来封闭问题。假设 h_m 和 ρ 可微，密度的状态方程由式(6-4)确定：

$$\rho_m = \rho_m(h_m, p) \tag{6-4}$$

摩擦系数由式(6-5)确定：

$$f = f(h_m, p, G_m, q'') \tag{6-5}$$

因为流体特性随温度变化，所以 f 与 q'' 有关。特别是当黏度在中间膜温度的定性温度下确定时，而中间膜温度取决于 q''。

下面我们考虑几种方法来求解控制方程组。

6.1.1 分段可压缩流体(SC)模型

对该问题最一般的方法涉及求解一组差分方程，这些差分方程代表偏微分输运方程，来考虑 h_m、G_m 和 p 以及沿通道各点的状态变量。"分段"表示将通道分成若干段，以满足得到数值解的需要。使用式(6-4)，得到：

$$\frac{\partial \rho_m}{\partial t} = \frac{\partial \rho_m}{\partial h_m}\bigg|_p \frac{\partial h_m}{\partial t} + \frac{\partial \rho_m}{\partial p}\bigg|_{h_m} \frac{\partial p}{\partial t} = R_h \frac{\partial h_m}{\partial t} + R_p \frac{\partial p}{\partial t} \tag{6-6}$$

其中

$$R_h \equiv \frac{\partial \rho_m}{\partial h_m}\bigg|_{p = 常数} \quad 及 \quad R_p \equiv \frac{\partial \rho_m}{\partial p}\bigg|_{h_m = 常数} \tag{6-7}$$

根据式(6-1)及式(6-2)，得到：

$$R_h \frac{\partial h_m}{\partial t} + R_p \frac{\partial p}{\partial t} + \frac{\partial G_m}{\partial z} = 0 \tag{6-8}$$

分别消掉 $\frac{\partial h_m}{\partial t}$ 和 $\frac{\partial p}{\partial t}$，利用式(6-3)和式(6-8)，得到下面两式：

$$\frac{\rho_m}{c^2} \frac{\partial p}{\partial t} + \rho_m \frac{\partial G_m}{\partial z} + \frac{R_h G_m}{\rho_m} \frac{\partial p}{\partial z} - R_h G_m \frac{\partial h_m}{\partial z} = -R_h \left[\frac{q'' P_h}{A_z} + \frac{f G_m^2 |G_m|}{2 D_e \rho_m^2} \right] \tag{6-9}$$

及

$$\frac{\rho_m}{c^2} \frac{\partial h_m}{\partial t} + \frac{\partial G_m}{\partial z} - \frac{R_p G_m}{\rho_m} \frac{\partial p}{\partial z} + R_p G_m \frac{\partial h_m}{\partial z} = R_p \left[\frac{q'' P_h}{A_z} + \frac{f G_m^2 |G_m|}{2 D_e \rho_m^2} \right] \tag{6-10}$$

式中的 c^2 的定义为

$$c^2 \equiv \frac{\rho_{\mathrm{m}}}{\rho_{\mathrm{m}} R_{\mathrm{p}} + R_{\mathrm{h}}} \qquad (6\text{-}11)$$

注意 c 为流体中的等熵声速,一般由式(6-12)给出:

$$c^2 \equiv \frac{\partial p}{\partial \rho}\bigg|_s \qquad (6\text{-}12)$$

式(6-11)和式(6-12)相等可以得到

$$\frac{\partial \rho}{\partial p}\bigg|_s = \frac{\partial \rho_{\mathrm{m}}}{\partial p}\bigg|_h + \frac{\partial \rho_{\mathrm{m}}}{\partial h}\bigg|_p \frac{\partial h}{\partial p}\bigg|_s = R_{\mathrm{p}} + R_{\mathrm{h}}\frac{\partial h}{\partial p}\bigg|_s \qquad (6\text{-}13)$$

因为 $\mathrm{d}h = T\mathrm{d}s + v\mathrm{d}p$,则有

$$\frac{\partial h}{\partial p}\bigg|_s = v = \frac{1}{\rho_{\mathrm{m}}} \qquad (6\text{-}14)$$

因此有

$$\frac{\partial \rho}{\partial p}\bigg|_s = R_{\mathrm{p}} + \frac{R_{\mathrm{h}}}{\rho_{\mathrm{m}}} \qquad (6\text{-}15)$$

式(6-2)、式(6-9)和式(6-10)是关于 p、G_{m} 和 h_{m} 的偏微分方程(密度不作为微分变量出现)。这些方程可以采用逐点差分格式重写,对这些变量求解。差分方程的稳定性和精度要求积分时间步长小于声波在空间网格传播的时间间隔,即

$$\Delta t \leqslant \frac{\Delta z}{c + |V_{\mathrm{m}}|} \qquad (6\text{-}16)$$

式中,$V_{\mathrm{m}} = G_{\mathrm{m}}/\rho_{\mathrm{m}}$ 是平均传输速度。

与传输速度相比,流体声速较大,因此大多数数值格式的时间步长限制在很小的值,这导致了对问题计算的代价高昂。有兴趣的读者可以参考专门的书籍讨论有限差分方程的稳定性问题。

6.1.2 动量积分(MI)模型(不可压缩但热膨胀流体)

为了消除声波效应的计算时间步长限制,最好假设流体是不可压缩的(即 $\partial \rho/\partial p = 0$)。在这种情况下,将式(6-4)替换为

$$\rho_{\mathrm{m}} = \rho_{\mathrm{m}}(h_{\mathrm{m}}, p^*) \qquad (6\text{-}17)$$

式中 p^*——系统压力,认为在瞬态期间该值保持恒定。

这个假设在物理上是可以接受的,适用于各种与冷却剂大量损失无关的运行瞬态。由于上述假设,密度变得与当地压力 p 无关。但密度取决于焓,这意味着流体是热膨胀的。

此外,可以假定在能量方程中,由于压力变化和壁面摩擦力引起的能量传输项可以忽略。因此,式(6-3)可简化为

$$\rho_{\mathrm{m}}\frac{\partial h_{\mathrm{m}}}{\partial t} + G_{\mathrm{m}}\frac{\partial h_{\mathrm{m}}}{\partial z} = \frac{q'' P_{\mathrm{h}}}{A_{\mathrm{z}}} \qquad (6\text{-}18)$$

由于流体不可压缩假设,局部压力梯度不会影响通道内流体的质量流量。实际上,对于等温不可压缩流体,沿通道的质量流量等于入口质量流量,因此质量流量仅由入口和出口压力决定。对于热通道,动量方程仅用于确定轴向平均质量流速 $\hat{G}_{\mathrm{m}}$,这可以通过求解动量方程(6-2)的积分来获得:

$$\int_0^L \frac{\partial G_{\mathrm{m}}}{\partial t}\,\mathrm{d}z + \left(\frac{G_{\mathrm{m}}^2}{\rho_{\mathrm{m}}}\right)_{z=L} - \left(\frac{G_{\mathrm{m}}^2}{\rho_{\mathrm{m}}}\right)_{z=0} = p_{z=0} - p_{z=L} - \int_0^L \frac{f G_{\mathrm{m}} |G_{\mathrm{m}}|}{2 D_{\mathrm{e}} \rho_{\mathrm{m}}}\,\mathrm{d}z - \int_0^L \rho_{\mathrm{m}} g \mathrm{d}z \qquad (6\text{-}19)$$

如果定义

$$\hat{G}_{\mathrm{m}} \equiv \frac{1}{L}\int_0^L G_{\mathrm{m}}\mathrm{d}z \qquad (6\text{-}20)$$

式(6-19)可重写为

$$\frac{\mathrm{d}\,\hat{G}_{\mathrm{m}}}{\mathrm{d}t} = \frac{1}{L}(\Delta p - F) \qquad (6\text{-}21)$$

其中

$$\Delta p = p_{z=0} - p_{z=L}$$

$$F = \left(\frac{G_{\mathrm{m}}^2}{\rho_{\mathrm{m}}}\right)_{z=L} - \left(\frac{G_{\mathrm{m}}^2}{\rho_{\mathrm{m}}}\right)_{z=0} + \int_0^L \frac{f G_{\mathrm{m}} |G_{\mathrm{m}}|}{2 D_{\mathrm{e}} \rho_{\mathrm{m}}}\mathrm{d}z + \int_0^L \rho_{\mathrm{m}} g \mathrm{d}z \qquad (6\text{-}22)$$

在 F 的定义中可包括形损项来考虑入口、出口和格架的影响。在这里,为简单起见,这些项已经在这里忽略掉。因此,动量方程(4-99)给出了估计 $\hat{G}_{\mathrm{m}}$ 的方法。对于 G_{m} 随 z 的变化,根据连续性和能量方程来获得。局部质量流速由连续方程给出

$$\frac{\partial G_{\mathrm{m}}}{\partial z} = -\frac{\partial \rho_{\mathrm{m}}}{\partial t} = -\frac{\partial \rho_{\mathrm{m}}}{\partial h_{\mathrm{m}}}\bigg|_{p^*} \frac{\partial h_{\mathrm{m}}}{\partial t} = -R_{\mathrm{h}}\frac{\partial h_{\mathrm{m}}}{\partial t} \qquad (6\text{-}23)$$

结合式(6-18)和式(6-23),当地质量流速的沿程变化(因当地膨胀)为

$$\frac{\partial G_{\mathrm{m}}}{\partial z} = -\frac{1}{\rho_{\mathrm{m}}}R_{\mathrm{h}}\left[\frac{q''P_{\mathrm{h}}}{A_z} - G_{\mathrm{m}}\frac{\partial h_{\mathrm{m}}}{\partial z}\right] \qquad (6\text{-}24)$$

上述关于平均质量流速 $\hat{G}_{\mathrm{m}}$ 方程的差分近似给出了局部质量流速 G_{m} 的变化。因此式(6-17)、式(6-18)、式(6-21)和式(6-24)给出了在给定初始和边界条件下确定 $\hat{G}_{\mathrm{m}}(t)$、$G_{\mathrm{m}}(z,t)$、$\rho_{\mathrm{m}}(h_{\mathrm{m}},p^*)$ 和 $h_{\mathrm{m}}(z,t)$ 所需的方程,如预期的那样,动量积分法的主要优点是如式(6-16)的限制就没有这么严格,要求时间步长限制为

$$\Delta t \leqslant \frac{\Delta z}{|V_{\mathrm{m}}|} \qquad (6\text{-}25)$$

然而,在动量方程中对密度的近似导致声波在通道中传播所需时间内的信息损失。

6.1.3　单一质量流速(SV)模型

如果假定质量流速为常数,则可以获得进一步简化计算。这个假设可以通过考虑式(6-23)的动量积分模型连续性方程来实现。

因为有:$\dfrac{\partial G_{\mathrm{m}}}{\partial z} = -\dfrac{\partial \rho_{\mathrm{m}}}{\partial t} = -\dfrac{\partial \rho_{\mathrm{m}}}{\partial h_{\mathrm{m}}}\dfrac{\partial h_{\mathrm{m}}}{\partial t}$

所以,当 $\dfrac{\partial \rho_{\mathrm{m}}}{\partial h_{\mathrm{m}}} \simeq 0$(例如:忽略适合于中等温度范围内单相流动的热膨胀)或 $\dfrac{\partial h_{\mathrm{m}}}{\partial t} \simeq 0$(例如:慢速瞬态)时,有

$$\frac{\partial G_{\mathrm{m}}}{\partial z} \simeq 0 \qquad (6\text{-}26)$$

在这个假设下,任何位置的质量流速等于平均质量流速 $\hat{G}_{\mathrm{m}}$,因此可以根据式(6-18)和式(6-21)对 $\hat{G}_{\mathrm{m}}(t)$ 和 $h_{\mathrm{m}}(z,t)$ 进行求解。

6.1.4 通道积分(CI)模型

作为单质量流速模型的一种简化,可以在通道长度上对质量和能量方程积分。因此,质量守恒变为

$$\int_0^L \frac{\partial \rho_{\mathrm{m}}}{\partial t}\mathrm{d}z + \int_0^L \frac{\partial G_{\mathrm{m}}}{\partial z}\mathrm{d}z = \frac{\partial}{\partial t}\int_0^L \rho_{\mathrm{m}}\mathrm{d}z + \int_0^L \partial G_{\mathrm{m}} = 0$$

$$\text{或} \qquad \frac{\mathrm{d}M}{\mathrm{d}t} = G_{\mathrm{in}} - G_{\mathrm{out}} \qquad (6\text{-}27)$$

式中 M——单位面积全长通道内混合物的总质量。

$$M = \int_0^L \rho_{\mathrm{m}}\mathrm{d}z; G_{\mathrm{in}} = G_{\mathrm{m}}(z=0); G_{\mathrm{out}} = G_{\mathrm{m}}(z=L) \qquad (6\text{-}28)$$

能量方程的微分守恒方程为

$$\frac{\partial}{\partial t}(\rho_{\mathrm{m}}h_{\mathrm{m}}) + \frac{\partial}{\partial z}(G_{\mathrm{m}}h_{\mathrm{m}}) = \frac{q''P_{\mathrm{h}}}{A_z} \qquad (6\text{-}29)$$

对其积分得到

$$\frac{\partial}{\partial t}\int_0^L \rho_{\mathrm{m}}h_{\mathrm{m}}\mathrm{d}z + \int_0^L \partial(G_{\mathrm{m}}h_{\mathrm{m}}) = \int_0^L \frac{q''P_{\mathrm{h}}}{A_z}\mathrm{d}z \qquad (6\text{-}30)$$

注意根据式(6-27),可以写出

$$G_{\mathrm{out}}h_{\mathrm{out}} - G_{\mathrm{in}}h_{\mathrm{in}} = G_{\mathrm{out}}h_{\mathrm{out}} - \left(G_{\mathrm{out}} + \frac{\mathrm{d}M}{\mathrm{d}t}\right)h_{\mathrm{in}} = G_{\mathrm{out}}(h_{\mathrm{out}} - h_{\mathrm{in}}) - \frac{\mathrm{d}}{\mathrm{d}t}(Mh_{\mathrm{in}}) \qquad (6\text{-}31)$$

其中,$h_{\mathrm{in}} = h_{\mathrm{m}}(z=0)$,$h_{\mathrm{out}} = h_{\mathrm{m}}(z=L)$,设 h_{in} 为常数。因此,将式(6-31)代入式(6-30),得到:

$$\frac{\mathrm{d}E}{\mathrm{d}t} = \bar{q} - G_{\mathrm{out}}(h_{\mathrm{out}} - h_{\mathrm{in}}) \qquad (6\text{-}32)$$

其中

$$E = \int_0^L \rho_{\mathrm{m}}(h_{\mathrm{m}} - h_{\mathrm{in}})\mathrm{d}z \qquad (6\text{-}33)$$

$$\bar{q} = \int_0^L \frac{q''P_{\mathrm{h}}}{A_z}\mathrm{d}z \qquad (6\text{-}34)$$

为了对式(6-33)进行积分,需要有焓的轴向分布。可以用式(6-35)定义形状因子 $\beta(z)$

$$h_{\mathrm{m}}(z,t) = h_{\mathrm{m}}(0,t) + \beta(z)[\hat{h}_{\mathrm{m}}(t) - h_{\mathrm{m}}(0,t)] \qquad (6\text{-}35)$$

其中,$h_{\mathrm{m}}(0,t)$ 为常数,等于 $h_{\mathrm{m}}(0,0)$,$\hat{h}_{\mathrm{m}}(t)$ 为整个流道的平均焓。

$$\hat{h}_{\mathrm{m}}(t) = \frac{1}{L}\int_0^L h_{\mathrm{m}}(z,t)\mathrm{d}z \qquad (6\text{-}36)$$

所定义的形状因子 $\beta(z)$ 满足如下关系

$$\frac{1}{L}\int_0^L \beta(z)\mathrm{d}z = 1 \qquad (6\text{-}37)$$

在实际工程中,$\beta(z)$ 通常用稳态解来代表。

此外,可以假设质量流速的分布与流体热膨胀有关,如

$$G_m(z,t) = G_m(0,t) + \gamma(z,\hat{h}_m)[\hat{G}_m(t) - G_m(0,t)] \tag{6-38}$$

其中,

$$\gamma(z,\hat{h}_m) = \frac{1}{\xi}\int_0^L -\beta\frac{\mathrm{d}\rho_m}{\mathrm{d}h_m}\mathrm{d}z' \tag{6-39}$$

$$\xi = \frac{1}{L}\int_0^L\left[\int_0^z\left(-\beta\frac{\mathrm{d}\rho_m}{\mathrm{d}h_m}\right)\mathrm{d}z'\right]\mathrm{d}z \tag{6-40}$$

因此,在通道积分模型中,求解质量方程(6-27)、动量方程(4-99)和能量方程(6-32),得到 M、$\hat{G}_m$ 和 E 的值,而式(6-35)和式(6-38)分别给出了 $h_m(z,t)$ 和 $G_m(z,t)$ 的局部值。

这个方法是一个比单质量速度模型更可接受的近似动量积分模型,特别是在快速沸腾的情况下。然而,由于焓分布需要预先设定,如果对通道中的焓输运的动态过程和分布特别感兴趣,则应避免采用这种近似。上面讨论的各个近似模型在表6-1中给出了它们的一些特性。

表 6-1　各动量方程近似解模型的特性

	分段压缩模型	动量积分模型	单质量流速模型	通道积分模型
声速效应	是	否	否	否
热膨胀	是	是	否	否
最大允许时间步长	$\dfrac{\Delta z}{c+\|V\|}$	$\dfrac{\Delta z}{\|V\|}$	$\dfrac{\Delta z}{\|\hat{V}\|}$	$\dfrac{L}{\beta(L)\|\hat{V}\|}$
应用限制	时间步长太小,计算时间太长	在声速传播波阵面前无发生条件信息	通道含气率大时间变化率的瞬态问题。由于沸腾导致低估摩擦压降	当通道中的焓分布很重要时不适用
适用场景	非常快的瞬态过程	快速瞬态	中等或慢速瞬态	快速瞬态

【例 6-1】　压水堆入口压力瞬态

问题描述:考虑压水堆通道入口处压力突然降低,其出口压力保持恒定:

$$p_{in}(t) - p_{out} = 0.5[p_{in}(0) - p_{out}](1 + e^{-400t})$$

式中　t——时间,s。

堆芯几何和运行条件见表6-2。

表 6-2　例 6-1 表

运行条件	PWR	BWR
通道长度/m	3.66	3.05
燃料棒直径/mm	9.70	12.70
棒间距/mm	12.80	15.95
棒流通面积/mm^2	90.00	128.00
当量直径/mm	12.00	12.80
线功率密度/(kW·m^{-1})(轴向常数)	17.50	16.40

续表

运行条件	PWR	BWR
质量流速/[kg·(m^{-2}·s^{-1})]	4 125	2 302
入口压力/MPa	15.50	6.96
出口压力/MPa	15.42	6.90
入口焓/(kJ·kg^{-1})	1 337.2	1 225.5

注:瞬态条件:

  a. 压力下降瞬态:$p_{in}(t) - p_{out} = 0.5[p_{in}(0) - p_{out}](1 + e^{-400t})$,$t$ 为时间,s;

  b. 热流密度上升瞬态:$q'(t) = 1.1q'(0)$。

解 分别采用上述 4 种模型求解,并将结果进行比较。在这些计算中,通道被分成 10 个轴向段(节点)。Lee 和 Kazimi 给出了关于问题有限差分格式的详细信息。

A. 流道内流动的短期响应。

a. 分段可压缩(SC)模型:图 6-1。在入口位置,由于压力降低,质量流速开始减小,随着时间的推移,这种扰动传播到通道中。计算得到的声速约为 900 m/s,该声波的通道穿过时间约为 4.1 ms。当 $t < 4.1$ ms 时,质量流速的快速下降的影响尚未到达通道的末端,即下游区域尚未受到压力波的影响。图 6-1 显示因为有限差分分段的影响,当 $t < 4.1$ ms 时,$G(L,t)$ 减少。

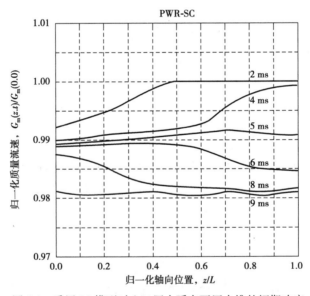

图 6-1 采用 SC 模型时入口压力瞬态下压水堆的短期响应

当 $t > 4.1$ ms 时,反射压力波对质量通量分布的影响很短。由于恒定出口压力的假设,入射膨胀波将在出口边界处被压缩为压缩波。因此,波的传播方向相反,振幅相同,但符号相反。在 $t = 5$ ms 时的分布和此时间之后的分布反映了反射波从通道出口向入口传播的效应。净质量流量是前向波和反射波叠加的结果。

在此短期时间内,平均质量流速比仅从 1.00 下降到 0.98。

b. 动量积分(MI)模型:图 6-2。无限声速传播的假设导致因压力扰动而致局部质量流速变化的动态特性完全损失。只看到平均质量流速下降的趋势。

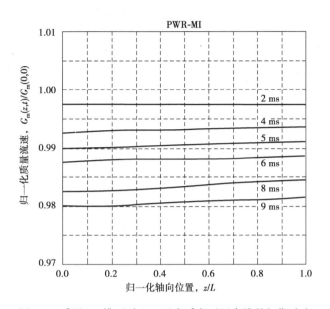

图 6-2 采用 MI 模型时入口压力瞬态下压水堆的短期响应

有两个原因导致了平均质量流速和稳态曲线斜率的变化：

i. 入口压力的降低使驱动力降低，从而降低了通道的平均质量流速。

ii. 由加热所致的流体膨胀使流量小斜率升高，即 G_{in} 小于 G_{out}。

c. 通道积分（CI）模型：图 6-3。瞬态开始后，质量流速曲线出现突变。原因是 CI 模型应用了基于稳态焓分布的质量、动量和能量的全局平衡。由于在入口附近的 G_m 减小，h_m 增大，这使得在通道末端两相流膨胀。

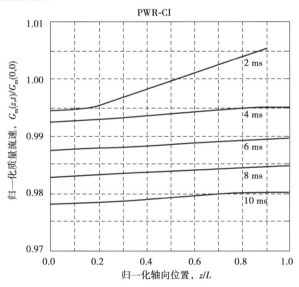

图 6-3 采用 CI 模型时入口压力瞬态下压水堆的短期响应

CI 模型预测的 G_m 分布与 MI 模型预测的结果在 $t \geqslant 3$ ms 时的 G_m 特性吻合较好，证明瞬态焓分布与稳态焓分布没有太大的差异。因此可以认为，对单相（液体）流的瞬态过程，CI 模型是 MI 模型的一个很好的近似。

d. 单质量流速(SV)模型:图 6-4。采用刚体近似,速度在整个通道内保持恒定。

SV 模型预测的质量流速与 MI 模型和 CI 模型预测的平均质量流速几乎相同,这是对液相流动瞬态过程的一个所期望的结果。

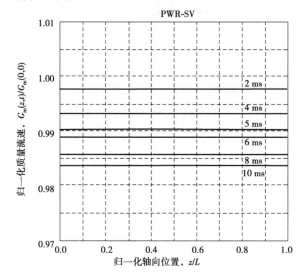

图 6-4   采用 SV 模型时入口压力瞬态下压水堆的短期响应

B. 流道流动的长期响应。图 6-5 示出了用 MI、CI 和 SV 等模型预测的入口质量流速的变化过程。即使在沸腾开始后($t = 1.1$ s),3 种模型预测的出口质量流速仍然很接近。

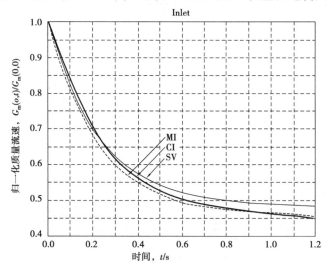

图 6-5   压水堆入口压力瞬态的入口质量流速变化过程

MI 模型的长期响应实质上是短期响应的延续。随着流体热膨胀,平均质量流速保持了 $G_{in} < \hat{G}_m < G_{exit}$ 的趋势,并且随着接近新的稳态条件,$\hat{G}_m$ 稳定下降,最终稳定在一个较小的质量流速下。在整个瞬态过程中,CI 模型的计算结果与 MI 模型吻合得很好。这表明,除非发生显著沸腾,CI 模型能对压水堆的瞬态过程进行良好的预测。即便显著低估了出口附近的沸腾量,SV 模型也显示出与前两个模型吻合较好。

图 6-6 和图 6-7 显示了 SC 和 MI 模型的 G_m 分布,其质量流速在轴向逐渐增大。很明显,由于沸腾的原因,在最后一个节点中 MI 模型的热膨胀提高了出口流量,但增加的幅度比用 SC 模型计算的结果要小。

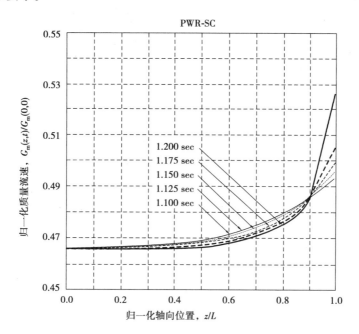

图 6-6　采用 SC 模型计算的压水堆入口压力瞬态时的流量分布

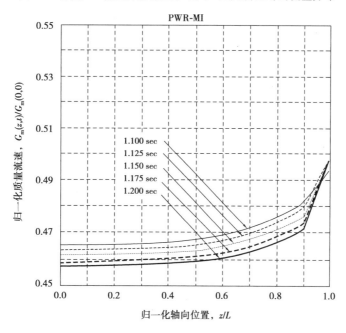

图 6-7　采用 MI 模型计算的压水堆入口压力瞬态时的流量分布

【例 6-2】　压水堆通道热功率阶跃瞬态

问题描述:第二个感兴趣的瞬态问题是在不改变所施加压降的情况下快速增加热流密度。

压水堆初始和几何条件见【例6-1】。通道中阶跃施加了一个 10% 的热流密度增量。

解　压水堆通道内阶跃增加了 10% 热流密度的 SC 模型的结果如图 6-8 所示。可以看出,由于在内部通道点压力上升,减少了入口流量,增加了出口流量。图中示出了 20 ms 内入口流量减少和出口流量增加幅度的振荡行为。这是因为压力变化在通道中以声速传播,导致各种反射波之间的干扰叠加而导致速度快速变化。

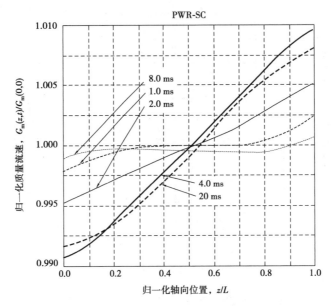

图 6-8　采用 SC 模型计算的压水堆热流密度瞬态时的轴向流量分布

通过 MI 模型计算的结果如图 6-9 所示。从瞬态一开始到 20 ms,局部流速与平均流速的偏差保持在 0.5% 以内。

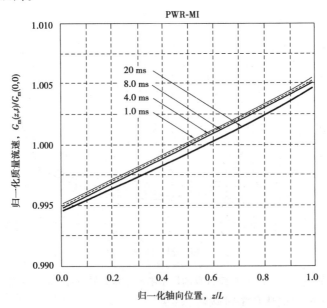

图 6-9　采用 MI 模型计算的压水堆热流密度瞬态时的轴向流量分布

通道中的长期行为(图中未显示)表明:在沸腾时,由于明显的流体局部膨胀,局部质量流速的分布发生变化(但不是平均质量流速)。出口处增加的摩擦限制了出口质量流量的增加。在相对初始状态要低一些的平均质量流速下重新达到稳态。

6.2　瞬态过程的特征线法(MOC)近似解

6.2.1　特征线法的基本理论

特征线法的基本前提是将线性偏微分方程转化为常微分方程。这样可以得到关于简单问题的解析解和关于复杂问题的快速数值解。长期以来,在单相流问题中,特征线方法的通用性已得到公认。关于它在核工程领域的应用,可以参考 Weisman 和 Tentner 的文献。

考虑一阶线性偏微分方程

$$A \frac{\partial \psi(z,t)}{\partial t} + B \frac{\partial \psi(z,t)}{\partial z} = R \tag{6-41}$$

其中,A,B,R 是关于 t 和 z 的函数。式(6-41)是一个线性方程,A 和 B 必须独立于 ψ,但 R 可以是 ψ 的线性函数。Abbott 已经证明,式(6-41)线性依赖于 $\mathrm{d}\psi$,即

$$\mathrm{d}\psi = \frac{\partial \psi}{\partial t}\mathrm{d}t + \frac{\partial \psi}{\partial z}\mathrm{d}z \tag{6-42}$$

变量 A,B 和 R 必须满足:

$$\frac{\mathrm{d}t}{A} = \frac{\mathrm{d}z}{B} = \frac{\mathrm{d}\psi}{R} \tag{6-43}$$

另一些研究表明,式(6-43)可用于准线性偏微分方程,其中 A 和 B 也依赖于 ψ。

式(6-43)任意两个等式的解等价于式(6-41)的解。求解 $\mathrm{d}t/A = \mathrm{d}z/B$ 得到从 z 的特定值开始 z 和 t 之间的关系,例如 $t=0$ 时的 z_0。表示 z-t 关系的曲线称为特征曲线。特征速度由 z-t 曲线的斜率给出:

$$\frac{\mathrm{d}z}{\mathrm{d}t} = \frac{B}{A} = C \tag{6-44}$$

类似地,$\mathrm{d}t/A = \mathrm{d}\psi/R$ 从特定 t 值(例如在 $z=0$ 的 t_0)开始,给出了对应时间 t 的 ψ 值。关系 $\mathrm{d}z/B = \mathrm{d}\psi/R$ 则从已知的高程 z 开始,如 $t=0$ 时的 z_0,给出了作为 z 函数的 ψ 值。

6.2.2　在单相瞬态问题中的应用

在流体系统中,特征线定义了 z-t 空间中如流体团或在流体中传播的扰动等的传播路径。如果考虑一维管道内的流动,则将其特征线定义在二维空间中,扰动的轴向作为一维,时间作为另一维。需要注意的是,这些特征线与特定物理系统中的传播能力有关,而不是与特定传播过程有关。即使不存在物理干扰,也可以定义它们。

使用 Tong 和 Weisman 所讨论的问题可以很容易说明 MOC 方法。考虑单个加热通道的流动瞬态过程中的行为。假设入口质量流速遵循式(6-45):

$$G_{\text{in}} = \frac{G_0}{1+t} \tag{6-45}$$

式中,当 $t>0$ 时,G_0 是常数。此外,假设系统在 $t=0$ 时为稳态,在整个瞬态过程中,热流密度 $q''(z)$ 和入口焓 h_{in} 保持其稳态值不变。如果系统压力恒定,即与 z 和 t 无关,则冷却剂焓 h_m 的变化为[与热膨胀流体的式(6-18)相同]:

$$\rho_m \frac{\partial h_m}{\partial t} + G_m \frac{\partial h_m}{\partial z} = \frac{q''P_h}{A_z} \tag{6-46}$$

式中　P_h——单位长度的壁面面积。

设 ρ_m 为常数,因为 $G_m(z,t)$ 等于 $G_{in}(t)$,则方程变成了 6.1.3 节的 SV 模型。式(6-46)就有了与式(6-4)相同的形式,因此特征方程变为

$$\frac{dt}{\rho_m} = \frac{dz}{G_m} = \frac{dh_m}{\dfrac{q''P_h}{A_z}} \tag{6-47}$$

注意,即使 ρ_m 依赖于 h_m,式(6-47)仍然有效。

式(6-47)有两个解。一个解属于瞬态开始时在反应堆内给定位置 z_0 存在的流体域。流体质点的后续位置由图 6-10 中区域 I 适当的线表示。第二个解属于在瞬态开始时尚未进入反应堆的第二个流体域。这部分流体可以用 t_0 来描述,表示从瞬态开始到这部分流体进入反应堆时的时间间隔。该部分流体的位置时间特性由图 6-10 的区域 II 内的线表示。区域 I 和区域 II 通过特性极限分开,特性极限对应于瞬态开始时刚好处于反应堆入口的流体,即 $z_0=0$ 和 $t_0=0$。

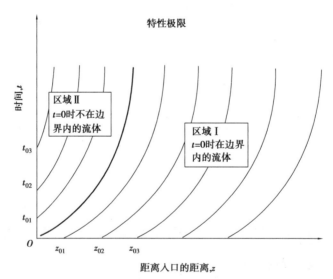

图 6-10　假想流动瞬态中时间-距离关系

通过积分 $dz/G_m = dt/\rho_m$ 来确定区域 I 的解,得到

$$z - z_0 = \int_0^t \frac{G_0}{\rho_m(1+t)}dt = \frac{G_0}{\rho_m}\ln(1+t) \tag{6-48}$$

它描述了区域 I 的特征线方程,表示了流体的路径。对 $\dfrac{dz}{G_m} = \dfrac{dh_m}{q''P_h/A_z}$ 积分,得到

$$h_m(z) - h_0(z_0) = \int_{z_0}^z \frac{1+t}{G_0}\frac{q''P_h}{A_z}dz \tag{6-49}$$

式中,$h_0(z_0)$是零时间和轴向位置为z_0处冷却剂的焓,而G_0则是$t = t_0$时的质量流速。根据稳态条件得到$h_0(z_0)$,并将其代入式(6-49),得到

$$h_m(z) = h_{in} + \frac{P_h}{A_z G_0} \int_0^{z_0} q'' dz + \frac{P_h}{A_z G_0} \int_{z_0}^z (1 + t) q'' dz \tag{6-50}$$

式中 h_{in}——入口焓。

用式(6-48)求解得到$(1 + t)$后,将其代入式(6-50),最后得到:

$$h_m(z) = h_{in} + \frac{P_h}{A_z G_0} \int_0^{z_0} q'' dz + \frac{P_h}{A_z G_0} \int_{z_0}^z q'' \exp\left[\frac{\rho_m(z - z_0)}{G_0}\right] dz \tag{6-51}$$

对于给定的热流密度分布,对式(6-51)积分,获得从z_0开始的任何流体包在z处的焓。相应的时间由式(6-48)得到。

为了得到区域Ⅱ的解,对$dz/G_m = dt/\rho_m$积分,现在从流体首次进入反应堆的时间开始(在$z = 0$的时间)到t进行积分,得到:

$$z = \left(\frac{G_0}{\rho_m}\right) \int_{t_0}^t \frac{dt}{1 + t} = \left(\frac{G_0}{\rho_m}\right) \ln\left[\frac{1 + t}{1 + t_0}\right] \tag{6-52}$$

该方程描述了图6-10中区域Ⅱ的特性曲线。对$\dfrac{dz}{G_m} = \dfrac{dh_m}{q'' P_h / A_z}$从0到$z$积分,并代入$(1 + t)$的关系,得到

$$h_m(z) = h_{in} + \frac{P_h}{A_z} \int_0^z \frac{q''}{G_m} dz = h_{in} + \frac{P_h}{A_z G_0} \int_0^z q'' (1 + t) dz$$

$$h_m(z) = h_{in} + \frac{P_h}{A_z G_0} (1 + t_0) \int_0^z q'' \exp\left(\rho_m \frac{z}{G_0}\right) dz \tag{6-53}$$

特性极限曲线是在$z_0 = 0$的区域Ⅰ内式(6-52)的解,也是$t_0 = 0$时区域Ⅱ内式的解。因此有

$$\ln(1 + t) = \frac{\rho_m z}{G_0}; \text{特性极限} \tag{6-54}$$

上述例子的解是完整的,因为流体的焓和流速在每个空间和时间点都是已知的。在区域Ⅰ中,$h_m(z, t)$由式(6-51)和式(6-48)给出,而在区域Ⅱ,则由式(6-53)和式(6-52)给出。根据定密度的假设,在任何给定时间,通道中任何地方的流速都相等,即$V(z, t) = V_{in}(t)$。对于流速远小于声波速度的液体,该模型是合理的。然而,在许多情况下,评估伴随局部流体速度突变的压力扰动很重要。这时,分析中应同时考虑连续性方程和动量守恒方程。

6.2.3 在两相流瞬态中的应用

1)一般方法

特征线法已应用于各种两相流模型。Tong 和 Weisman 考虑了具有相同速度和处于热平衡的汽液均相流模型。Gidaspow 和 Shin 引入了两流体模型,该模型对两相相对速度有特定本构方程。他们的模型产生了一组具有所有真实特征的"适定"方程组。根据本构关系,两流体模型可能是"病态"的,在这种情况下,一些特征变为假想的,导致数值解不稳定性。

为了说明在两相流问题中的应用,我们将在恒定系统压力和热平衡的均匀流的假设下,考

虑沸腾通道。而通道的单相区域可以用 6.2.1 节中给出的方式来处理。

让我们首先定义单相区和两相区之间的边界。该边界将由两个参数表征:

$\lambda(t)$——流体达到饱和状态时沿通道的距离。此距离如图 6-11 所示。

v——流体进入流道后失掉其过冷度所需要的时间。

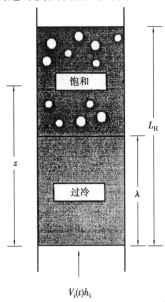

图 6-11　受热通道内的基本区域

在假设中,假定单相区的质量流量是恒定的,$G_{\mathrm{m}}(z,t) = G_{\mathrm{in}}(t)$。对于恒密度的液体,有:

$$V_{\mathrm{m}}(z,t) = V_{\mathrm{f}}(z,t) = 通道入口的 \ V_{\mathrm{in}}(t) \tag{6-55}$$

因此,参数 $\lambda(t)$ 可以通过对 $\mathrm{d}z/G_{\mathrm{m}} = \mathrm{d}t/\rho_{\mathrm{m}}$ 的积分得到:

$$\lambda(t) = \int_{0}^{\lambda} \mathrm{d}z = \int_{t-v}^{t} V_{\mathrm{in}}(t)\mathrm{d}z = \int_{t-v}^{t} \frac{G_{\mathrm{in}}(t)}{\rho_{\mathrm{f}}}\mathrm{d}t \tag{6-56}$$

对于恒定的系统压力,就像 6.1 节的 MI 模型那样,能量方程(6-31)可以写成

$$\rho_{\mathrm{m}}\frac{\partial h_{\mathrm{m}}}{\partial t} + \rho_{\mathrm{m}}V_{\mathrm{m}}\frac{\partial h_{\mathrm{m}}}{\partial z} = \frac{q''P_{\mathrm{h}}}{A_{z}}$$

$$或 \qquad \rho_{\mathrm{m}}\frac{Dh_{\mathrm{m}}}{Dt} = \frac{q''P_{\mathrm{h}}}{A_{z}} \tag{6-57}$$

根据式(6-43),从式(6-57)得到特征方程:

$$\frac{\mathrm{d}h_{\mathrm{m}}}{\mathrm{d}t} = \frac{q'}{\rho_{\mathrm{m}}A_{z}} \tag{6-58}$$

其中,$q' = q''P_{\mathrm{h}}$。

如果沿通道的热流密度在轴向和时间上是常数,则可以很容易地在入口焓和饱和焓之间对式(6-58)积分:

$$\int_{h_{\mathrm{in}}}^{h_{\mathrm{f}}} \mathrm{d}h_{\mathrm{f}} = \frac{q'}{\rho_{\mathrm{f}}A_{z}}\int_{t-v}^{t} \mathrm{d}t \quad t > v \tag{6-59}$$

或

$$v = (h_f - h_{in})\left(\frac{\rho_f A_z}{q'}\right) \tag{6-60}$$

因此,v 是流体包进入通道后失去过冷度所需时间。需注意的是,由于体积加热(q'/A_z)是恒定的,如果入口焓也是恒定的,则 v 也是恒定的。然而,流动距离 $\lambda(t)$ 随速度而变化,如式(6-56)所示。对于进口流量减小的瞬态过程,$\lambda(t)$ 的位置如图6-12所示。注意,因为入口焓和轴向热量输入保持恒定,因此 v 也是恒定的。

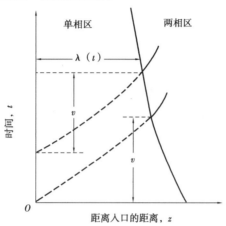

图6-12 入口流量减小通道的主要特性(单相区)

现在把注意力转向两相区域(即 $z > \lambda$)。在该区域中,连续性方程(6-1)可以写为:

$$\frac{\partial \rho_m}{\partial t} + V_m \frac{\partial \rho_m}{\partial z} + \rho_m \frac{\partial V_m}{\partial z} = 0$$

$$或 \quad \frac{D\rho_m}{Dt} = -\rho_m \frac{\partial V_m}{\partial z} \tag{6-61}$$

混合物的密度和焓可写为:

$$\rho_m = \frac{1}{v_f + x v_{fg}}$$

$$h_m = h_f + x h_{fg}$$

式中 x——两相混合物的干度。

我们可以明确地将速度变化与干度和各相比体积联系起来:

$$\begin{aligned}
\frac{\partial V_m}{\partial z} &= -\frac{1}{\rho_m} \frac{D\rho_m}{Dt} = -\frac{1}{\rho_m} \frac{D}{Dt}\left(\frac{1}{v_f + x v_{fg}}\right) \\
&= \frac{1}{\rho_m (v_f + x v_{fg})^2}\left(\frac{Dv_f}{Dt} + x \frac{Dv_{fg}}{Dt} + v_{fg}\frac{Dx}{Dt}\right) \\
&= \frac{1}{v_f + x v_{fg}}\left(\frac{Dv_f}{Dt} + x \frac{Dv_{fg}}{Dt} + v_{fg}\frac{Dx}{Dt}\right)
\end{aligned} \tag{6-62}$$

在这里所应用的条件,液相为不可压缩流体($Dv_f/Dt = 0$)和近恒定系统压力($Dv_{fg}/Dt = 0$),因此有:

$$\frac{\partial V_m}{\partial z} = \frac{v_{fg}}{v_f + x v_{fg}}\frac{Dx}{Dt} \tag{6-63}$$

对其积分,得到:

$$V_{\mathrm{m}}(z,t) = V_{\mathrm{in}}(t) + \int_{\lambda(t)}^{z} \frac{v_{\mathrm{fg}}}{v_{\mathrm{f}} + xv_{\mathrm{fg}}} \frac{Dx}{Dt} \mathrm{d}z \tag{6-64}$$

能量方程可用于确定流动干度。根据式(6-58),在恒定系统压力下(h_{fg}和h_{f}恒定),得到

$$h_{\mathrm{fg}} \frac{Dx}{Dt} = \frac{q'}{\rho_{\mathrm{m}} A_z} = \frac{q'(v_{\mathrm{f}} + xv_{\mathrm{fg}})}{A_z} \tag{6-65}$$

定义特征沸腾频率参数 Ω 为

$$\Omega \equiv \frac{q' v_{\mathrm{fg}}}{A_z h_{\mathrm{fg}}} \tag{6-66}$$

则式(6-65)简化为

$$\frac{Dx}{Dt} - \Omega x = \Omega \frac{v_{\mathrm{f}}}{v_{\mathrm{fg}}} \tag{6-67}$$

结合式(6-64)和式(6-67),干度变化率可以消掉,因此有

$$V_{\mathrm{m}}(z,t) = \frac{\mathrm{d}z}{\mathrm{d}t} = \frac{G_{\mathrm{in}}(t)}{\rho_l} + \int_{\lambda(t)}^{z} \frac{v_{\mathrm{fg}}}{v_{\mathrm{f}} + xv_{\mathrm{fg}}} \Omega \left(\frac{v_{\mathrm{f}}}{v_{\mathrm{fg}}} + x \right) \mathrm{d}z \tag{6-68}$$

或

$$\frac{\mathrm{d}z}{\mathrm{d}t} = \frac{G_{\mathrm{in}}(t)}{\rho_l} + \int_{\lambda(t)}^{z} \Omega \mathrm{d}z \tag{6-69}$$

式(6-67)是干度随时间变化所需要的一般关系式,式(6-69)是位置随时间变化的一般关系式。需要注意的是,入口的 ρ_l 值几乎等于饱和值 ρ_{f},因此在实际应用中,一般将 ρ_l 视为 ρ_{f}。

有两个流体域需要考虑:即最初在两相区外的流体域和最初在两相区内的流体域。最初在饱和区的液体定义了主特征线,如图6-13所示。

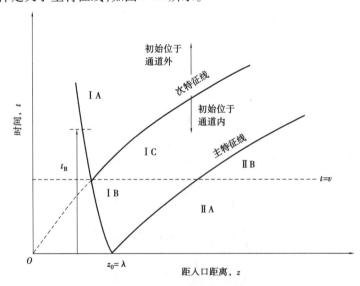

图6-13　两相区流体流量减小或热输入量增加的通道主要特性

考虑到最初出现在两相区(图6-13中的区域Ⅱ)中的流体,初始条件定义为

在　$t=0$　时

$x_0 = f(z)$　　通过稳态平衡建立并满足

$z_0 > \lambda(0)$ \hfill (6-70)

最初在两相区之外的流体,包括那些在流道之外的流体(图 6-13 中的区域 I),在时间 t_B 到达两相区。在时间 t_B,流体开始发生沸腾的 x 和 z 的条件是

$$当 t = t_B > 0$$
$$x = 0 \quad 及$$
$$z = \lambda(t) \tag{6-71}$$

在这些假设下,Ω 是一个常数,因此对于所有具有实际意义的 $G_{in}(t)$,式(6-67)和式(6-69)等两个方程都是可积的。因此,对于任何定压流量瞬态过程,我们可以得到作为时间和空间的函数的流体速度和干度随加热长度变化的精确解。下面将通过在通道中的流量指数衰减的例子来说明这个问题。

2)热流密度不变、流量指数衰减的情形

假定入口流速有如下特性:

$$G_{in} = G_0 e^{-Kt} \quad 当 t > 0 \ 时 \tag{6-72}$$

与前面提到的恒定入口焓和轴向加热功率 q' 的假设一致。首先在图 6-13 中为不同的时间域 $t < v$ 和 $t > v$ 分别定义适当的 $\lambda(t)$。

根据 $\rho_l = \rho_f$ 的假设,对于最初不在通道中的流体(将在 $t > v$ 时到达两相区),由式(6-56)得

$$\lambda(t) = \frac{G_0}{\rho_f K} e^{-Kt}(e^{Kv} - 1) ; \quad t > v \tag{6-73}$$

对于最初在通道内,但在 $t < v$ 时达到两相点的单相流体,有

$$\lambda(t) = \int_{t-v}^{t} \frac{G_{in}}{\rho_f} \mathrm{d}t = \int_{t-v}^{0} \frac{G_0}{\rho_f} \mathrm{d}t + \int_{0}^{t} \frac{G_0 e^{-Kt}}{\rho_f} \mathrm{d}t$$

因此

$$\lambda(t) = \frac{G_0}{\rho_f}(v-t) + \frac{G_0}{\rho_f K}(1 - e^{-Kt}) ; \quad t < v \tag{6-74}$$

表 6-3 总结了适用于两个时间域的 $\lambda(t)$ 值,以及它们在时间-空间域(I A、I B、I C、II A 和 II B)的重要特征。

表 6-3　通道各种两相区域的沸腾边界

时间	区域	沸腾边界的表达式	该区域的重要特征
$t > v$	I A	$\lambda(t) = \dfrac{G_0}{\rho_f K} e^{-Kt}(e^{Kv} - 1)$	在 $t = 0$ 时,还没有进入加热区域的流体
	I C	$\lambda(t)$ 与 I A 相同	在 $t = 0$ 时,在加热区的单相流体
	II B	$\lambda(t)$ 与 I A 相同	在 $t = 0$ 时,在加热区已经存在的两相流体
$t < v$	I B	$\lambda(t) = \dfrac{G_0}{\rho_f}(v-t) + \dfrac{G_0}{\rho_f K}(1 - e^{-Kt})$	在 $t = 0$ 时,在加热区的单相流体部分
	II A	$\lambda(t)$ 与 I B 相同	在 $0 \le t \le v$ 时,在加热区已经存在的两相流体

现在来定义它们的时间—空间关系。对于两相区,我们必须分别考虑区域 I 和区域 II 。区域 I 是在 $t > 0$ 时进入两相区的区域。

对于区域 I:为了获得干度值,在条件 $x = 0, t = t_B$ 下对式(6-67)积分,则有

$$x = \frac{v_f}{v_{fg}}[e^{\Omega(t - t_B)} - 1] \tag{6-75}$$

因此,需要参数 t_B 来得到干度值。它是通过对式积分得到的,对于常数 Ω 和假定的流量指数衰减,有

$$\frac{dz}{dt} - \Omega(z - \lambda(t)) = \frac{G_0 e^{-Kt}}{\rho_f} \tag{6-76}$$

为了获得参数 t_B,使用 t_B 中 $\lambda(t)$ 的适当值和适当的初始条件对式(6-76)积分。3 个分区域的结果是:

对于分区域 I A: $t > t_B > v$;使用 $\lambda(t_B > v)$ 和 $t = t_B, z = \lambda(t_B)$ 时的初始条件得到

$$t_B = \frac{\Omega}{\Omega + K}t - \frac{1}{\Omega + K}\ln\left[\frac{1}{K_9}\left(z + \frac{G_0 K_3}{\Omega + K}e^{-Kt}\right)\right] \tag{6-77}$$

对于分区域 I B: $v > t > t_B$;使用 $\lambda(t_B < t)$ 和在 $t = t_B, z = \lambda(t_B)$ 处的初始条件得到

$$t_B = t - \frac{1}{\Omega}\ln\left\{\Omega\left[\frac{\rho_f}{G_0}z - \frac{K_4}{\Omega} + \frac{1}{\Omega} + t + \frac{e^{-Kt}}{K}\right]\right\} \tag{6-78}$$

对于分区域 I C: $t > v > t_B$;使用 $\lambda(t_B > v)$ 和在 $t = v, z = z_{IB}$ 处的初始条件(因为当 $t = v$ 时,流体域从 I B 穿越到 I C),得到

$$t_B = t - \frac{1}{\Omega}\ln\left\{\frac{\rho_f}{G_0}\Omega\left[z - K_7 e^{\Omega t} + \frac{G_0 K_3}{\Omega + K}e^{-Kt}\right]\right\} \tag{6-79}$$

注意对于任意的 z 和 t 的组合,式(6-77)—式(6-79)可以用来确定 t_B。常数 K_i 定义为

$$K_3 \equiv \frac{1}{\rho_f}\left[1 - \frac{\Omega}{K}(e^{Kv} - 1)\right]$$

$$K_4 \equiv \frac{\Omega}{K} + \Omega v$$

$$K_7 \equiv \frac{G_0}{\rho_f}e^{-\Omega v}\left[\frac{1}{K} - \frac{1}{\Omega} - e^{-Kv}\left(\frac{1}{K} - \frac{\rho_f K_3}{\Omega + K}\right)\right]$$

$$K_9 \equiv \frac{G_0 e^{Kv}}{\rho_f(K + \Omega)}$$

对于区域 II:这是在 $t \leqslant 0$ 时处于两相状态的区域。当 $t = 0$ 时,在条件 $x = x_0$ 和 $z = z_0$ 下,对式(6-67)积分得到

$$x(t, z_0) = x_0(z_0)e^{\Omega t} + \frac{v_f}{v_{fg}}[e^{\Omega t} - 1] \tag{6-80}$$

x_0 的值由稳态能量平衡确定:

$$x_0(z_0) = \frac{1}{h_{fg}}\left[\frac{q' z_0}{G_0 A_z} - (h_f - h_{in})\right] \tag{6-81}$$

注意式(6-76)可以使用表 6-3 中适当的 λ 值进行积分得到两个分区域。对于区域 II A $(t < v)$,在 $t = 0, z = z_0$ 时,有

$$z(t, z_0) = \frac{G_0}{\rho_f}\left[\frac{K_4}{\Omega} - \frac{1}{\Omega} - t - \frac{e^{-Kt}}{K} - K_5 e^{\Omega t}\right] + z_0 e^{\Omega t} \tag{6-82}$$

对于区域 II B $(t > v)$,在 $t = v, z = z_{IIA}$ 时,有

$$z(t, z_0) = z_0 e^{\Omega t} + K_6 e^{\Omega t} - \frac{G_0 K_3}{\Omega + K} e^{-Kt} \tag{6-83}$$

其中，$K_5 \equiv \dfrac{K_4}{\Omega} - \dfrac{1}{\Omega} - \dfrac{1}{K} = v - \dfrac{1}{\Omega}$

$$K_6 = \frac{G_0 e^{-\Omega v}}{\rho_f} \Big[\frac{1}{K} - \frac{1}{\Omega} - e^{-Kv} \Big(\frac{1}{K} - \frac{\rho_f K_3}{\Omega + K} \Big) - K_5 e^{\Omega v} \Big]$$

表 6-3 和表 6-4 总结了关于这一问题的解和每个区域的重要特征。

表 6-4　通道内两相区沸腾干度和时间的表达式

时间	区域	干度表达式	t_B 和/或 z 的表达式
$t > v$	Ⅰ A	$x = \dfrac{v_f}{v_{fg}} [e^{\Omega(t - t_B)} - 1]$	$t_B = \dfrac{\Omega}{\Omega + K} \Big\{ t - \dfrac{1}{\Omega} \ln \Big[\dfrac{1}{K_9} \Big(z + \dfrac{G_0 K_3}{\Omega + K} e^{-Kt} \Big) \Big] \Big\}$
	Ⅰ C	与 Ⅰ A 相同	$t_B = t - \dfrac{1}{\Omega} \ln \Big\{ \dfrac{\rho_f}{G_0} \Omega \Big[z - K_7 e^{\Omega t} + \dfrac{G_0 K_3}{\Omega + K} e^{-Kt} \Big] \Big\}$
	Ⅱ B	$x = x_0 e^{\Omega t} + \dfrac{v_f}{v_{fg}} [e^{\Omega t} - 1]$	$z = z_0 e^{\Omega t} + K_6 e^{\Omega t} - \dfrac{G_0 K_3}{\Omega + K} e^{-Kt}$
$t < v$	Ⅰ B	与 Ⅰ A 相同	$t_B = t - \dfrac{1}{\Omega} \ln \Big\{ \Omega \Big[\dfrac{\rho_f}{G_0} z - \dfrac{K_4 + 1}{\Omega} + t + \dfrac{e^{-Kt}}{K} \Big] \Big\}$
	Ⅱ A	与 Ⅱ B 相同	$z = \dfrac{G_0}{\rho_f} \Big[\dfrac{K_4 - 1}{\Omega} - t - \dfrac{e^{-Kt}}{K} - K_5 e^{\Omega t} \Big] + z_0 e^{\Omega t}$

【例 6-3】　流量减少所致沸腾起始的时间

问题：假设液体通过加热管轴向流动。当 $t = 0$ 时，入口流量开始呈指数下降：

$$G_{in}(t) = G_{in}(0) e^{-t}$$

式中，t 的单位为 s，假设入口的初始流速 $V_{in}(0) = 3.05$ m/s。试确定通道中沸腾开始的时间。忽略壁面摩擦和液体压缩性，假设入口温度和加热功率保持不变。

已知信息：管道直径 $d = 12.7$ mm；管道加热长度 $L = 3.05$ m；加热线功率密度 $q' = 16.4$ kW/m；入口水温 $T_{in} = 204$ ℃；水在 6.9 MPa 下，$\rho_f = 740$ kg/m³；$c_p = 4.2$ kJ/kg·K；$T_{sat} = 285$ ℃；假设 $\rho_l = \rho_f = 740$ kg/m³。

解　先获得通道出口处的冷却剂焓达到沸腾所需的时间。

利用特征线法，因为流体最初在通道中加热，首先假设 t 值小于 v。

将式(6-56)在 $t < v$ 内积分，得到式(6-74)，用 $V_{in}(0)$ 代替 G_0 / ρ_f，并将 K 设为单位 1：

$$\lambda(t < v) = \int_{t-v}^{t} V_{in}(t') dt' = \int_{t-v}^{0} V_{in}(0) dt' + \int_{0}^{t} V_{in}(0) e^{-t'} dt'$$
$$= V_{in}(0) [(v - t) + (1 - e^{-t})] \tag{6-84}$$

利用式(6-60)，有：

$$v = \frac{h_f - h_{in}}{\dfrac{q'}{(A_z \rho_l)}} = \frac{c_p (T_{sat} - T_{in}) A_z \rho_l}{q'} = 1.95 \text{ s}$$

因为沸腾最初发生在出口处，设 $\lambda(t < v) = L = 3.05$ m，可以从式(6-84)得到 t。注意，如果发现时间 t 为负时，则 $t < v$ 的假设不正确，并且必须获得 $t > v$ 时的 λ 值。

求解式(6-84),得到 t 的结果：
$$3.05 = 3.05\left[2.95 - t - e^{-t}\right]$$
$$t = 1.78 \text{ s}$$

6.3　热力系统瞬态过程的程序分析

在反应堆运行过程中,有可能发生各种各样的事故。为了评估这些事故工况的后果是否在安全的允许范围之内,需要预计核电厂冷却剂系统及其部件的行为、燃料元件的性状以及事故造成的放射性释放时对环境的影响等。为了能对各种可能发生的事故工况后果进行正确可靠的评估,已经开发了许多安全分析计算机程序。归纳起来,对于像冷却剂丧失事故这样的工况,进行瞬态分析所需要的计算机程序有下述几种。

①核电厂系统分析程序:用于分析核电厂整个冷却剂系统的热工水力瞬态特性。

②核电厂部件分析程序:用于分析一个部件的详细热工水力特性和负荷特性。

③堆芯中子物理分析程序:它包括两类程序,第一类为反应堆多维中子时空动力学程序,用于计算堆内中子能量的时空特性;第二类为堆芯燃料管理程序,用于部分事故分析中计算燃耗寿期初及寿期末各种状态下的反应堆物理参数。由于对核电厂的换料方案也需要进行安全分析,所以这类程序也成为安全分析程序系统中的一个组成部分。

④燃料元件行为分析程序:用于预测反应堆各种工况下燃料元件的性能和行为。

⑤放射性后果分析程序:用于估算事故后放射性释放量和剂量率。

在以上各种计算机程序中,核电厂系统分析程序是安全分析程序包中的核心程序。这种程序模拟的范围包括冷却剂系统(一回路)和主蒸汽供应系统(二回路)中的主要设备和部件,如堆芯、稳压器、蒸汽发生器、泵和各种阀门等,同时也并入了较简单的中子动力学程序和燃料元件温度分布计算程序。系统分析程序的计算结果,有的则本身就可用来论证电厂的安全性,有的则可作为进一步分析计算的基础。

各种系统分析程序版本所用的数学模型不同,所适用的工况也不尽相同。但是各种程序所使用的方法却有共同之处。它们几乎都是把系统和设备划分成许多控制体,按照控制体写出方程,解出每个控制体中的参数,以此来模拟整个系统参数的瞬态过程。下面我们以主流的系统程序 RELAP-5 为例来介绍这种方法,大部分其他系统程序的总体结构大同小异。

6.3.1　控制容积和通道模型

在 RELAP-5 的计算过程中,通过程序输入卡文件将所建模系统的热构件数据、水力学部件数据等参数(例如:流道面积、流道长度、控制体数、方位角、夹角等)用 RELAP-5 的格式表示出来,形成输入卡,作为边界条件、初始条件和相关本构模型选择的人机接口。RELAP-5 对回路的控制件和接管列出相应的质量、动量和能量守恒方程,补充相应的本构关系式封闭方程,再通过差分将所得方程式离散化,得到线性方程组,然后采用已知参数和初始条件即可得出各元件参数与时间的关系。最后,通过输出文件可以查看各元件的状态和参数计算结果,包括空泡份额、流速、泵角速度、质量流量、热构件温度等。

一回路冷却剂从位于反应堆压力容器上的多个入口接管流入,先沿着环形间隙向下流动,到压力容器底部下腔室后,改变方向向上流经堆芯,冷却燃料组件及其相关组件,带走核裂变反应产生的热量。高温的冷却剂从反应堆压力容器的数个出口接管流出,通过蒸汽发生器将热量传递给二回路系统。为了检测控制体内各部分的物性参数,需要根据压力容器的物理结构图和尺寸划分压力容器节点图。根据各节点对应的冷却剂流道形状特点,分别用分支部件、圆管部件、圆套管部件等进行模拟。其中,分支适用于需要连接多个部件的节点。圆管模化为普通单一流体流道。图 6-14 所示为针对某型核反应堆主设备的建模节点划分。该节点图包括了反应堆压力容器、蒸汽发生器、主冷却剂循环泵、稳压器、安全阀及卸压阀等设备。

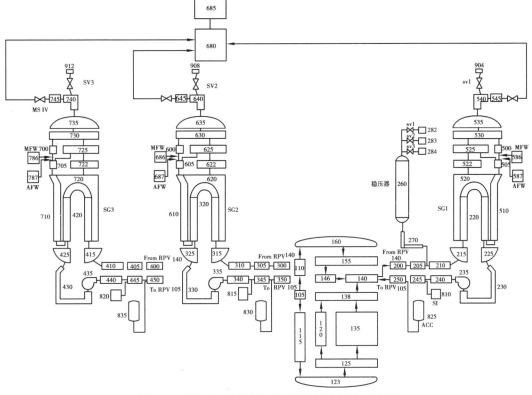

图 6-14　某型三环路核电厂系统与设备简化节点图

6.3.2　守恒方程

守恒方程的形式取决于所采用的两相流模型,各程序版本是不同的。RELAP-5 程序采用的是一维两流体两相流模型,也可以支持漂移流模型,流管的守恒方程可以写成下列形式:

(1) 连续性方程

气相:

$$\frac{\partial}{\partial t}(\alpha_g \rho_g) + \frac{1}{A}\frac{\partial}{\partial z}(\alpha_g \rho_g v_g A) = \Gamma_g \tag{6-85}$$

液相:

$$\frac{\partial}{\partial t}(\alpha_f \rho_f) + \frac{1}{A}\frac{\partial}{\partial z}(\alpha_f \rho_f v_f A) = \Gamma_f \tag{6-86}$$

式中　t——时间;

　　　A——通道截面积;

z——轴向位置；

Γ_g，Γ_f——分别为气相和液相的质量产生率，一般有 $\Gamma_g = -\Gamma_f$。

(2)动量守恒方程

气相：

$$\alpha_g \rho_g A \frac{\partial v_g}{\partial t} + \frac{1}{2} \alpha_g \rho_g A \frac{\partial v_g^2}{\partial z} = -\alpha_g A \frac{\partial p}{\partial z} + \alpha_g \rho_g B_x A - \alpha_g \rho_g A F_{Wg} v_g +$$

$$\Gamma_g A (v_{gi} - v_g) - \alpha_g \rho_g A F_{Ig} v_r - C \alpha_g (1 - \alpha_g) \rho_m A \left(\frac{\partial v_r}{\partial t} + v_f \frac{\partial v_g}{\partial z} - v_g \frac{\partial v_f}{\partial z} \right) \quad (6\text{-}87)$$

液相：

$$\alpha_f \rho_f A \frac{\partial v_f}{\partial t} + \frac{1}{2} \alpha_f \rho_f A \frac{\partial v_f^2}{\partial z} = -\alpha_f A \frac{\partial p}{\partial z} + \alpha_f \rho_f B_x A - \alpha_f \rho_f A F_{Wf} v_f +$$

$$\Gamma_f A (v_{fi} - v_f) - \alpha_f \rho_f A F_{IF} v_r - C \alpha_f (1 - \alpha_f) \rho_m A \left(\frac{\partial v_r}{\partial t} + v_g \frac{\partial v_f}{\partial z} - v_f \frac{\partial v_g}{\partial z} \right) \quad (6\text{-}88)$$

(3)能量守恒方程

气相：

$$\frac{\partial}{\partial t} (\alpha_g \rho_g U_g) + \frac{1}{A} \frac{\partial}{\partial z} (\alpha_g \rho_g U_g v_g A) = -p \frac{\partial \alpha_g}{\partial z} - \frac{p}{A} \frac{\partial}{\partial z} (\alpha_g v_g A) +$$

$$q'''_{Wg} + q'''_{Ig} + \Gamma_{Ig} h_g^* + \Gamma_W h_g' + DISS_g \quad (6\text{-}89)$$

液相：

$$\frac{\partial}{\partial t} (\alpha_f \rho_f U_f) + \frac{1}{A} \frac{\partial}{\partial z} (\alpha_f \rho_f U_f v_f A) = -p \frac{\partial \alpha_f}{\partial z} - \frac{p}{A} \frac{\partial}{\partial z} (\alpha_f v_f A) +$$

$$q'''_{Wf} + q'''_{If} + \Gamma_{If} h_f^* + \Gamma_W h_f' + DISS_f \quad (6\text{-}90)$$

上述各方程中，g 表示气相；f 表示液相；α 为体积分数；Γ 为传质速率；v 为流速；ρ 为密度；F_{Wg} 和 F_{Wf} 分别为气、液相壁面曳力系数；F_{Ig} 和 F_{If} 分别为气、液相相界面曳力系数；B 为体积力项；C 为虚拟质量力系数；q''' 为体积热源，h 为焓值；DISS 为因湍流所导致的耗散项。

对于每个控制体和通道都要列出守恒方程。为了求解这个方程组，尚需要补充许多本构关系式使方程封闭，其中包括流体的状态方程，还包括描述热源、摩擦力、几何参数、临界流、传热、泵特性、阀门特性的关系式和中子动力学方程等。方程的初始条件取事故发生前稳定运行时的参数。

其他的热工水力系统程序有类似的控制方程。除了关于堆芯和蒸汽发生器的相关分析程序外，还要针对一些特定的事故工况开发专门的分析程序。此外，安全壳的安全也是一个重要问题，还有针对如壳内气体、喷淋等过程的分析程序，针对大气放射性气羽扩散的分析程序等。我们很大部分的实验工作的目的就是为这些分析程序提供输入条件或者模型方法。

6.4 反应堆的安全问题

6.4.1 瞬态分析的任务

为了防止强放射性物质的释放，动力核反应堆根据纵深防御的原则，通常设有 3 道安全屏障。第一道屏障是燃料包壳,它具有良好的综合性能和强度,可以保护燃料不受冷却剂的腐蚀和侵蚀,并可承受裂变气体的内压保证裂变产物不泄漏。第二道屏障是一回路压力边界,包括一回路设备、主管道和辅助管道等。第三道屏障是安全壳,如果一回路破裂,它可以包容所释放出来的放射性物质,防止它向周围环境扩散。为了保证安全,需要在任何事故下保证至少有一道安全屏障是完整的。

反应堆瞬态热工分析的核心任务,就是要预估在各种运行瞬态和事故工况下,反应堆及其热力系统内运行工况和热力参数的变化过程和变化幅度,为各道安全屏障的设计提供依据,确保各道安全屏障不受破坏,并以此来确定运行参数允许的最大变化范围和反应堆保护系统动作的安全阈值。

反应堆整个输热系统的各个设备都是相互关联的,原则上讲,系统中任何一个环节发生变化都会引起整个系统参数相应发生变化。在进行瞬态分析时,要通过控制方程和本构方程对系统中的热工水力现象,以及各环节之间的联系进行数学描述,最终解出系统各位置和部件内的工况和参数的变化过程。所需要计算分析的主要内容包括:

①一回路冷却剂的压力、温度、流量、液位、两相流的含汽率、空泡份额、流型等。

②堆芯内冷却剂流动和传热工况,燃料包壳和芯块的温度变化过程和变化幅度。

③如果冷却剂从一回路大量泄漏到安全壳内,还需要预计安全壳内气体的压力和温度的变化过程以及含放射性气体的扩散。

由于其中一个核反应堆热工水力设计的主要工作目标,是关注那些获得电厂许可所规定的相关事件和事故,因此一般强调对这些事故的分析。而在严重事故中,因为不能保证堆芯原来的结构,其行为仍然不够清楚,对其预测的精度在很大程度上取决于所作的假设。对于该问题的讨论,可以参考相关的文献。

在进行瞬态分析时,通常按照下述 4 类电厂工况考虑反应堆的安全性。

(1) 正常运行和运行瞬态

正常运行和运行瞬态包括反应堆的启动、停堆、换料、功率调节等。在这些工况中,允许系统中的某些部件存在轻微的故障和缺陷,如少量燃料元件破损、蒸汽发生器在允许限度内泄漏,也包括如符合要求的负荷阶跃和连续变化、甩负荷等。由于这类工况出现频繁,所以要求在这类工况的整个过程中无须停堆,而只靠控制系统在反应堆设计裕度范围内进行调节,即可把反应堆调整到所要求的状态,重新稳定运行。

(2) 中等频率故障

被定为这类故障的工况可能导致反应堆停堆,但在故障排除后仍能恢复功率运行。预计这类工况在正常运行期间不会出现,但在电厂寿期中有可能发生。对这类工况的设计准则是,这类工况不应导致任何一道安全屏障破损。属于这类工况的典型事件有控制棒组件失控抽出和误落棒、反应堆冷却剂硼浓度失控稀释、冷却剂强迫循环流量部分丧失、外电负荷丧失、汽轮机跳闸(主汽门关闭)、二回路系统给水丧失、应急堆芯冷却系统误投入等。

(3) 稀有故障

稀有故障是核电机组在其寿期内可能发生但频率很低的事件,在同类电厂的 30 ~ 40 年运行期间内会发生几次。这类工况可能会使燃料发生损伤并使反应堆在一个长的停堆时间内不能恢复功率运行,但燃料棒的破损仅为一个小的份额,释放的放射性物质不足以中止或限制居民使用非居住区半径以外的区域。该工况本书认为不应导致第四类工况,不应使反应堆冷却剂系统或安全壳屏障丧失功能。轻水堆属于这类工况的典型事件有：一回路或二回路的小破口事故、燃料组件装载错位并运行、冷却剂强迫循环流量全部丧失等。

（4）极限事故

极限事故工况是一些预期不会发生，但要采取针对性设计措施的假想事故。该工况的发生会导致足以使反应堆不能恢复运行的破坏，但在规定这类事故的安全准则时，要求保证放射性物质保持在安全壳内不外逸，要保证如应急堆芯冷却系统、安全壳隔离系统和喷淋系统等的完整。属于这类事故的典型事件有一回路主管道断裂、二回路主蒸汽管道断裂、一个冷却剂循环泵转子卡死或泵轴断裂、控制棒机构的外壳破裂（控制棒组件弹出）等。

除了上述 4 种工况外，反应堆还要求分析"未能紧急停堆的预期瞬态"（ATWS），这是指反应堆在第二类或第三类工况下，运行参数已达到停堆保护定值，而反应堆未能停堆的情况。对在这种情况下可能发生的工况及其后果要进行分析。对压水堆，通常被认为最严重的未能紧急停堆的预期瞬态工况包括：

①由于厂外电源丧失而产生的冷却剂流量丧失。

②稳压器安全阀打不开。

③在有功率运行下抽出控制棒。

④给水流量的丧失。

⑤某个反应堆冷却剂泵转速下降。

⑥蒸汽负荷大幅度上升等。

对这些瞬态的分析要求论证反应堆的燃料元件和压力容器在整个瞬态期间内都是安全的。瞬态过程之所以得到控制的主要机理是，由于反应堆冷却剂被加热和形成空泡而产生的负反应性反馈可以抑制反应堆功率的上升。最后，通过向冷却剂系统注入硼酸溶液能够把反应堆完全停下来。但对这种工况的分析还在进一步研究中。

对于以上事件或事故的分析一般采用系统程序或专用程序进行分析，确保核反应堆的安全。

6.4.2 反应堆的控制和保护

在核电厂中，汽轮发电机的功率输出通过进入汽轮机的蒸汽流量、冷却剂的平均温度、燃料棒的释热而直接与核反应堆内的中子注量率相联系。调节中子注量率以满足汽轮发电机组功率输出的需要是反应堆控制系统的基本功能。压水堆电厂通常设定冷却剂平均温度与负荷的函数关系。控制系统可以根据冷却剂平均温度的设定值和测量值之间的信号差异来判断反应堆功率是否满足负荷的需要，并产生控制棒调节动作。在调节过程中，还要避免控制棒在高功率下插入堆芯过深，以防造成轴向中子注量率发生过大的畸变。增加冷却剂中硼的浓度可以提高控制棒的位置。

除了应付反应堆的正常运行外，控制系统还用来实现反应堆的停堆保护。反应堆配备有保护系统，其作用是监测电厂的若干基本参数，并在这些参数一旦达到某个规定的极限值时，即发出紧急停堆信号实施停堆，这种规定的极限值称为安全保护定值。在安全保护定值下实现紧急停堆保护，可以防止运行参数达到可能导致安全屏障破坏的安全极限。

为了保证可靠地发现偏离正常运行工况，每一个可能的瞬态都靠测量一个以上的电厂参数来监测。每个保护功能至少有两个独立通道，测量信号按照冗余信息的集合，即测量信号按三取二或四取二的原则生效。通过这些措施来保证反应堆保护系统具有很高的可靠性。现代压水堆电厂有20个以上的停堆信号,典型的有:

①中子注量率高或变化率过快(启动周期过短)。

②反应堆冷却剂流量丧失。

③运行参数逼近最小临界热流密度比或燃料芯块熔化的工况。

④稳压器压力或水位异常。

⑤来自蒸汽发生器和二回路系统的信号,如液位异常、给水流量和蒸汽流量失配、蒸汽管道间压差过大、汽轮机超速等。

通过程序预测各种瞬态下系统热工水力参数的变化,确定控制系统的保护动作定值,是反应堆瞬态热工水力分析的重要内容。

6.4.3　专设安全系统

专设安全设施是指在事故发生以后,能实现一系列的安全功能的系统,在这些安全功能实现后就能满足安全要求的一套系统。专设安全系统的设置目的是在事故工况下确保反应堆停闭,排出堆芯余热和保持安全壳的完整性,避免在任何情况下放射性物质的失控排放,减少设备损失,保护公众和核电厂工作人员的安全。包括安全注入系统、安全壳、安全壳喷淋系统、安全壳隔离系统、安全壳消氢系统、辅助给水系统和应急电源等。关于这些系统的情况请参见反应堆系统及设备等相关文献,下面概括地介绍压水堆的专设安全系统。

1) 应急堆芯冷却系统(安全注射系统)

当一回路系统发生冷却剂丧失事故时,此系统就会按照事先设计规定的要求进行动作,把足够的应急冷却水注入堆芯,以防止燃料过热。为了适用不同等级的冷却剂丧失事故和保证足够的可靠性,该系统设有能动和非能动的两类部件。能动部件包括高压小流量安全注射泵和低压大流量安全注射泵,前者的作用是,当主系统因发生破损事故,压力降至一定值(如11.9 MPa),高压安全注射泵自动启动,将换料水箱内2 100 mg/kg左右的含硼水注入堆芯,防止反应堆重新临界和注入冷水以冷却和淹没堆芯;而后者应付一回路的大泄漏。每种泵都有两台以上,按并联运行方式布置。而中压安注是非能动系统,蓄压注入动作是完全自动的,当堆芯冷却剂压力迅速降低到低于安全注入箱内氮气压力(4.2 MPa)时,硼水就顶开逆止阀从一回路冷管段注入堆内。安注水箱和一回路相连的管道上设有单向止回阀,当一回路的压力降到安注水箱的压力以下时,止回阀打开,硼水自动注入一回路主管道。低压安注则在冷却剂压力降到0.7 MPa时由安全注射信号启动,将换料水箱中的含硼水注入每个环路的冷管段。当换料水箱含硼水被汲完(水位低到一定程度)后,低压安全注射泵可改为抽取安全壳底部的地坑水。上述安注系统的配置如图6-15所示。安注水箱设在安全壳内,高压和低压安注泵设在安全壳外。安注泵的水取自换料水箱,在水箱中的水用尽之后,可以抽取安全壳地坑中的积水注入堆芯,以维持堆芯长时间冷却。贮水坑中的水可以通过热交换器降温。

2) 辅助给水系统

辅助给水系统用于保证蒸汽发生器的给水,以便维持一个冷源,确保反应堆热量的导出。辅助给水泵通常设电动机和汽轮机驱动两种动力源。汽轮机使用的蒸汽来自蒸汽发生器,它可以保证在断电情况下仍能维持辅助给水的供应。当核电厂发生失水事故、蒸汽管道破裂事故或给水管道破裂事故,主给水系统被切除时,辅助给水系统自动投入。辅助给水系统设有专门的水源。

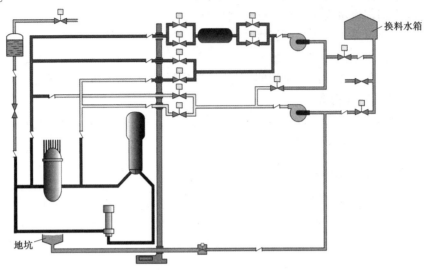

图 6-15　应急堆芯冷却系统构成示意图

3）安全壳系统

安全壳的作用是在发生失水事故和主蒸汽管道破裂事故时承受内压,容纳喷射出的汽水混合物,防止或减少放射性物质向环境的释放,作为放射性物质与环境之间的第三道屏障。对反应堆冷却剂系统的放射性辐射提供生物屏蔽,并限制污染气体的泄漏。作为非能动安全设施,能够在全寿期内保持其功能,承受外部事件(如飞机撞击、龙卷风)和内部飞射物及管道甩击的影响。

安全壳设有各种供穿过安全壳管道用的机械贯穿件和穿过安全壳电缆用的电气贯穿件,贯穿件锚固在安全壳壁中。

安全壳设有喷淋系统,在发生失水事故或导致安全壳内温度、压力升高的主蒸汽管道破裂事故时从安全壳顶部空间喷洒冷却水,为安全壳气空间降温降压,限制事故后安全壳内的峰值压力,以保证安全壳的完整性,在必要时向喷淋水中加入 NaOH,以去除安全壳大气中悬浮的碘和碘蒸气。

安全壳内还设有放射性去除系统和消氢系统等,消氢系统用以使安全壳内的氢与氧重新复合成水来降低安全壳空间内氢的浓度,防止氢气发生爆炸。这些氢可能来自反应堆事故期间的锆水反应、化学腐蚀和水的辐照分解等。

在系统程序中,一般都考虑了以上专设安全系统的动作所带来的热工水力学参数的变化,因此可以很好地模拟系统的响应和变化,确认反应堆系统的安全。

6.4.4　电厂运行极限参数

在以上所述的各种电厂工况和保护系统的讨论中。都提到了电厂运行参数的极限值。超过该值,反应堆保护系统必须动作实现停堆。电厂运行参数的这些极限值通常根据某些工况的特定组合是否会使燃料损坏的考虑来确定。由于不同频率的故障或事故的安全准则不同，电厂极限参数通常按两个级别来制订。

1) 在正常运行、运行瞬态和异常工况下防止燃料元件破损的极限参数

这类极限参数往往是从经济和安全两个方面考虑来确定的，包括下述内容。

①燃料芯块的中心温度必须低于 UO_2 的熔点并且留有一定的裕量。这主要是为了防止燃料产生过度的肿胀、芯块变形、裂变气体过量释放和迁移，以及熔融燃料与包壳相接触而损坏等。

②燃料元件表面的临界热流密度与运行工况下局部峰值热流密度的最小比值 R_{min} 等于或大于某个给定的数值。在用 W-3 公式计算临界热流密度时，该值取 1.3。这一条限制主要是为了防止发生激烈的锆水反应和包壳材料强度降低。

③燃料芯块-包壳交界面处温度应低于它们之间产生有害反应的阈值温度（约 675 ℃）。

④包壳材料的最大允许应变要低于预计燃料包壳发生破损时的应变值。经验表明，考虑包壳材料的辐照脆化和氢化物沉积造成的脆化，包壳的应变不能超过 1%。

⑤包壳内部的气体压力要始终低于一回路的名义压力，以防止间隙热阻增大和出现 DNB（偏离核态沸腾）使包壳发生鼓胀。

⑥燃料包壳应力应低于它的屈服压力。在功率瞬变的过程中，其应力必须低于产生应力腐蚀的水平。

UO_2 燃料棒的最大燃耗主要是由应变范围、氧化和腐蚀极限所决定的。应变范围是各种蠕变之和，包括在初期由外压引起的向内蠕变和在后期由裂变气体压力和 UO_2 肿胀引起的向外蠕变。使用含有一定空隙的 UO_2 芯块可以减少肿胀，提高燃耗，但是燃料密度太低可能导致燃料尺寸不稳定。包壳内部充氦可以大大减小初期的向内蠕变。

为了论证燃料棒的设计是否合理，需要估计在预期的高功率瞬态下，棒在全部寿期内的行为，并需要对预期的最大线功率密度变化率进行考查，以证明包壳应力的最大值不超过允许值。

2) 对稀有事故或极限事故规定的极限参数

为了限制事故下燃料元件的损坏率，要求在专设安全系统的参与下满足以下要求：

①计算得到的燃料元件包壳最高温度不超过 1 200 ℃。

②燃料包壳的氧化层厚度不超过包壳总厚度的 17%。

③与水和水蒸气发生反应的锆的质量不超过堆芯全部锆包壳质量的 1%。

④在事故过程和随后的恢复期里，堆芯必须保持可冷却的几何形状。

⑤在应急冷却系统启动之后，应能降低堆芯的温度，并能维持对堆芯的长期冷却，去除堆芯的衰变热。

前两条准则的目的是保证锆包壳有足够的完整性，以使 UO_2 燃料芯块保持不动，在高温下严重的氧化能使包壳脆化，造成破裂。通过限制最高温度和最大氧化程度，就可以保证包壳有足够的韧性以避免脆性破坏。第三条准则是为了保证所产生的氢气量不会达到爆炸的程度。

为了判断所设计的堆芯是否满足上述准则，需要对稳态和各瞬态工况进行分析计算，其中

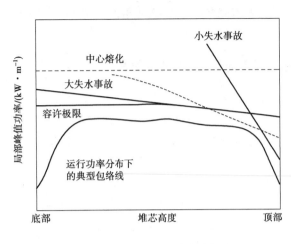

图 6-16 典型的线功率密度极限

包括反应堆热力系统分析、堆芯子通道分析、堆芯中子动力学分析、燃料特性分析等。瞬态分析的结果可能要求对最初的设计进行修正。最终确定的堆芯设计是稳态和各种瞬态工况下各种限制条件综合的结果。

各种限制条件最终都可以归纳为对燃料元件线功率密度的限制。几种典型的限制反映在图 6-16 上。由图可以看出，导致中心熔化的线功率密度远高于其他工况对线功率密度所形成的限制，所以中心熔化实际上已不构成对线功率密度的限制。大破口失水事故对线功率密度的限制是由堆芯再淹没期间燃料包壳所达到的最高温度构成的。由于压水堆再淹没是从堆芯底部开始的，堆芯上部的包壳表面在被淹没之前温度会继续上升，所以越靠近堆芯顶部对线功率密度的限制越严格。小破口失水事故对线功率密度形成限制的背景是堆芯裸露部分传热恶化，裸露从顶部开始。所以最严格的限制在堆芯顶部。

6.5 负荷丧失瞬态

电厂负荷丧失时，二回路蒸汽流量突然下降或全部丧失。致使蒸汽发生器从一回路带走热量的能力下降或消失。假设这种事件的发生并未引起反应堆停堆，则开始时堆芯内产生的热量保持不变，因此产生的热量超过了带走的热量。这会导致冷却剂温度升高、体积膨胀，使冷却剂从一回路进入稳压器，引起稳压器内的水位上升和压力升高。温度提高了的冷却剂沿回路流动，当它到达堆芯时，慢化剂温度反应性反馈对堆芯产生影响。在堆芯寿期初，慢化剂中含有较多的硼，因而慢化剂反应性温度系数接近零，反应性反馈对堆芯功率的影响不明显。而在堆芯寿期末，慢化剂有较大的负温度系数，温度的升高会使堆功率迅速下降，可以使运行参数恢复到正常水平。

负荷丧失瞬态通常属于第二类工况，对这类事件的分析应该论证：

①瞬态过程中一回路系数和主蒸汽系统的压力始终保持在设计值的 110% 以下，并据此来确定稳压器中二回路蒸汽管道上的排放阀(卸压阀)和安全阀的容量。

②燃料元件不发生破损或破损量受到限制，即最小 DNBR 大于设定值。

在瞬态过程中，当系统的某一参数达到停堆保护系统的定值时，反应堆紧急停堆，使堆功率降到衰变热的水平。在汽轮机负荷部分或全部丧失时，二回路的旁路排放系统打开，蒸汽直接排入冷凝器，或通过排放阀将蒸汽排入大气，以此来维持一回路热量导出的能力。稳压器上的卸压阀和安全阀在一回路压力达到定值时打开，可以防止一回路过分超压，通过上述措施，可以使事故得到缓解。

对负荷丧失瞬态过程的分析主要是要计算冷却剂平均温度、反应堆功率、稳压器压力和液位,并根据这些参数审查堆芯最小 DNBR 的大小,以此判断这一瞬态过程的安全性。

假设堆芯进口和出口冷却剂的温度分别为 $T_{f,in}$ 和 $T_{f,ex}$,蒸汽发生器一次侧冷却剂进口和出口的温度分别为 $T_{s,in}$ 和 $T_{s,ex}$。事故发生后,有

$$T_{f,ex} - T_{f,in} > T_{s,in} - T_{s,ex}$$

一回路系统冷却剂平均温度 T_f 升高的速度可由下式求出:

$$Mc_p \frac{d\overline{T}_f}{d\tau} = W\Delta h_f - W\Delta h_s$$

式中　M——一回路冷却剂的总储量;

　　　W——冷却剂流量;

　　　$\Delta h_f, \Delta h_s$——分别为冷却剂流过堆芯和蒸汽发生器时比焓的变化量,它们的大小分别取
　　　　　　　　决于堆芯功率和蒸汽发生器一、二次侧之间的传热。

冷却剂平均温度变化引起的系统压力变化由稳压器调节,进行瞬态分析时需要有一个精确的稳压器模型,在分析程序的建模中,较好的稳压器模型至少要有 3 个控制体,其中一个代表汽空间控制体,一个代表液面以下的饱和水控制体,一个代表欠热水控制体。后者位于稳压器液体空间的下半部,该控制体内水的欠热度是一回路冷却剂通过波动管进入稳压器所造成的。对每个控制体建立质量守恒和能量守恒方程。液滴与蒸汽之间的传热热阻可以忽略,关键是要建立好 3 个控制体之间的传热、传质关系。

图 6-17 给出了在堆芯寿期末,由于汽轮机刹车而引起的运行参数变化的计算结果。计算中假设汽轮机刹车没有直接引起反应堆紧急停堆,而且不考虑二回路旁路排放系统的作用。参数的变化过程可做如下解释:负荷丧失事故开始后,堆芯功率与二回路导出的热量严重失

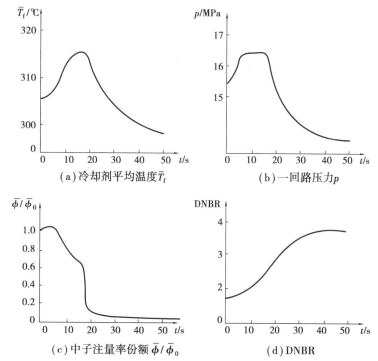

图 6-17　汽轮机刹车电厂瞬态分析结果(寿期末,有稳压器压力控制)

配,引起一回路冷却剂温度、稳压器压力和稳压器水位上升。由于管道中有一部分冷却剂装量,所以冷却剂平均温度$\overline{T}_f$的升高具有一定的滞后。稳压器压力的上升受制于压力控制。由于是在寿期末,慢化剂负温度系数较大,冷却剂(即慢化剂)温度的升高引入了相当大的负反应性,使堆芯功率下降。由于负反应性和卸压阀的作用,使冷却剂平均温度$\overline{T}_f$的变化逐渐趋于平缓,表明热量的产生与排出已趋于平衡。延续下去,蒸汽发生器水位达到"低—低水位"定值点,触发反应堆紧急停堆。停堆之后,堆功率、平均温度和系统压力都迅速下降。开始时的压力上升和随后的功率降低,使 DNBR 在整个瞬态过程中一直保持上升趋势。

6.6　失流事故

6.6.1　事故工况

压水堆通常是靠冷却剂强迫循环来冷却的。反应堆的冷却剂环路有 2 条、3 条或 4 条,不同的反应堆设置的数目不等。当反应堆带功率运行时,如果主循环泵因动力电源故障或机械故障而被迫突然停止运行,致使冷却剂流量迅速减少时,就发生了失流事故。停泵的数量可能是全部,例如在断电时;也可能是一部分,例如在发生泵转子卡死或主轴断裂等机械故障时。

失流事故过程的特征是由冷却剂流量下降和堆芯功率下降两方面因素决定的。事故发生后,冷却剂流量下降将使冷却剂的温度和压力升高,燃料包壳温度因传热系数减小而升高。系统参数的变化会触发停堆保护系统。由于保护系统存在信号响应延迟时间,控制棒下插也需要时间,所以反应堆实现有效停堆要比冷却剂流量开始下降滞后,滞后时间为 2.4 s 左右。在停堆初期,反应堆还可以发出可观的剩余功率,燃料元件本身还贮存着许多显热。在堆芯功率降低之后,这部分热能要释放出来,所以在停堆以后,燃料元件表面的热流密度下降是比较缓慢的(图 6-18)。这时如果事故发生后流量下降过快,就会使包壳温度上升,甚至出现偏离核态沸腾(DNB)工况。二氧化铀的导热性能较差,满功率运行时燃料中心温度很高。当停堆后包壳表面传热恶化时,燃料内的贮热分布发生变化,结果是中心温度虽然降低,但外缘温度却明显升高(图 6-19)。

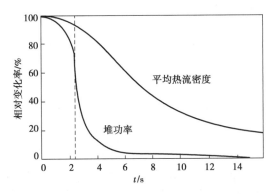

图 6-18　主泵断电后堆芯功率、燃料元件平均热流密度随时间的相对变化

(虚线表示有效紧急停堆时刻)

反应堆设计主要从两个方面保证发生失流事故时的安全。一是尽快紧急停堆,即缩短停

堆保护信号延迟时间和控制棒下落时间。二
是设法减缓事故后临界热流密度的下降速
度。通常在冷却剂主循环泵转子上设置一个
质量很大的飞轮，它可以在泵断电以后依靠
其转动惯量惰转一段时间，延缓冷却剂流量
的衰减。惰转停止后，堆芯的热量靠自然循
环导出。为了减小设备的质量和体积，船用
动力堆一般不设惰转飞轮，由于船舱高度的
限制，回路自然循环的能力也很低。在这种
情况下，常用由备用电源供电的应急冷却剂
水泵提供冷却剂流量。

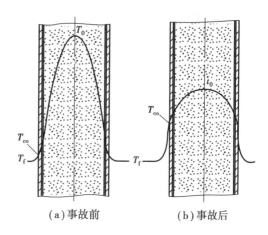

图6-19　元件内贮热再分配造成的轴向温度分布变化

　　分析表明，失流事故瞬态最危险的工况，
即 DNBR 的最小值，是在停泵开始后的数秒内发生。通过瞬态分析，主要是要确定允许的有
效停堆滞后时间和泵飞轮的转动惯量，以确保DNBR始终保持在设计的允许限值以上。瞬态
分析通常分成两步，第一步是求出停泵后回路内冷却剂流量温度、压力的变化；第二步是对堆
芯进行子通道分析，求出堆芯内 R_{min} 随时间的变化。

　　气冷堆的失流事故工况与其他堆型的有些不同。大多数高温气冷堆的冷却剂循环风机靠
汽轮机带动，动力电源中断不会使风机停转。停堆以后，衰变热产生的蒸汽仍然可以保证汽轮
机的运转。为了安全，仍然要保守地假设风机可能失去动力，因而在风机转子上仍然设有转动
惯量很大的飞轮。气冷堆的石墨装量很大，它有很大的热容量可以吸收衰变热。据估计，直到
石墨被堆芯衰变热加热大约 2 h，燃料元件也不会被烧毁。在这样长的时间内，一般是来得及
采取一定措施来恢复一定的冷却剂流量的。在堆芯周围的预应力混凝土压力容器中还设有蛇
形冷却水管带出衰变热，所以堆芯温度不会过高。上述分析表明，与其他类型的反应堆相比，
气冷堆的失流事故要安全得多。气冷堆冷却剂没有自然循环能力，只能用备用动力源（电或
蒸汽）驱动应急备用风机来进行停堆冷却。

6.6.2　流量瞬变

　　在失流事故开始后，DNBR 值达到最小值所经历的时间很短，仅 3 ~ 5 s，在这么短的时间
内，不会引起反应堆冷却剂入口焓的改变，因此计算堆芯流量变化可以不用复杂的系统分析程
序，只需用能描述环路阻力特性和泵特性的较简单的方程组即可解出。特别是对于全部主泵
失电事故，用这种简单算法可以得到相当准确的惯性流量变化。

　　由于反应堆各回路特性基本相同，在分析主泵全部失电事故时，可以把几条环路合并成一
条等效的环路，该等效环路的流量和流通截面积等于几条环路之和，而阻力系数仍取合并前的
数值。对于闭合的冷却剂环路，如果把它按流通截面分成几段，则整个环路的动量方程可以
写为

$$\sum_{i=1}^{m} \left(\frac{L}{A} \right)_i \frac{\mathrm{d} W}{\mathrm{d} \tau} + \sum_{i=1}^{m} \left(\frac{C}{2A^2\rho} \right)_i W^2 = \rho g h_p \tag{6-91}$$

式中　L,A——分别为第 i 段流道的长度和截面积；

　　　　W——循环流量；

C——考虑了摩阻和形阻的综合阻力损失系数，$C = fL/D_e + K_c$，f 为摩擦系数，K_c 为形阻系数；

h_p——主泵扬程。

式(6-91)中隐含了两个假设：①阻力与流量平方成正比，即 f 和 K_c 均为常数。②环路内各处密度相等，提升压降之和为零。

在稳态运行时，$\mathrm{d}W/\mathrm{d}\tau = 0$，因此

$$\sum_{i=1}^{m} \left(\frac{C}{2A^2\rho} \right)_i W_0^2 = \rho g h_{p,0} \tag{6-92}$$

式中　$W_0, h_{p,0}$——分别为稳态运行的流量和扬程。将式(6-92)代入式(6-91)可得：

$$\sum_{i=1}^{m} \left(\frac{L}{A} \right)_i \frac{\mathrm{d}W}{\mathrm{d}\tau} + \frac{\rho g h_{p,0}}{W_0^2} W^2 = \rho g h_p \tag{6-93}$$

为求解上述方程，必须知道水泵扬程随时间变化的规律。下面分两种情况讨论。

①假设泵转子的转动惯量很小。作为保守的估计，可以认为水泵一旦失去电源，其扬程立即变为零。若令

$$K = \frac{\rho g h_{p,0}}{W_0^2 \sum\limits_{i=1}^{m} \left(\dfrac{L}{A} \right)_i} \tag{6-94}$$

则方程(6-93)简化成

$$\frac{\mathrm{d}W}{\mathrm{d}\tau} + KW^2 = 0 \tag{6-95}$$

初始条件为 $\tau = 0$ 时，$W = W_0$。方程的解为

$$\frac{W}{W_0} = \frac{1}{1 + KW_0\tau} \tag{6-96}$$

由此可得出环路流量减半所需时间为

$$\tau_{\frac{1}{2}} = \frac{1}{KW_0} = \frac{W_0^2 \sum\limits_{i=1}^{m} \left(\dfrac{L}{A} \right)_i}{W_0 \rho g h_{p,0}} = \frac{2E_s}{g W_0 h_{p,0}} \tag{6-97}$$

式中　E_s——环路冷却剂的初始(稳态运行)动能。

$$E_s = \frac{W_0^2}{2\rho} \sum_{i=1}^{m} \left(\frac{L}{A} \right)_i \tag{6-98}$$

这样，式(9-96)可以进一步简化成

$$\frac{W}{W_0} = \frac{1}{1 + T} \tag{6-99}$$

式中　T——无量纲时间，$T = \tau / \tau_{1/2}$。

对一般的压水堆电站，$\tau_{1/2}$ 等于 0.5 s 左右，因而如果泵转子的转动惯量很小，则流量衰减很快，不能抵御失流事故中燃料元件烧毁的危险。

②假设泵转速和流量以同一相对速率下降，并假设断电后惯性转动中泵的效率不变，仍等于稳态运行时的效率 η_0。泵的有效功率 N_p 与扬程 h_p 之间存在下列关系：

$$N_p = Wg h_p \tag{6-100}$$

在无动力电源的情况下,泵的有效功率是由转子动能的减少提供的,这一关系可以用方程(6-101)来表示:

$$N_p = -\eta_0 \frac{\mathrm{d}\left(\frac{1}{2}I\omega^2\right)}{\mathrm{d}\tau} = -I\omega\eta_0 \frac{\mathrm{d}\omega}{\mathrm{d}\tau} \tag{6-101}$$

式中　I, ω——分别表示泵转子的转动惯量和角速度。

将式(6-100)代入式(6-93),并利用假设 $\frac{W}{W_0} = \frac{\omega}{\omega_0}$,可将动量方程变换成下列形式:

$$\left[\frac{W_0^2}{\rho}\sum_{i=1}^{m}\left(\frac{L}{A}\right)_i + I\omega_0^2\eta_0\right]\frac{\mathrm{d}W}{\tau} + gh_{p,0}W^2 = 0 \tag{6-102}$$

注意到式(6-102)中方括号内的第一项为环路中流体初始动能 E_s 的两倍[参见式(6-98)],第二项反映泵转子动能的作用。令 E_p 代表泵转子的初始动能。

$$E_p = \frac{1}{2}I\omega_0^2 \tag{6-103}$$

方程(6-102)的解为

$$\frac{W}{W_0} = \frac{1}{1 + \dfrac{W_0 gh_{p,0}\tau}{2(E_s + \eta E_p)}} \tag{6-104}$$

根据这一结果,环路流量减半所需的时间为

$$\tau_{\frac{1}{2}} = \frac{2(E_s + \eta E_p)}{W_0 gh_{p,0}} \tag{6-105}$$

与式(6-107)给出的结果相比,增加了泵转子惯性的作用项。为了更清楚地说明泵转子的作用,令 $\varepsilon = \dfrac{E_s}{\eta_0 E_p}$,$\varepsilon$ 表示流体初始动能与有效初始转子动能的相对大小。如果仍然延用上一种方法中由式(6-97)定义的 $\tau_{1/2}$ 为基准,以 $T = \tau/\tau_{1/2}$ 表示量纲为 1 的时间,则表示流量相对变化的关系式(6-104)变成

$$\frac{W}{W_0} = \frac{1}{1 + \dfrac{\varepsilon T}{1 + \varepsilon}} \tag{6-106}$$

在 ε 很小的情况下,式(6-106)可简化为

$$\frac{W}{W_0} = \frac{1}{1 + \varepsilon T} \tag{6-107}$$

在刚停泵的数秒内,式(6-106)或式(6-107)可以相当准确地估算环路内的惯性流量。由式(6-106)得出的流量衰减曲线如图6-20所示。由该图可以看出,ε 数值越小,即泵转子的初始动能越大,则流量衰减越慢。对于压水堆电厂,ε 的数值大约为 0.04,流量减到一半的时间约为 25 s,因而可以大大缓解事故后燃料元件烧毁的危险。

上面介绍的模型假设在整个环路中流体的密度都相等,这在泵的惯性转动驱动压头还相当大时带来的误差不大。但在泵转子所储存的动能快要耗尽,接近停转时,环路内各处实际存在的冷却剂密度差所造成的自然循环驱动压头作用就会显示出来。水泵转子惯性转动结束后,它本身就变成了一个阻力件,对流动产生阻力。这时,环路动量方程具有下列形式:

$$\sum_{i=1}^{m} \left(\frac{L}{A}\right)_i \frac{\mathrm{d}W}{\mathrm{d}\tau} + \sum_{i=1}^{m} \left(\frac{C}{2A^2\rho}\right)_i W^2 = -\sum_{i=1}^{m} \int_{L_i} \rho g \mathrm{d}z \tag{6-108}$$

从图6-21看出,按照冷却剂密度变化的情况,循环回路可以分成4段。这样,式(6-108)等号右边可以写为

$$
\begin{aligned}
-\sum_{i=1}^{m} \int_{L_i} \rho g \mathrm{d}z = -\int_0^{L_R} \rho(z) g \mathrm{d}z \\
-\int_0^{L_{SG}} \rho(L) g \left(\frac{\mathrm{d}z}{\mathrm{d}L}\right) \mathrm{d}L + (\rho_{LC} L_{LC} - \rho_{LH} L_{LH}) g
\end{aligned}
\tag{6-109}
$$

式中　　L_R——堆芯高度;

L_{LC}——循环回路冷段流道高度;

L_{LH}——循环回路热段流道高度;

L_{SC}——蒸汽发生器内冷却剂流程长度。

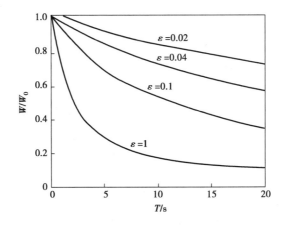

图 6-20　流量衰减的计算曲线

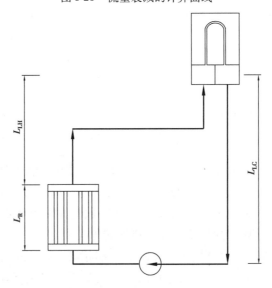

图 6-21　反应堆一回路简化流程

由式(6-109)可以看出,加大蒸汽发生器和堆芯的高度差可以增大自然循环驱动压头,但这

要受安全壳空间高度的限制。实际上蒸汽发生器的传热管很长,冷却剂在其上升管段和下降管段中的密度差对驱动压头的贡献很大。值得注意的是,在自然循环阶段,如果蒸汽发生器的二次侧冷却能力过强,则蒸汽发生器的驱动压头反而会减小。为了保持一回路的自然循环能力和降低设备的热应力,电厂运行规程对于该阶段二回路的冷却能力,即一回路冷却剂的降温速率是有限制的。关于一回路系统自然循环能力的具体计算方法,请参见本书4.5节的讨论。

用以上方法得到的冷却剂流量随时间的变化,是分析堆芯燃料元件和冷却剂工况的依据。

6.7　压水堆冷却剂丧失事故

6.7.1　事故分类

一回路压力边界的任何地方发生破裂,或安全阀及卸压阀卡开等都会造成冷却剂流失,这种事故统称为冷却剂丧失事故。对于水冷反应堆,也称失水事故(LOCA)。在讨论这种事故时,通常都把反应堆压力容器的破裂排除在外,因为压力容器有非常保守的设计、严格的制造工艺和在役检查,所以它的破裂几乎是不可能的。

冷却剂丧失事故使系统卸压。冷却剂的流失和系统卸压的速率以及随后反应堆系统对卸压事故的响应、应急堆芯冷却系统所起的作用等都受破口尺寸的强烈影响。因此通常按破口的尺寸将冷却剂丧失事故分成大破口、中破口和小破口事故。然而不同压水堆电厂管道的尺寸和分布的范围都是不同的,所以很难规定出一个区分大、中、小破口的严格界限。图6-22表示某具体压水堆电厂一回路管道尺寸的分布和破口尺寸的划分。通常把相当于冷却剂主管道截面积的1/10的破口面积作为大破口的分界,把相当于主管道截面积的1/50的破口面积作为中破口和小破口的分界。

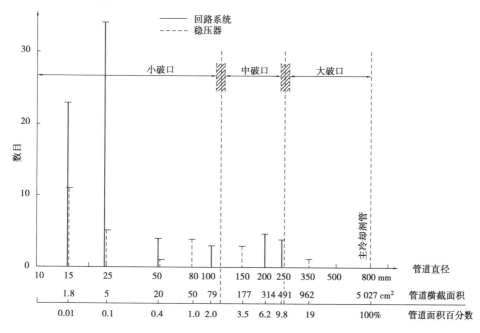

图6-22　压水堆的连续管道直径(截面积)的尺寸(%)范围

单纯按尺寸来划分冷却剂丧失事故并不是最科学的。其实,对事故进行分类最主要的依据应该是主导冷却剂丧失事故瞬态过程的重要物理现象或事件的特征。例如,与大破口和中破口相比,小破口失水事故的特征之一是:需要利用压水堆的主排热系统(即蒸汽发生器二次侧)把一回路多余的热量排走,以便使一回路系统尽快降压,减少泄漏流量,加大安注流量,另外,不同尺寸破口事故中,堆芯内汽水混合物液位的性状、系统内的流动特性,以及蒸汽发生器内一次侧和二次侧之间热传递方向随时间的变化等物理现象均不相同。表6-5给出了压水堆小破口与大破口失水事故特征的比较。

表6-5 压水堆小破口与大破口失水事故特征的比较

	小破口失水事故	大破口失水事故
选择的破口尺寸/cm^2	19	$2 \times 3\ 700$
有效热源	衰变热(蓄热仅在早期阶段期作用)	蓄热和衰变热
有效热阱	破口流量,通过蒸汽发生器向二次侧传热,以及堆芯应急冷却水	破口流量和堆芯应急冷却水
在蒸汽发生器中的传热	$p_{一次} > p_{二次}$ 辅助给水作用显著	$p_{二次} > p_{一次}$ 辅助给水作用不显著
一次侧压力	因泄放缓慢而保持高压	因喷放而快速失压
一次侧流动传热特性	1. 分层流动 2. 在高处不凝结气的分离 3. 重力控制 4. 因急剧汽化和泄放可能使堆芯裸露 5. 稳压器影响显著	1. 泡状或滴状流 2. 喷放时为均匀流 3. 动量控制 4. 堆芯很快排空和再淹没 5. 稳压器影响小
堆芯应急冷却系统	1. 上充泵和高压安全注入 2. 有效性取决于安注开始的压力 3. 在冷段破裂失水事故中,堆芯可能部分裸露	1. 安全注水箱有效 2. 有效性取决于注水位置和初始压力 3. 在冷段破裂失水事故中,可能有蒸汽阻流和堆芯应急冷却水旁流,旁流减慢再淹没速度
电厂恢复	1. 辅助给水和充水以及蒸汽发生器的自然循环 2. 在蒸汽不能排放的情况下,手动操作所有卸压阀,以降低高压安注水、安注箱、低压安注水和停堆冷却系统的压力	1. 安全注水箱和再淹没 2. 连续低压安全注水或停堆冷却

6.7.2　小破口失水事故后的工况

1）不同尺寸下的小破口事故的特征

（1）尺寸较大的小破口

图 6-23 给出了在各种不同尺寸的小破口下一回路系统的降压过程,其中破口面积为 50 cm² 的情况属于小破口尺寸较大的情况。事故发生后,系统压力瞬间降到饱和压力,随后系统内出现闪蒸、压力降低速度有所减缓。由于一回路有一部分热量要靠蒸汽发生器传出,在一段时间内一回路的冷却剂温度不能降到蒸汽发生器二次侧温度以下（B 点）。但由于破口较大,热量大部分从破口排出,对蒸汽发生器排热的依赖性并不强,所以随着衰变热的减少和连续的泄漏,系统压力很快又降下来。直至降到安注水箱的定值压力,大量的水注入堆芯,使压力容器内的水位得以回升,压力下降的趋势也减缓。

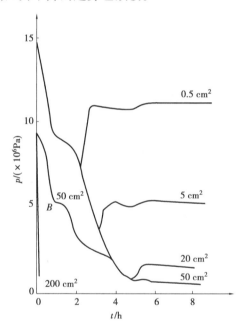

图 6-23　小破口失水事故中一回路压力变化

由于破口较大,这种冷却剂丧失事故有可能使冷却剂液面降到堆芯顶部以下。但是由于系统降压快,安注水箱投入得早,因而在燃料包壳温度明显上升之前,堆芯就会重新被冷却剂淹没。此外,由于系统降压快,堆芯内冷却剂闪蒸产生的大量气泡会使堆芯液位"膨胀",这种现象有助于推迟堆芯裸露,或减轻裸露程度。只要保证堆芯被水淹没,堆芯就不会出现 DNB 现象。

（2）中等尺寸的小破口

对于中等尺寸的小破口,从破口排出的冷却剂不足以带出堆芯同期产生的衰变热功率,因而有较多的热量要通过蒸汽发生器排出。根据一、二次侧传热的要求,一次侧冷却剂的压力要保持在高于二次侧水温度的饱和压力的水平。持续的时间一直要到堆芯的衰变热水平降低到等于蒸汽从破口排放时带走的能量。随后一回路系统压力降低,安注流量加大,压力容器内的水位得以恢复。

对于这种尺寸的破口,高压安注对一回路冷却剂的补充起重要作用,蒸汽发生器对一回路热量的输出也起重要作用。值得注意的是,在这种破口出现时,一回路长时间保持在相当高的压力之下,冷却剂流失严重,堆芯可能露出水面。更为不利的是堆芯补水只靠高压安注,流量较小,不能补偿泄漏流量,因而堆芯可能长时间处于裸露状态之中。

(3) 小尺寸的小破口

在这种情况下,冷却剂泄漏量较小,高压安注流量即可补偿,因而堆芯不会裸露。系统压力降低不多。当系统重新被高压安注水充满时,压力会突然升高。

表 6-6 给出了各种尺寸小破口失水事故的特征对比。可以看出,中等尺寸小破口中堆芯裸露的时间最长,后果最危险。在这种情况下,利用各种方法来尽快降低一回路的压力是非常重要的。因为降低回路压力可以减少冷却剂的排放率,增大高压安注所注入的流量,而更重要的是可以使系统压力降到安注水箱或低压安注系统可投入运行的压力。这些专用安全设施若投入运行可以很快使堆芯恢复淹没。只要保证堆芯淹没,堆芯就不会出现 DNB 现象。

表 6-6　各种尺寸小破口事故特征对比

小破口类型	较大	中等	较小
破口面积/cm²	90 ~ 450	20 ~ 90	< 20
一回路压力变化	降低较快,直到安注箱动作	降低缓慢	降低之后回升
堆芯裸露	时间短	时间长	无
自然循环	中途中断	中途中断	单相、不中断
安注箱	动作,淹没堆芯	不动作	不动作
主泵停泵影响	影响小	可减少冷却剂损失	影响小
高压安注作用	小	大	大
蒸汽发生器作用	小	很大(有辅助给水泵)	大(有辅助给水泵)

2) 破口位置的影响

破口位置会影响从系统中泄漏出去的冷却剂总量,也会影响到注入的应急冷却剂能够到达堆芯的量。例如,由于标高不同,位于反应堆冷段主管道系统底部的破口会比位于系统顶部的破口流失更多的冷却剂。此外,由于标高较低的破口卸压速率比顶部破口慢,从而会使冷却剂排出量增多。冷段管道底部的破口还会使一部分应急冷却水流失。

令人关注的另一个破口位置是稳压器顶部引出的各种接管。例如,卸压阀的阀芯在打开的位置上被卡住就是一种小破口事故。在这种事故的喷放过程中,稳压器波动管中的汽水阻流现象(CCFL)对事故特征起重要作用。压力容器内降压闪蒸产生的蒸汽在经波动管流入稳压器时,会妨碍水从稳压器返回管道,结果稳压器会形成虚浮水位。这就是说,稳压器内的水位不再反映回路中冷却剂储量的多少。如果反应堆操纵员这时仅根据控制室中稳压器液位指示来判断回路中冷却剂的储量,就会造成误判或误操作。为了正确判断在压力容器内水位下降的情况,已提出要在压力容器内堆芯上部设置水位监测器。另外,由于在事故过程中稳压器内积存了一部分水,堆芯的裸露时间会提前。

3）自然循环的作用和工况

在反应堆冷却剂循环泵停转以后，自然循环是把堆芯衰变热输送到蒸汽发生器去的唯一输热机制。所以自然循环在事故过程中起重要作用。

如 4.5 节中所讨论的那样，自然循环的驱动压头是回路上行段（上升段）和下行段（下降段）中冷却剂的密度差造成的，并与堆芯和蒸汽发生器的相对标高成正比。冷却剂主泵惰转停止以后，自然循环开始为单相流。随着系统降压，回路中冷却剂温度最高部分（堆芯出口和热段管道）开始出现闪蒸。闪蒸产生的气泡在进入蒸汽发生器传热管后很快就会被凝结。气泡的存在可增大回路上行段和下行段冷却剂的密度差，因而可使循环流量增大。但不久之后，当一回路压力降到接近二回路压力时，蒸汽发生器倒 U 形管顶部的水也接近了闪蒸点，致使进入倒 U 形管的蒸气泡得不到凝结而滞留在顶部形成汽腔，使自然循环中断。这种汽水分层效应是小破口事故中最受关注的现象之一。

在自然循环中断之后，堆芯中产生的蒸汽通过热段管道流到蒸汽发生器，并在上升段中冷凝，凝结后的水又沿原来的路径返回堆芯。这种传热模式称为回流冷凝。蒸汽和冷凝水在热段主管道中流动方向相反，有可能形成阻流现象。在蒸汽发生器传热管上升段中，由于管径较细，会有一部分管子间歇地被堵塞。

不凝性气体的存在会降低冷凝传热系数，妨碍蒸汽发生器的传热。还会在倒 U 形管顶部高点形成不凝性气腔，妨碍自然循环的恢复。不凝性气体的来源主要是锆—水反应生成的氢气、燃料元件内充压用的氦气、裂变气体、安全注射带入的氮气和空气等。应该估算这些气体的量和它们造成的影响。实验和分析表明，只要不凝性气体不是异常地多，而且蒸汽发生器二次侧热阱有大约 15% 是可用的，那么在回流冷凝的模式下，也可以使反应堆堆芯得到适当的冷却。

6.7.3　大破口事故后的工况

大破口失水事故是一种极限事故。在安全分析中，设想最严重的情况是一根冷却剂主管道发生脆性断裂，管道在一瞬间完全断开并错位。这时冷却剂从断开的两个端口，即从相当于两倍主管道截面的开口同时向外喷放。这种断裂称为"双端断裂"。这种失水事故会造成多种危害，如下所述。

①在管道断开的一瞬间，冷却剂在破口处突然失压，会在一回路内形成一个很强的冲击波。这种冲击波在系统内传播，可能会使堆芯结构遭到破坏。此外，冷却剂的猛烈喷放，其反作用力会造成管道甩击，破坏安全壳内的设施或相邻的回路管道。

②冷却剂持续流失有会使堆芯裸露，传热能力大为下降，使燃料元件受到破坏。如果堆芯大量元件发生熔化，熔融的燃料同残存在压力容器底部的水接触，发生剧烈的放热化学反应。燃料还可能把压力容器熔穿，进入地基里去。

③高温高压的冷却剂喷入安全壳，使安全壳内的气体压力、温度升高，危及安全壳的完整性。

④燃料元件的锆包壳在高温时会与水蒸气发生剧烈的化学反应：

$$Zr + 2H_2O \Longrightarrow ZrO_2 + 2H_2 + 6.51 [MJ/kg(Zr)]$$

反应产生的氢积存在安全壳中,在一定条件下会发生爆炸。锆水反应还会使包壳脆化,导致包壳破裂。锆水反应产生的热量还会使堆芯过热。

⑤反应堆冷却剂中的放射性物质进入安全壳后,通过安全壳泄漏,会污染环境。

对于应急冷却系统起作用的情况,大破口冷却剂丧失事故中发生的事件序列可分为4个连续阶段,即喷放、再灌水、再淹没和长期冷却。这个时间序列所包含的相应热工水力现象可借助图6-24来加以说明。图中给出了冷段主管道破裂(实线)和热段主管道破裂(虚线)两种情况的计算结果。

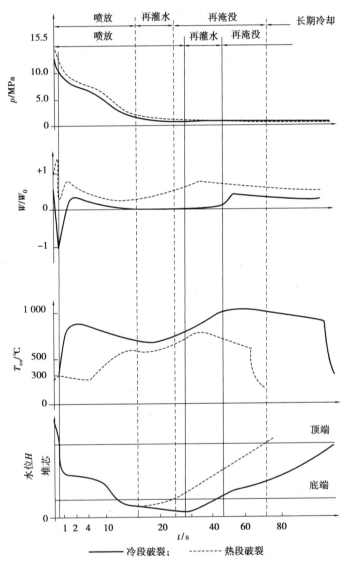

图 6-24　压水堆大破口事故的冷却剂特性

1）喷放阶段

（1）堆功率变化

由于大破口事故中系统压力降低极快，大约在0.1 s内即可降至冷却剂的饱和压力，从而生成大量的蒸汽。空泡效应引入的负反应性使反应堆自行停堆，此后堆芯长期处于衰变热功率水平。

（2）卸压过程

破口出现之前，系统中的冷却剂是过冷的。在管道破裂时，破口处的压力在几十毫秒内突然降到饱和压力。该压力突降产生一个膨胀压力波。这种压力波在一回路系统和压力容器内传播，作用在堆芯吊篮等堆内构件上，产生很大的动态负荷。过冷卸压之后，系统内的冷却剂达到饱和态，以汽液两相临界流速通过破口向外喷放，通常把这种工况称为饱和喷放。饱和喷放卸压比较缓慢。

（3）堆芯流量

热段主管道破裂将会使堆芯冷却剂瞬时加速，而冷段主管道破裂则会使堆芯冷却剂瞬时减速，并使流向由向上流转为向下流动。在转向过程中会出现流动停滞，传热恶化。随后的喷放阶段堆芯冷却剂的流量由堆芯至两个喷放端口的流动阻力决定。热段管道破裂时堆芯冷却剂流量较大。而冷段破裂时堆芯冷却剂流量很小，这对堆芯的冷却是很不利的。

（4）包壳温度

由于冷段管道破裂时堆芯冷却剂会出现停滞，包壳表面会出现偏离核态沸腾（DNB）工况。这种工况在冷段破口出现后0.5~0.85 s时就会发生。DNB后包壳温度上升到一个峰值，有时把它称为第一包壳峰值温度（PCT）。该峰值温度主要是燃料储热再分配形成的。峰值的幅度主要由3个因素决定：

①燃料芯块和包壳之间的间隙热阻越大，则燃料芯块的温度越高，即储能越大。

②喷放开始瞬间流过堆芯的水带走的热量。

③随后堆芯内蒸汽带走的热量受到水滴夹带量的强烈影响。

根据保守的分析，冷段双端断裂事故的第一峰值温度接近900 ℃。

在第一包壳峰值温度之后，包壳温度的变化主要由能量的产生和传出之间的平衡以及传热工况所决定。开始时，衰变热的减小使包壳温度有所降低，但是到后来（约15 s），由于堆芯开始裸露，传热恶化，包壳温度又开始上升。锆—水反应会加剧温度的上升。

（5）堆芯应急冷却水的注入

在喷放开始10~15 s后，一回路系统压力会降到安注箱的氮气压力以下，箱内储存的含硼水开始从冷段管道向一回路注入。

然而在冷段管道破裂的情况下，开始时，注入的应急冷却水未必能到达堆芯。这是因为冷段破裂时，冷却剂从堆芯下腔室经堆芯周围的环形通道向上流动，然后从冷段管道破口排出。在注入开始时，这股喷放流量还相当大，它所形成的逆向流动限制现象（CCFL）会阻止注入的应急冷却水在环形通道中向下流动到达堆芯下腔室。结果，从完整的环路冷段管道注入的冷却水在环形通道中绕过堆芯之后又从破裂的冷段管道排出，这种现象称为安全注射的旁通现象。在系统压力进一步降低之后，冷却剂喷放流量减小，注入的应急冷却水才能够到达堆芯。

热段管道破裂时不存在上述问题。注入冷管段的应急冷却剂可以顺利地穿过环形通道到达堆芯下腔室。

通常认为,当一回路的压力与安全壳的压力达到平衡时(约0.3 MPa),喷放阶段结束。喷放阶段所经历的时间预计是10~20 s。

2)再灌水阶段

由于冷却剂大量喷放,压力容器内的水位可以降到堆芯底端以下。尽管在喷放阶段安全注射已经开始,但在进行安全分析时,一般都保守地假设,只有在喷放阶段结束后,注射的应急冷却水才能到达堆芯。从冷却剂注入堆芯下腔室开始,到水位恢复到堆芯底端为止的这段时间称为再灌水阶段。

从安注开始到再灌水阶段结束的这段时间里,堆芯基本上是裸露的。在充满蒸汽的堆芯中,燃料棒除了靠热辐射和不大的自然对流以外,没有别的冷却方式。堆芯在衰变热作用下几乎是绝热升温,温度上升的速率为8~12 ℃/s。如果燃料元件从800 ℃左右开始上升,那么在经过30~50 s之后,温度就将增加到1 100 ℃以上,此时锆合金和水蒸气的化学反应已相当剧烈,成为包壳表面上一个附加的热源。因此,再灌水阶段是整个冷却剂丧失事故过程中堆芯冷却最差的阶段。喷放结束时的下腔室水位和下腔室再灌水的终止时间是两个关键参量,它们决定了这个阶段内可能达到的最高燃料包壳温度。

3)再淹没阶段

再淹没阶段开始于压力容器内的水位达到堆芯底端并开始向上升的时刻。在这一阶段中会出现下列重要的物理现象。

(1)第二包壳峰值温度

再淹没是从堆芯底部开始的,在堆芯下部淹没时,堆芯上部燃料元件可能还在继续升温,所以堆芯包壳温度峰值的高低决定于堆芯上部燃料元件温度升高的趋势得到抑制的时间。在应急冷却剂进入堆芯时,遇到温度很高的包壳表面,沸腾过热十分剧烈。产生的蒸汽夹带着许多液滴,向上流出堆芯,并对其流经的元件表面提供预冷,其冷却的效果随着再淹没水位的上升越来越好,从而使堆芯上部燃料温度上升的趋势逐渐得到抑制。第二包壳峰值温度大约出现在事故出现后的60~80 s。峰值的幅度取决于燃料元件的气隙热阻。如果气隙热阻较小,则在第一包壳峰值温度出现时,即已经将大部分贮热传给包壳,形成较高的第一峰值温度,而第二峰值温度较低。反之,如果气隙热阻很大,则会形成较高的第二峰值温度。

(2)骤冷过程

在包壳温度很高时,水在接触壁面之前即已汽化,并形成强烈的液滴飞溅。这种过程可以对包壳起降温作用,只有温度降到一定程度时,液体才能浸润包壳表面,形成稳定的核态沸腾或单相水对流换热。由于浸润后传热系数大大增加,致使壁温突然降低,这就是骤冷过程。当整个堆芯都被骤冷,且水位最终达到顶端时,即认为再淹没阶段结束。结束的时间在事故瞬态开始后1~2 min。

(3)蒸汽的气塞作用

在再灌水和再淹没期间,从堆芯出来的蒸汽在流向破口时受到阻力,从而使上腔室形成一个背压。在气流经过蒸汽发生器时,由于二次侧的温度还相当高,会使蒸汽中夹带的液滴蒸发或过热流速增加,从而会使流动阻力进一步增加。上腔室存在的气压好像是一个气塞,抵消应急冷却水注入堆芯的驱动压头,降低再淹没的速度。

(4)锆水反应

由于在1 000 ℃以上时锆水反应变得相当剧烈,会使包壳严重氧化。包壳的氧化会导致包壳的脆化。在随后燃料包壳被骤冷时产生很大的热应力,会使脆化的包壳碎裂。燃料包壳的碎片和散落的燃料芯块可能会使流道堵塞。

4)长期冷却阶段

再淹没阶段结束之后,低压安注系统继续运行。当它的正常水源(换料水)中的水全部用尽时,低压安注系统水泵的进口转接到安全壳地坑,用地坑中汇集的水对堆芯进行长期冷却。地坑的水进入水泵之前要流经热交换器进行冷却,以排出它从堆芯带出的热量。

6.7.4 燃料元件的再淹没过程

1)燃料元件的再湿过程

在大破口失水事故中,从应急冷却水到达堆芯底部开始的燃料元件再淹没过程是一个相当复杂的过程。安全审评计算中通常都假设在大破口或中等破口失水事故喷放结束时,衰变热使包壳温度升得很高。应急冷却水进入堆芯时,并不能马上润湿包壳壁面。当水接近赤热的壁面时,急剧蒸发的气泡在壁面形成汽膜把冷却水与壁面分开。然而蒸汽和两相混合物对壁面会起到预冷作用。当温度降到一定数值时,壁面上开始建立湿斑,液体开始浸润壁面。随后湿斑范围迅速扩展,在整个壁面上建立起稳定的核态沸腾工况,壁温很快降下来。这种冷却水重新浸润壁面温度突然降低的过程称为再湿(骤冷)过程。随着润湿区下游壁面不断地被冷却,润湿前沿将不断向下游推进。

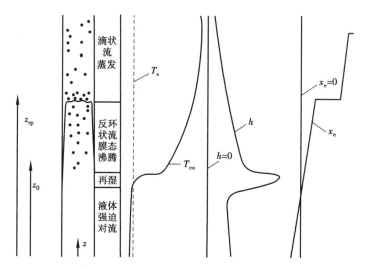

图6-25 快速再淹没的流动图像

依照应急冷却水注入流量的不同,再淹没过程可分成两种图像。图6-25表示注水速率比较高(大于 4 cm/s)时的情形。此时液位 z_{rp} 向上移动的速度大于再湿前沿 z_0 点移动的速度,再湿前沿下游处于反环状流膜态沸腾。图 6-26 表示注水速率比较低时的情况。此时液位 z_{rp} 向上移动的速度赶不上再湿前沿 z_0 点移动的速度。再湿前沿点的下游是环状流。两种再湿过程图像的共同点是在再湿点附近换热系数 h 非常高,跨越再湿点前后包壳温度有一个突变。

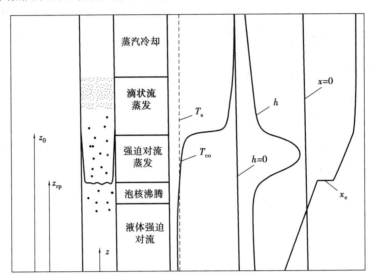

图 6-26 慢速再淹没的流动图像

2)再湿过程传热模型

对于再淹没过程,最关心的是骤冷前沿上升的速度。计算模型可分成两类,一类是根据再湿前沿附近实际存在的传热和流动工况求解再淹没过程,现代大型计算机程序使用这种方法。另一类是所谓的"导热再湿模型",认为壁面再湿润是由再湿前沿附近包壳的轴向导热决定的。下面我们介绍这种方法。

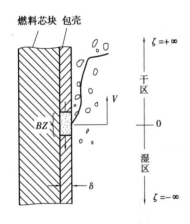

图 6-27 导热再湿模型

图 6-27 表示包壳表面再湿前沿附近的传热工况。假设:①包壳的壁厚 δ 和物性为常数,包壳无限长;②燃料的热导率比包壳低得多,因而可以把燃料与包壳的交界面看作是绝热的;③包壳无内热源;④冷却剂的温度为常数且等于饱和温度。上述假设意味着在包壳内进行的是一维导热过程,其导热方程为:

$$\rho c_p \delta \frac{\partial T}{\partial \tau} + h(T - T_s) = \kappa \delta \frac{\partial^2 T}{\partial z^2} \qquad (6-110)$$

式中 h——再湿前沿处湿区换热系数。

设再湿前沿以不变速度 V 向前推进。为求解方便,引进一个新的坐标 $\zeta = z - V\tau$。该坐标以再湿前沿为原点,并跟随再湿前沿一起移动。由于

$$\frac{\partial T}{\partial \tau} = \frac{dT}{d\zeta} \frac{\partial \zeta}{\partial \tau} = -V \frac{dT}{d\zeta} \qquad (6-111)$$

$$\frac{\partial^2 T}{\partial z^2} = \frac{d^2 T}{d\xi^2}\left(\frac{\partial \xi}{\partial z}\right)^2 = \frac{d^2 T}{d\xi^2} \tag{6-112}$$

方程(6-110)可以写成

$$\rho c_p \delta V \frac{dT}{d\zeta} + \kappa \delta \frac{d^2 T}{d\zeta^2} = h(T - T_s) \tag{6-113}$$

式(6-113)建立了速度 V 与轴向导热过程的联系。湿区($\zeta \leqslant 0$)换热系数 h 等于常数,干区($\zeta > 0$)的换热系数等于零,且方程的边界条件为

当 $\zeta = 0$ $T = T_0$

当 $\zeta = +\infty$ $T = T_{co}$

当 $\zeta = -\infty$ $T = T_s$

式中 T_0——再湿温度,即壁面可被水浸润时的温度;

      T_{co}——上游壁面初始温度;

      T_s——饱和温度。

这样,方程(6-113)在湿区的解为

$$T - T_s = (T_0 - T_s)\exp\left\{\zeta\left[\left(\frac{\rho^2 c_p^2 V^2}{4\kappa^2} + \frac{h}{\kappa\delta}\right)^{1/2} - \frac{\rho c_p V}{2\kappa}\right]\right\} \tag{6-114}$$

利用包壳传给水的热量是靠自身温度的降低来补偿的热平衡的概念,即

$$\int_{-\infty}^{0} hl(T - T_s)\,d\zeta = \rho c_p \delta l V (T_{co} - T_s) \tag{6-115}$$

将方程(6-114)代入式(6-115)左侧,积分可得

$$\int_{-\infty}^{0} hl(T - T_s)\,d\zeta = \frac{hl(T_0 - T_s)}{\left[\left(\dfrac{\rho^2 c_p^2 V^2}{4\kappa^2} + \dfrac{h}{\kappa\delta}\right)^{\frac{1}{2}} - \dfrac{\rho c_p V}{2\kappa}\right]} \tag{6-116}$$

式中 l——包壳周界长度。

将式(6-115)和式(6-116)联立,可以得到再湿前沿移动速度的计算式:

$$V^{-1} = \rho c_p \left(\frac{\delta}{h\kappa}\right)^{\frac{1}{2}} \frac{(T_{co} - T_s)^{\frac{1}{2}}(T_{co} - T_0)^{\frac{1}{2}}}{(T_0 - T_s)} \tag{6-117}$$

如果初始壁温很高,致使$(T_{co} - T_s) \gg (T_0 - T_s)$,面积$(T_{co} - T_s) \approx (T_{co} - T_0)$,这时式(6-117)可以简化为

$$V^{-1} \approx \rho c_p \left(\frac{\delta}{h\kappa}\right)^{\frac{1}{2}} \frac{T_{co} - T_0}{T_0 - T_s} \tag{6-118}$$

式(6-118)表明,再湿前沿移动速度的倒数近似与包壳再湿温度之间的壁温初始值呈线性关系,这已为实验所证实。但式(6-117)中却隐藏着一个不合理的成分,即在用该式拟合实验数据时,导出的换热系数为 10^6 W/(m²·℃)的量级,这样大的换热系数是难以想象的。为了得到更合理的解,需要考虑使用二维模型,并对换热工况做出更合理的假设。

在讨论上述解法时,都是将再湿温度 T_0 当作已知参数。但是准确地确定这个温度非常困难。这主要是因为表面骤冷是一种很快的瞬态过程,再湿温度很难测准。而且这一温度似乎还与固体表面的状况,例如是否有氧化膜等因素有关。目前还没有公认的再湿温度数据。在整理实验数据时,每位学者选用的再湿温度都是不同的。但是他们根据再湿温度 T_0 与骤冷前

沿处的换热系数 $h(z)$ 总是在模拟中同时出现的特点,配套选用它们的数值,即可得到很好的模拟效果,可以回避选择再湿温度是否准确的问题。图 6-28 给出了一组再湿温度的实验数据。根据这些数据可以看出,压力在 4 MPa 以下时,再湿温度大约比饱和温度高 100 ℃,而在 4 MPa 以上的压力下,数据很分散,但总的趋势是压力越高,再湿温度与饱和温度的差值越小,有时甚至高出饱和温度只有 20 ℃ 左右。

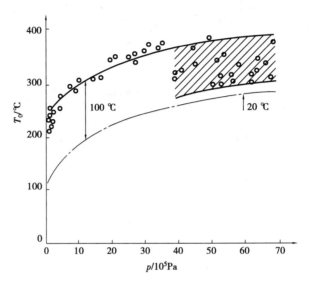

图 6-28　再湿温度与压力的关系

3) 堆芯顶部再淹没时的液泛现象

大多数压水堆设计成从底部再淹没,但也有设计成从堆芯底部和顶部两个方向注入冷却水淹没堆芯的方案。即使是那些把冷却水注入堆芯底部的情况,在冷却水淹没堆芯的过程中也会出现冷却水从堆芯底部向上和从堆芯顶部向下两个方向冷却堆芯的现象。这是因为冷却水从下端进入堆芯后,在燃料元件表面剧烈的蒸发造成液体飞溅,蒸汽夹带着大量液滴进入上腔室。在上腔室由于流速降低和各种结构件的阻挡,许多液滴会落下来,积存在堆芯上方,并进入堆芯冷却燃料元件。然而从顶部流进燃料通道的冷却剂会受到向上流动蒸汽的阻流。这些蒸汽一部分是从下端淹没时产生的,另一部分是从上端进入堆芯的冷却剂本身蒸发时产生的。这种阻流限制了可流进堆的冷却剂流量,从而也限制了顶部冷却水淹没堆芯的速度。

根据实验数据的拟合,在竖直管道中汽液逆向流动的汽相和液相流量大小遵循下列半经验关系式:

$$j_g^{*\frac{1}{2}} + mj_f^{*\frac{1}{2}} = C \tag{6-119}$$

式中

$$j_k^* = \frac{j_k \rho_k^{\frac{1}{2}}}{[gD_e(\rho_f - \rho_g)]^{\frac{1}{2}}} \quad k = f, g \tag{6-120}$$

式中,j_g 和 j_f 分别为汽相和液相的表观流速,$j_g = W_g/(\rho_g A)$,$j_f = W_f/(\rho_f A)$,A 是流道截面积;D_e 是当量直径;m 和 C 是两个常数,其数值与流体的黏度、过冷度和壁面状况等有关。对于水,取值为 $m = 0.8 \sim 1$,$C = 0.7 \sim 1$。式(6-119)表明,在逆向流动时,汽、液两相的流量是相互制约的,汽相流量越大,液相流量越小。当汽相流量达到 $j_g^{*1/2} \geqslant C$ 时,液膜会停滞,甚至在汽液混合物的推动下向上流动,不过液膜一旦往下流,燃料通道中产生的蒸汽量也就少了,这时液膜又可重新流入堆芯。从堆芯上部淹没堆芯的速率最终要由上述流动机理所决定的可进入堆芯的冷却水流量和传热机理所决定的骤冷前沿推进速度这两个因素所制约。

6.7.5　安全壳内气体压力的计算

安全壳的体积很大,一个大型压水堆的安全壳内部空间高度约为 60 m,直径近 40 m。在正常运行工况下,安全壳内的气压接近于常压。而在失水事故发生以后,一回路排出大量的高温高压冷却剂,可能使安全壳超温超压。温度的升高还会使安全壳内的结构体产生热应力。因此在失水事故的分析中,要求计算安全壳内气体的压力和温度。

最简单的安全壳是"全压式"安全壳。在这种安全壳中,从一回路排放出来的高温高压冷却剂可以认为是直接膨胀到整个空间,而没有任何降压措施。下面用一种保守的方法来估算在这种安全壳中可能产生的最大压力。这种方法的基本假设是:处于一回路内的全部冷却剂瞬时排放出来,立即蒸发汽化后,与安全壳内的空气均匀混合,达到一种热力学平衡状态。瞬时混合的过程是绝热的,而且没有做功,所以混合前后热力学能相等,即

$$Mu_{f1} + mu_{g1} = Mu_{f2} + mu_{g2} \tag{6-121}$$

式中　M——一回路冷却剂的总质量,kg;

m——安全壳中空气的总质量,kg;

u_{f1},u_{f2}——分别为冷却剂喷放前后的初始比热力学能和与空气均匀混合后的比热力学能,J/kg;

u_{g1},u_{g2}——分别为安全壳中空气的初始比热力学能和与蒸汽均匀混合后的比热力学能,J/kg。

空气的特性与理想气体几乎相同,其状态参数可按理想气体的状态方程计算,因而

$$m = \frac{p_{v1} V_v}{R(T_{v1} + 273.15)} \tag{6-122}$$

式中　p_{v1}——安全壳内的初始空气压力,Pa;

V_v——安全壳内的有效容积,即安全壳内自由空间的容积,m³;

T_{v1}——空气的初始温度,℃;

R——气体常数,$R = \dfrac{8.314 \times 10^3}{M_g}$ [J/kg·℃];

M_g——空气的相对分子质量。

若混合气体的终温是 T_{vg},则

$$u_{g2} = u_{g1} = c_V(T_{v2} - T_{v1}) \tag{6-123}$$

式中　c_V——空气的定容比热容,J/(kg·℃)。

利用上述关系,可得到

$$u_{f1} - u_{f2} = \frac{m}{M}(u_{g2} - u_{g1}) = \frac{p_{v1} V_v c_V(T_{v2} - T_{v1})}{MR(T_{v1} + 273.15)} \tag{6-124}$$

另外,还可以写出

$$M = V_p \bar{\rho}_1 \tag{6-125}$$

$$u_{f2} = u_{fs} + xh_{fg,2} \tag{6-126}$$

$$x = \frac{V_v}{Mv_{gs,2}} \tag{6-127}$$

式中　V_p——一回路系统的总容积，m^3；

$\bar{\rho}_f$——冷却剂的初始平均密度，kg/m^3；

u_{fs}——冷却剂在安全壳内膨胀后的饱和液体比热力学能，J/kg；

x——冷却剂降压蒸发后的含汽量；

$v_{gs,2}$——在终态蒸汽压力下饱和蒸汽的比体积，m^3/kg。

将式(6-122)、式(6-123)和式(6-124)代入式(6-121)，经整理后可得

$$\frac{V_v}{V_p} = \frac{(u_{f1} - u_{fs})\bar{\rho}_f}{\dfrac{p_{v1}c_V(T_{v2} - T_{v1})}{R(T_{v1} + 273.15)} + \dfrac{h_{fg,2}}{V_{gs,2}}} \tag{6-128}$$

如果已知一回路冷却剂和安全壳内的初始参数，并已知安全壳的有效容积和一回路的容积，那么就可以利用式(6-128)确定混合后的状态参数。或者如果要求混合后达到某个终态，也可利用式(6-128)求出所需要的安全壳有效容积和一回路系统容积之比，式中蒸汽的终态参数有 T_{v2}，u_{fs}，$h_{fg,2}$ 和 $v_{gs,2}$ 等4个，它们之间的关系不是一种简单的显函数，而通常是用参数表或物性关系式表达出来的，因而在用式(6-128)求解终态参数时需要迭代。例如，为计算达到某个终态压力 p_t 所需要的安全壳有效容积，我们可以先假设一个终态蒸汽分压力 p_g，由此查表可确定出对应于该压力的饱和温度，即混合气体的终态温度 T_{v2}。此时安全壳总压力由式(6-129)计算：

$$p'_t = p_g + p_{v1}\frac{T_{v2} + 273.15}{T_{v1} + 273.15} \tag{6-129}$$

若计算出的 p'_t 与所要求的终态压力 p_t 不符，则需重新选择 p_g；若相符，则可按该压力查表得出状态参数 $h_{fg,2}$，$h_{fs,2}$，$v_{fs,2}$ 和 $v_{gs,2}$，并利用关系 $u_{fs} = h_{fs,2} - pv_{fs,2}$ 计算出 u_{fs}。将这些参数代入式(6-129)，即可求出所需要的安全壳有效容积比。

上述方法只能用来粗略地估算失水事故后安全壳内的最大压力。若要详细计算事故期间安全壳压力随时间的变化，还需要考虑许多因素，列出更完善的方程。所需进一步考虑的主要因素有：

①回路内的水不会在一瞬间全部喷放到安全壳中去。因此需要求出冷却剂从一回路排出的速度，确定一回路向安全壳释放能量随时间的变化。在释放的能量中，还应该包括二回路通过蒸汽发生器传到一回路的热量。

②在失水事故过程中，安全壳喷淋系统喷淋的冷却水对安全壳空间起降温降压作用。

③安全壳内的气体与壳壁和壳内的结构体之间存在传热过程，高温的结构体放出热量，低温的结构体和壳壁吸收热量。

④安全壳内可能积存氢气，它的燃烧和爆炸会放出热量。

【例6-4】　某压水堆一回路系统内的初始压力为 $p_{p1} = 15$ MPa，冷却剂平均温度为310 ℃，安全壳内的初始压力为 $p_{v1} = 0.09$ MPa，温度为 $T_{v1} = 50$ ℃。要求在冷却剂从一回路全部排出后安全壳内的压力 p_t 不超过0.35 MPa，试求安全壳有效容积与一回路系统容积之比。

解　由热物性表可以查出初始状态下水的比焓 $h_{f1} = 1.39 \times 10^6$ J/kg，比体积 $v_{f1} = 1.42 \times$

10^{-3} m³/kg,空气的比定容热容 $c_V = 0.715 \times 10^3$ J/kg,水的热力学能为

$$u_{fl} = h_{fl} - p_{fl}v_{fl} = 1.39 \times 10^6 - 15 \times 10^6 \times 1.42 \times 10^{-3} = 1.37 \times 10^6 (\text{J/kg})$$

假设蒸汽的终压力 $p_g' = 0.196$ MPa,对应的饱和温度为 $T_{v2} = 119.6$ ℃,根据式(6-129),得到此时的总压力为

$$p_t' = 0.196 + 0.09 \times \frac{119.6 + 273.15}{50 + 273.15} = 0.196 + 0.109 = 0.305 (\text{MPa})$$

该压力小于指定压力 0.35 MPa,所以需要重新假设一个较大的蒸汽分压进行计算。经试算选定,$p_g = 0.24$ MPa 时壳内总压力 $p_t = 0.35$ MPa,满足条件。按 p_g 查出物性为 $T_{v2} = 125$ ℃,$h_{fg,2} = 2\ 188 \times 10^3$ J/kg,$h_{fs,2} = 525 \times 10^3$ J/kg,$v_{gs,2} = 0.780$ m³/kg,饱和水的比焓近似等于它的热力学能,因而 $u_{fs} = 523 \times 10^3$ J/kg。空气的相对分子质量 $M \approx 28.8$。利用上述数据代入式(6-128)进行计算,该式的分母为

$$\frac{p_{v1}c_V(T_{v2} - T_{v1})}{R(T_{v1} + 273.15)} + \frac{h_{fg,2}}{v_{gs,2}} = \frac{0.09 \times 10^6 \times 0.715 \times 10^3 (125 - 50)}{\frac{8.314 \times 10^3}{28.8} \times (50 + 273.15)} + \frac{2.188 \times 10^6}{0.780}$$

$$= 0.051\ 8 \times 10^6 + 2.805 \times 10^6 = 2.857 \times 10^6$$

因而

$$\frac{V_v}{V_p} = \frac{1.37 \times 10^6 - 0.523 \times 10^6}{2.857 \times 10^6 \times 1.42 \times 10^{-3}} = 209$$

思考题

6-1　进行瞬态热工分析的两相流数学模型主要有哪些? 它们各适用于何种场合?

6-2　如何选择质量、动量和能量这三个守恒方程中的未知参量? 为求解这组方程尚需要补充哪些方程或关系?

6-3　在进行安全分析时,通常把核电厂事故分成几类? 对每类事故的安全要求有何不同?

6-4　核电厂设置了哪些"专设安全系统"? 它们的作用如何?

6-5　核电事故运行参数的极限值是如何确定的?

6-6　如何理解在失流事故发生时燃料元件内热量重新分配会有包壳上升的现象? 如果在主泵同时断电后不考虑停堆后的释热,包壳的温度会上升吗?

6-7　大破口失水事故可以分为哪几个阶段? 每个阶段的主要热工水力过程是什么? 这些过程如何危及反应堆的安全?

6-8　为什么压水堆一回路冷段大破口事故比热段同类事故更严重?

6-9　什么是再湿温度? 它的数值大约是多少? 骤冷前沿附近传热和流动机理如何?

6-10　再淹没速度与注水速度(即根据注水量直接算出的堆芯液位上升速度)相同吗? 为什么?

6-11　举例说明在整个失水事故过程中有哪些汽—水逆向流动现象? 它们对失水事故的过程产生什么影响?

6-12　什么是控制容积? 控制容积划分的原则是什么?

6-13　各种堆型冷却剂丧失事故的热工过程各有什么特点?

习 题

6-1 某压水堆压力 10 MPa,堆芯内水的平均温度为 30 ℃,停堆前冷却剂的流量为 75 000 m^3/h,主泵扬程 50 m 水柱,转速 1 500 r/min,效率为 0.8,一回路几何因子 $\sum (L/A)_i = 30$,在某时刻主泵同时断电。

①假定在断电后泵的扬程突然降到零,求冷却剂流量衰减曲线。

②假定泵转速与流量以同一速度下降,断电后泵的效率不变。若要求断电后 3 s 时流量减速到原来的 80%,问泵转子的转动惯量需要多大?

6-2 一座小型水冷反应堆在正常运行时冷却剂流量为 0.12 m^3/h,平均温度为 65 ℃,一回路总阻力为 0.28 MPa,回路处于低压。当泵失去电源时其扬程按下式变化:$h_p = h_{p0} e^{-0.5t}$,其中 h_{p0} 为正常运行时的压头,t 的单位是 s;并且假定这时回路的阻力与流量呈线性关系变化,回路的几何参数 $\sum (L/A) = 2\,000$,试求流量下降到 0.012 m^3/h 需要多少时间?

6-3 一座试验水堆,正常运行时堆芯进口水温为 50 ℃,压力为 1.5 MPa,流量为 240 kg/s,一回路总阻力为 0.3 MPa。反应堆长期运行 2×10^4 kW 下。堆芯中点比热交换器中点低 6 m。试估算主泵同时断电后半小时的循环流量。估算时可以假定堆芯和热交换器分别为点热源和点热阱,水在回路中始终处于湍流状态,且无沸腾工况出现,堆芯进口水温维持在 50 ℃。

6-4 一个金属铀板状燃料元件,半厚度为 3 mm,从某时刻开始,释热率以 4 s 的周期按指数规律上升,求在放热系数分别等于 5×10^4 kW/($m^2 \cdot$ ℃)和 10^3 W/($m^2 \cdot$ ℃)下,元件内的渐近相对温度分布 $\varepsilon(x)$,画出分布曲线,并分析两个曲线的特征[金属铀的物性可取 $k_u = 38$ W/(m $\cdot$ ℃),$c = 194$ J/kg $\cdot$ ℃,$\rho = 18.3$ g/cm^3,$a = 1.07 \times 10^{-6}$ m^2/s]。

6-5 某压水堆堆芯再淹没时压力为 0.2 MPa,燃料元件上某点包壳温度为 600 ℃,包壳厚 1 mm,材料为锆-4 合金(表 6-7)。若再湿前沿附近湿区放热系数为 1.5×10^6 W/($m^2 \cdot$ ℃),求骤冷前沿移动速度。如果材料是铜,结果如何? 试从上述计算结果说明材料特性对骤冷前沿移动速度的影响,计算时可取再湿温度 $T_0 = T_s + 100$ ℃。材料的特性可取下列数值:

表 6-7

	$\rho/(kg \cdot m^{-3})$	$c/[kJ/(kg \cdot ℃)]$	$k/[W/(m \cdot ℃)]$
锆-4	6.55×10^3	0.335	20.1
铜	8.4×10^3	0.38	380

6-6 沸水堆堆芯顶部再淹没时,堆芯压力为 0.2 MPa,燃料元件直径 12 mm,中心距 17 mm。

①求当饱和蒸汽向上流动表观流速为 3 m/s 时,水膜向下能达到多大表观流速? 合

多大流量(kg/s)?

②向上流动的蒸汽表观流速为多大时,液膜下降速度降到零?（计算时可取式中的常数 $m=1$, $c=0.7$)

6-7 若液面下蒸汽质量为 M_{gb},汽水混合物体积为 V_m,蒸汽密度为 ρ_s,试按 $M_{gb}/(V_m\rho_s)$ 等于 0.8 和 0.4 两种情况分别画出 $c_0=0,0.5$ 和 1 时液面下相对密度 ρ_{gb}/ρ_g 随时对高度 z/z_m 的分布。

6-8 一反应堆及其一回路系统中包含 9 m³ 的饱和水和 1.5 m³ 的饱和蒸汽,压力为 10 MPa。在发生失水事故后,这些介质排入容积为 2 000 m³ 的安全壳中。安全壳的初始压力为 0.1 MPa(绝对),温度为 40 ℃。假定水和蒸汽与环境之间不发生热交换。问形成的平衡压力是多少?

参考文献

[1] TODREAS N E, KAZIMI M S. *Nuclear systems* I : *Thermal hydraulic fundamentals* [M]. 2nd ed. New York: CRC Press, 2015.

[2] TODREAS N E, KAZIMI M S. *Nuclear systems* II : *Elements of thermal hydraulic design* [M]. New York: Taylor & Francis, 1990.

[3] TONG L S, WEISMAN J. *Thermal analysis of pressurized water reactors* [M]. 3rd Ed. La Grange Park, Illinois USA: American Nuclear Society, 1996.

[4] 于平安, 朱瑞安, 喻真烷, 等. 核反应堆热工分析 [M]. 3 版. 上海: 上海交通大学出版社, 2002.

[5] LAMARSH J R, BARATTA A J. *Introduction to Nuclear Engineering* [M]. 3rd ed. Upper Saddle River, New Jersey: Prentice-Hall, 2001.

[6] OLANDER D R, T1D-26711-P1 [R]. California: University of California, Berkeley, 1976.

[7] TODREAS N E. *Pressurized subcooled light water systems* [M]//FENECH H. Heat Transfer and Fluid Flow in Nuclear Systems. Oxford: Pergamon Press. 1981.

[8] KAMPF H, KARSTEN G. Effects of different types of void volumes on the radial temperature distribution of fuel pins [J]. *Nuclear Application Technology*, 1970, 9(3): 288-300.

[9] LOEB A L. Thermal conductivity. VIII. A theory of thermal conductivity of porous material [J]. *Journal of the American Ceramic Society*, 1954, 37(2): 96-9.

[10] BIANCHARIA A. The effect of porosity on thermal conductivity of ceramic bodies [J]. *Trans ANS*, 1966, 9(1): 15.

[11] OLSEN C S, MILLER R L, NUREG/CR-0497 [R]. Idaho Falls (USA): Idaho National Engineering Lab., 1979.

[12] DITTUS F W, BOELTER L M K. *Heat Transfer in Automobile Radiators of Tubular Type* [M]. California: University of California, Berkeley, 1930.

[13] SIEDER E N, TATE G E. Heat Transfer and Pressure Drop of Liquids in Tubes [J]. *Industrial & Engineering Chemistry Research*, 1936, 28(12): 1429-35.

[14] GNIELINSKI V. New equations for heat and mass transfer in turbulent pipe and channel flow

[J]. *International Chemical Engineering*, 1976, 16(2): 359-68.

[15] NOTTER R H, SLEICHER C A. Solution to turbulent Graetz problem 3, fully developed and entry region heat-transfer rates [J]. *Chemical Engineering Science*, 1972, 27 (11): 2073-2093.

[16] PRESSER K, Juel-0486-RB [R]. Julich: KFA Julich, 1967.

[17] WEISMAN J. Heat Transfer to Water Flowing Parallel to Tube Bundles [J]. *Nuclear Science and Engineering*, 1959, 6(1): 78-9.

[18] MARK CZY G. Konvektive Wärmeübertragung in längsangeströmten Stabbündeln bei turbulenter Strömung I. Teil: Mittelwerte über den Stabumfang [J]. *Wärme-und Stoffübertragung*, 1972, 5(4): 204-212.

[19] MCADAMS W H. *Heat Transmission* [M]. 3rd ed. New York: McGraw-Hill, 1954.

[20] LATZKO H. Der Warmeubergang an einen Turbulenten Flussigkeits-Oder Gasstrom [J]. Zeitschrift für Angewandte Mathematik und Mechanik, 1921, 1(0): 268-290.

[21] MCADAMS W H, KENNEL W E, EMMONS J N. Heat transfer to superheated steam at high pressures [J]. *Transaction of ASME*, 1950, 72(4): 421-428.

[22] BERENSON P J. Film-Boiling Heat Transfer from a Horizontal Surface [J]. *Journal of Heat Transfer*, 1961, 83(3): 351-356.

[23] SPIEGLER P, HOPENFELD J, SILBERBERG M et al. Onset of stable film boiling and the foam limit [J]. *International Journal of Heat and Mass Transfer*, 1963, 6(11): 987-989.

[24] KALININ E K, YARKHO S A, BERLIN I I et al. *Investigation of the crisis of film boiling in channels* [M]//SCHROCK V E. Two-Phase Flow and Heat Transfer in Rod Bundles, The American Society of Mechanical Engineers. USSR; Moscow Aviation Institute. 1968: 89-94.

[25] HENRY R E. Correlation for the minimum wall superheat in film boiling [J]. *Transactions of the American Nuclear Society*, 1972, 15(1): 420-421.

[26] BERGLES A E, ROHSENOW W M. The determination of forced convection surface boiling heat transfer [J]. *Journal of Heat Transfer*, 1964, 86(3): 365-372.

[27] HSU Y Y, GRAHAM R W, NASA-TN-D-594 [R]. United States: NASA, 1961.

[28] DAVIS E J, ANDERSON G H. The incipience of nucleate boiling in forced convection flow [J]. *AIChE* Journal, 1966, 12(4): 774-780.

[29] BJORG R W, HALL G R, ROHSENOW W M. Correlation for forced convection boiling heat transfer data [J]. *International Journal of Heat and Mass Transfer*, 1982, 25(6): 753-757.

[30] ROHSENOW W M. *Boiling* [M]//ROHSENOW W M, HARTNETT J P, GANIC E N. Handbook of Heat Transfer Fundamentals. New York; McGraw-Hill. 1985.

[31] LEVY S. Forced convection subcooled boiling-prediction of vapor volumetric fraction [J]. *International Journal of Heat and Mass Transfer*, 1967, 10(7): 951-965.

[32] DIX G E. Vapor void fraction for forced convection with subcooled boiling at low flow rates [D]. Berkeley: University of California, 1971.

[33] LAHEY JR R, MOODY F. *The Thermal Hydraulics ofa Boiling Water Nuclear Reactor* [M]. Hinsdale, IL: American Nuclear Society, 1977.

[34] DENGLER C, ADDOMS J. Heat Transfer mechanism for Vaporization of Water in a Vertical tube;Chemical engineering progress symposium series, F, 1956 [C].

[35] BENNETT J A R. Heat Transfer to Two-Phase Gas-Liquid Systems, I: Steam/Water Mixtures in the Liquid Dispersed Region in an Annulus [J]. *Transactions of the Institution of Chemical Engineers*, 1959, 39(0): 113-126.

[36] SCHROCK V E, GROSSMAN L M. Forced Convection Boiling in Tubes [J]. *Nuclear Science and Engineering*, 1962, 12(4): 474-481.

[37] COLLIER J, PULLING D, AERE-R3809 [R]. Harwell (England): Atomic Energy Research Establishment, 1962.

[38] JENS W H, LOTTES P A, ANL-4627 [R]: Argonne National Lab. , 1951.

[39] THOM J R S, WALKER W M, FALLON T A et al. Boiling in subcooled water during flow in tubes and annuli [J]. *Proceedings of the Institution of Mechanical Engineers*, 1967, 180(3): 226-246.

[40] CHEN J C, BNL-6672 [R]: Brookhaven National Lab. , Upton, N. Y. , 1962.

[41] FORSTER K, ZUBER N. Dynamics of vapor bubbles and boiling heat transfer [J]. *AIChE Journal*, 1955, 1(4): 531-535.

[42] COLLIER J G. *Heat transfer in the post dryout region and during quenching and reflooding* [M]//HETSRONI G. Handbook of Multiphase Systems. New York; Hemisphere. 1982.

[43] KAO S-P, KAZIMI M S. Critical Heat Flux Predictions in Rod Bundles [J]. *Nuclear Technology*, 1983, 60(1): 7-13.

[44] JANSSEN E, GEAP-10347 [R]. San Jose: General Electric Co. , California. Atomic Power Equipment Dept. , 1971.

[45] GROENEVELD D C, FREUND G A, AECL-4513 [R]. Idaho Falls, Idaho (USA): Atomic Energy of Canada Ltd. , 1973.

[46] SLAUGHTERBECK D C, YBARRONDO L J, OBENCHAIN C F. Flow film boiling heat transfer correlations: a parametric study with data comparisons; proceedings of the National Heat Transfer Conference 1973, Atlanta, Georgia, USA, F, 1973 [C].

[47] MCDONOUGH J B, MILICH W, MSAR-60-30 [R]. Callery, Penna: MSA Research Corp. , 1960.

[48] TONG L S. Heat transfer mechanisms in nucleate and film boiling [J]. *Nuclear Engineering and Design*, 1972, 21(1): 1-25.

[49] RAMU K, WEISMAN J. Method for the correlation of transition boiling heat transfer data; proceedings of the Proceedings 5th International Heat Transfer Meeting, Tokyo, F, 1974 [C].

[50] CHENG S C, NG W W, HENG K T. Measurements of boiling curves of subcooled water under forced convective conditions [J]. *International Journal of Heat and Mass Transfer*, 1978, 21(11): 1385-1392.

[51] BJORNARD T A, GRIFFITH P. *PWR blowdown heat transfer* [M]//BANKOFF O C J A G. Symposium Oil Thermal and Hydraulic Aspects of Nuclear Reactor Safety. New York; ASME.

1977.

[52] KUMAMARU H, KOIZUMI Y, TASAKA K. Investigation of pre- and post-dryout heat transfer of steam-water two-phase flow in a rod bundle [J]. *Nuclear Engineering and Design*, 1987, 102(1): 71-84.

[53] VARONE A F, ROHSENOW W M. Post dryout heat transfer prediction [J]. *Nuclear Engineering and Design*, 1986, 95(0): 315-327.

[54] PORTEOUS A. Prediction of upper limit of slug flow regime [J]. *J British Chemical Engineering*, 1969, 14(9): 117.

[55] WALLIS G B. *One-dimensional two-phase flow* [M]. New York: McGraw-Hill, 1969.

[56] WALLIS G B, KUO J T. The behavior of gas-liquid interfaces in vertical tubes [J]. International Journal of Multiphase Flow, 1976, 2(5): 521-536.

[57] PUSHKINA O L. Breakdown of liquid film motion in vertical tubes [J]. *J Heat Transfer-Sov Res*, 1969, 1(5): 56.

[58] BANKOFF S, LEE S, NUREG/CR-3060 [R]: US Nuclear Regulatory Commission, 1983.

[59] HEWITT G F, ROBERTS D, AERE-M-2159 [R]. Harwell, England (United Kingdom): Atomic Energy Research Establishment, 1969.

[60] TAITEL Y, DUKLER A E. A model for predicting flow regime transitions in horizontal and near horizontal gas-liquid flow [J]. *AIChE Journal*, 1976, 22(1): 47-55.

[61] NICKLIN D, DAVIDSON J. The onset of instability in two-phase slug flow; proceedings of the Proceedings of the Symposium on Two-phase Fluid, London, F, 1962 [C].

[62] HINZE J O. Fundamentals of the hydrodynamic mechanism of splitting in dispersion processes [J]. *AIChE Journal*, 1955, 1(3): 289-295.

[63] MANDHANE J M, GREGORY G A, AZIZ K. A flow pattern map for gas—liquid flow in horizontal pipes [J]. *International Journal of Multiphase Flow*, 1974, 1(4): 537-539.

[64] ZUBER N, FINDLAY J A. Average Volumetric Concentration in Two-Phase Flow Systems [J]. *Journal of Heat Transfer*, 1965, 87(4): 453-468.

[65] ARMAND A, TREŠČEV G. *Investigation of the resistance during the movement of steam-water mixtures in a heated boiler pipe at high pressure* [M]. Harwell, Berkshire: Atomic Energy Research Establishment, 1959.

[66] BANKOFF S G. A Variable Density Single-Fluid Model for Two-Phase Flow With Particular Reference to Steam-Water Flow [J]. *Journal of Heat Transfer*, 1960, 82(4): 265-272.

[67] DIX G E, NEDO- 10491 [R]: General Electric Company, 1971.

[68] ISHII M, ANL-77-47 [R]: Argonne National Lab. , IL (USA), 1977.

[69] MARTINELLI R C, NELSON D B. Prediction of pressure drop during forced-circulation boiling of water [J]. Transcation of the ASME, 1948, 70(6): 695-702.

[70] LOCKHART R, MARTINELLI R. Proposed correlation of data for isothermal two-phase, two-component flow in pipes [J]. *Chemical Engineering Progress*, 1949, 45(1): 39-48.

[71] BAROCZY C. Systematic correlation for two-phase pressure drop; proceedings of the Chemi-

cal engineering progress symposium series, F, 1966, Atomics International, Canoga Park, California, 1966[C].

[72] IDSINGA W, TODREAS N, BOWRING R. An assessment of two-phase pressure drop correlations for steam-water systems [J]. *International Journal of Multiphase Flow*, 1977, 3(5): 401-413.

[73] CHELEMER H, WEISMAN J, TONG L S. Subchannel thermal analysis of rod bundle cores [J]. *Nuclear Engineering and Design*, 1972, 21(1): 35-45.

[74] ROUHANI Z. *Steady-state subchannel analysis*[M]. Two-Phase Flows and Heat Transfer with Application to Nuclear Reactor Design Problems. Hemisphere Canada. 1978.

[75] LEE M, KAZIMI M S, MITNE-271 [R]. Cambridge, Mass. : Dept. of Nuclear Engineering, Massachusetts Institute of Technology, 1985.

[76] RICHTMYER R D, MORTON K W. *Difference methods for initial-value problems* [M]. 2nd ed. . Malabar, Fla. : Krieger Publishing Co. , 1994.

[77] WEISMAN J, TENTNER A. Application of the Method of Characteristics to Solution of Nuclear Engineering Problems [J]. *Nuclear Science and Engineering*, 1981, 78(1): 1-29.

[78] HILDEBRAND F B. *Advanced calculus for applications* [M]. Englewood Cliffs, NJ: Prentice-Hall, 1962.

[79] ABBOTT M B. *An Introduction to the Method of Characteristics* [M]. London: Thames and Hudson Ltd. , 1966.

[80] GIDASPOW D, SHIN Y W, ANL-80-3 [R]: Argonne National Laboratory, 1980.

[81] AKIMOTO H, ANODAN Y, TAKASE K,et al. . *Nuclear Thermal Hydraulics* [M]. Tokyo: Springer Japan, 2016